工业和信息化数字媒体应用人才培养精品教材

Photoshop 核心功能与设计应用50课

全彩慕课版

张敏 姚跃 李萌 主编 / 丁梦南 武贺斌 顾婷婷 张晓梅 副主编

人 民 邮 电 出 版 社

北 京

图书在版编目（CIP）数据

Photoshop核心功能与设计应用50课 ： 全彩慕课版 / 张敏，姚跃，李萌主编. -- 北京 ： 人民邮电出版社，2022.5

工业和信息化数字媒体应用人才培养精品教材

ISBN 978-7-115-56661-4

Ⅰ. ①P… Ⅱ. ①张… ②姚… ③李… Ⅲ. ①图像处理软件－教材 Ⅳ. ①TP391.413

中国版本图书馆CIP数据核字(2021)第112655号

内 容 提 要

本书共 14 章，分 50 个课时，首先介绍了 Photoshop 的基本操作；接着讲解了选区的创建与编辑，颜色模式与色彩调整，绘画工具的使用，图像的修饰与润色，矢量图形的绘制，文字的输入与编辑，图层、通道、蒙版应用技术，滤镜的使用等知识；最后综合应用知识，为读者安排了多组商业应用案例，其中包括宣传页设计、图书设计、海报设计、网页设计等内容。

本书不仅可以作为图像处理和平面设计人员的学习用书，也可以作为高等院校相关专业及平面设计培训班的教材。

◆ 主　　编　张　敏　姚　跃　李　萌

副 主 编　丁梦南　武贺斌　顾婷婷　张晓梅

责任编辑　刘　佳

责任印制　王　郁　焦志炜

◆ 人民邮电出版社出版发行　　北京市丰台区成寿寺路 11 号

邮编　100164　电子邮件　315@ptpress.com.cn

网址　https://www.ptpress.com.cn

北京七彩京通数码快印有限公司印刷

◆ 开本：787×1092　1/16

印张：15.5　　2022 年 5 月第 1 版

字数：512 千字　　2024 年 9 月北京第 3 次印刷

定价：79.80 元

读者服务热线：(010)81055256　印装质量热线：(010)81055316

反盗版热线：(010)81055315

广告经营许可证：京东市监广登字 20170147 号

FOREWORD 前言

为了配合高等院校教学工作的开展，本书软件版本为 Photoshop CC 2020。本书采用课堂教学结构展开对知识内容的讲解。教师完全可以将本书的内容无缝并入教学课程中，这大大简化了教师的课前准备工作。

本书配备了教学视频，便于教师备课和学生在课前预习。另外，本书还附带教学源文件和素材文件，便于教师开展教学工作和学生进行复习。

■ 配合教学。全书内容共 50 个课时，每个课时按照 45 分钟的教学时间编排，便于课堂教学。

■ 无缝并入教学课程。全书 50 课教学内容可以分为必学课和选学课两部分。如果教学课时较短，则全书可以压缩至 30 个必修课时展开教学，其他选修课内容可以交由学生课下自学。如果教学课时充足，则教师可以将选修课并入课堂，带领学生学习。

■ 教学视频。全书为每个课时都配备了专业、严谨的教学视频，教师可以借助这些教学视频开展课前准备工作，学生可以在课前观看教学视频进行预习，便于课上教学的开展。

■ 专业编写团队。本书由拥有多年教学经验的一线教师团队编写而成，内容贴合学校教学形式，便于学生学习掌握。

■ 迎合行业要求。本书编排了丰富的教学案例，这些案例都取自实际工作，这可以使学生的学习更加贴合实际工作和行业要求。

本书由张敏、姚跃、李萌任主编，丁梦南、武贺斌、顾婷婷、张晓梅任副主编。由于编者自身水平有限，书中难免有疏漏之处，敬请读者批评指正。

编者

2021 年 10 月

CONTENTS 目录

CONTENTS 目录

CONTENTS 目录

—05—

第5章 系统掌握色彩调整命令

—06—

第6章 强大的绘画工具

CONTENTS 目录

CONTENTS 目录

CONTENTS 目录

CONTENTS 目录

13

第 13 章 平面设计案例实训

14

第 14 章 互联网设计案例实训

第1章

01 熟悉 Photoshop 的工作环境

Adobe 公司推出的 Photoshop 软件，是目前全世界范围内使用广泛、功能强大的图形图像处理软件之一。它被广泛应用于美术设计、彩色印刷、排版、数码摄影等诸多领域。

使用该软件可以非常方便地绘制图像、校正图像颜色、修复图像细节和创建图像特效等。本章将为读者介绍 Photoshop 的工作环境和图像文件的基本操作，从而为 Photoshop 的深入学习做好准备。

1.1　课时 1：如何让 Photoshop 成为你的有力工具？

Photoshop 被广泛地应用于与图像处理相关的各个行业，这与其强大的功能是分不开的。众多的功能被有序合理地安排在软件的各个模块中，我们要掌握这些图像处理功能，必须先从了解 Photoshop 的操作界面入手。

学习指导

本课内容重要性为【选修课】。

本课时的学习时间为 40 ～ 50 分钟。

本课的知识点是熟悉 Photoshop 的操作界面，对操作界面中各模块的功能做初步了解。

课前预习

扫描二维码观看教学视频，对本课知识进行预习。

1.1.1　Photoshop 的操作界面

初次运行 Photoshop 时，工具箱和一些常用的调板会默认显示在操作界面上。这时打开一个图像文件，将会看到图 1-1 所示的操作界面。

Photoshop 的操作界面分为 5 个区域。这些区域按图 1-1 中的数字顺序分别为：1. 菜单栏；2. 工具选项栏；3. 选项卡式“文档”窗口；4. 工具箱；5. 垂直停放的调板组。下面将分别对操作界面中各组成部分向读者做简单介绍。

1. 菜单栏

菜单栏包含执行任务的菜单命令，这些菜单命令按照功能被分为 11 类，如图 1-2 所示。

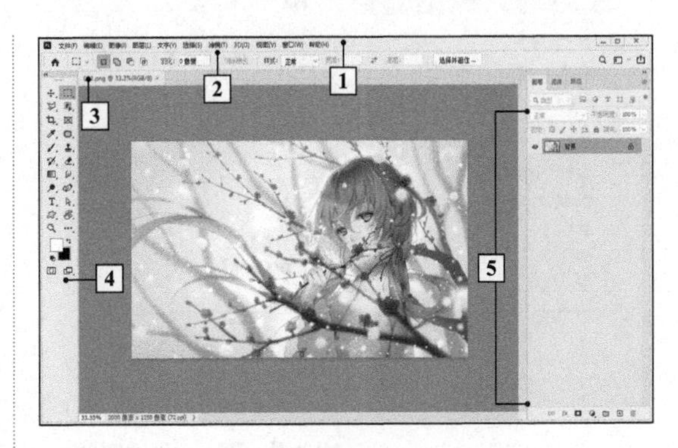

图 1-1

文件(F)　编辑(E)　图像(I)　图层(L)　文字(Y)　选择(S)　滤镜(T)　3D(D)　视图(V)　窗口(W)　帮助(H)

图 1-2

（1）在菜单栏中单击“文件”菜单，在展开的菜单中，有些命令名称后带有快捷键，如图 1-3 所示。读者可以通过按键盘上对应的组合键（快捷键）来快速执行命令。

图 1-3

（2）单击“编辑”菜单，在展开的菜单中，读者可以看到“填充”命令名称后面带有英文省略号，表明执行该命令后会弹出相应的设置对话框，如图 1-4 所示。

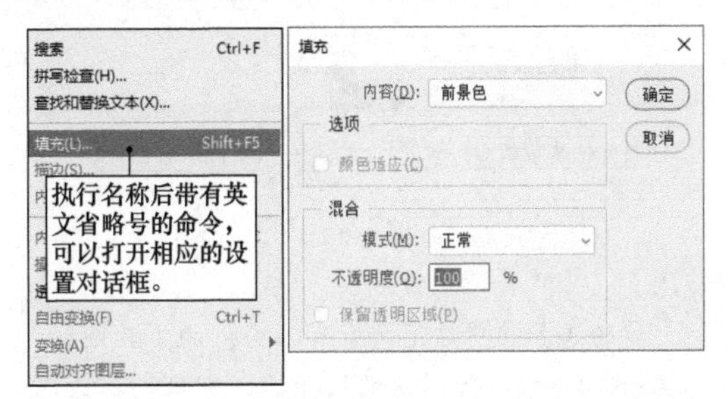

图 1-4

（3）在展开的菜单中，如果命令名称后面带有三角形，则表明该命令还有子菜单。执行“图像”→“调整”命令，即可展开该命令的子菜单，如图 1-5 所示。

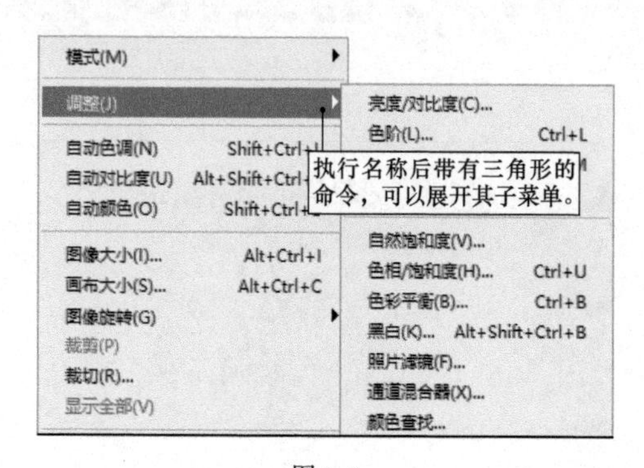

图 1-5

2. 工具箱

工具箱将 Photoshop 的功能以图标形式聚集在一起，工具的图标可以体现该工具的功能。在键盘中按相应的快捷键，即可从工具箱中快速选择相应的工具。默认情况下，工具箱停靠在操作界面的左侧。

工具箱中的每个工具都有不同的功能。图 1-6 所示为工具箱中工具的名称和快捷键。在工具箱中单击右下角带有三角形的工具图标，系统将会显示其中的隐藏工具，图 1-7 所示为工具箱中的全部隐藏工具。

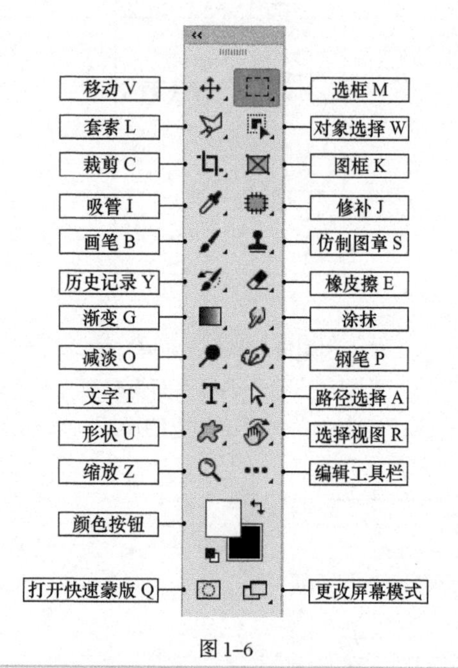

图 1-6

技巧

单击工具箱中右下角带有三角形的工具图标，按住<Shift>键并按对应的快捷键，即可切换为隐藏工具。

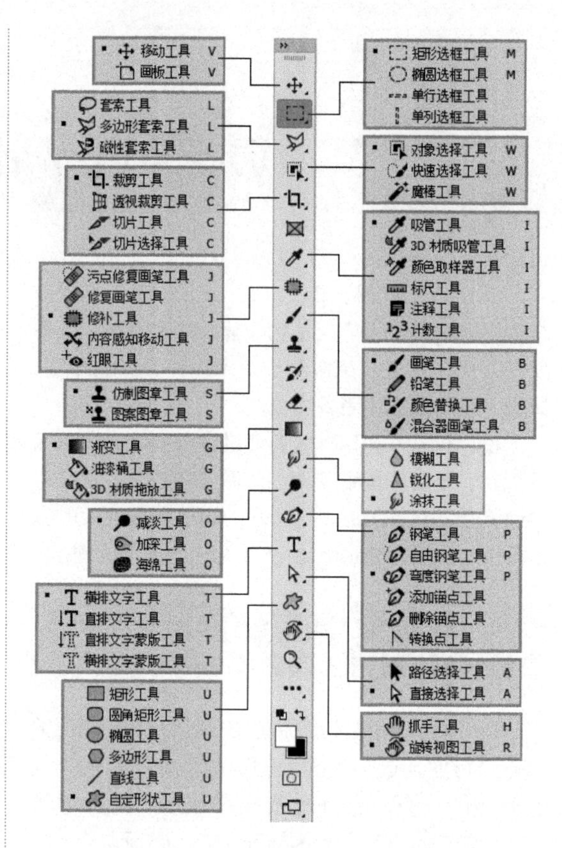

图 1-7

本书在后面的章节中，将根据工具箱中工具的功能，分门别类地为读者详细介绍各个工具的应用方法与操作技巧。

3. 工具选项栏

选择了某种工具后，其命令选项都会显示在工具选项栏中，工具选项栏会随所选工具的不同而变化。根据需要，我们可以将工具选项栏移动到工作区域中的任何位置，并将它放在操作界面的顶部或底部。

（1）在工具箱中选择“椭圆选框”工具，工具选项栏中会显示有关“椭圆选框”工具的各项设置，如图 1-8 所示。

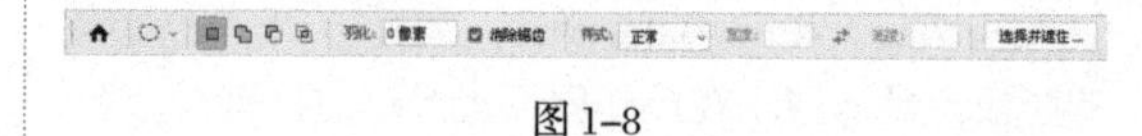

图 1-8

（2）使用鼠标右击工具选项栏中的工具图标，在弹出的菜单中选择“复位工具”或“复位所有工具”选项，可以使一个工具或所有工具恢复默认设置，如图 1-9 所示。

图 1-9

（3）单击工具选项栏中工具图标旁边的倒三

角按钮，会弹出保存所选工具的工具预设框，如图 1–10 所示。使用工具预设可以存储和重复使用某个工具设置。

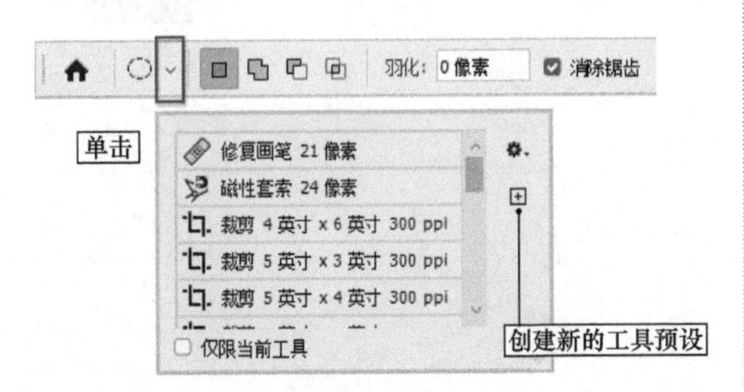

图 1–10

（4）选中工具预设框底部的“仅限当前工具”复选框，工具预设框中只会显示当前选择的工具的预设，如图 1–11 所示。

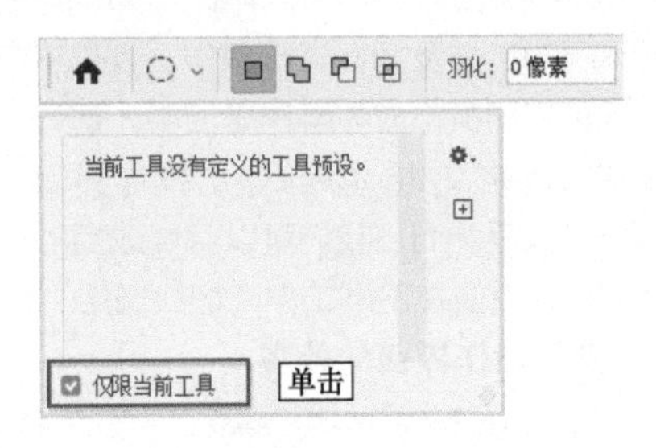

图 1–11

（5）单击工具预设框中的“创建新的工具预设”按钮，打开“新建工具预设”对话框，如图 1–12 所示。

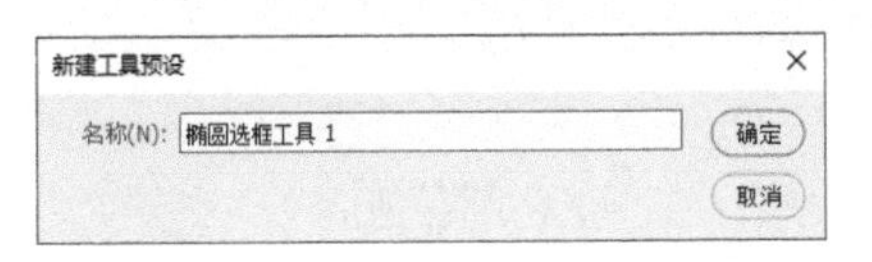

图 1–12

（6）单击“确定”按钮，即可保存工具参数的设置，可以省去每次都要设置参数的烦琐操作，如图 1–13 所示。

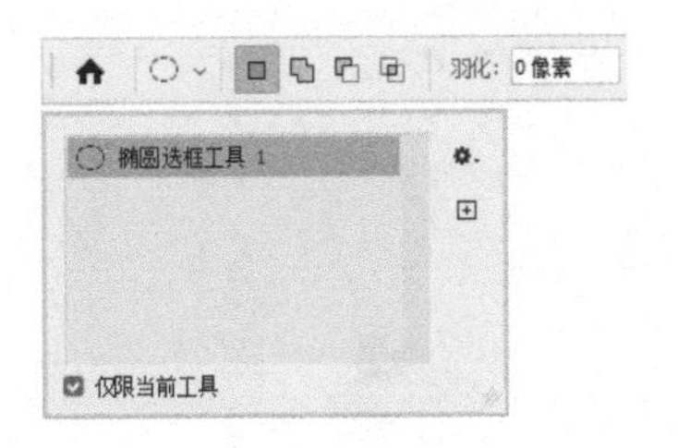

图 1–13

4. 图像编辑窗口

在 Photoshop 中，图像编辑窗口为选项卡形式，用户既可自由地在多个文件选项卡间切换，又可以选择多种排列文件的方式，大大方便了多个文件的编辑。

（1）在菜单栏执行“文件”→“打开”命令，打开本书附带文件 /Chapter–01/“人物 01.tif”“人物 02.tif”“人物 03.tif”，如图 1–14 所示。

图 1–14

（2）按键盘上的 <Ctrl+Tab> 组合键，可在多个文件选项卡间切换，或直接单击某文件选项卡，可打开相对应的文件，如图 1–15 所示。

图 1–15

（3）单击并拖动“人物 02.tif”文件选项卡，将其拖到“人物 03.tif”文件选项卡的右侧，松开鼠标，即可调整文件选项卡的排列顺序，如图 1–16 所示。

图 1–16

（4）选择“人物 03.tif”文件选项卡，将其向下拖动，即可使其成为独立的图像编辑窗口。选项卡标题栏中展示了当前文件的名称、格式及缩放比例等相关信息，如图 1-17 所示。

图 1-17

5. 调板

Photoshop 根据各种功能的分类提供了 26 个调板，使用这些调板可以进一步细致调整各项工具的选项，也可以将调板中的功能应用到图像上。在操作界面中并不是每个调板都是打开的，如果需要打开隐藏的调板，可以在菜单栏的“窗口”菜单中进行选择，如图 1-18 所示。

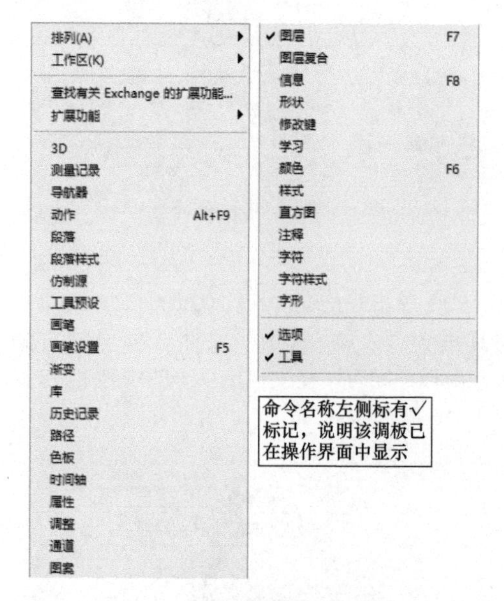

图 1-18

在工作中，我们可以根据当前的操作选择对应的功能，继而打开对应的功能调板。在工作时并不是所有的调板都是打开的，如果我们将 26 个调板全部打开，那么整个操作界面将会显得异常拥挤。所以，我们需要对调板进行归类，把与工作相关的调板放在操作界面的两侧，如图 1-19 所示。

每个调板都有自身的功能，本书将在后面的章节中详细地对各个调板的功能及操作进行介绍。

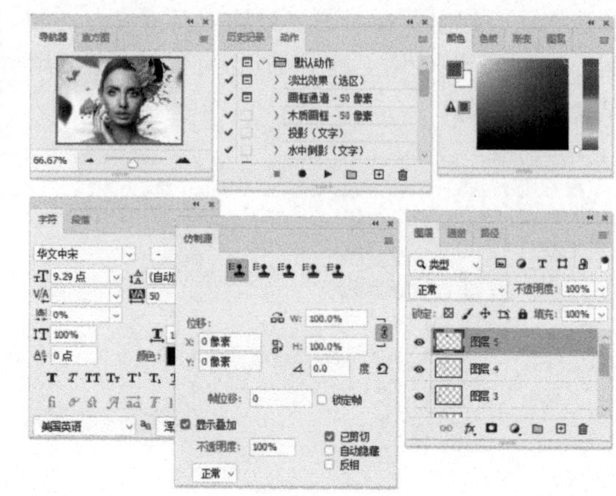

图 1-19

1.1.2 自定义操作界面

Photoshop 的功能非常丰富，不同的工作需要使用不同的工具及调板进行操作。我们不可能将所有的工具和调板都放在操作界面中，这就需要根据工作内容来定义 Photoshop 的操作界面，从而使工作更加顺手。而且我们可以将修改后的操作界面保存下来，以便在不同工作间切换调用。

1. 设置操作界面的外观

Photoshop 允许用户根据需要随意拆分和组合调板，下面通过操作来演示设置操作界面的方法。

（1）转换工具箱的形态。将鼠标指针移动到工具箱的顶端，单击展开收缩按钮即可调整工具箱的形态，如图 1-20 所示。

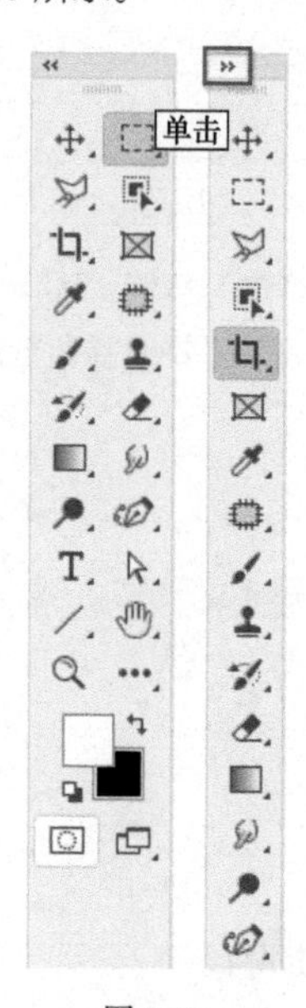

图 1-20

（2）将调板转换为按钮状态。将鼠标指针移动到调板的顶端，双击调板标题栏上方的空白处即可将调板转换为按钮状态，如图 1-21 所示。

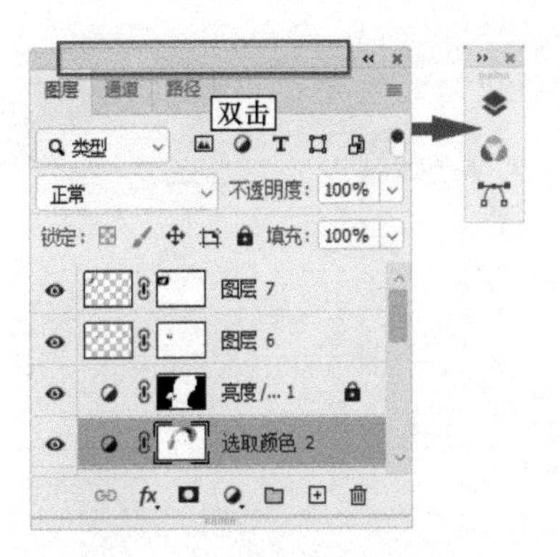

图 1-21

（3）调整按钮的宽度。将鼠标指针移动到调板的侧边，当鼠标指针呈↔状时单击并拖动鼠标，即可调整按钮的宽度，如图 1-22 所示。

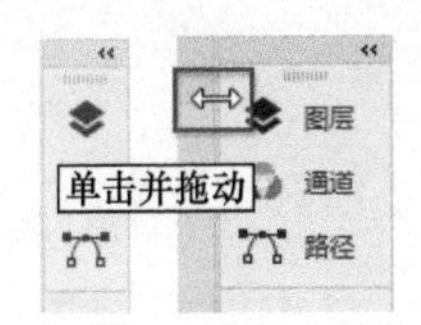

图 1-22

（4）打开按钮状态的调板。单击调板按钮，即可打开相应的调板，如图 1-23 所示。

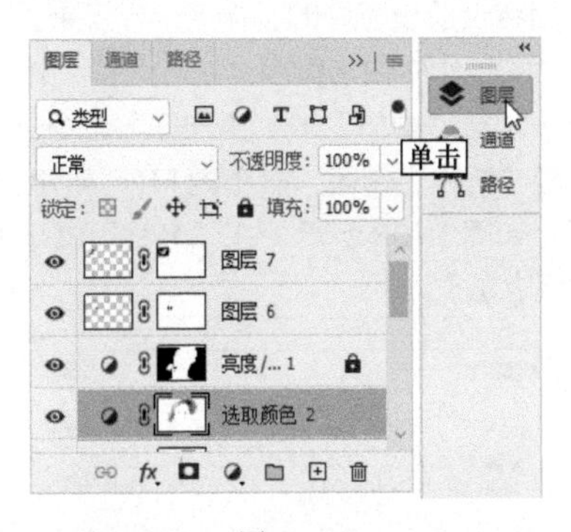

图 1-23

提示

如果需要关闭调板，则单击调板右上角的按钮。

2. 组合 / 拆分调板

Photoshop 的功能非常强大，且提供了不同类型的调板。在工作中用到某些功能时，可以打开相关的功能调板，隐藏或关闭与工作无关的调板。我们可以将与自己的日常工作有密切联系的调板组合到一起，从而快速调用。

（1）在调板组中，单击并拖动调板组的顶部，将调板组从右侧调板栏中拆分出来，使其浮于操作界面中，如图 1-24 所示。

（2）单击并拖动“图层”调板的标签，将“图层”调板从调板组中拆分出来，使其形成独立的调板，如图 1-25 所示。

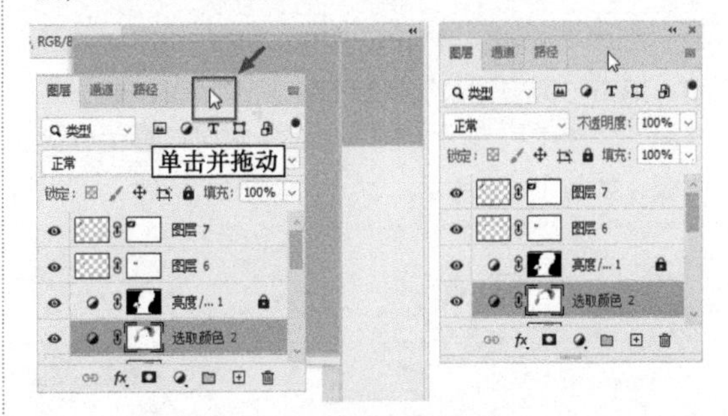

图 1-24

图 1-25

（3）单击并拖动“图层”调板的标签，将其移动到调板组顶端的空白处，当调板组出现蓝色边框时松开鼠标，即可将这两个调板组合，如图 1-26 所示。

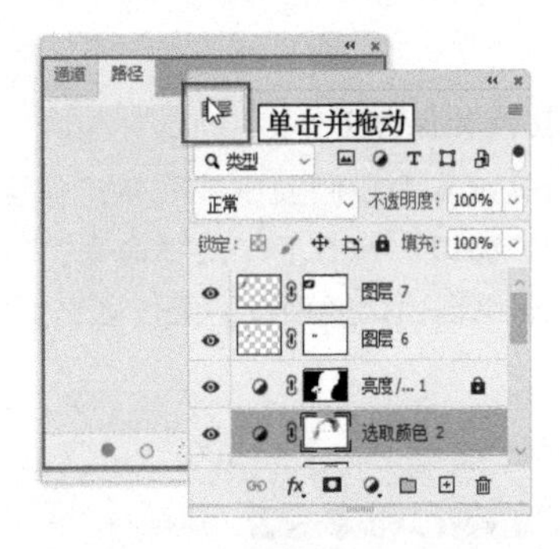

图 1-26

（4）单击并拖动刚刚组合的调板组到“调整”调板处，当“调整”调板出现蓝色边框时松开鼠标，即可将该调板组和“调整”调板组合，如图 1-27 所示。

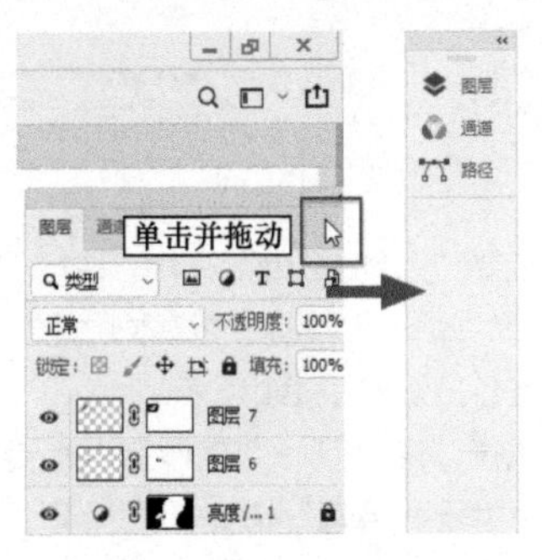

图 1-27

3. 关闭调板

如果不需要使用当前的调板，我们可以将其关闭。单击“历史记录”调板右上角的菜单按钮，在弹出的菜单中执行“关闭”命令，即可单独关闭该调板，如图 1–28 所示。

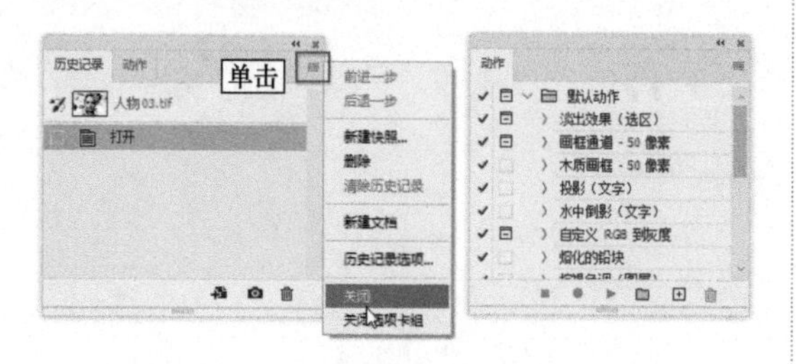

图 1–28

单击“动作”调板右上角的关闭按钮，即可将该调板关闭，如图 1–29 所示。

图 1–29

4. 切换和保存工作区

Photoshop 为我们预设了很多工作区，在菜单栏执行“窗口”→“工作区”命令，在弹出的子菜单中可以自由切换预设的工作区，如图 1–30 所示。

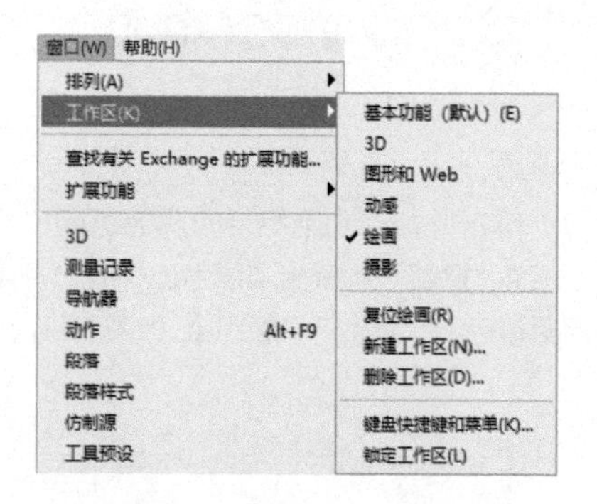

图 1–30

（1）选择“人物 02.tif”文件，执行“窗口”→“工作区”命令，可以看到“基本功能”工作区模式为选中状态，如图 1–31 所示。

（2）执行“窗口”→“工作区”命令，在弹出的子菜单中执行“绘画”命令，切换到“绘画”工作区模式，如图 1–32 所示。

图 1–31

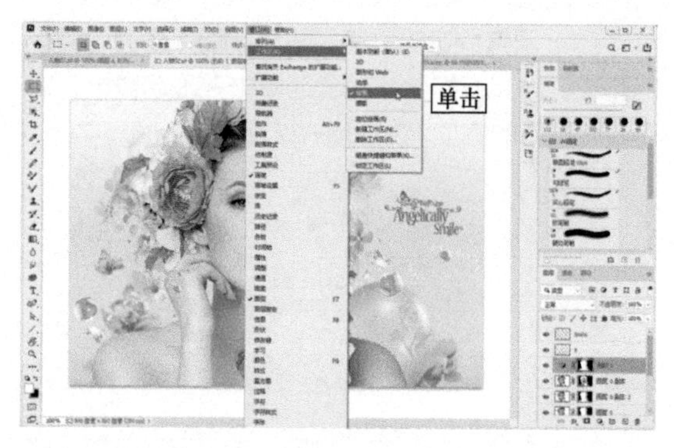

图 1–32

下面将当前设置好的工作区保存下来，以便我们在之后的工作中快速调用。

（1）执行“窗口”→“工作区”命令，在子菜单中执行“新建工作区”命令，打开“新建工作区”对话框，如图 1–33 所示，在“名称”文本框中输入工作区名称。

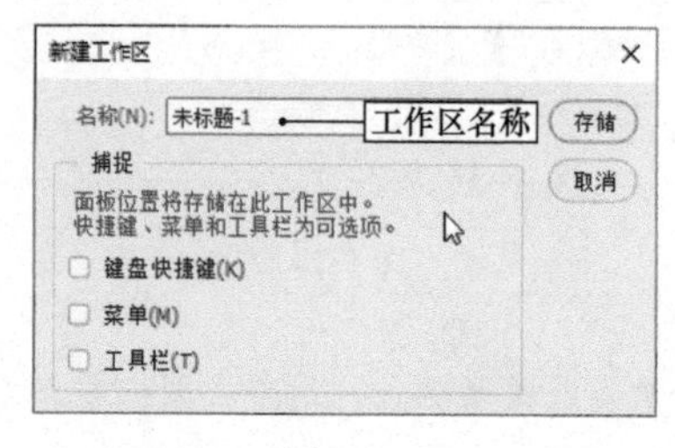

图 1–33

（2）设置完毕后，单击“存储”按钮，即可将工作区保存下来。

（3）执行“窗口”→“工作区”命令，在弹出的子菜单中可以看到刚才保存的工作区，如图 1–34 所示。

（4）当操作过多而使工作区发生变化时，再次执行相应的工作区命令，可以恢复自定义的工作区。

5. 自定义快捷键

使用快捷键可以简化操作流程，提高我们的工作效率。Photoshop 为一些常用的工具和命令预设了快捷键。同时，Photoshop 也允许用户根据自己的习惯自定义工具和命令的快捷键。

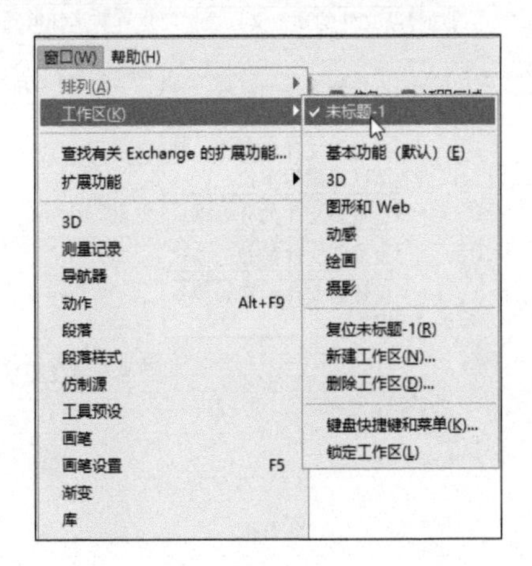

图 1-34

执行“窗口”→“工作区”→“键盘快捷键和菜单”命令，打开“键盘快捷键和菜单”对话框，如图 1-35 所示。

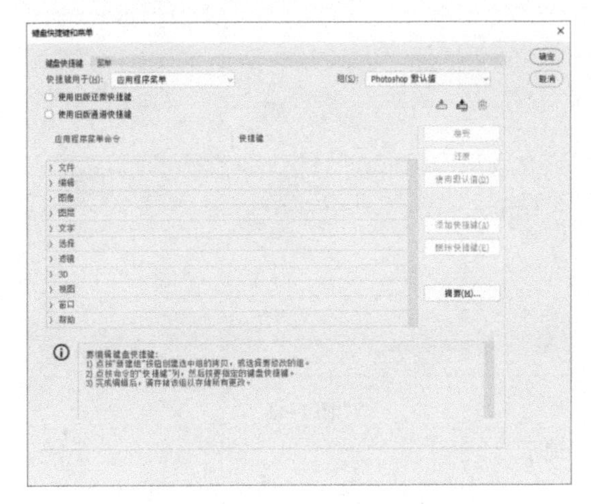

图 1-35

在“菜单”选项卡中，可以设置菜单栏或者调板菜单中命令的可视性和颜色。

（1）单击“文件”前的下拉按钮将其展开，如图 1-36 所示。

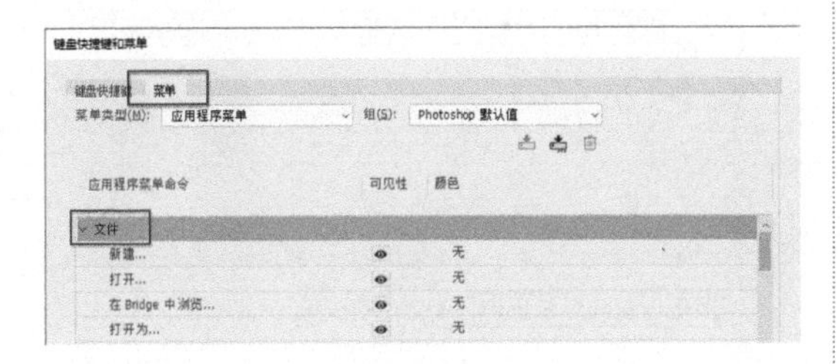

图 1-36

（2）在“新建”右侧的“颜色”选项的“无”上单击，打开“颜色”下拉列表，选择“蓝色”选项，如图 1-37 所示，按 <Enter> 键保存设置。

（3）在“最近打开文件”右侧的“可视性”选项的眼睛图标上单击，可隐藏“最近打开文件”命令，如图 1-38 所示。

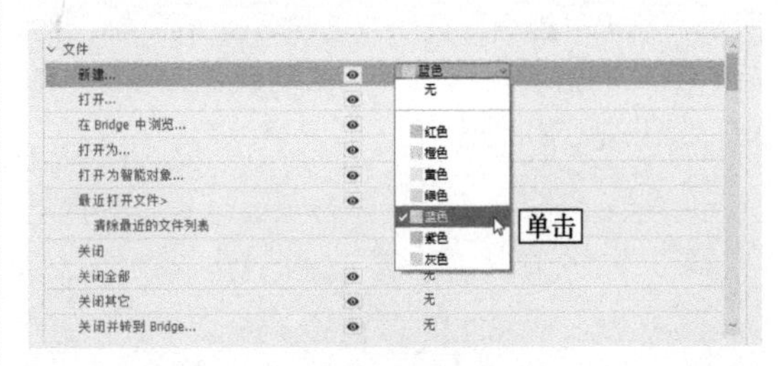

图 1-37

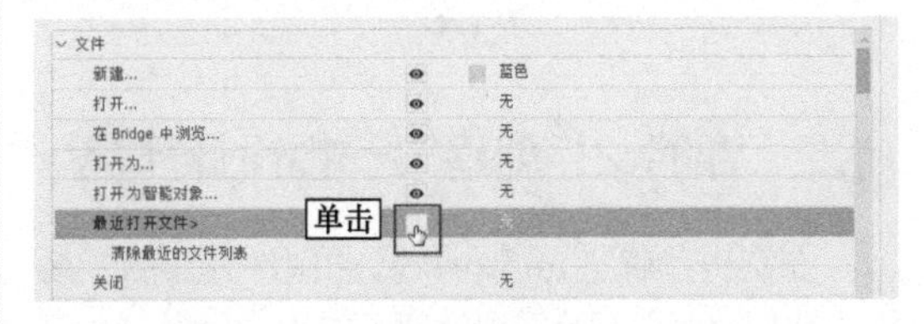

图 1-38

（4）设置完毕后，单击“确定”按钮。图 1-39 所示为设置前后的“文件”菜单的对比效果。

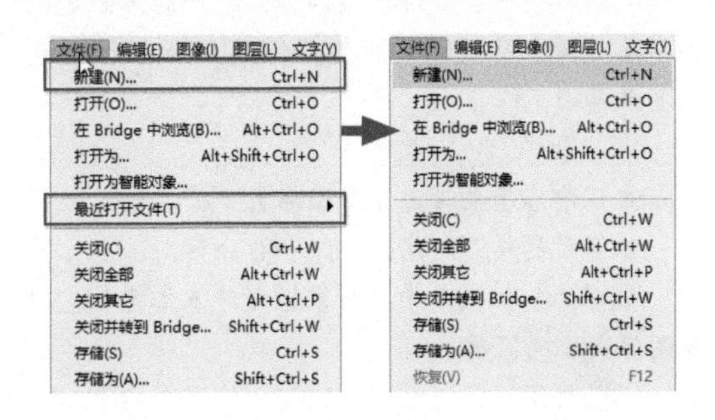

图 1-39

在“键盘快捷键”选项卡中，可以设置应用程序菜单命令等的快捷键。

（1）打开“键盘快捷键和菜单”对话框，单击“键盘快捷键”选项卡，如图 1-40 所示。

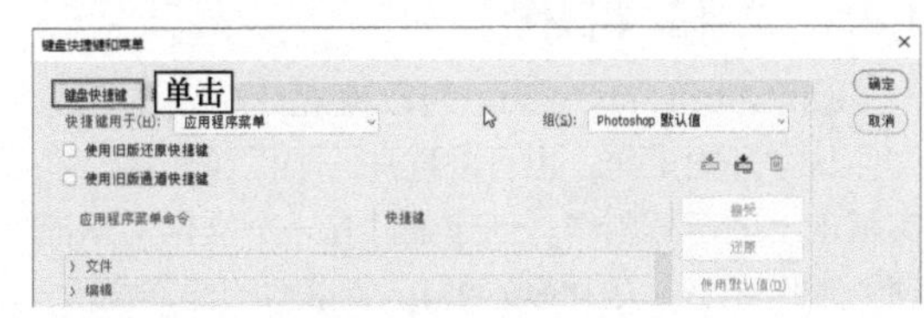

图 1-40

（2）单击“快捷键用于”右侧的倒三角按钮，在弹出的下拉列表中选择“工具”选项，如图 1-41 所示。

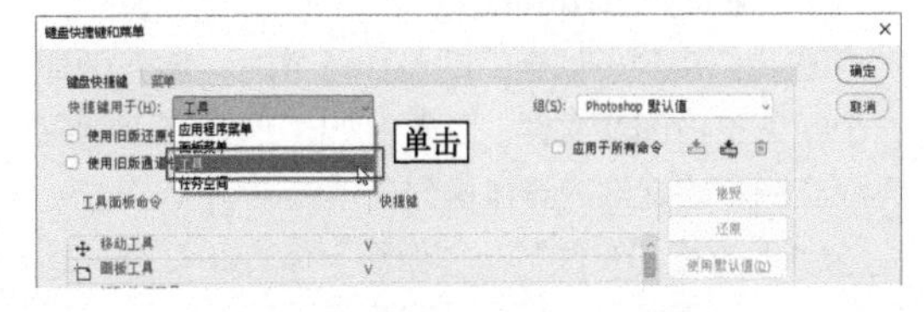

图 1-41

（3）单击需要更改快捷键的工具，文本框变为可输入状态，在文本框中输入快捷键，如图 1-42 所示，单击“接受”按钮或者按 <Enter> 键，然后单击“键盘快捷键和菜单”对话框右上角的“确定”按钮关闭对话框。

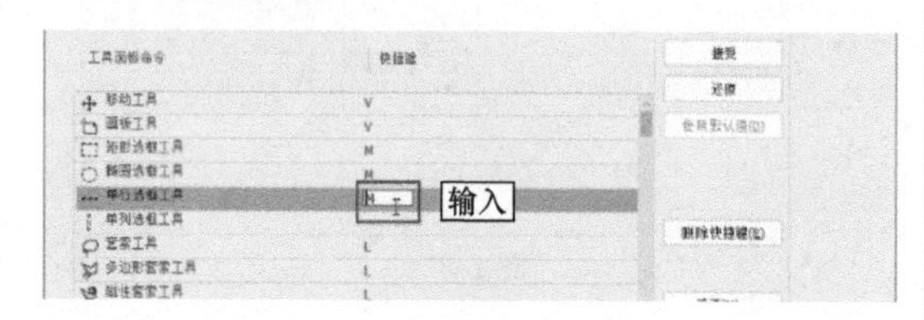

图 1-42

1.2 课时 2：创建第一幅设计作品

在初步了解了 Photoshop 的操作界面后，接下来我们就可以开始图像处理工作了。首先，我们要进行的就是对图像文件的操作与管理。

本节将介绍图像处理时涉及的基本操作，如文件的创建、关闭、打开与保存等，以及对图像进行的基本处理，来初步了解如何使用 Photoshop 进行图像编辑工作。

学习指导

本课内容重要性为【必修课】。

本课时的学习时间为 40 ～ 50 分钟。

本课的知识点是学习与掌握文件基本操作，以及图像大小的修改。

课前预习

扫描二维码观看教学视频，对本课知识进行预习。

1.2.1 文件基本操作

启动 Photoshop 后，可以建立一个新的图像文件从零开始工作，也可以打开一幅图像作品，在其基础上进行再创作。创建或打开一个文件，从而建立工作环境，是 Photoshop 最基本的操作之一。还可以打开之前的文件继续进行工作，结合置入命令、导入命令获得更多的图像数据。下面对这些操作逐一进行学习。

1. 新建和关闭文件

在我们接到一项全新的设计任务时，需要创建一个新的空白图像文件，从零开始工作。下面就来详细介绍新建文件的具体操作。

（1）执行“文件”→“新建”命令，打开“新建文档”对话框，如图 1-43 所示。

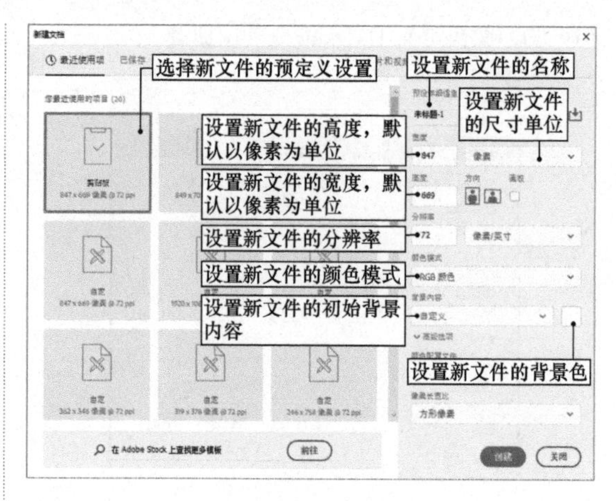

图 1-43

（2）在该对话框中设置新文件的名称、尺寸、尺寸单位和分辨率，如图 1-44 所示。

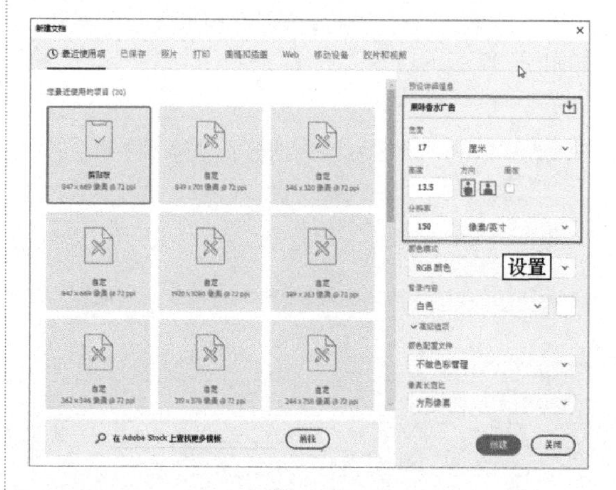

图 1-44

> **提示**
>
> 在制作网页图像时一般以“像素”为单位，在制作印刷品时则以“厘米”为单位。

（3）单击“创建”按钮，在工作区域弹出新文件的图像窗口，如图 1-45 所示。

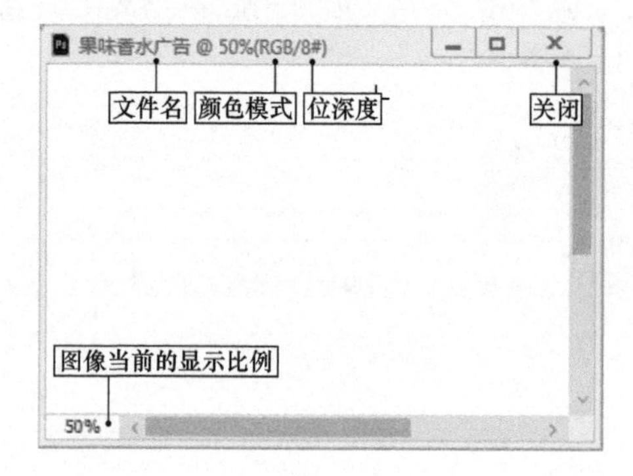

图 1-45

（4）执行“文件”→“关闭”命令，或者单击图像窗口右上方的关闭按钮，将当前文件关闭，如图 1-46 所示。

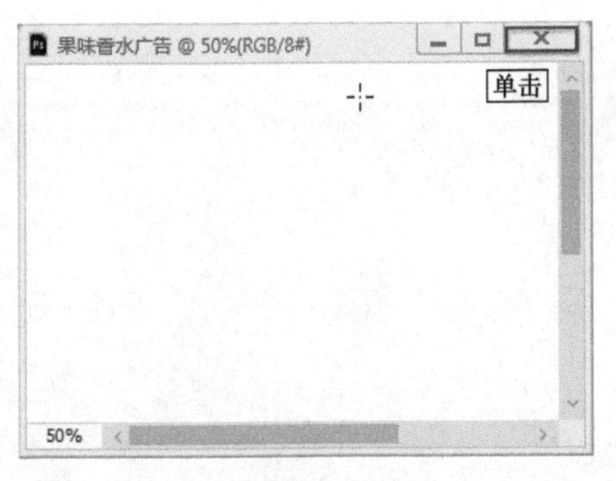

图 1-46

（5）在工具箱中单击背景色色块，打开“拾色器（背景色）”对话框，参照图 1-47 所示设置背景色为墨绿色。

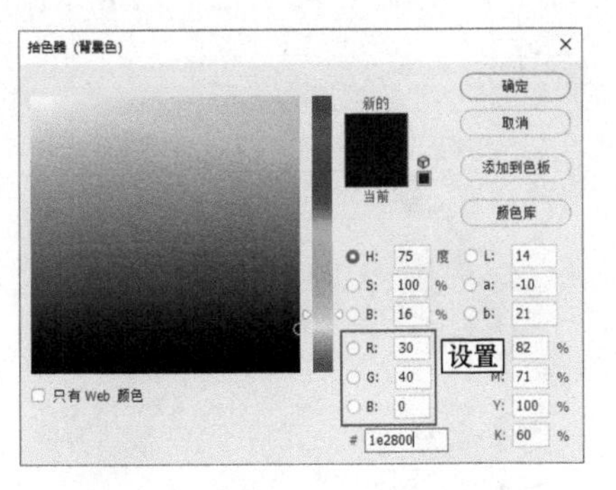

图 1-47

（6）按 <Ctrl+N> 组合键，打开“新建文档”对话框，设置“背景内容”选项为“背景色”，如图 1-48 所示。

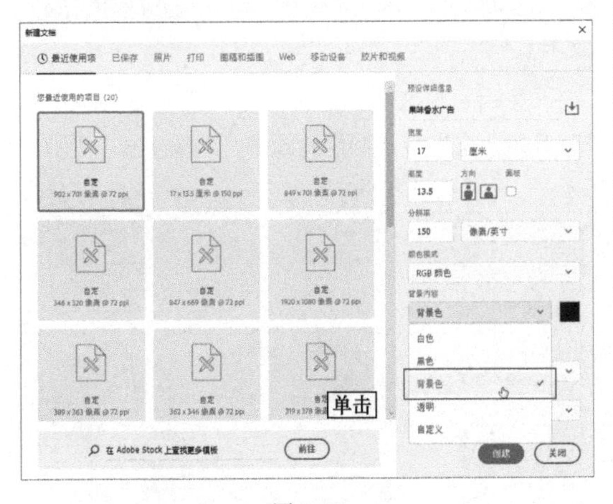

图 1-48

（7）单击“创建”按钮，创建一个以背景色为底色的新文件，如图 1-49 所示。

2. 打开文件

用户可以通过“打开”对话框打开、查找和预览文件，其具体操作如下。

（1）执行“文件”→“打开”命令，打开“打开”对话框，如图 1-50 所示。

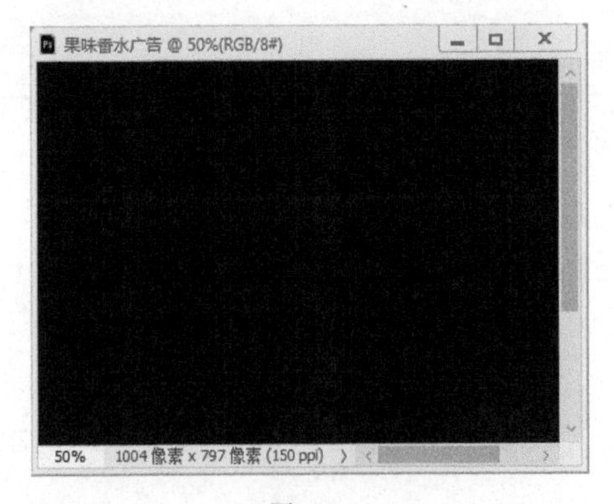

图 1-49

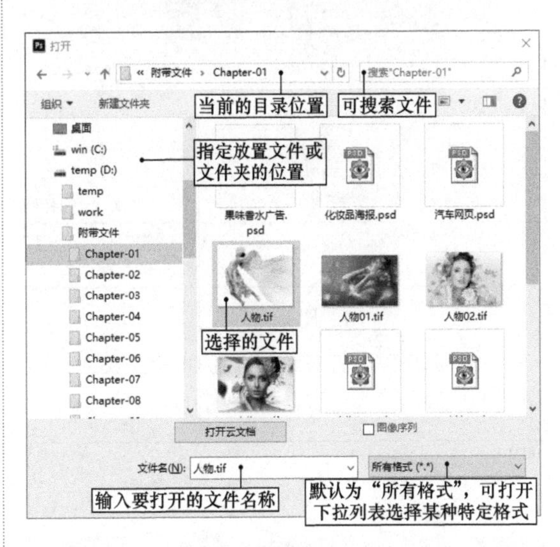

图 1-50

技巧

按下 <Ctrl+O> 组合键，也可以单击“打开”对话框。

（2）在“打开”对话框中单击“更改你的视图”倒三角按钮，可以打开显示方式列表，选择“列表”选项，更改显示方式，如图 1-51 所示。

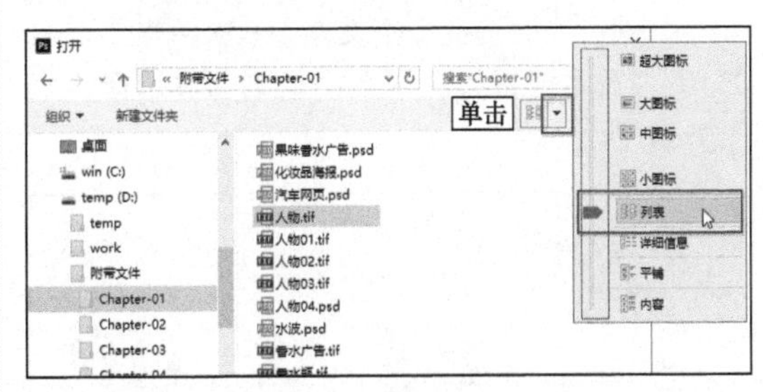

图 1-51

（3）单击“更改你的视图”按钮，可以在不同的显示方式间进行切换，选择“缩略图”显示方式，这样查找文件会更加直观，如图 1-52 所示。

（4）单击“文件类型”右侧的倒三角按钮，在弹出的下拉列表中选择文件的格式，对话框中只显示此格式的文件，从而缩小查找范围，如

图 1-53 所示。

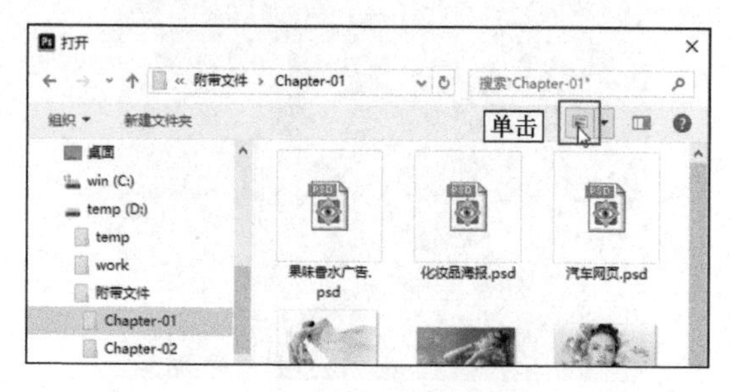

图 1-52

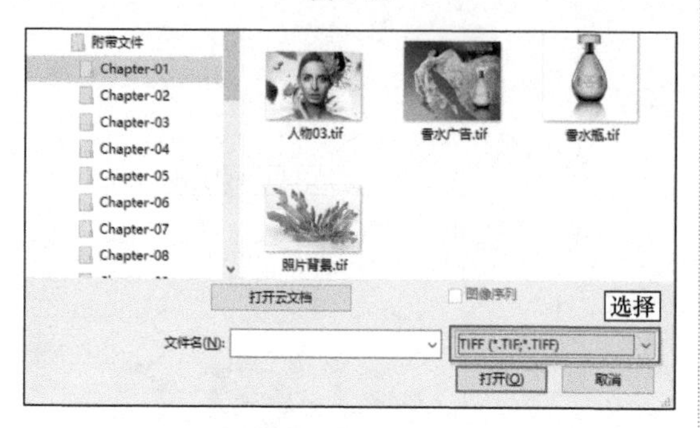

图 1-53

（5）选择需要打开的“人物 05.tif”文件，如图 1-54 所示。

图 1-54

（6）设置“文件类型”为“所有格式”，按住 <Ctrl> 键可同时选择多个文件，依次单击“人物 05.tif”“香水背景 .tif”文件，同时将其选择，如图 1-55 所示。

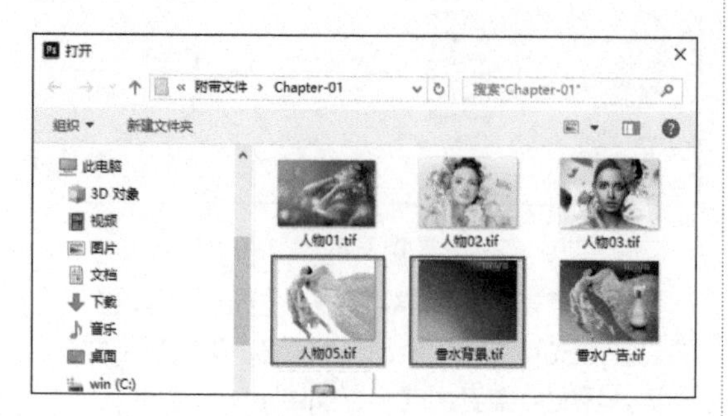

图 1-55

（7）单击“打开”按钮，打开选项卡形式的图像编辑窗口，如图 1-56 所示。

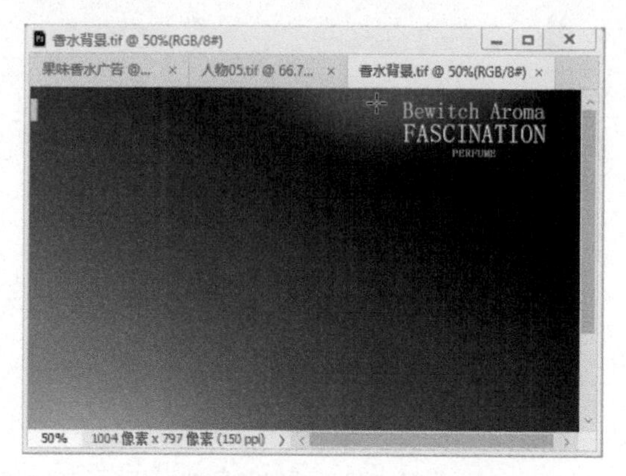

图 1-56

（8）单击“人物 05.tif”文件选项卡，将此文件切换为当前可编辑文件，如图 1-57 所示。

图 1-57

提示

按 <Ctrl+Tab> 组合键，可依次切换选择的文件。

（9）拖动“人物 05.tif”文件选项卡，使“人物 05.tif”文件浮于操作界面中，如图 1-58 所示。

图 1-58

（10）选择“移动”工具，按住 <Shift> 键将“人物 05.tif”文件中的图像拖到“果味香水广告”文件中，如图 1-59 所示。

图 1-59

提示

按住 <Shift> 键拖动图像，可以将图像复制到新文件中。

（11）重复上述操作，将“香水背景 .tif”文件中的图像也复制到“果味香水广告”文件中，复制完毕后，对图层顺序进行调整，完成后的效果如图 1-60 所示。

图 1-60

3. 多种打开文件的方法

（1）若限制打开文件的格式，执行“文件”→“打开为”命令，单击“打开为”对话框，如图 1-61 所示。

图 1-61

提示

“打开为”对话框中的按钮功能与“打开”对话框中的按钮功能基本相同，只是“文件类型”选项更改为指定的文件格式。

（2）选择“水波 .psd”文件，此文件与设置的文件格式相同，单击“打开”按钮，即可打开该文件，如图 1-62 所示。

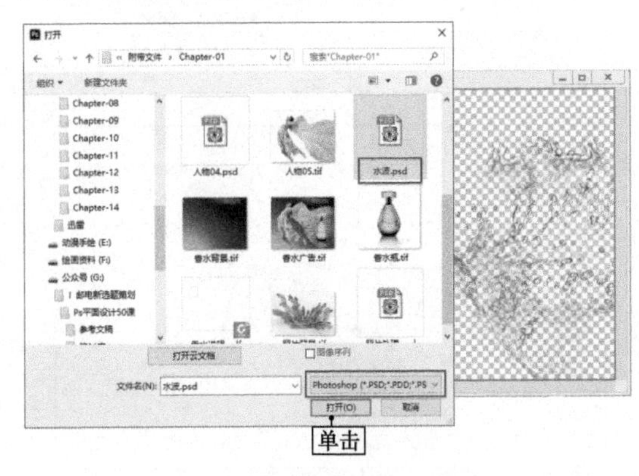

图 1-62

注意

若选取的文件的格式与设置的文件格式不匹配，将弹出图 1-63 所示的提示对话框。

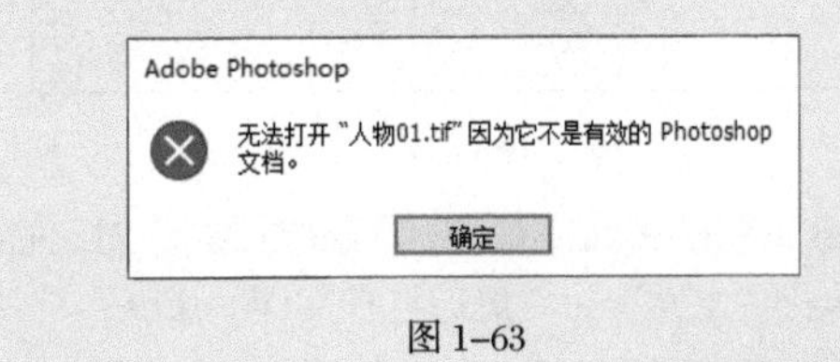

图 1-63

（3）将“水波 .psd”文件中的图像拖动复制到“果味香水广告”文件中，并按下 <Ctrl+Shift+]> 组合键，调整“水波 .psd”文件中的图像的图层到顶部，效果如图 1-64 所示。

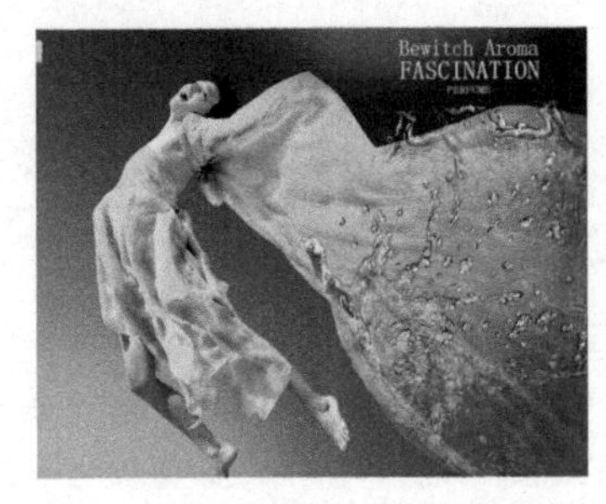

图 1-64

（4）执行“文件”→“最近打开文件”命令，其子菜单中列出了最近打开的文件名称，单击文件名称即可重新打开该文件，如图 1-65 所示。

（5）执行“编辑”→“首选项”→“文件处理”命令，打开“首选项”对话框，然后参照图 1-66 更改选项参数。

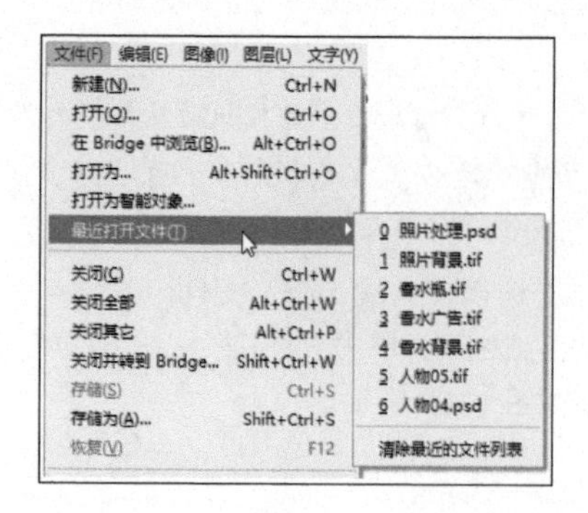

图 1–65

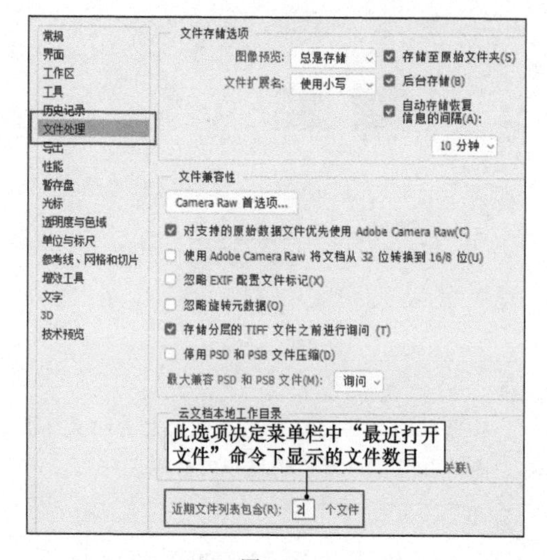

图 1–66

（6）单击“确定”按钮，关闭“首选项”对话框。再次执行“文件”→“最近打开文件”命令，打开的子菜单中只显示 2 个文件，如图 1–67 所示。

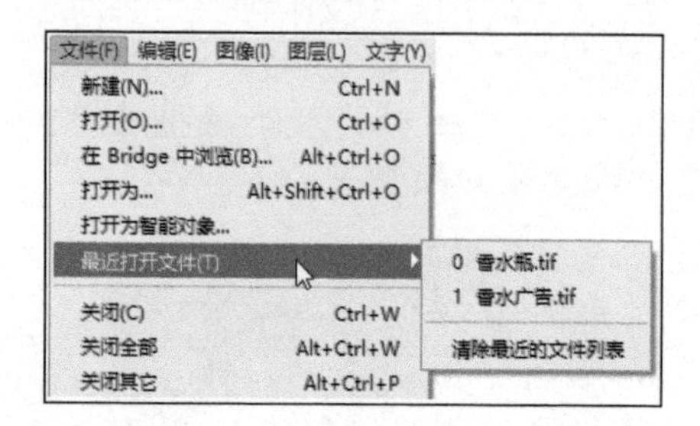

图 1–67

4. 置入文件

我们还可以执行“文件”→“置入嵌入文件”命令，将图像置入文件。图像被置入当前文件后，系统将会以智能对象的方式对其进行管理。

（1）确认“果味香水广告”文件为当前选择状态，执行“文件”→“置入嵌入文件”命令，打开“置入嵌入的对象”对话框，如图 1–68 所示。

提示

“置入嵌入的对象”对话框中的按钮功能与“打开”对话框中的按钮功能基本相同。

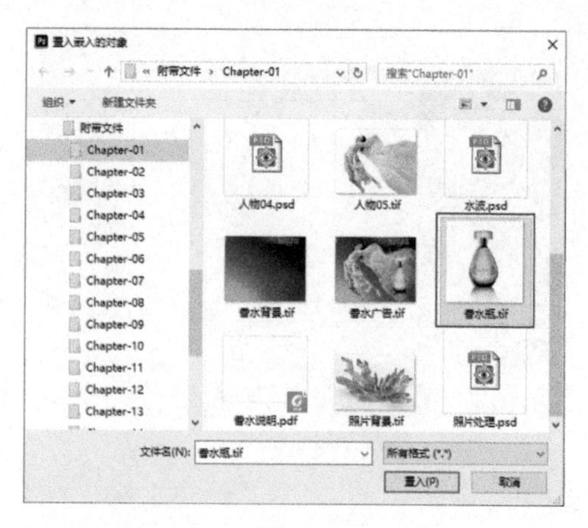

图 1–68

（2）选择“香水瓶 .tif”文件，单击“置入”按钮，置入的图像出现在当前图像中央的定界框中，如图 1–69 所示。

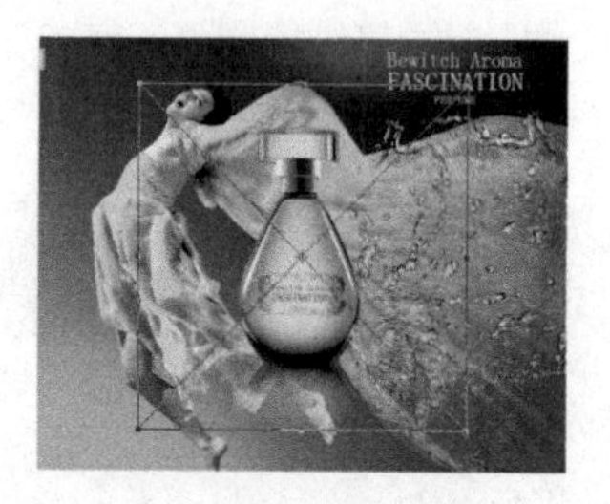

图 1–69

提示

图像按其置入其中的文件的分辨率显示。

（3）调整置入图像的位置，按 <Enter> 键置入图像，如图 1–70 所示。置入的图像作为 Photoshop 的智能对象被管理，如图 1–71 所示。

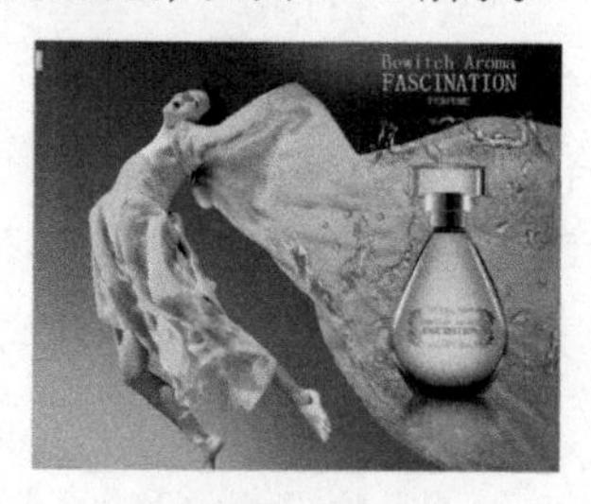

图 1–70

图 1–71

（4）双击“香水瓶”图层的图层缩览图，打开“香水瓶.tif”文件，如图1–72所示。

图1–72

（5）执行“滤镜”→“渲染”→“镜头光晕”命令，参照图1–73所示设置打开的对话框中的选项。

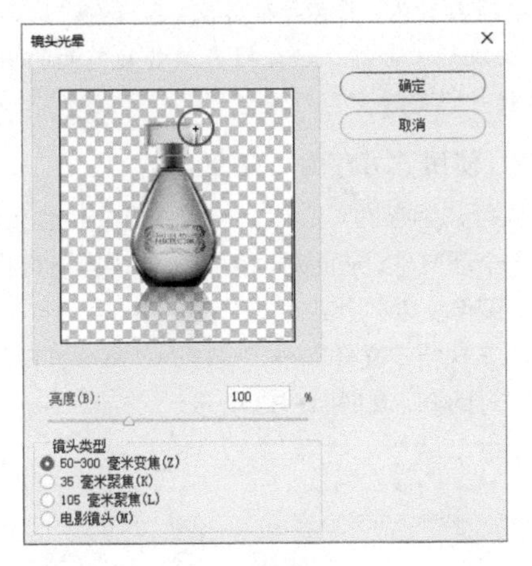

图1–73

（6）关闭“香水瓶.tif”文件，弹出提示对话框，询问是否保存更改，如图1–74所示。

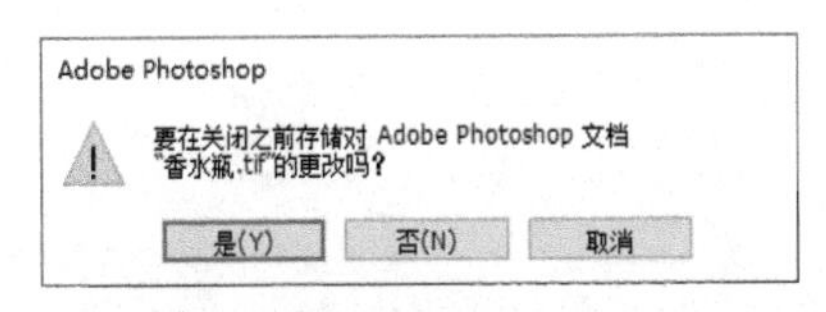

图1–74

（7）单击“是”按钮关闭对话框，“果味香水广告”文件中的图像被更新了，如图1–75所示。

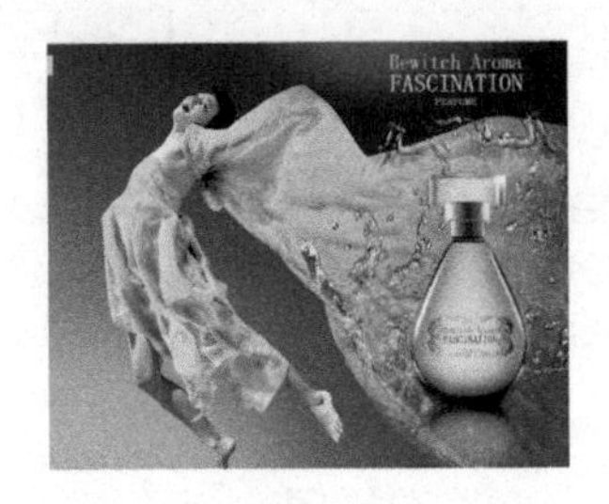

图1–75

5. 文件的导入与导出

导入命令可以让Photoshop以更多方式获取外部数据，例如，从扫描仪导入图像数据等。导出命令则可以将Photoshop生成的图像数据分享给更多的外部程序，例如，导出为网页所需的图像格式等。

在菜单栏中执行“文件”→“导入”命令，可以导入图像或者文本信息。下面就以导入“注释”为例，介绍文件导入的具体操作。

（1）执行“文件”→“导入”→“注释”命令，打开“载入”对话框，选择包含批注的“香水说明.pdf”文件，如图1–76所示。

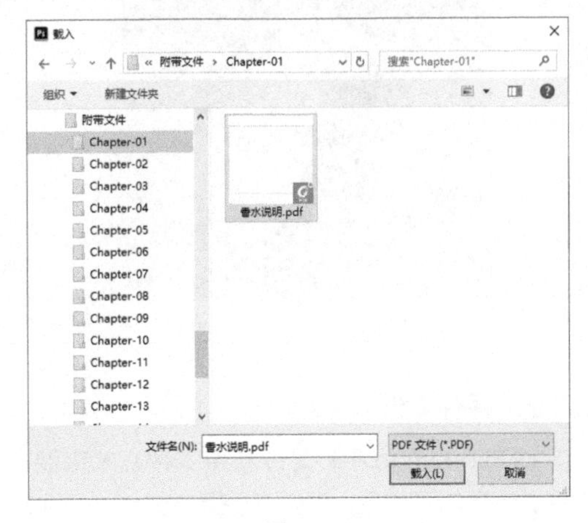

图1–76

（2）单击“载入”按钮，即可将注释导入当前图像中，在注释上双击，即可打开“注释”调板查看其详细内容，如图1–77所示。

图1–77

（3）执行“文件”→“导出”命令下的子菜单命令，可以将Photoshop文件导出为其他文件格式，如Illustrator格式、ZoomView格式等。

> 提示
>
> ZoomView格式是一种通过Web提供高分辨率图像的格式。

6. 复制图像文件

在Photoshop中，可以创建图像的副本文件，将整个图像（包括所有图层、图层蒙版和通道）的全部信息复制到一个新的文件中。

执行“图像”→“复制”命令，弹出图1–78

所示的“复制图像”对话框，保持对话框为默认设置，单击“确定”按钮，即可得到一个名为“果味香水广告 拷贝”的文件，如图 1–79 所示。

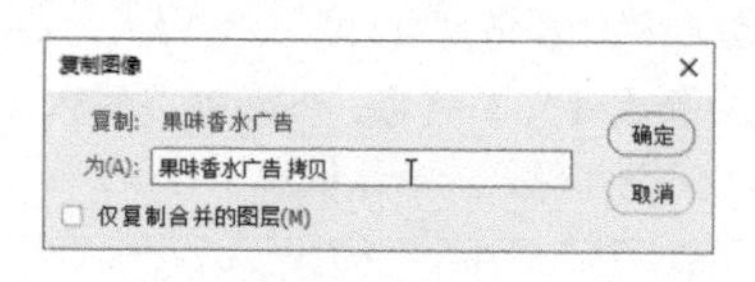

图 1–78

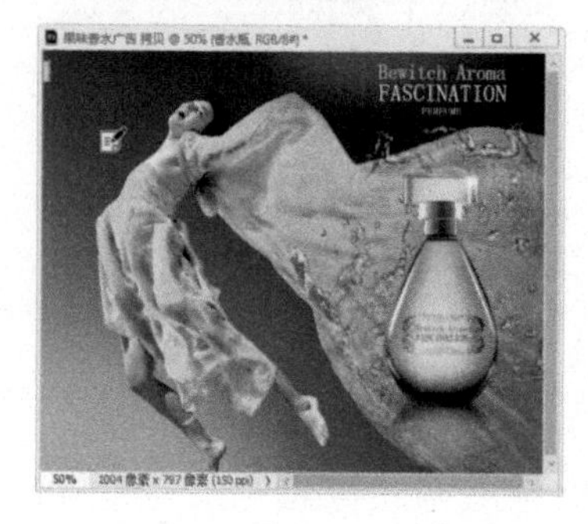

图 1–79

1.2.2 保存文件

在 Photoshop 中，可以利用多种方式来保存文件。在完成工作后，可以直接保存文件，也可以将文件存储为其他文件格式，以便在其他软件中使用。接下来，一起来学习与保存文件相关的操作。

1. 存储文件

每一次执行“存储”命令，当前图像编辑内容都会被保存到文件中。在保存时，系统会对文件原有信息进行覆盖替换。

（1）确定“果味香水广告 拷贝”文件为选择状态，执行“文件”→“存储为”命令，打开“存储为”对话框，如图 1–80 所示。

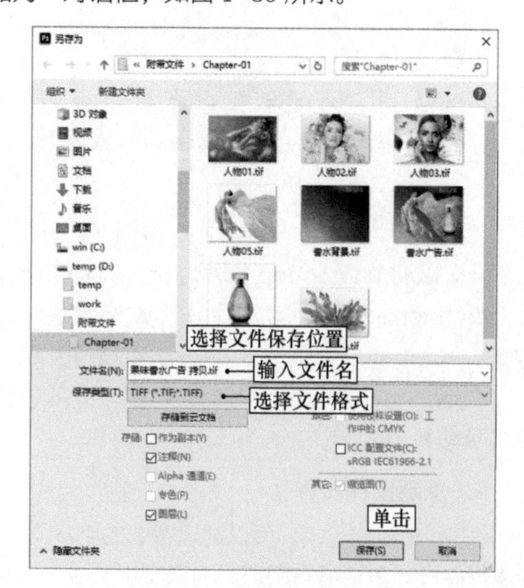

图 1–80

（2）单击“保存”按钮，弹出“TIFF 选项”对话框，单击“确定”按钮，保存“果味香水广告拷贝”文件，如图 1–81 所示。

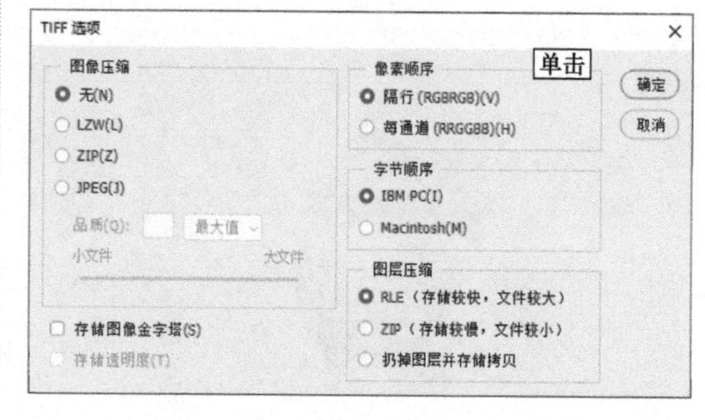

图 1–81

提示

对于从未保存过的文档，执行“存储为”命令后，将打开“另存为”对话框。而保存过的文档，每一次执行“存储”命令将直接替换前面的内容，而不打开“另存为”对话框。

2. 使用“另存为”命令

执行“另存为”命令，当前图像文件会另外存储为一个新文件，从而对当前的工作内容进行备份，而当前图像文件的状态保持不变。

（1）执行“文件”→“另存为”命令，打开“另存为”对话框，如图 1–82 所示。

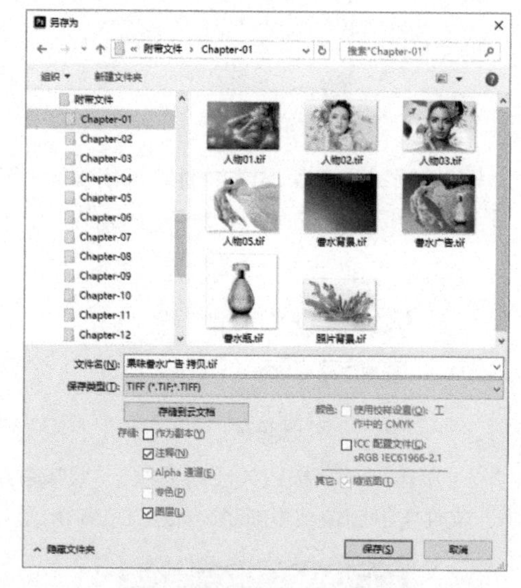

图 1–82

（2）单击“保存”按钮，弹出图 1–83 所示的“确认另存为”提示对话框，如果单击“是”按钮，将对原文件进行替换。

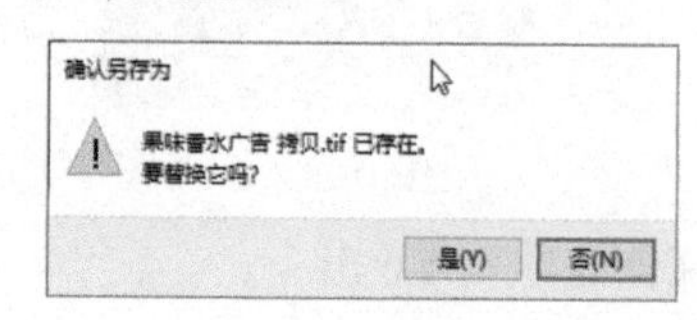

图 1–83

（3）单击“否”按钮，回到“另存为”对话框，重新设定文件的名称和格式后，单击“保存”按钮，存储文件。

（4）查看被存储的文件，标题栏中的信息已经改变，如图 1-84 所示。

图 1-84

3. 文件格式

Photoshop 提供了多种文件格式，用户可以根据需要在“另存为”对话框中将文件保存为各种不同的文件格式。“另存为”对话框中提供了 22 种文件格式供用户选择，如图 1-85 所示。

Photoshop (*.PSD;*.PDD;*.PSDT)
大型文档格式 (*.PSB)
BMP (*.BMP;*.RLE;*.DIB)
Dicom (*.DCM;*.DC3;*.DIC)
Photoshop EPS (*.EPS)
Photoshop DCS 1.0 (*.EPS)
Photoshop DCS 2.0 (*.EPS)
GIF (*.GIF)
IFF 格式 (*.IFF;*.TDI)
JPEG (*.JPG;*.JPEG;*.JPE)
JPEG 2000 (*.JPF;*.JPX;*.JP2;*.J2C;*.
JPEG 立体 (*.JPS)
PCX (*.PCX)
Photoshop PDF (*.PDF;*.PDP)
Photoshop Raw (*.RAW)
Pixar (*.PXR)
PNG (*.PNG;*.PNG)
Portable Bit Map (*.PBM;*.PGM;*.P
Scitex CT (*.SCT)
Targa (*.TGA;*.VDA;*.ICB;*.VST)
TIFF (*.TIF;*.TIFF)
多图片格式 (*.MPO)

图 1-85

对于初学者来说，选择合适的文件格式一直是个难点。很多初学者不明白这么多的文件格式是用来做什么的，文件到底要保存为哪种格式最合适。

其实，不同的文件格式所对应的工作内容是不同的，例如，图像应用于印刷时需要保证准确的颜色设置，这时我们可以把图像保存为 TIFF 格式；图像应用于网络环境时，为了减少图像的占用空间，可以将图像保存为 PNG 格式；图像要作为视频素材插入视频中时，可以将图像保存为 TGA 格式。

综上所述，文件格式主要是根据不同的工作需要，对图像文件的某些数据进行特别保存的一种方式。因为这部分知识理论性较强，同时又非常重要，所以这里以视频的方式进行教学，大家可以扫描下方二维码，观看视频进行学习。

1.2.3 查看图像

在绘图工作中，为了观察图像的整体效果和局部细节，经常需要在全屏和局部图像之间切换。所以，图像查看操作是工作中进行得最多的操作之一。下面一起学习对图像进行查看的各种方法。

1. 不同的屏幕模式

Photoshop 提供了 3 种屏幕显示模式，分别为“标准屏幕模式”“带有菜单栏的全屏模式”“全屏模式”。单击工具栏中的“屏幕模式”按钮，即可在这 3 种屏幕显示模式之间切换。

（1）打开本书附带文件 Chapter-01\“汽车网页 .psd”。

（2）执行“视图”→“屏幕模式”命令，“标准屏幕模式”为默认使用的屏幕模式，如图 1-86 所示。这种模式也是最常用的屏幕模式。

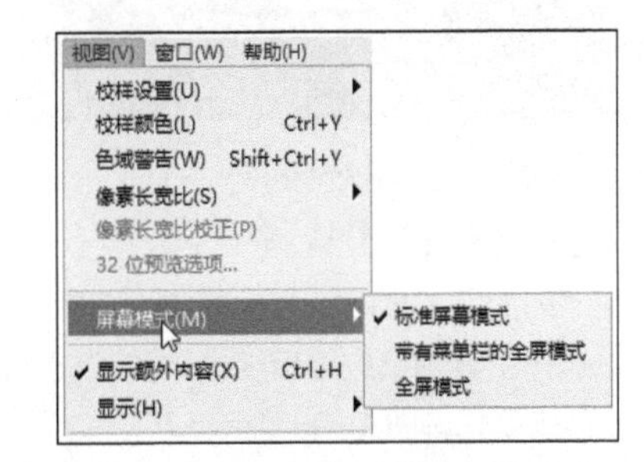

图 1-86

（3）选择“带有菜单栏的全屏模式”，图像的视图会被放大，如图 1-87 所示。

图 1-87

提示

屏幕显示模式转换为“带有菜单栏的全屏模式”时，用户可以使用“抓手”工具在屏幕范围内移动图像，以查看不同的区域。

（4）选择“全屏模式”，系统将以最大视图来显示图像，如图 1-88 所示。

图 1-88

技巧

按键盘上的<F>键，即可在这 3 种屏幕显示模式之间切换。

（5）在图像以外的区域右击，弹出一个菜单，执行菜单中的命令可设置图像以外的区域的颜色，如图 1-89 所示。

图 1-89

2. 使用“缩放”工具

使用“缩放”工具可以放大或缩小图像。

（1）选择工具箱或应用程序栏中的“缩放”工具，其工具选项栏如图 1-90 所示。

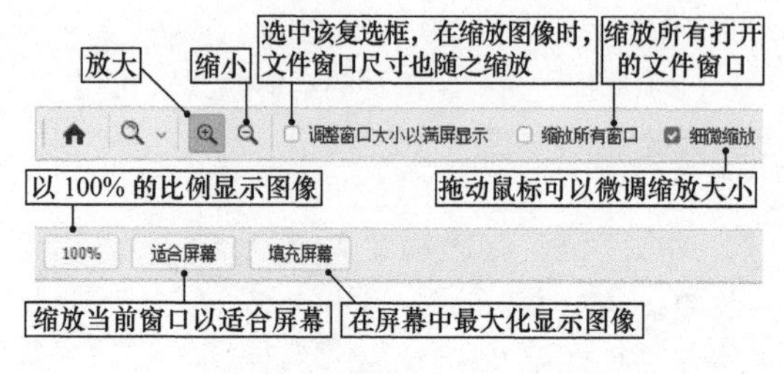

图 1-90

（2）使用“缩放”工具在图像上单击，以单击的点为中心，图像将放大至下一个预设百分比，如图 1-91 所示。

（3）使用“缩放”工具在图像上单击并拖动，可以对图像进行缩放。选中工具选项栏内的“细微缩放”复选框可以更改拖动缩放时的效果。

图 1-91

（4）选中“细微缩放”复选框，单击并拖动“缩放”工具可以对视图进行细微的缩放。

（5）取消选中“细微缩放”复选框，单击并拖动“缩放”工具可以在图像中绘制出缩放框，视图将根据框选范围进行放大，如图 1-92 所示。

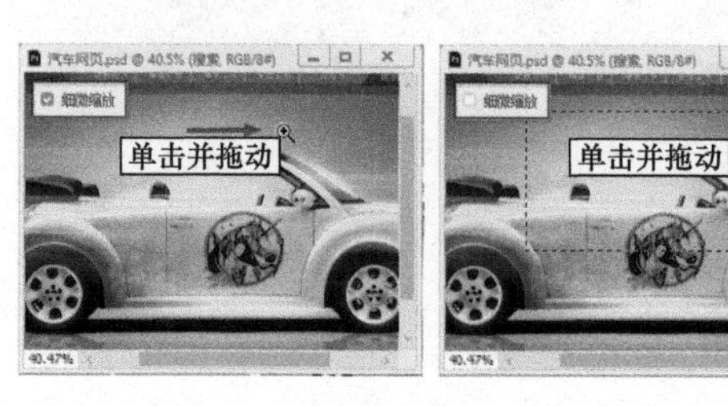

图 1-92

（6）按<Alt>键，“缩放”工具的图标将变为，此时使用该工具，在图像上单击将缩小图像，如图 1-93 所示。

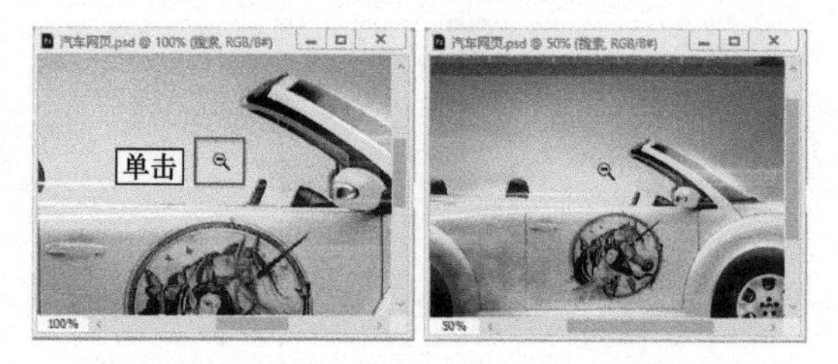

图 1-93

提示

还可以利用组合键来缩放图像，按<Ctrl+“+”>组合键以画布为中心放大图像，按<Ctrl+“−”>组合键以画布为中心缩小图像，按<Ctrl+0>组合键则在整个画布中显示图像。

3. 使用“抓手”工具

使用“抓手”工具可以平移图像，从而对图像的各个区域进行查看。

（1）选择“抓手”工具，其工具选项栏如图 1-94 所示。

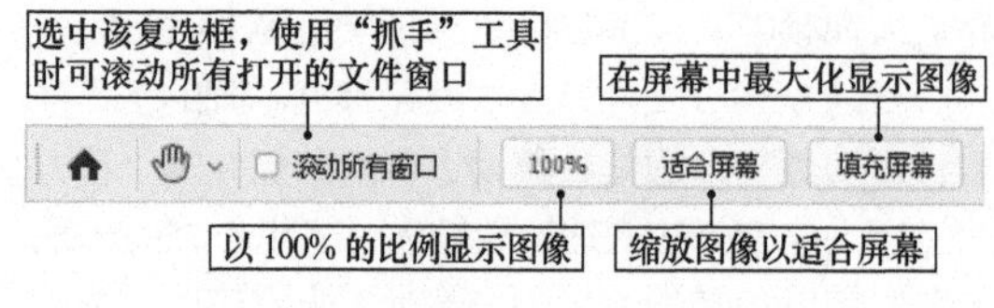

图 1-94

（2）当图像窗口不能显示整幅图像时，可以使用“抓手”工具在图像窗口内单击并拖动鼠标，可自由移动图像，如图 1–95 所示。

图 1–95

技巧

选择“抓手”工具后，按<Ctrl>键，“抓手”工具图标变为🔍，在视图中单击即可放大图像；按<Alt>键，“抓手”工具图标变为🔍，在视图中单击即可缩小图像。

4. 使用“旋转视图”工具

使用“旋转视图”工具可以 360° 旋转图像，用户可以更加方便地观察图像，特别适合使用 Photoshop 绘画的用户。

（1）选择“旋转视图”工具，其工具选项栏如图 1–96 所示。

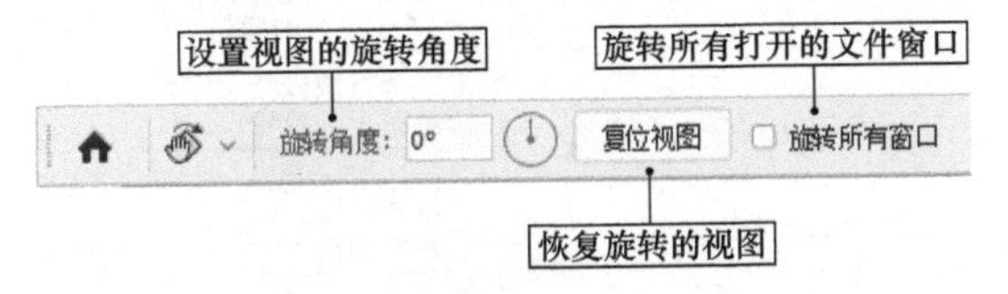

图 1–96

（2）单击并拖动图像，即可将其旋转，如图 1–97 所示，也可在工具选项栏内输入精确的旋转角度。

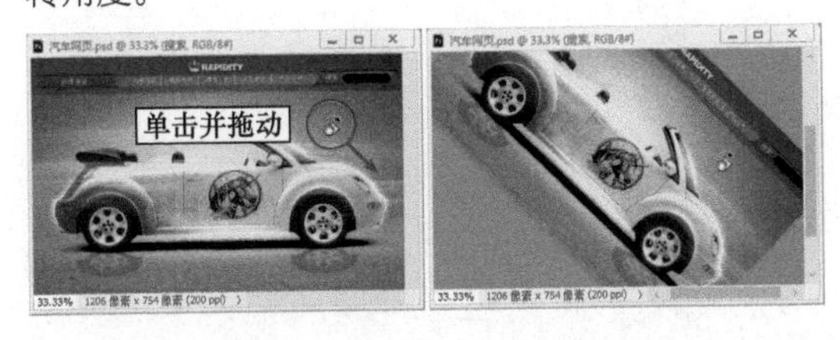

图 1–97

（3）如果需要恢复至旋转前的状态，可以单击工具选项栏中的“复位视图”按钮，如图 1–98 所示。

图 1–98

5. 使用“导航器”调板

使用“导航器”调板不仅可以缩小或放大图像，而且可以显示整幅图像的效果，以及当前窗口显示的图像范围。

（1）执行“窗口”→“导航器”命令，打开“导航器”调板。

（2）在“导航器”调板中，向右拖动缩放滑块，红色边框缩小，图像被放大，如图 1–99 所示。

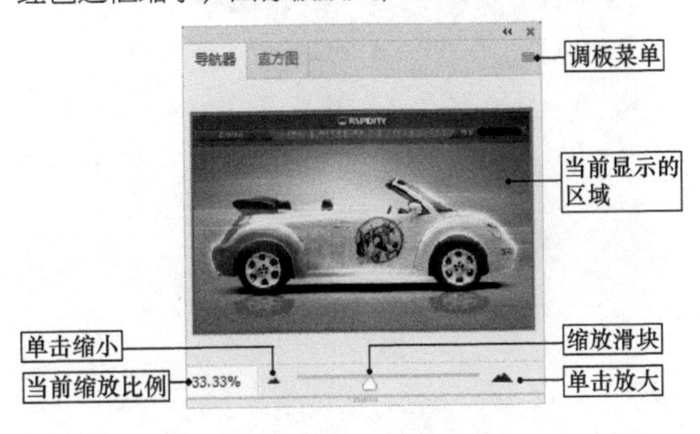

图 1–99

（3）单击并拖动调板下端的缩放滑块，可以调整图像的显示比例，如图 1–100 所示。

图 1–100

（4）将鼠标指针移动到红色框中，鼠标指针变为✋，单击并拖动鼠标，即可调整红色框的位置，快速查看图像内容，如图 1–101 所示。

图 1–101

1.2.4 调整图像

打开或新建一个文档后，用户就可以在文件窗口内对其进行编辑了，例如对页面进行旋转、裁剪图像、更改画布的尺寸等，以使整个图像更加符合需求。

1. 设置图像大小

当文件的大小不符合工作需求时，我们可使用“图像大小”对话框，对文件进行调整。

（1）打开本书附带文件 \Chapter–01\“化妆品海报.psd”，在当前文件的状态栏中，可以看到文件的尺寸信息，如图 1–102 所示。

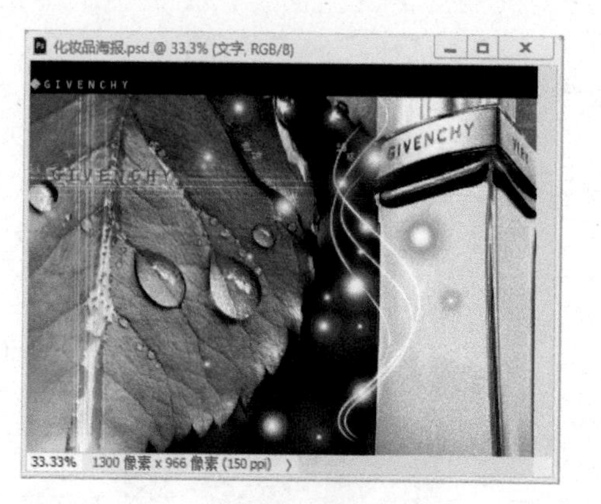

图 1-102

提示

图像编辑窗口上方的标题栏中展示了这个图像文件的名称、显示比例、正在使用的图层信息、图像的色彩模式等信息。

（2）执行“图像”→“图像大小”命令，打开“图像大小”对话框，如图 1-103 所示。

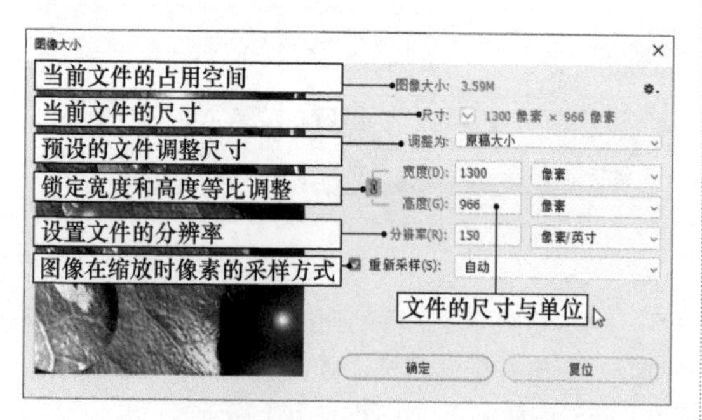

图 1-103

（3）取消选择锁定选项，并设置文件大小，设置完毕后单击“确定”按钮，将图片不按比例进行调整，如图 1-104 所示。

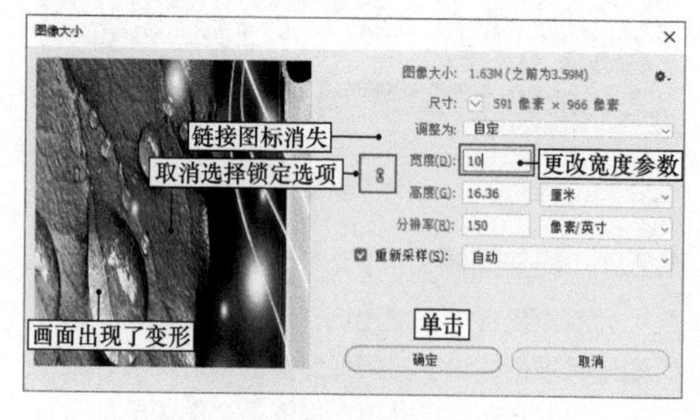

图 1-104

（4）按 <Ctrl+Z> 组合键，撤销上步操作。

（5）再次打开“图像大小”对话框，选择锁定选项，调整文件宽度值，高度值会根据原图像的比例发生改变，如图 1-105 所示。

2. 设置画布大小

执行“画布大小”命令可以添加或移去现有图像周围的工作区，还可以通过减小画布区域来裁切图像。

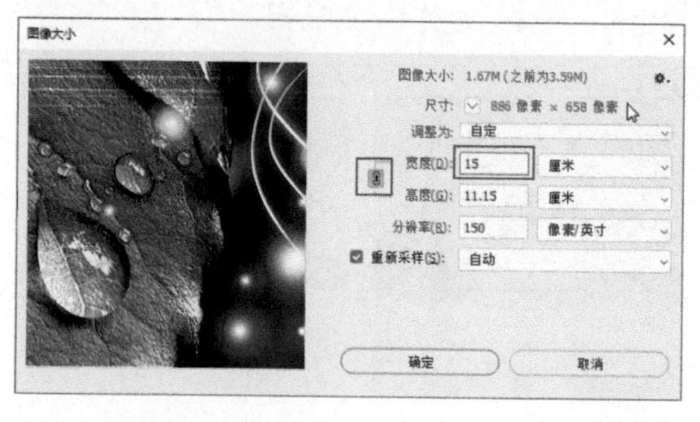

图 1-105

（1）按 <D> 键，恢复工具箱中默认的前景色和背景色。执行“图像”→“画布大小”命令，打开“画布大小”对话框，如图 1-106 所示。

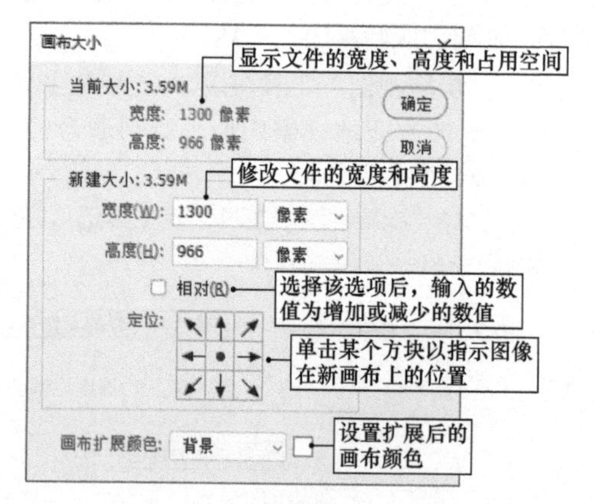

图 1-106

（2）如图 1-107 所示，对画布尺寸、扩展方向及扩展颜色进行设置。

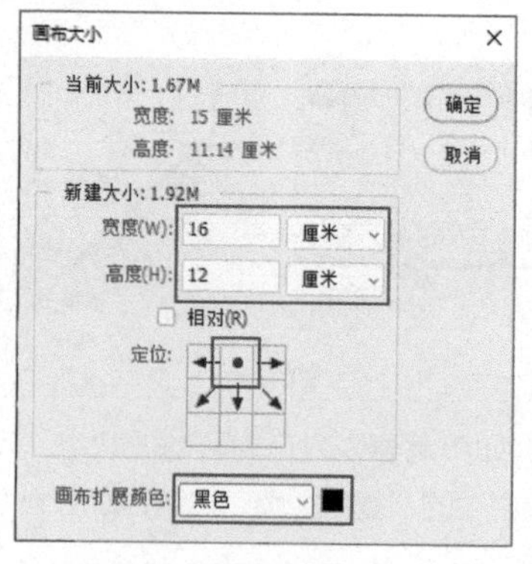

图 1-107

提示

如果图像不包含“背景”图层，则“画布扩展颜色”选项不可用。

（3）单击“确定”按钮，图像会在原有基础上向四周扩展，扩展出的区域以黑色进行填充，如图 1-108 所示。

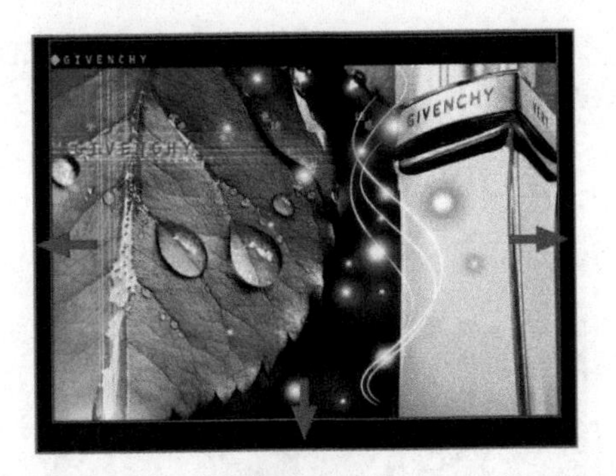

图 1-108

提示

当设置的新画布比原来的画布小时，将弹出图 1-109 所示的提示对话框，单击“继续”按钮即可对画布进行裁切。

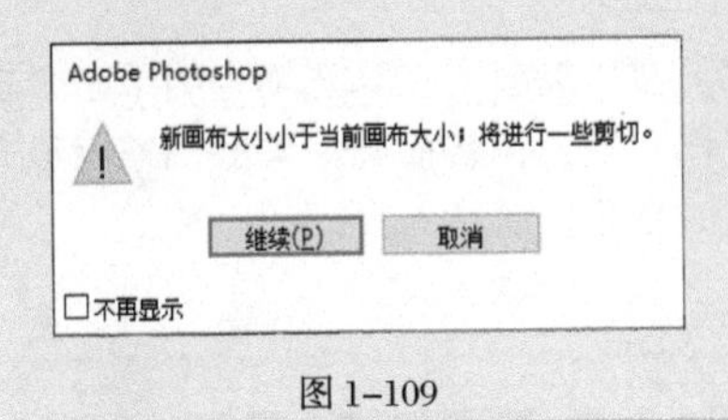

图 1-109

3. 旋转画布

利用“旋转画布”菜单下的各命令可以旋转或翻转整个图像。

（1）接着上面的操作。执行“图像”→“旋转画布”→“180° ”命令，将整个图像旋转 180° ，如图 1-110 所示。

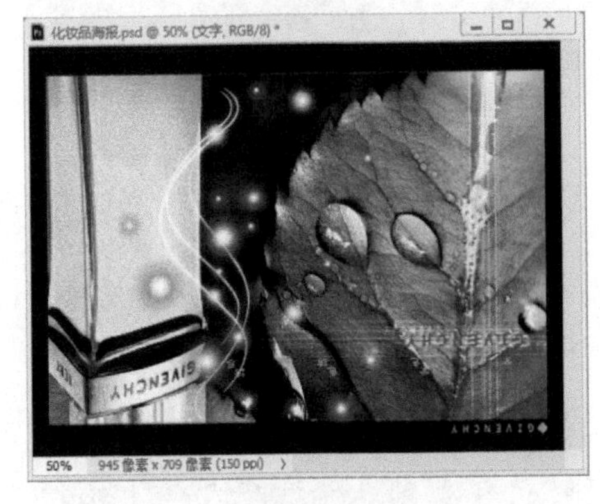

图 1-110

（2）分别执行“图像”→“旋转画布”菜单下的其他命令，效果如图 1-111 所示。

（3）执行“图像”→“旋转画布”→“任意角度”命令，弹出图 1-112 所示的“旋转画布”对话框。

（4）参照图 1-113 所示设置参数，设置完毕后单击“确定”按钮，画布被旋转。

提示

扩展的画布以当前背景色为底色。

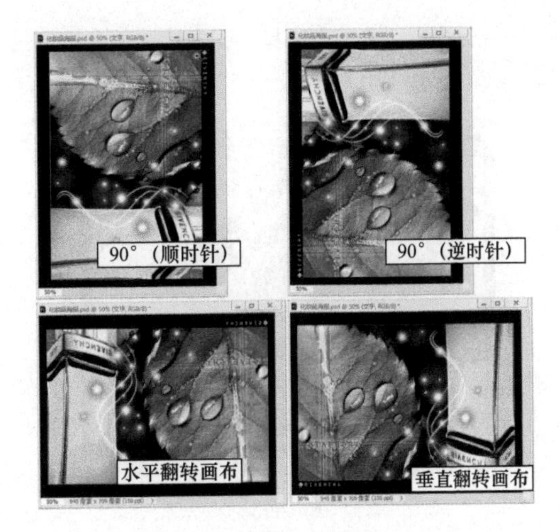

图 1-111

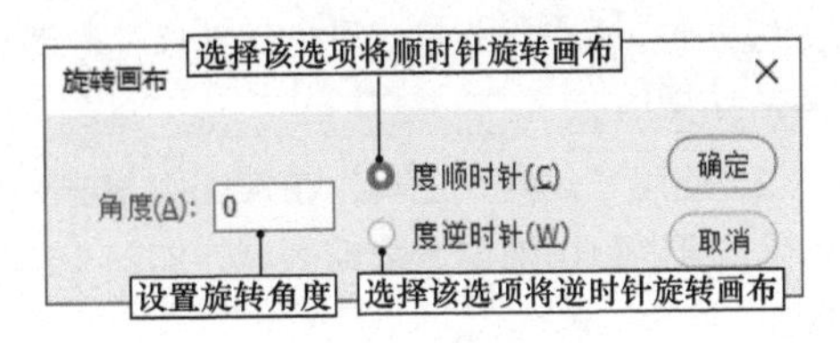

图 1-112

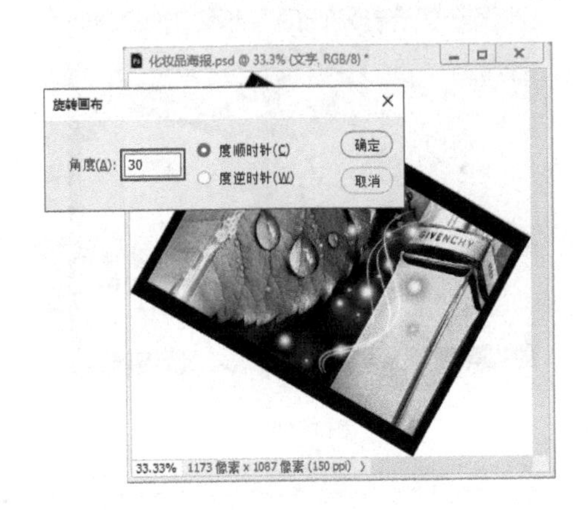

图 1-113

4. 裁剪图像

Photoshop 中的“裁剪”工具的功能是非常强大的，使用该工具可以自由地裁切图像并更改图像尺寸，在裁切的过程中还可以调整图像的角度，其工具选项栏如图 1-114 所示。

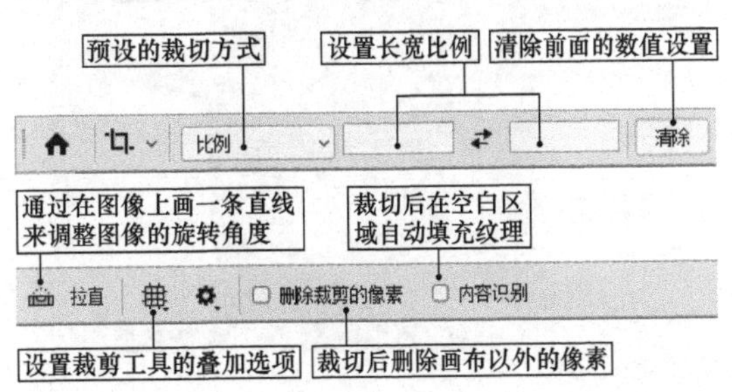

图 1-114

（1）选择“裁剪”工具，图像边界将会出现裁切框，如图 1–115 所示。

图 1–115

提示

裁切框与定界框相似，同样可以使用鼠标调整选框的大小。

（2）使用“裁剪”工具，在视图中单击并拖动鼠标，可以自由地创建裁剪区域，如图 1–116 所示。

图 1–116

（3）在“裁切”工具选项栏中单击“取消当前裁剪”按钮，取消裁剪的操作。

（4）在“裁切”工具选项栏中，可以选择 Photoshop 预设的裁切方式创建裁切框，如图 1–117 所示。

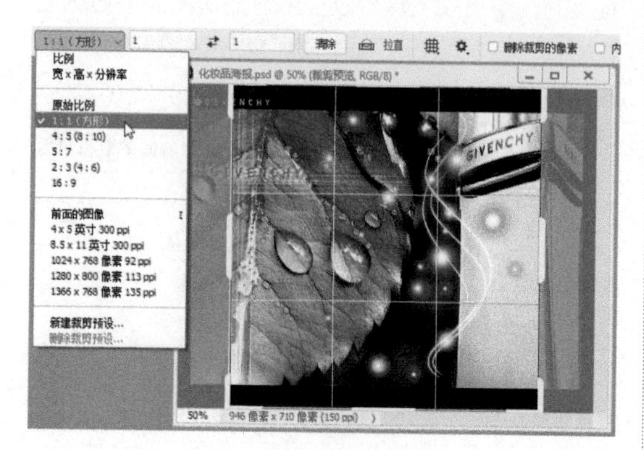

图 1–117

（5）也可以在“裁剪”工具选项栏中输入自定的裁剪比例，如图 1–118 所示。

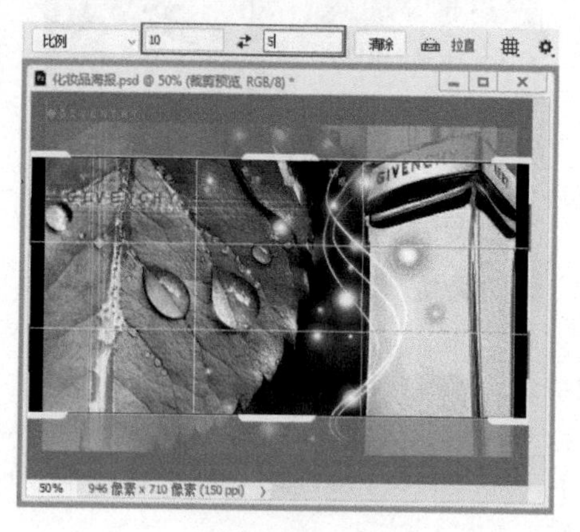

图 1–118

（6）在“裁剪”工具选项栏中单击“高度和宽度互换”按钮，将横向裁剪框调整为纵向，如图 1–119 所示。

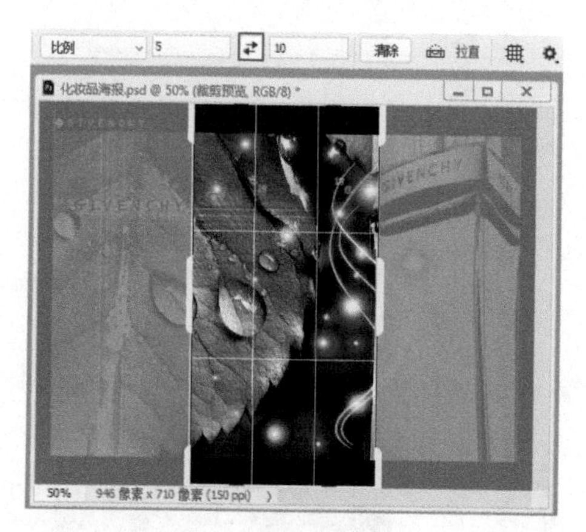

图 1–119

（7）在“裁剪”工具选项栏中，单击“拉直”按钮，然后在视图中单击并拖动画出直线，松开鼠标即可改变图像的旋转角度，如图 1–120 和图 1–121 所示。

图 1–120

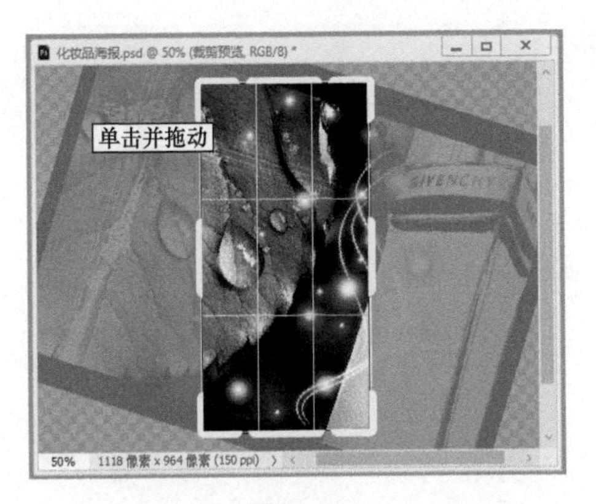

图 1-121

（8）在“裁剪”工具选项栏中可以为裁剪框设置辅助线，单击“设置剪裁工具的叠加选项”按钮，在弹出的菜单内可以选择辅助线的类型，如图 1-122 所示。

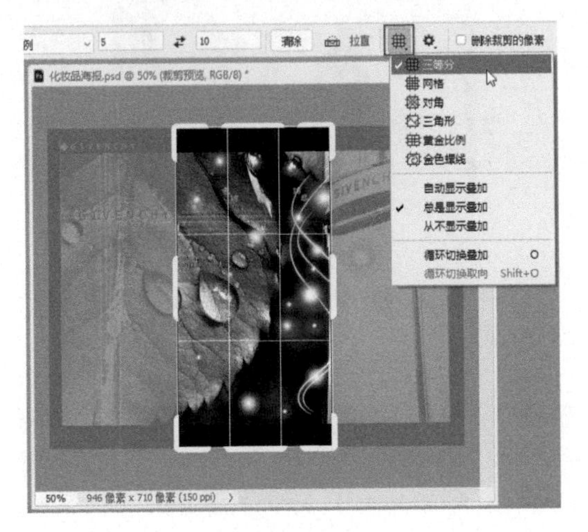

图 1-122

（9）单击“裁剪”工具选项栏中的“取消当前裁剪操作”按钮，不应用裁剪命令。

（10）“裁剪”工具还可以根据绘制的选区对画布进行裁剪。在工具箱中选择“矩形选框”工具，在图像中绘制选区，如图 1-123 所示。

图 1-123

（11）选择“裁剪”工具，此时裁切框将会按照绘制的选区建立，按 <Enter> 键，按照创建的选区裁剪图像，如图 1-124 所示。

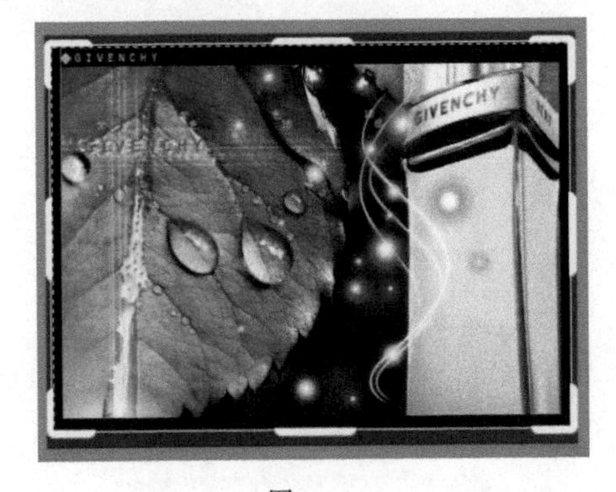

图 1-124

5. 透视裁剪工具

在摄影过程中，镜头受到透视的影响，拍摄出的照片会出现透视变形现象。Photoshop 提供了“透视裁剪”工具，能通过对变形照片进行重新裁剪修正图像的透视变形问题。下面来学习“透视裁剪”工具的修正功能。

（1）执行“文件”→“打开”命令，打开本书附带文件 \Chapter-01\“人物 04.psd”，如图 1-125 所示。

图 1-125

（2）选择“透视裁剪”工具，其工具选项栏如图 1-126 所示。

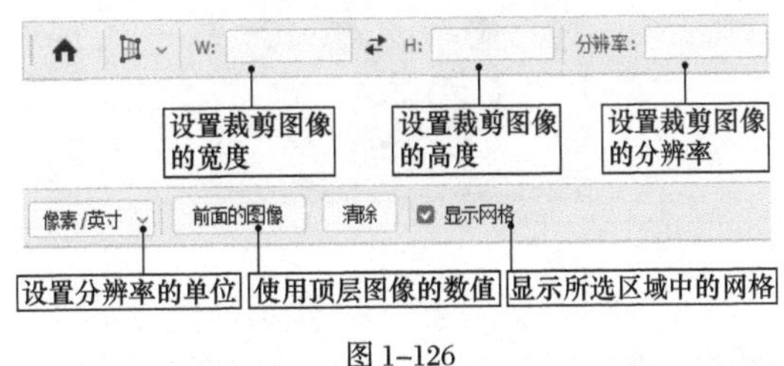

图 1-126

（3）使用“透视裁剪”工具，在具有透视效果的人物照片左侧边界单击，创建第一个透视网格点，如图 1-127 所示。

图 1-127

（4）沿着照片的边界，在其右上角单击，创建第二个透视网格点，如图 1-128 所示。

图 1-128

（5）按照以上方法，依次在该照片的右下角和左侧边界上单击，完成透视网格的创建，如图 1-129 和图 1-130 所示。

图 1-129

图 1-130

（6）按 <Enter> 键，应用透视裁剪，将透视异常的照片调整为正常状态，如图 1-131 所示。

（7）选择“魔棒”工具，在其工具选项栏内设置“容差”为 30，选中“连续”复选框，然后在照片的背景处多次单击，将背景图像全部选择，如图 1-132 所示。

图 1-131

图 1-132

（8）按 <Ctrl+Shift+I> 组合键将反选选区，选择人物部分。

（9）打开本书附带文件 \Chapter-01\“照片背景.tif”，将选区中的图像复制到此文件中，完成实例的制作，效果如图 1-133 所示。读者可以打开本书附带文件 \Chapter-01\“照片处理.psd”进行查看。

图 1-133

1.2.5 移动工具

使用“移动”工具可以将选区或图层移动到同一图像的其他位置或其他图像中，还可以在图像内对齐选区或图层，以及分布图层。

1. 移动选区中的图像

利用“移动”工具可以将选区中的图像移动到其他位置，只要将鼠标指针放到要移动的图像上，然后将其拖动到需要的位置即可。下面具体来操作一下。

（1）打开本书附带文件 \Chapter-01\“首

饰.psd”“首饰背景.psd”。

（2）选择“移动”工具，将“首饰.psd”文件内的图像拖动到背景图像中，如图1-134所示。

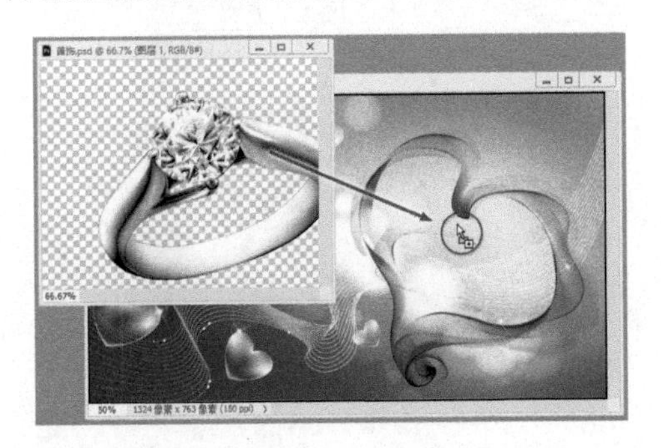

图 1-134

2. 图像对齐操作

选择“移动”工具，其工具选项栏如图1-135所示。工具选项栏中对齐图像功能有8个按钮，单击不同的按钮可以使图层中的图像和选区产生不同的对齐效果。

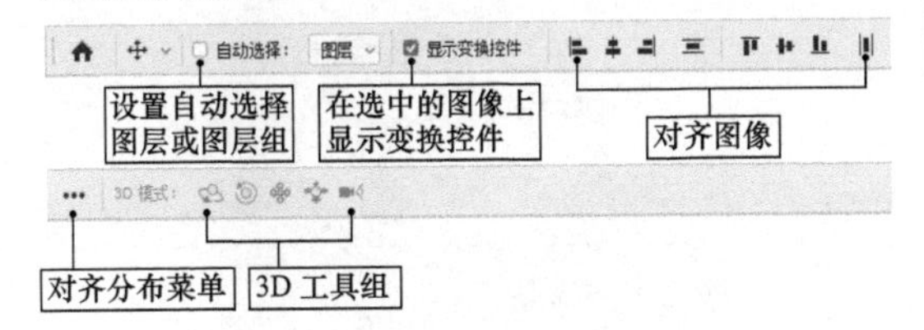

图 1-135

图层的对齐与分布功能将在第10章图层的操作与管理详细介绍，在这里大家简单了解即可。

（1）选择“矩形选框”工具，在图像中绘制选区。选择“移动”工具，单击“右对齐”按钮，使图层和选区右对齐，效果如图1-136所示。

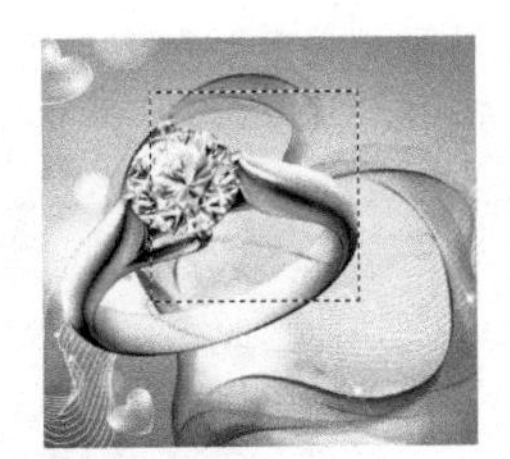

图 1-136

（2）单击“顶对齐”按钮，使图层和选区顶部对齐，效果如图1-137所示。

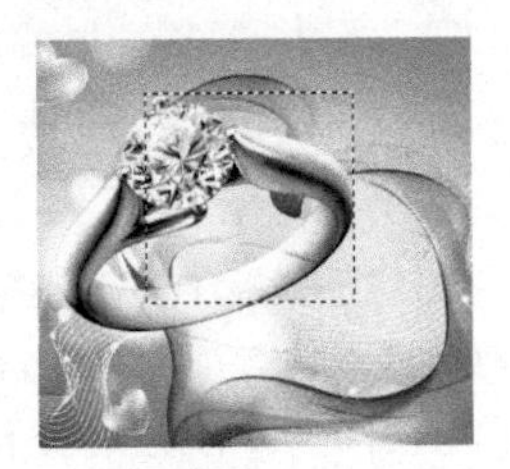

图 1-137

（3）分别单击其他对齐按钮，使图层和选区以不同的方式对齐，效果如图1-138所示。

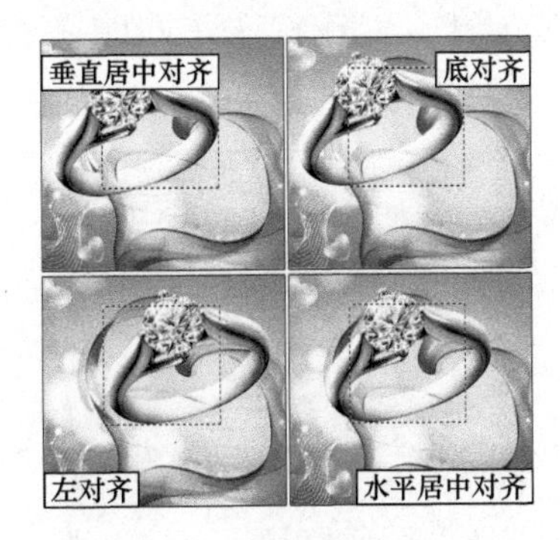

图 1-138

（4）按<Ctrl+Z>组合键撤销绘制选区和对齐操作。

3. 变换图像

在制作图像时，我们经常遇到图像大小不符合画面要求的情况，“移动”工具选项栏中的“显示变换控件”复选框可以调整图像的大小。接下来我们通过一组操作来学习该复选框的使用方法。

（1）按<Ctrl+J>组合键，复制当前选择的图层。

（2）选择“移动”工具，选中“显示变换控件”复选框，这时选区的周围显示定界框，如图1-139所示。使用鼠标拖动定界框的控制点可以调整图像外形。

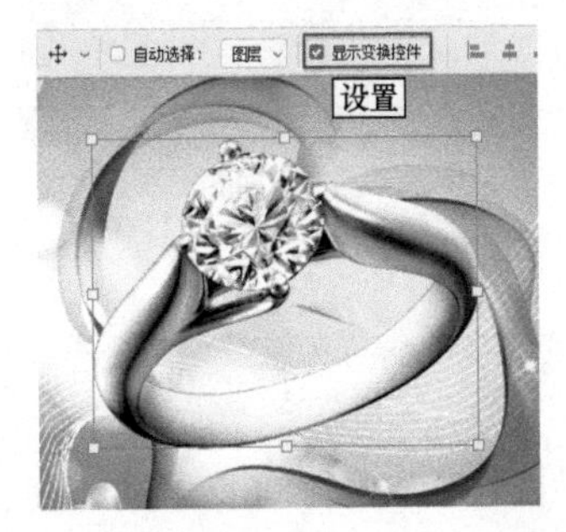

图 1-139

技巧

按<Ctrl+T>组合键执行“自由变换”命令，同样可以打开定界框。

（3）单击定界框的控制点后，“移动”工具选项栏变为“变换”模式，如图1-140所示，此时更改工具选项栏中的参数也可以调整图像外形。

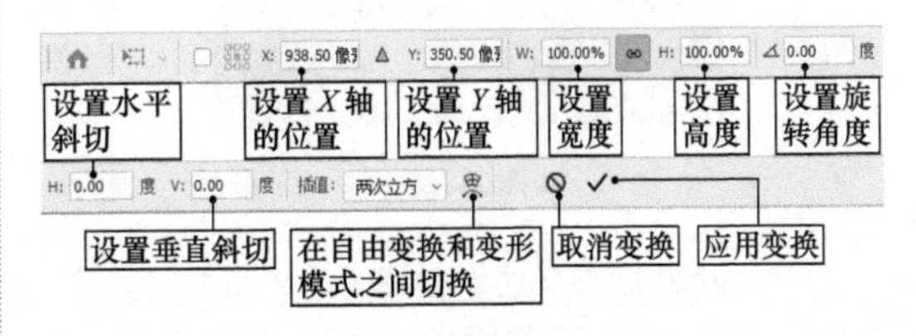

图 1-140

（4）设置 X 参数可调整图像在水平方向上的位置，设置 Y 参数可调整图像在垂直方向上的位置。设置这两个参数可以调整图像在文件中的位置，效果如图 1-141 所示。

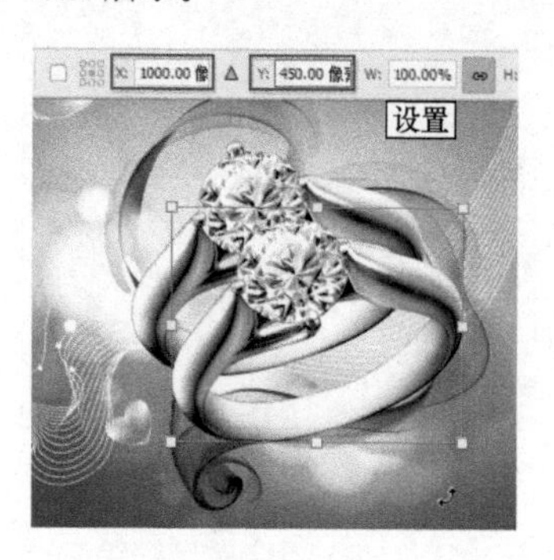

图 1-141

（5）设置 W 参数可调整图像的水平缩放比例，设置 H 参数可调整图像的垂直缩放比例。设置这两个参数可以调整图像的大小，效果如图 1-142 所示。

图 1-142

提示

激活链接按钮，在调整宽度或高度参数时可以保持图像的长宽比不变。

（6）设置“设置旋转角度”参数可以调整图像的角度，效果如图 1-143 所示。

图 1-143

（7）设置 H 参数可调整图像水平斜切的角度，设置 V 参数可调整图像垂直斜切的角度。设置这两个参数可以调整图像的斜切角度，效果如图 1-144 所示。

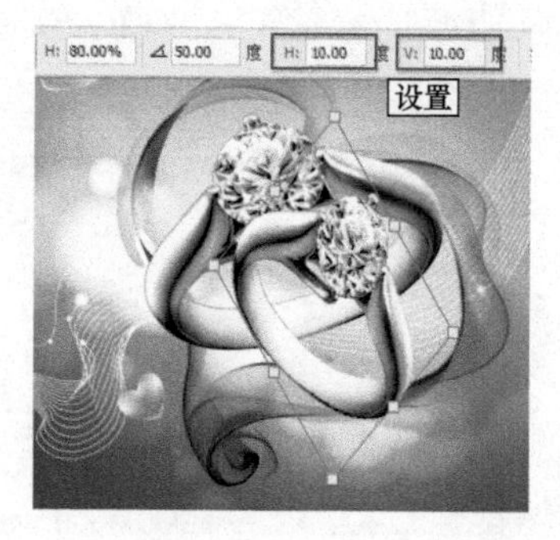

图 1-144

（8）单击“在自由变换和变形模式之间切换”按钮，调节变形控制柄，可以变换图像的形状，同时“变换”模式变为“变形”模式，如图 1-145 所示。

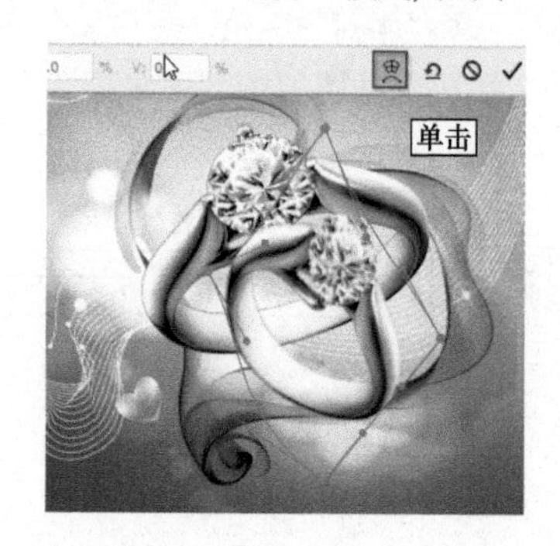

图 1-145

提示

系统提供了一些设置好的变形形状，可以直接对图像应用。单击“变形”工具选项栏中“变形”倒三角按钮，将弹出一个下拉列表，可以从该下拉列表中选择一种变形形状来改变图像外形，如图 1-146 所示。

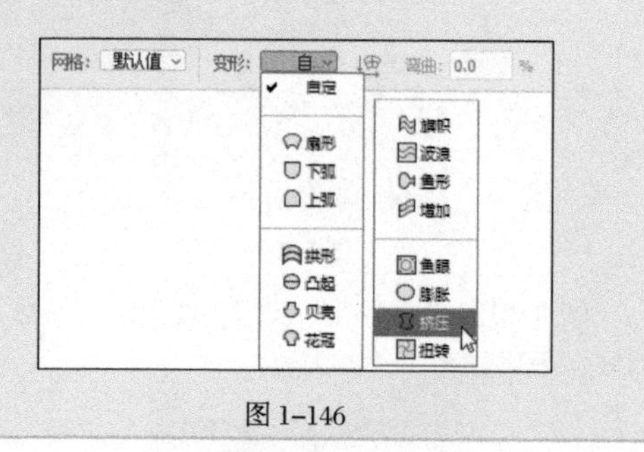

图 1-146

（9）单击“应用变换”按钮或按 <Enter> 键，应用对图像进行的变换操作。

（10）在“图层”调板中显示隐藏的图层，并调整图层的顺序完成本实例的制作，效果如图 1-147 所示。读者可以打开本书附带文件 /Chapter-01/“首饰广告.psd”进行查看。

图 1-147

1.3 课时 3：位图图像与矢量图形有何区别？

对于初次使用计算机创建绘图作品的用户来说，了解计算机中数字图像的分类很有必要。目前，数字化的图像被分为两种类型：位图图像和矢量图形。这两种类型的图像在 Photoshop 中都能进行创建和处理。Photoshop 文件既可以包含位图数据，也可以包含矢量数据。

学习指导

本课内容重要性为【选修课】。

本课时的学习时间为 30 ～ 40 分钟。

本课的知识点是了解位图图像与矢量图形的区别。

课前预习

扫描二维码观看教学视频，对本课知识进行预习。

1.3.1 位图图像

位图图像在技术上称为栅格图像，它使用像素来表现图像，每个像素都具有特定的位置和颜色值。位图图像最显著的特征就是可以表现颜色的细腻层次。基于这一特征，位图图像被广泛用于照片处理、数字绘画等领域。

（1）执行“文件”→“打开”命令，打开本书附带文件 \Chapter-01\“巧克力宣传页 .psd”，如图 1-148 所示。

图 1-148

（2）选择“缩放”工具，在视图中多次单击将图像放大，可以看到图像是由一个个像素点组成的，如图 1-149 所示。

图 1-149

1.3.2 矢量图形

矢量图形，也称向量图形，在数学上的定义为一系列由线连接的点。矢量图形是根据几何特性来描绘图像的。矢量文件中的图形元素称为对象，每个对象都是一个自成一体的实体，它具有颜色、形状、轮廓、大小和位置等属性。

（1）接着上节的操作。在“图层”调板中单击“形状 3”，文件中会显示矢量路径，如图 1-150 所示。

图 1-150

（2）选择“缩放”工具将图像放大，如图 1-151 所示，此时可以看到矢量图形仍较为精确、光滑。这些特征使得矢量图形适用于创建商标、图例和三维建模。

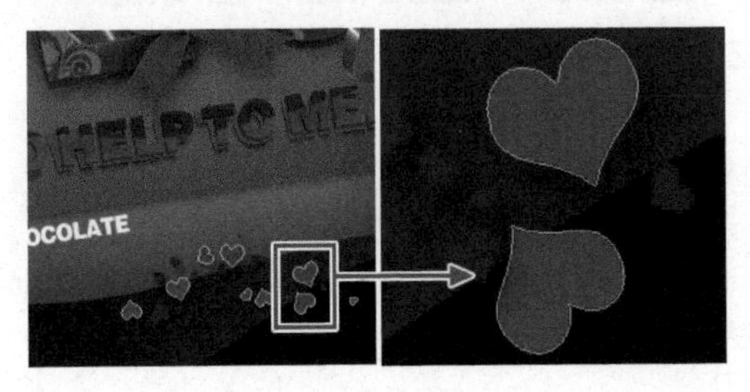

图 1-151

第2章 选区的创建与编辑

02

选区工具是Photoshop中最基础、最常用的工具之一。在进行绘图工作时，选区工具的应用几乎到了无所不在的地步。例如，在绘制图像时，只有先创建准确的选区，才能保证绘制内容的形体准确。此外，编辑图像工具只会对选区内的图像进行修饰、绘制和编辑等，而不会对选区外的图像做任何修改。本章将介绍基础选区工具的使用方法。

2.1 课时4：基础选区工具有何作用?

基础选区工具操作简单、快捷，用户单击并拖动鼠标即可绘制出圆形、方形的选区，或者不规则外形的选区。这些工具看似简单，却是日常设计工作中使用最频繁的工具之一。熟练地操作这些工具，可以增强我们的绘图能力，提高我们的工作效率。

学习指导

本课内容重要性为【必修课】。

本课时的学习时间为40～50分钟。

本课的知识点是掌握多种创建选区的方法，学会调整选区的外形。

课前预习

扫描二维码观看教学视频，对本课知识进行预习。

2.1.1 创建选区

选框工具组可以创建形状规则的选区，如矩形选区、椭圆选区等。在默认状态下，工具箱上显示的是“矩形选框”工具按钮，单击并按住该按钮，可以打开选框工具列表、选择其他选框工具，如图2-1所示。

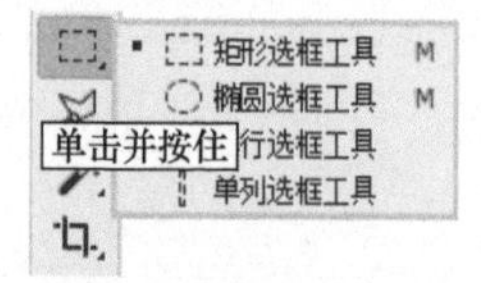

图2-1

该工具组包括4种选框工具，分别是“矩形选框”工具、“椭圆选框”工具、“单行选框”工具和“单列选框”工具，这些工具绘制的选区形状如图2-2所示。

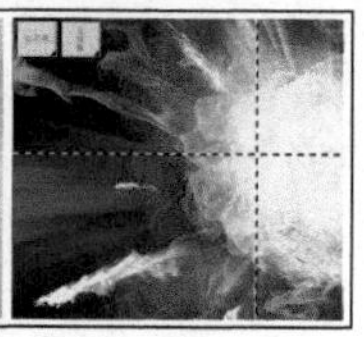

图2-2

因为“矩形选框”工具与“椭圆选框”工具的操作方法一致，所以下面以“椭圆选框”工具为例来进行演示。

创建选区的方法非常简单，接下来打开素材文件，在实际的操作中学习选框工具的使用方法。

（1）执行“文件”→“打开”命令，打开本书附带文件\Chapter-02\“POP底纹1 psd”。

（2）选择“椭圆选框”工具，将鼠标指针移动到底纹图像编辑窗口，鼠标指针会变成十字光标，如图2-3所示。

图2-3

（3）单击并向右下方拖动鼠标，创建一个椭圆线框，在合适的位置松开鼠标，完成椭圆选区的创建，如图2-4和图2-5所示。

图2-4

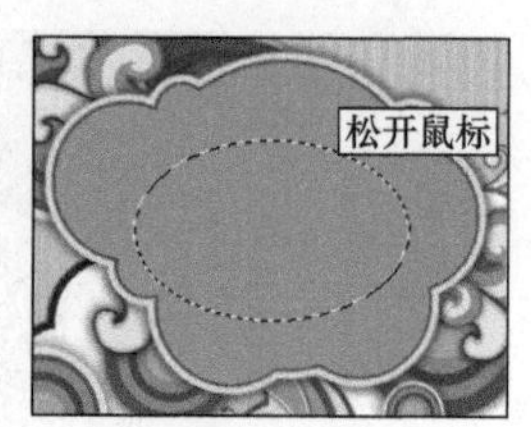

图2-5

2.1.2 移动选区

建立选区后，可以通过拖动鼠标移动选区，

使用键盘上的空格键可以在绘制选区的过程中移动选区。

（1）将鼠标指针放在选区内部，鼠标指针会变成▶⬚，如图 2-6 所示。

（2）单击并拖动鼠标即可将选区移动到其他位置，如图 2-7 所示。若在选区以外的位置单击鼠标，选区会消失，可创建新的选区。

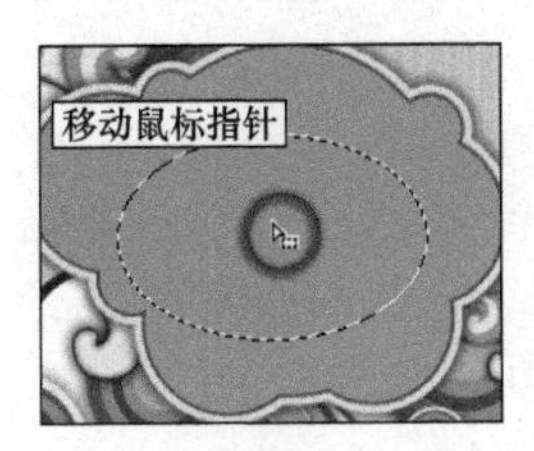

图 2-6

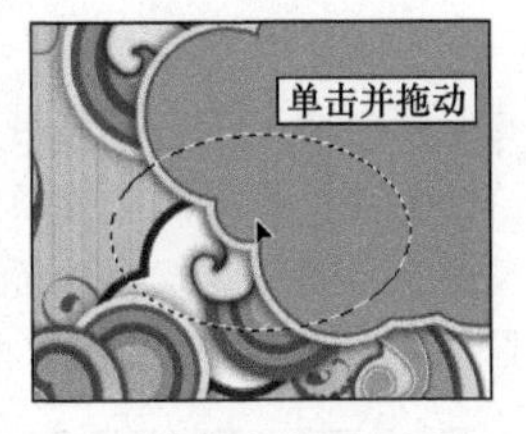

图 2-7

技巧

按键盘上的方向键，可以使选区向上、下或左、右方向每次以1像素单位移动。如果在使用方向键移动选区的同时按住<Shift>键，则选区会每次以10像素单位移动。

（3）单击并拖动鼠标绘制选区，在不松开鼠标的同时按住键盘上的空格键，如图 2-8 所示。拖动鼠标可以重新调整当前所绘制的选区的位置，如图 2-9 所示。

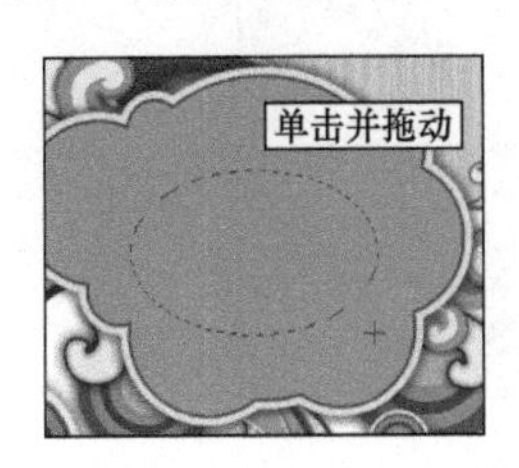

图 2-8

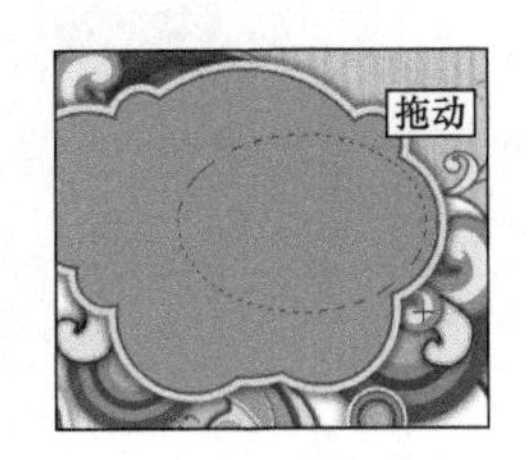

图 2-9

（4）单击色块设置前景色为白色，按 <Alt+Backspace> 组合键使用前景色填充选区，如图 2-10 和图 2-11 所示。

图 2-10

图 2-11

2.1.3 基于中心创建选区

使用键盘上的功能键可以从中心位置向外侧绘制选区。

（1）按住 <Alt> 键的同时拖动鼠标可以以中心方式绘制椭圆选区，如图 2-12 和图 2-13 所示。

图 2-12

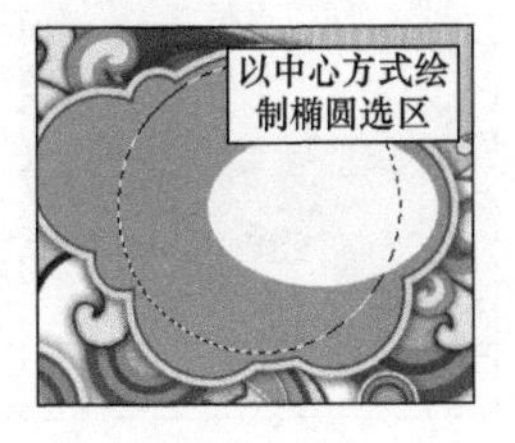

图 2-13

（2）按 <Alt+Backspace> 组合键，使用前景色填充选区，如图 2-14 所示。

图 2-14

（3）按住 <Shift> 键的同时拖动鼠标可以绘制圆形的选区，按 <Alt+Backspace> 组合键，使用前景色填充选区，如图 2-15 和图 2-16 所示。

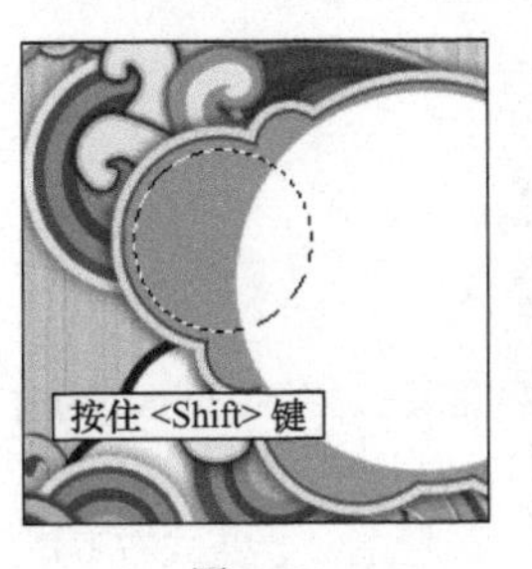

图 2-15

图 2-16

技巧

按住<Shift+Alt>组合键的同时拖动鼠标，可以以中心方式绘制圆形的选区。

2.1.4 创建复合选区

选框工具虽然只能绘制诸如矩形、圆形这样的规则图形，但是通过选区的相加、相减以及相交等操作，可以创建出外形较为复杂的复合选区。下面通过操作来学习这些知识。

（1）执行“文件”→“打开”命令，打开本书附带文件 \Chapter-02\ “POP 底纹 2.psd”。

（2）选择“椭圆选框”工具，按住 <Shift> 键的同时拖动鼠标，在视图中绘制一个圆形选区，如图 2-17 所示。

（3）按住 <Alt> 键，鼠标指针会变成右下角带有减号的十字光标。

（4）参照图 2-18 在选区内拖动鼠标，将原有选区减去一个圆形选区。

图 2-17

图 2-18

技巧

在绘制过程中，按住空格键可对选区的位置进行调整；松开空格键，可继续对选区的大小进行定义。

（5）确定前景色为白色，按 <Alt+Backspace> 组合键使用前景色填充选区，效果如图 2-19 所示。

图 2-19

技巧

按 <Ctrl+Backspace> 组合键则可用背景色填充选区。

（6）选择“椭圆选框”工具，将绘制的圆环选区向右侧移动一些距离。

（7）按住 <Shift> 键，鼠标指针会变成右下角带有加号的十字光标。

（8）参照图 2-20，在右侧拖动鼠标绘制圆环选区，再绘制一个与圆环选区相连的圆形选区。

（9）重复步骤（3）、步骤（4）的操作，按住 <Alt> 键，在右侧的圆形选区内减去一个圆形区域。

（10）按 <Alt+Backspace> 组合键使用前景色填充选区，效果如图 2-21 所示。

图 2-20

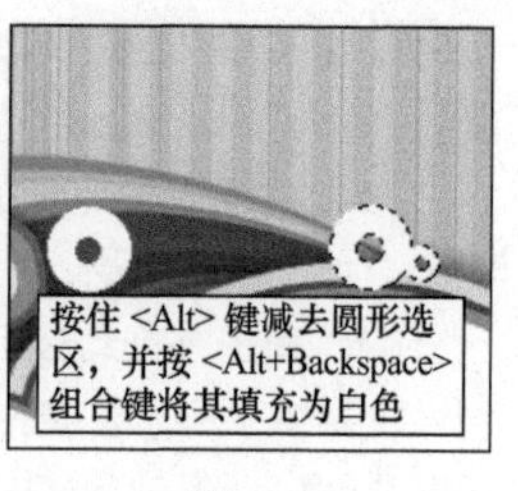

图 2-21

（11）填充完毕后，按 <Shift+Alt> 组合键，鼠标指针会变成右下角带有乘号的十字光标。

（12）参照图 2-22，与当前选区绘制一个相交的椭圆选区，松开鼠标，选区相交的区域留在了画面中，效果如图 2-23 所示。

图 2-22

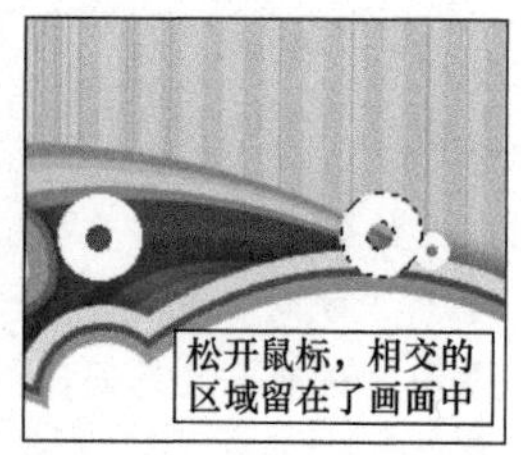

图 2-23

（13）根据前面介绍的知识，在画面中绘制出其他圆环装饰图案，效果如图 2-24 所示。

图 2-24

2.1.5 剪切与复制图像

为了了解利用选区编辑图像的方法，下面简单介绍一下如何使用选区快速剪切与复制图像。

（1）执行“文件”→“打开”命令，打开本书附带文件 \Chapter-02\ “POP 底纹 3.psd”。

（2）选择“椭圆选框”工具，参照图 2-25，在视图中绘制一个椭圆选区。

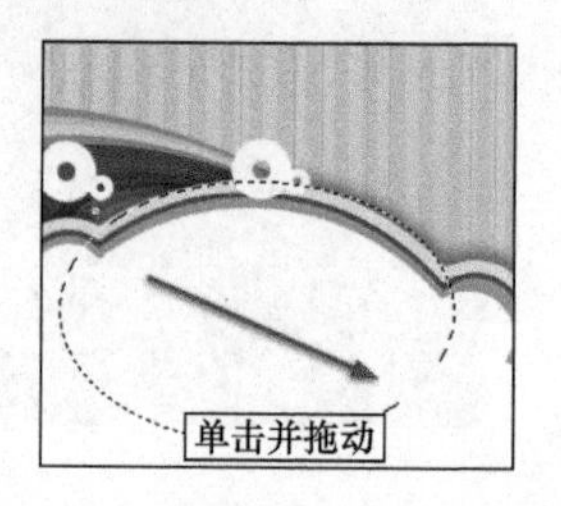

图 2-25

（3）确定“图层 1”为选择状态，鼠标指针置

于选区内时按住 <Ctrl> 键，鼠标指针将变成 。

（4）拖动选区到其他位置，可将选区内的图像从原图像上剪切下来，如图 2-26 所示。

（5）将鼠标指针置于创建的选区内，按住 <Ctrl+Alt> 组合键，鼠标指针会变成 ，如图 2-27 所示。

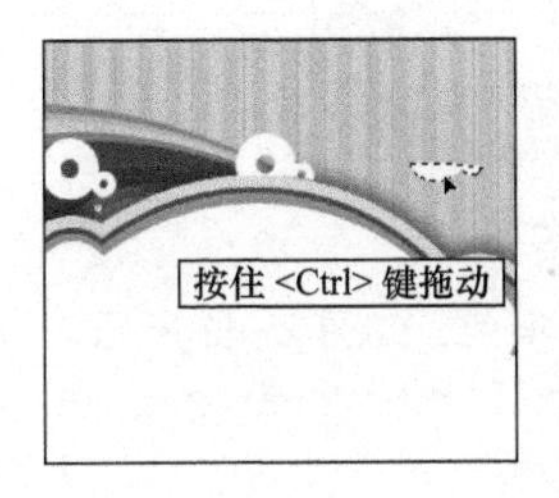

图 2-26

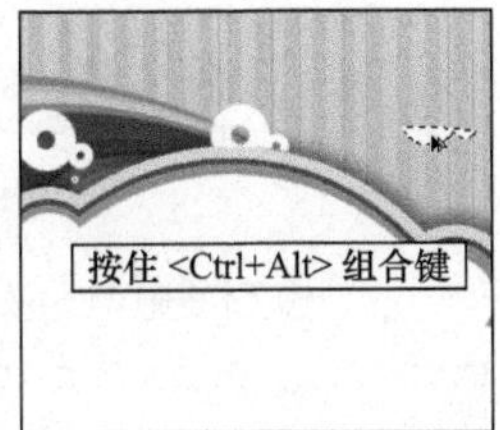

图 2-27

（6）拖动选区到图像的其他位置，可复制选区内的图像，如图 2-28 所示。

提示

绘制完成后可以按 <Ctrl+Z> 组合键还原上一步操作。

（7）按 <Delete> 键将选区内的图像删除，再按 <Ctrl+D> 组合键取消选区，如图 2-29 所示。

图 2-28

图 2-29

以上介绍了选框工具的基本操作方法，工具选项栏内还提供了选框工具的相关属性设置，读者可以通过工具选项栏对选区做更多的处理。

2.1.6 选框工具选项栏

选择“椭圆选框”工具后，其工具选项栏如图 2-30 所示。下面以“椭圆选框”工具为例，对工具选项栏中的各个选项逐一进行介绍。

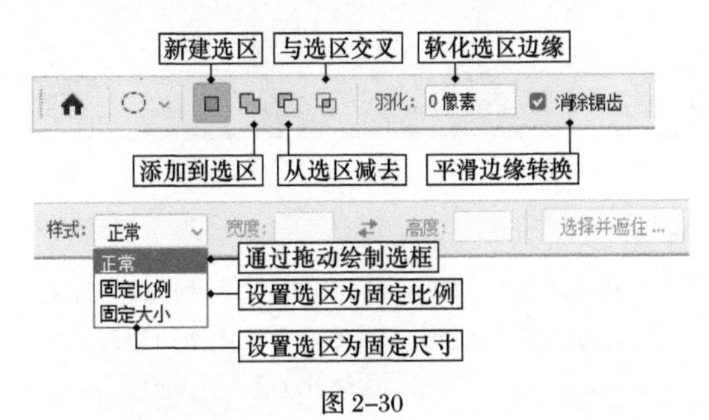

图 2-30

1. 相加、相减及相交功能按钮

在前面的内容中，学习了使用快捷键对选区进行相加、相减及相交的操作。在工具选项栏中单击相加、相减及相交功能按钮同样也可以创建复合选区。

（1）选择“椭圆选框”工具，在其工具选项栏中单击“添加到选区”按钮。

（2）此时所绘制的选区将会相加，新的选区将与原有选区合并在一起，扩展为一个复合选区，如图 2-31 ～图 2-33 所示。

图 2-31

图 2-32

提示

单击相加、相减及相交功能按钮后，在选区外单击将无法取消选择选区。如果要取消选择选区，可以在菜单栏执行“选择”→“取消选择”命令，或者按 <Ctrl+D> 组合键直接执行“取消选择”命令。

（3）单击“从选区减去”按钮，在视图中拖动鼠标与椭圆选区建立一个相交的椭圆选区，新的选区与原有选区相交的部分被减去，如图 2-34 和图 2-35 所示。

图 2-33

图 2-34

（4）使用“椭圆选区”工具创建选区，并对选区进行调整，效果如图 2-36 所示。

图 2-35

图 2-36

（5）单击“与选区交叉”按钮，在视图中拖动鼠标与椭圆选区建立一个相交的椭圆选区，如

图 2-37 所示。松开鼠标，新的选区与原有选区相交的部分被留下，效果如图 2-38 所示。

图 2-37

图 2-38

注意

如果单击了“与选区交叉”按钮后，新的选区与原有选区没有相交的部分，将会弹出图 2-39 所示的提示对话框，警告用户未选择任何像素。

图 2-39

提示

单击“新建选区”按钮后，使用 <Shift> 键和 <Alt> 键可以得到与单击“添加到选区”按钮、“从选区减去”和“与选区交叉”按钮同样的编辑效果。

（6）按 <Alt+Backspace> 组合键使用前景色填充选区，效果如图 2-40 所示。

图 2-40

2. “羽化”选项

工具选项栏内的“羽化”选项用于设置选区边界的羽化效果，使选区产生模糊的边缘。图 2-41 展示了不同羽化参数下选区的填充效果。其数值设置得越大，羽化的范围越大，但模糊边缘也会使选区边缘的一些细节丢失。

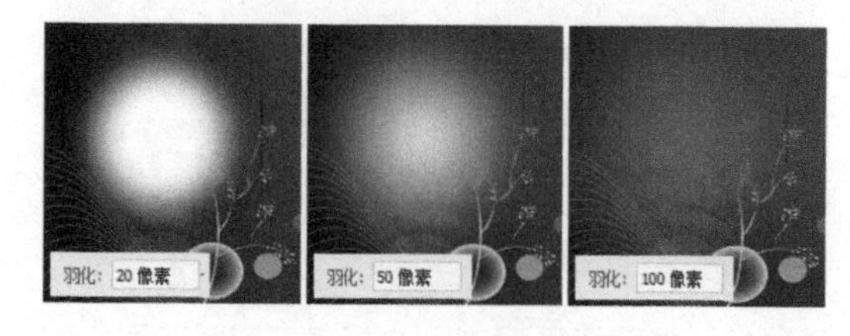

图 2-41

（1）选择“椭圆选框”工具，在工具选项栏内设置“羽化”值，创建选区，如图 2-42 所示。

图 2-42

（2）设置前景色为淡蓝色，如图 2-43 所示。

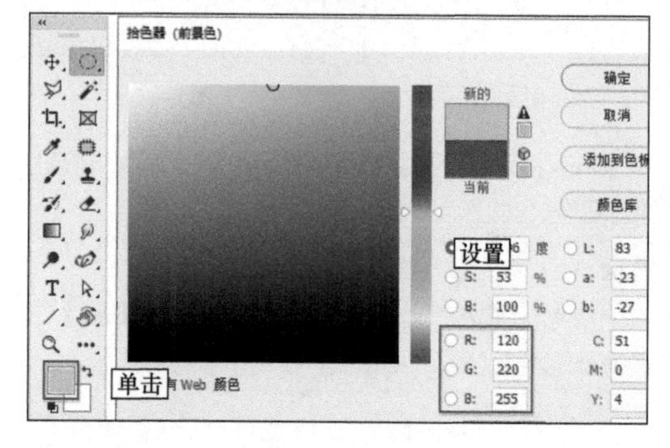

图 2-43

（3）按键盘上的 <Alt+Backspace> 组合键执行前景色填充操作，效果如图 2-44 所示。

图 2-44

（4）绘制完成后按 <Ctrl+Z> 组合键还原上一步操作。

（5）更改“羽化”值，再次填充图层，选区边缘将产生不同的羽化效果，图 2-45 所示为几种不同“羽化”值下的填充效果。

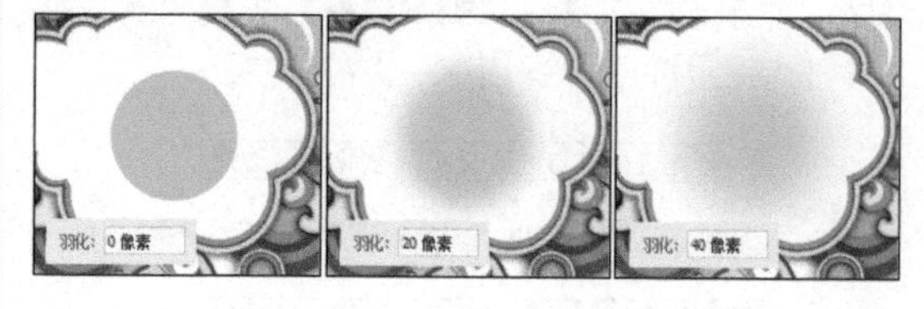

图 2-45

注意

在设置选区的“羽化”值时，得到的羽化效果与画面的分辨率有很大的关系。如果画面的分辨率很高，那么设置的“羽化”值相对也要大，反之则相反。

除了使用工具选项栏内的“羽化”选项设置选区羽化效果以外，还可以通过执行“羽化”命令对已经绘制的选区添加羽化效果。

（1）选择“椭圆选框”工具在视图的相应位置绘制一个圆形选区。

（2）在页面上右击，在弹出的菜单中选择“羽化”命令，如图 2–46 所示。

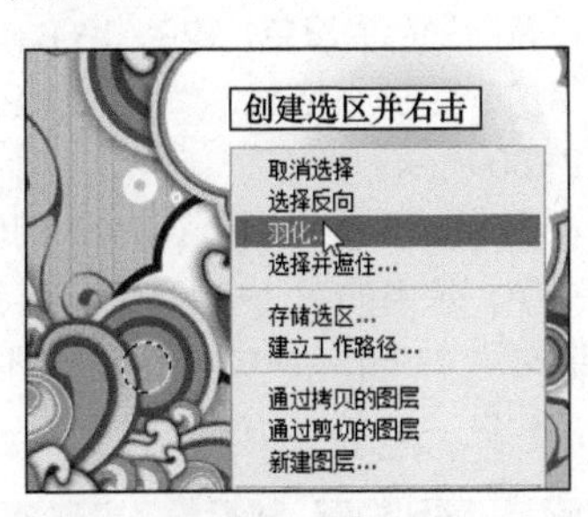

图 2–46

（3）打开“羽化选区”对话框，在对话框中设置“羽化半径”参数，然后单击“确定”按钮，会弹出提示对话框，这时应考虑减小羽化半径或增大选区，如图 2–47 所示。

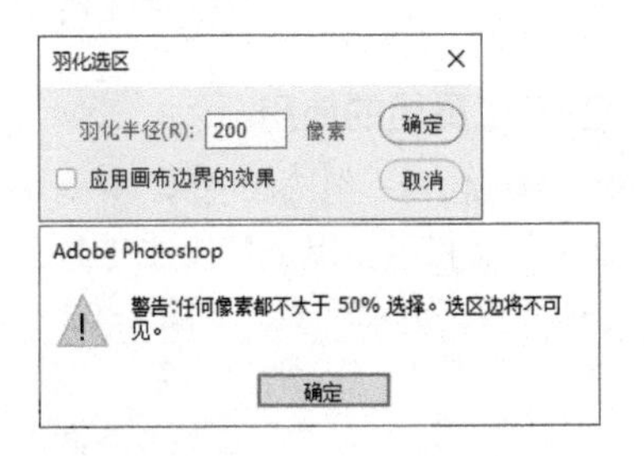

图 2–47

提示

在菜单栏中执行“选择”→“修改”→“羽化”命令，也可以打开“羽化选区”对话框。

（4）按 <Ctrl+Z> 组合键撤销上一步操作，参照以上羽化选区的方法，依次在视图中的相应位置创建选区，将选区羽化并填充为白色，填充完毕后取消选择选区，制作出光晕效果，效果如图 2–48 所示。

图 2–48

3. “消除锯齿”选项

因为 Photoshop 中的位图图像是由像素点组成的，而像素点都是方形的，所以，在编辑修改圆形边缘或弧形边缘时会产生锯齿现象。在工具选项栏中选中“消除锯齿”复选框，可以柔化边缘来产生与背景颜色之间的过渡，从而得到边缘比较平滑的图像。图 2–49 展示了选中“消除锯齿”复选框前后的效果。

图 2–49

“消除锯齿”复选框必须在建立选区前进行设置，在建立了选区后，“消除锯齿”复选框将不起作用。“消除锯齿”复选框只更改边缘像素，并不损失细节部分。

4. “样式”选项

“样式”选项可以用来控制选区的基本形状，单击“样式”倒三角按钮，会弹出样式列表，包括“正常”“固定比例”“固定大小”3 个选项，如图 2–50 所示。

图 2–50

（1）选择“正常”选项时，可以在视图中创建任意大小和比例的选区。在前边的操作中都是使用此方式来绘制椭圆选区的。

（2）选择“固定比例”选项时，参照图 2–51 在工具选项栏内的“宽度”和“高度”文本框输入长宽比的数值。

图 2–51

（3）单击并拖动鼠标，在视图中绘制椭圆选区，椭圆选区的宽度和高度的比例将被约束为 2∶1，如图 2–52 所示。

图 2–52

（4）选择“固定大小”选项时，参照图 2-53 在“宽度”和“高度”文本框内输入要创建的选区的宽度值和高度值。

样式：固定大小　宽度：30 像素　高度：30 像素

图 2-53

（5）单击鼠标即可在视图中创建精确的圆形选区，如图 2-54 所示。

（6）将选区填充为黑色，然后参照以上方法，依次在视图其他 3 个角的位置创建圆形选区并填充为黑色，效果如图 2-55 所示。

图 2-54

图 2-55

2.1.7 “单行选框”工具和“单列选框”工具

“单行选框”工具和“单列选框”工具主要用于绘制横向或纵向线段。这两个工具可以绘制宽为 1 像素并且无限长的横向或纵向选区。

（1）在“底纹”文件中新建图层。选择“单行选框”工具，并参照图 2-56 设置工具选项栏。

图 2-56

（2）在视图顶部单击并拖动鼠标，调整横向选区的位置，调整完毕后松开鼠标，效果如图 2-57 所示。

（3）参照以上方法再在视图底部创建一个横向选区，效果如图 2-58 所示。

图 2-57

图 2-58

（4）选择“单列选框”工具，在工具选项栏中单击“添加到选区”按钮，然后参照图 2-59 在视图左侧和右侧相应位置绘制 2 个纵向选区。

注意

若看不见绘制的选区，则可以增加图像视图的放大倍数。

图 2-59

（5）设置前景色为黑色，按 <Alt+Backspace> 组合键使用前景色填充选区，然后取消选择选区，效果如图 2-60 所示。

（6）在视图中添加文字信息和装饰图像，完成本实例的制作，效果如图 2-61 所示。读者可以打开本书附带文件 \Chapter-02\“POP 整理后 .psd”进行查看。

图 2-60

图 2-61

2.1.8 套索工具组的使用

套索工具组包含一组选择工具，它对于创建不规则的选区非常有用。单击并按住“套索”工具按钮，打开套索工具组列表，如图 2-62 所示。该工具组包括 3 个工具，分别是“套索”工具、“多边形套索”工具和“磁性套索”工具，下面本书就对这 3 个工具逐一进行介绍。

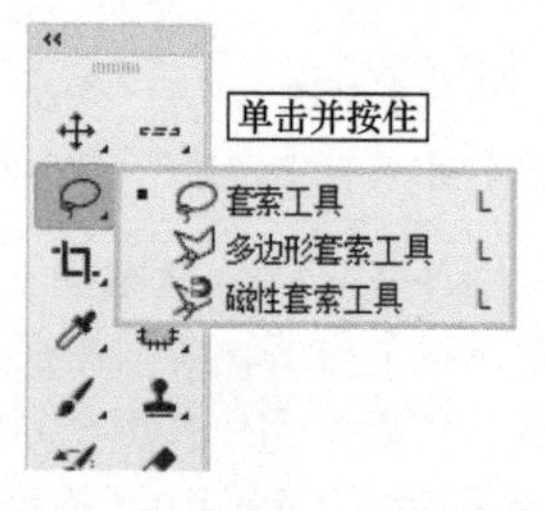

图 2-62

1. “套索”工具

使用“套索”工具可以根据手绘形状快速创建不规则选区。下面介绍该工具的使用方法。

（1）执行“文件”→“打开”命令，打开本书附带文件 \Chapter-02\“绿色城市 01.psd”。

（2）在工具箱内选择“套索”工具，其工具选项栏如图 2-63 所示。

（3）工具选项栏包括创建选区，选区的相加、相减及相交，指定羽化值和消除锯齿等选项，这些功能在前面的内容中都有介绍。

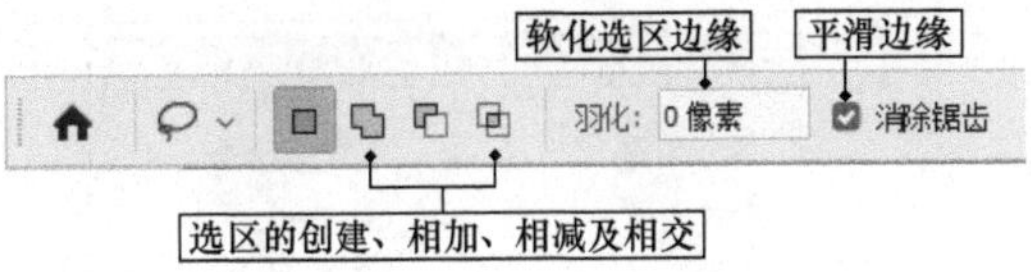

软化选区边缘　平滑边缘

羽化：0 像素　消除锯齿

选区的创建、相加、相减及相交

图 2-63

（4）如图 2-64 所示，单击并拖动鼠标在图像中创建选区，在合适的位置松开鼠标，系统会自动连接起始点和结束点，使创建的不规则选区自动封闭，效果如图 2-65 所示。

图 2-64

图 2-65

（5）尝试使用工具选项栏内的相加、相减及相交按钮对选区进行修改。

（6）选区编辑完成后，按 <Delete> 键将部分草地图案删除，效果如图 2-66 所示。

图 2-66

2. “多边形套索”工具

使用“多边形套索”工具可以创建直线形的多边形选区。下面具体介绍该工具的使用方法。

（1）执行“文件”→“打开”命令，打开本书附带文件 \Chapter-02\“绿色城市 02.psd”。

（2）在工具箱内选择“多边形套索”工具，在画面中依次单击鼠标创建选区，效果如图 2-67 和图 2-68 所示。

图 2-67

图 2-68

提示

在绘制过程中，要抹除刚绘制的直线段，可以按 <Delete> 键。

（3）设置前景色为绿色，按 <Alt+Backspace> 组合键使用前景色填充选区，效果如图 2-69 所示。

图 2-69

（4）使用“多边形套索”工具在视图中绘制楼房选区，并将其填充为绿色，效果如图 2-70 所示。

图 2-70

2.1.9 “磁性套索”工具

“磁性套索”工具可以根据画面的颜色自动创建选区，特别适用于快速选择与背景对比强烈而且边缘复杂的图像。接下来就来学习“磁性套索”工具的使用方法。

（1）执行“文件”→“打开”命令，打开本书附带文件 \Chapter-02\“绿色城市 03.psd”。

（2）在工具箱内选择“磁性套索”工具，其工具选项栏如图 2-71 所示。

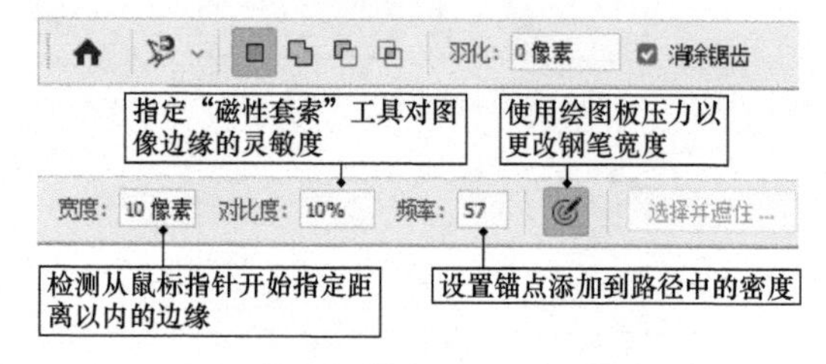

图 2-71

（3）单击要选择的图像的边缘，创建第一个关键点。沿图像边缘拖动鼠标，系统会在鼠标指针经过之处自动创建关键点，如图 2-72 所示。

图 2-72

（4）在拖动鼠标的过程中，单击鼠标将会手动创建关键点，如图 2-73 所示。

（5）若关键点没有放置在正确的位置，按 <Delete> 键可以删除已创建的关键点，如图 2-74 所示。

图 2-73

图 2-74

（6）当鼠标指针移动到起始点处时，其右下角将出现圆形符号，单击即可闭合选区，如图 2-75 所示。

技巧

如果要快速关闭磁性线段选区，双击或者按 <Enter> 键即可；若按住 <Alt> 键，双击将以直线封闭选区。

图 2-75

在工具选项栏内对“磁性套索”工具的各选项参数进行更改，所创建的选区会产生不同的效果。下面就来学习一下工具选项栏的设置方法。

1. “宽度”选项

“宽度”选项决定了使用“磁性套索”工具时的探测宽度，其数值越大，探测宽度越大。

（1）选择“磁性套索”工具后，设置其工具选项栏。

（2）在视图中单击并拖动鼠标，会自动找到颜色边界。按 <Caps Lock> 键，会显示出鼠标指针的大小，如图 2-76 所示。

图 2-76

（3）更改宽度值，再次创建选区。图 2-77 展示了几种不同宽度值下的鼠标指针效果，宽度值越大鼠标指针就越大，宽度值越小鼠标指针就越小，从而可以方便地创建细致程度不同的选区。

图 2-77

技巧

在创建选区时，按 <]> 键可以将磁性套索边缘的宽度增大 1 像素，按 <[> 键可将宽度减小 1 像素。

2. “对比度”选项

“对比度”选项用来指定“磁性套索”工具对图形边缘的灵敏度。设置较低的数值可以检测选择的图像与其周围颜色对比不明显的边缘，如图 2-78

所示。设置较高的数值可以检测选择的图像与其周围颜色对比明显的边缘，如图 2-79 所示。

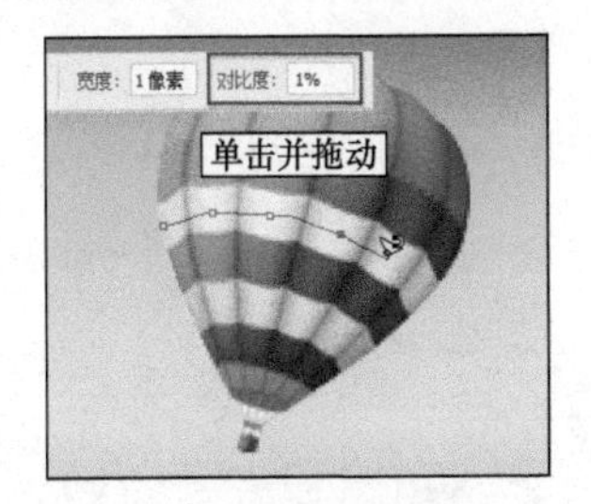

图 2-78

图 2-79

3. “频率”选项

“频率”选项用于设置生成关键点的密度，该值越大，生成的关键点越多，跟踪的边缘越精确，对比效果如图 2-80 和图 2-81 所示。

图 2-80

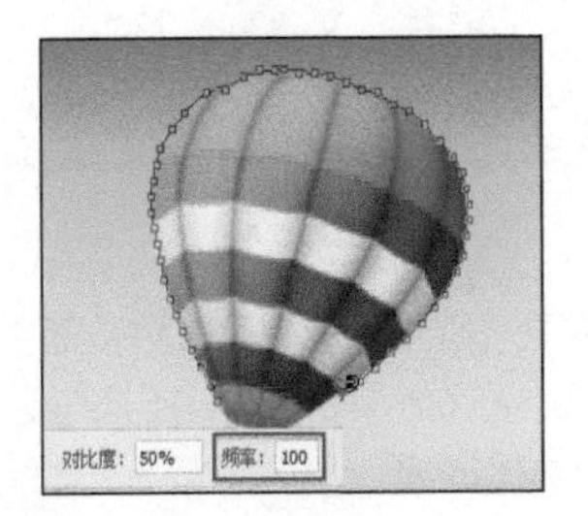

图 2-81

结合以上方法，创建出热气球的选区，如图 2-82 所示。按 <Ctrl+Shift+I> 组合键，反选选区，并按 <Delete> 键，删除选区内图像，效果如图 2-83 所示。

4. “钢笔压力”选项

“钢笔压力”选项用来设置绘图板的笔刷压力，只有安装了绘图板和驱动程序后才可用。当选择此选项时，光笔压力的增加会使边缘宽度值减小。

图 2-82

图 2-83

5. 套索工具间的转换

如果需要选择的图像的轮廓是由直线和曲线组合而成的，在选择的过程中，我们可以按 <Alt> 键实现“套索”工具和“多边形套索”工具的切换。

（1）执行“文件”→“打开”命令，打开本书附带文件 \Chapter-02\“绿色城市 04.psd”。

（2）在工具箱内选择“多边形套索”工具，按 <Alt> 键并单击，鼠标指针切换为“套索”工具，如图 2-84 所示。

图 2-84

（3）按 <Alt> 键，在“多边形套索”工具与“套索”工具之间切换，在图像中单击或者拖动鼠标创建选区。交替配合运用两种工具，会使工作更加轻松、便捷。

（4）沿楼房创建选区完毕后，反选选区并删除图像，效果如图 2-85 所示。

图 2-85

（5）至此，完成本实例的制作，效果如图 2-86 所示。读者在制作时如果遇到了问题，可打开本书附带文件 \Chapter-02\“绿色城市海报 .psd”进行查看。

图 2-86

2.2 课时 5：智能选区创建工具如何提高效率？

除了通过绘制方式创建选区外，还可以利用像素的颜色自动创建选区，可以利用的工具包括“魔棒”工具、“快速选择”工具、“对象选择”工具，这些工具被称为智能选区创建工具。根据像素的色彩创建选区更加快捷高效。这些工具功能各不相同，各有特色，下面来逐一学习一下。

学习指导

本课内容重要性为【必修课】。

本课时的学习时间为 40 ～ 50 分钟。

本课的知识点是掌握智能选区创建工具的操作方法。

课前预习

扫描二维码观看教学视频，对本课知识点进行预习。

2.2.1 “魔棒”工具

使用“魔棒”工具可以快速选择图像中颜色接近的区域，适用于选取图像中大面积的单色区域，如图 2-87 所示。接下来通过具体操作来学习“魔棒”工具的使用方法。

图 2-87

（1）执行“文件”→“打开”命令，打开本书附带文件 \Chapter-02\“别墅社区海报 01.psd”，如图 2-88 所示。

图 2-88

（2）选择工具箱中的“魔棒”工具，其工具选项栏如图 2-89 所示。

图 2-89

1. “容差”选项

“容差”选项可以设置“魔棒”工具的色彩范围，数值越小，可以选择与所单击像素越相似的颜色；数值越大，可以选择范围越广的颜色。其取值范围为 0 ～ 255。

（1）选择“魔棒”工具，在视图中单击蓝色天空图像，如图 2-90 所示。

图 2-90

（2）更改“容差”值，再次单击蓝色天空图像，将产生不同的选区效果。图 2-91 所示为在不同“容差”值下的选区效果。

图 2-91

2. “连续”选项

选中“连续”复选框后，只能在图像中选择相邻的同一种颜色的像素；取消选中此复选框，则图像中同一种颜色的所有像素都将被选中。

选择“魔棒”工具，在工具选项栏内设置容差值并选中“连续”复选框，设置完毕后在画面中的白色云朵图像上单击，效果如图 2-92 左图所示。取消选中“连续”复选框后在视图中的白色云朵图像上单击，效果如图 2-92 右图所示。

图 2-92

3. “对所有图层取样”选项

在一个由若干个图层组成的图像上，若选中“对所有图层取样”复选框，则可以使用“魔棒”工具选择所有图层中颜色相似的像素，具体操作方法如下。

（1）执行“文件”→“打开”命令，打开本书附带文件 \Chapter-02\“别墅社区海报 02.psd”。

（2）“图层”调板中包含 3 个图层，如图 2-93 所示。

图 2-93

（3）选择“魔棒”工具单击视图中的背景图像，将只选择背景图像，效果如图 2-94 所示。

图 2-94

（4）使用“魔棒”工具，在工具选项栏内选中“对所有图层取样”复选框并设置其他选项。

（5）单击视图中的背景图像，云朵图像将从选区中减去，效果如图 2-95 所示。

图 2-95

注意

选中“对所有图层取样”复选框，相当于把文件的所有图层看作一个图层，系统会认为下面图层中被遮挡的无法看到的部分是不存在的，所以在添加选区时，只选择可见部分。

（6）保持选区为浮动状态，单击“图层”调板底部的“创建新的填充或调整图层”按钮，在弹出的菜单中选择“渐变”选项，打开“渐变填充”对话框，参照图 2-96 和图 2-97 设置对话框。

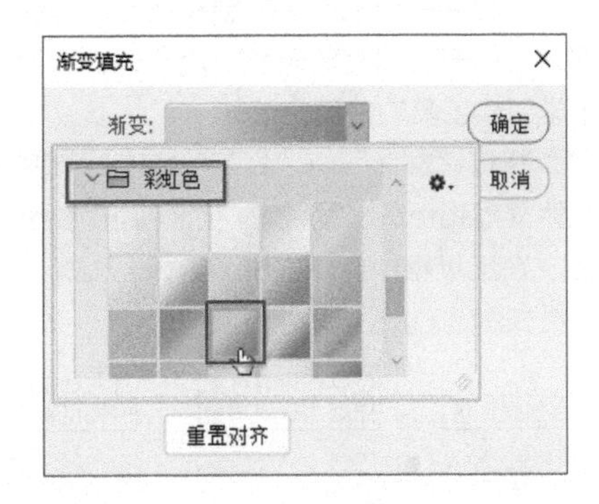

图 2-96

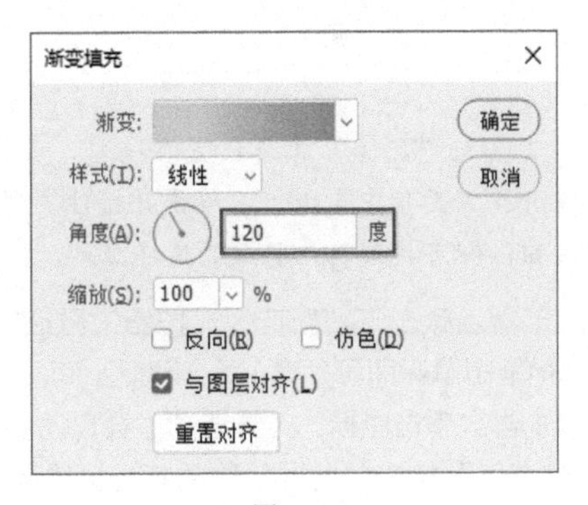

图 2-97

（7）在“图层”调板中设置“渐变填充 1”图层的混合模式和不透明度，如图 2-98 所示，效果如图 2-99 所示。

图 2–98

图 2–99

2.2.2 “快速选择”工具

“快速选择”工具可以利用圆形画笔快速绘制选区。在画面中拖动鼠标可以创建选区，选区会向外扩展并自动查找和跟随图像中定义的边缘。下面我们来学习该工具的使用方法。

（1）执行“文件”→“打开”命令，打开本书附带文件 \Chapter-02\“别墅社区海报 03.psd”。

（2）在工具箱中选择“快速选择”工具，其工具选项栏如图 2–100 所示。

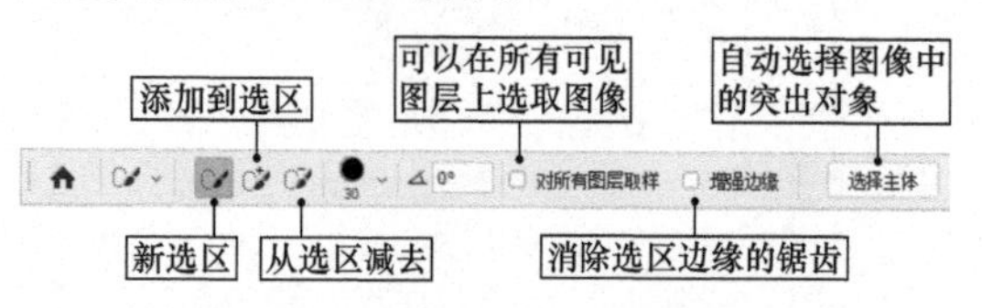

图 2–100

提示

该工具与“魔棒”工具放置在一起，如果该工具没有在工具箱中出现，则单击并按住“魔棒”工具按钮，即可找到其他隐藏的选择工具。

（3）默认状态下“新选区”按钮为激活状态，在画面中单击鼠标即可创建一个新选区。

（4）再次单击鼠标，工具选项栏会自动切换到“添加到选区”按钮，此时绘制的新选区会和之前绘制的选区合并，如图 2–101 所示。

（5）单击“从选区减去”按钮，此时在选区内单击并拖动鼠标，会将部分选区减去，效果如图 2–102 所示。

图 2–101

图 2–102

技巧

当“添加到选区”按钮为激活状态时，按住 <Alt> 键会自动激活“从选区减去”按钮，松开 <Alt> 键会恢复至原状态。

（6）选中“增强边缘”复选框可以消除选区边缘的锯齿。

2.2.3 “对象选择”工具

“对象选择”工具是新版本 Photoshop 新增的智能选区创建工具。该工具可以帮助用户在图像中快速选择人物、物品等目标图像。在操作时，它比前面介绍的工具更加智能。因为是程序自动判断，然后对图像进行选择，所以有时创建的选区并不能完全满足用户的需求，即便如此，该工具还是极大地提高了创建选区的效率。大家可以扫描二维码观看教学视频进行学习。

2.3 课时 6：如何快速调整选区外形?

通常创建选区后，还需要根据绘图要求对选区进行修改，如调整选区的形状或大小使之更为精确。本课将针对选区的编辑方法进行详细的介绍，这些功能命令大多集中在“选择”菜单中。只有将选区工具与相关命令结合，并加以综合使用，才能完成复杂的选区创建工作。下面一起学习这些命令的作用及应用效果。

学习指导

本课内容重要性为【必修课】。

本课时的学习时间为 40 ～ 50 分钟。

本课的知识点是掌握多种选区修改命令，使选区的修改更加灵活。

课前预习

扫描二维码观看教学视频，对本课知识进行预习。

2.3.1 基础选区编辑命令

基础选区编辑命令包括“全选”“取消选择”“重新选择”命令。执行“全选”命令可以选择当前图层上的全部图像，执行“取消选择”命令可以取消选择当前所有选区，执行“重新选择”命令可以重新建立刚才取消选择的选区。接下来，本书将通过具体的操作来演示这些命令的使用方法。

（1）执行“文件”→“打开”命令，打开本书附带文件 \Chapter-02\“酒广告背景 .psd”，如图 2-103 所示。

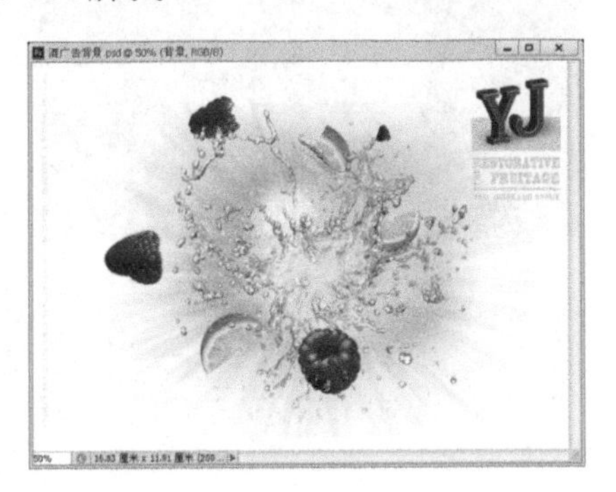

图 2-103

（2）执行“选择”→“全选”命令，将当前图像全部选择，如图 2-104 所示。

图 2-104

提示

读者也可以激活图像编辑窗口，按 <Ctrl+A> 组合键，快速选择当前图像。

（3）执行“选择”→“取消选择”命令，或按 <Ctrl+D> 组合键，可取消选择。

（4）执行“选择”→“重新选择”命令，即可恢复取消选择的选区。

（5）按 <D> 键可恢复默认的前景色和背景色。

（6）按 <Alt+Delete> 组合键，可使用前景色填充选区，填充完毕后取消选择选区，效果如图 2-105 所示。

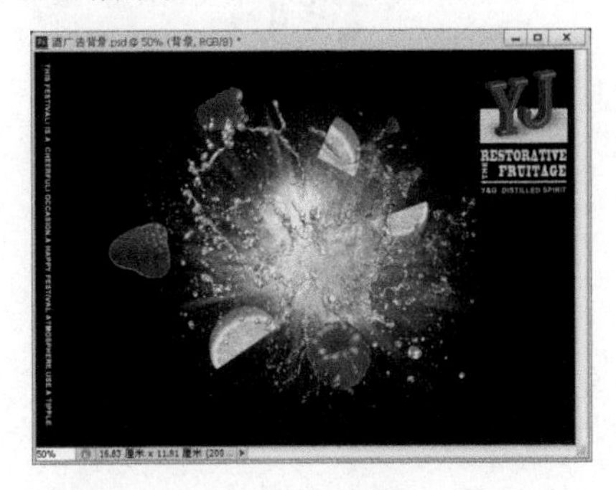

图 2-105

2.3.2 “反选”命令

“反选”命令可以将已经创建的选区反转，选择图像中没有被选中的部分，从而调换图像中的已选择区域和未选择区域。下面就来介绍“反选”命令的使用方法。

（1）打开本书附带文件 \Chapter-02\“酒瓶 .psd”，如图 2-106 所示。

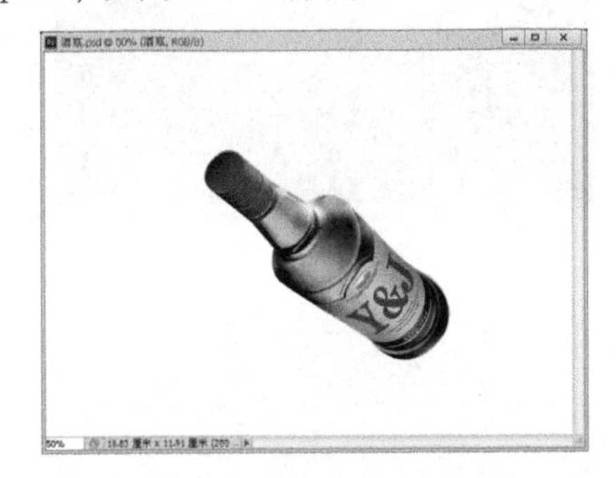

图 2-106

（2）选择“魔棒”工具，在白色背景图像上单击，选择白色背景，如图 2-107 所示。

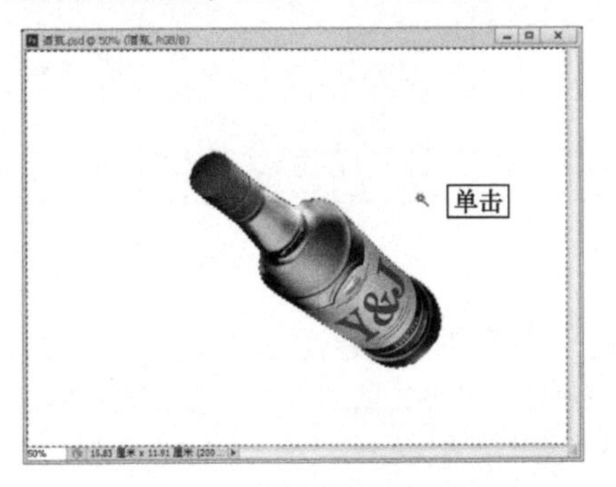

图 2-107

（3）执行“选择”→“反选”命令，此时会选择与选区相反的区域，如图 2-108 所示。

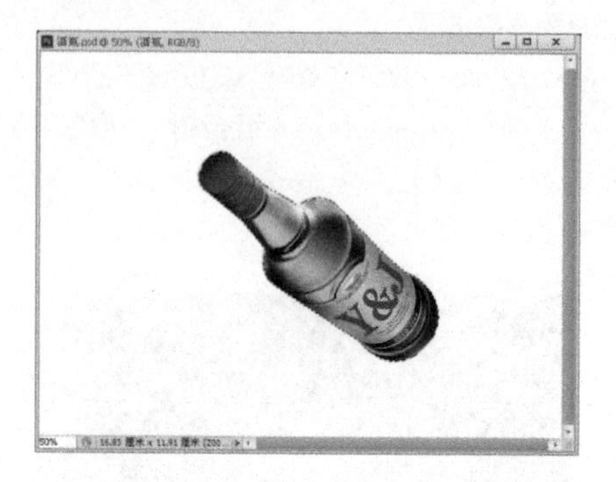

图 2-108

提示

另外一种反选选区的方法是创建选区后右击鼠标，在弹出的快捷菜单内选择“选择反向”命令。

（4）选择“移动”工具，将选区中的酒瓶图像拖动到“酒广告背景 .psd”文件中，“图层”调板中会生成“酒瓶”图层，调整图层的顺序，如图 2-109 和图 2-110 所示。

图 2-109

图 2-110

2.3.3 修改命令组

“修改”命令主要用于修改选区的外形，该命令的子菜单包括“边界”“平滑”“扩展”“收缩”“羽化”等命令，其效果如图 2-111 所示。下面将以具体操作来演示“修改”命令菜单的功能。

图 2-111

1. “边界”命令

（1）接着上节的操作。在“图层”调板中选择“水果 2”图层，按住 <Ctrl> 键的同时单击该图层缩览图，载入水果图像的选区，如图 2-112 所示。

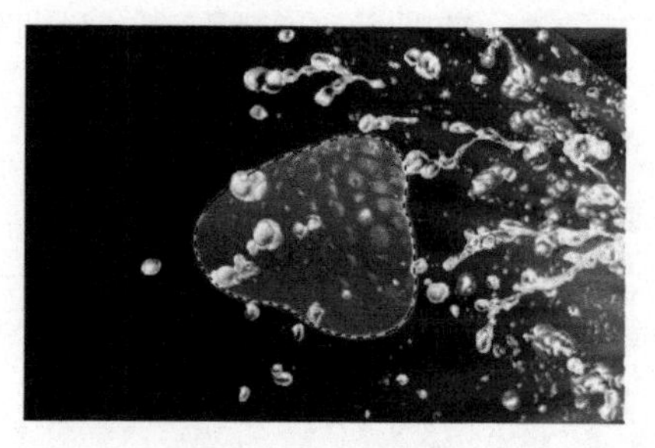

图 2-112

（2）执行“选择”→“修改”→“边界”命令，打开“边界选区”对话框，在“宽度”文本框内可输入的像素值为 1 ～ 200，输入的值越大，选区边框就越粗，对比效果如图 2-113 所示。

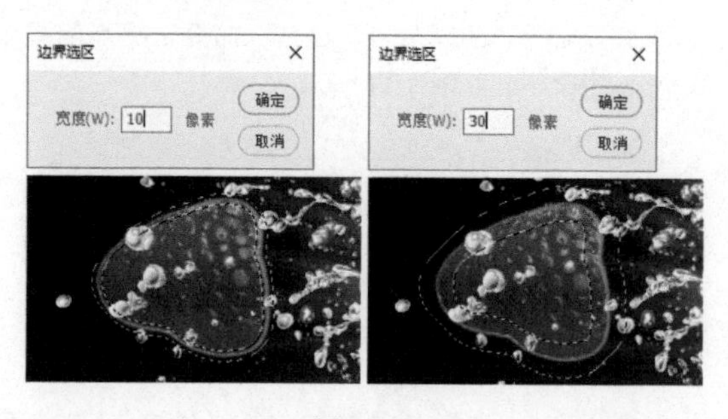

图 2-113

提示

为了更清楚地观察选区效果，可暂时为图像添加一个白色背景。

（3）在“宽度”文本框内输入“5”，单击“确定”按钮，关闭“边界选区”对话框，此时，在原来的选区形状外产生了一个边界选区，效果如图 2-114 所示。

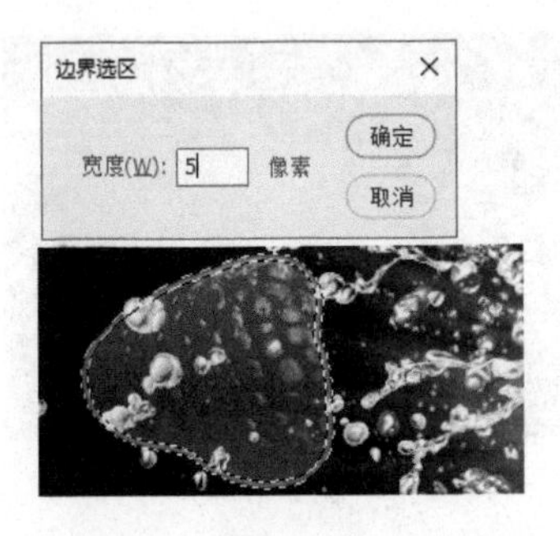

图 2-114

（4）按 <Delete> 键两次，取消选择选区，制作出清晰的水果边界，效果如图 2-115 所示。

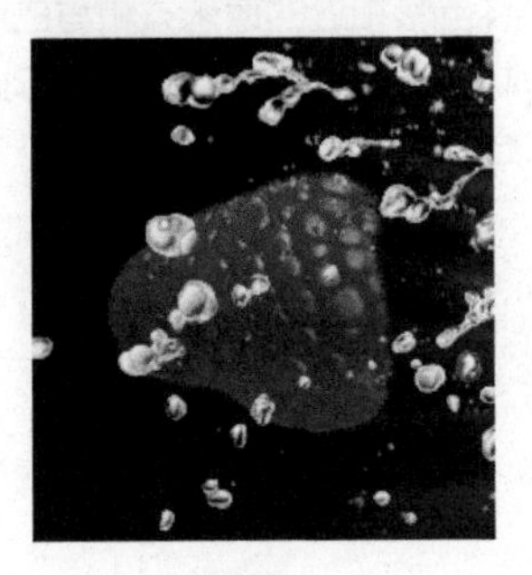

图 2-115

2. “平滑”命令

（1）在“图层”调板中选择“水果 3”图层，载入该图层中图像的选区，如图 2-116 所示。

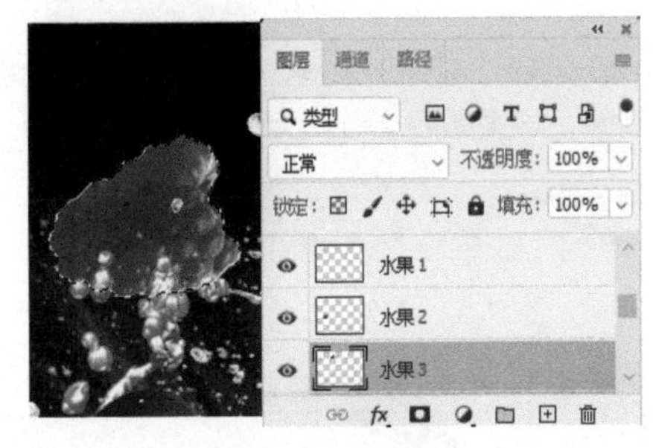

图 2-116

（2）执行“选择”→“修改”→“平滑”命令，打开“平滑选区”对话框，参照图 2-117 进行设置，设置完毕后单击“确定”按钮，这时可以看到选区的轮廓变柔和了。

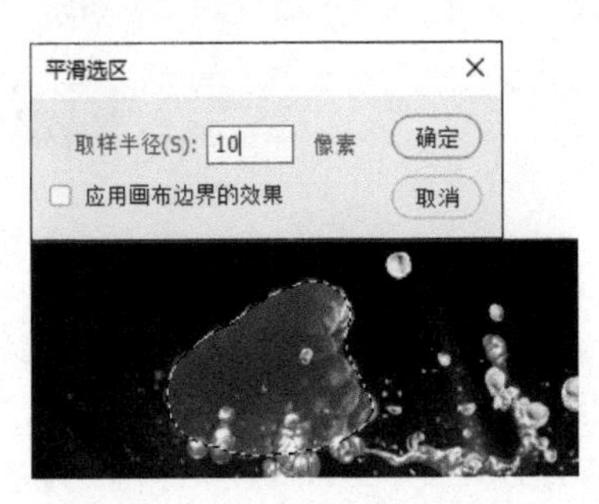

图 2-117

（3）按 <Ctrl+Shift+I> 组合键，反选选区，再按 <Delete> 键删除图像，制作出平滑的水果边界，效果如图 2-118 所示。

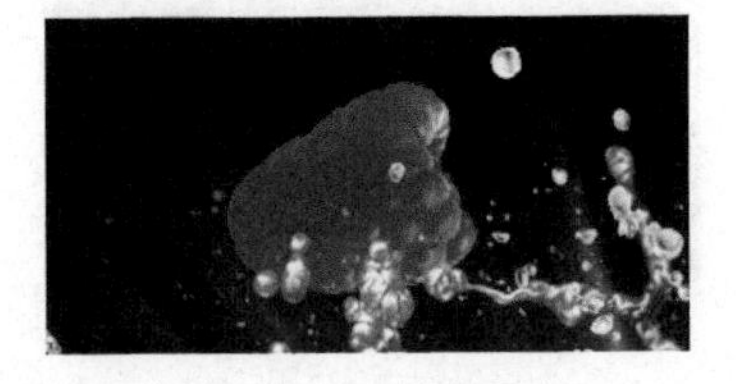

图 2-118

3. “扩展”和“收缩”命令

（1）在“图层”调板中选择“水果 4”图层，载入该图层中图像的选区，如图 2-119 所示。

图 2-119

（2）执行“选择”→“修改”→“扩展”命令，打开“扩展选区”对话框并进行设置，设置完毕后单击“确定”按钮，扩展选区，效果如图 2-120 所示。

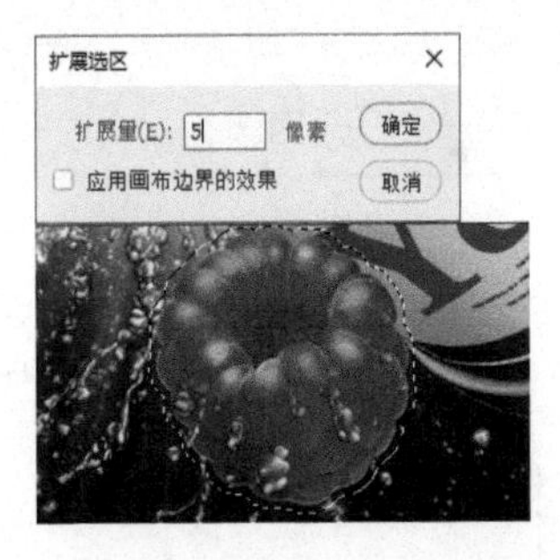

图 2-120

（3）执行“选择”→“修改”→“收缩”命令，打开“收缩选区”对话框并进行设置，设置完毕后单击“确定”按钮，收缩选区，效果如图 2-121 所示。

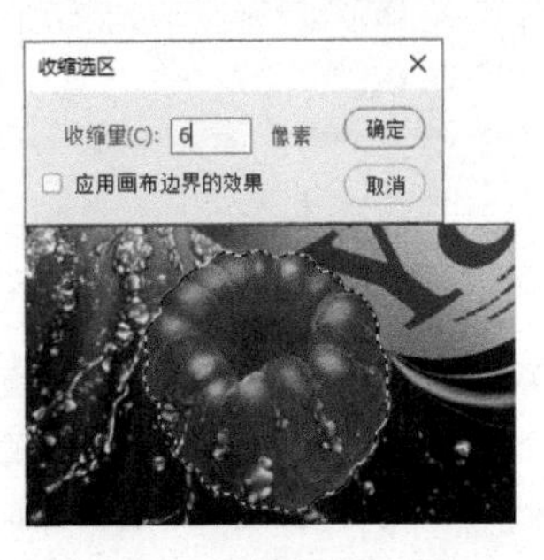

图 2-121

（4）反选选区，按 <Delete> 键删除图像，去除水果图像的白色边缘，效果如图 2-122 所示。

图 2-122

4. “羽化”命令

（1）选择工具箱中的“椭圆选框”工具，在瓶颈部位绘制圆形选区，如图 2-123 所示。

图 2-123

（2）执行“选择”→“修改”→“羽化”命令，在打开的“羽化选区”对话框中进行设置，如图 2-124 所示。

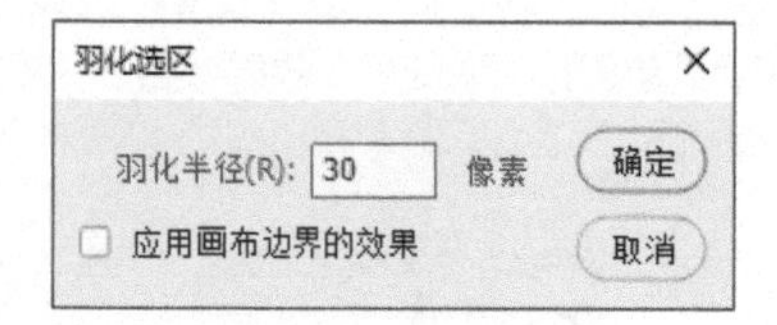

图 2-124

（3）在“图层”调板中新建一个图层，调整该图层到“水花”图层下面，如图 2-125 所示。

图 2-125

（4）将选区填充为白色并取消选择选区，制作出柔和的光源效果，至此完成本实例的制作，效果如图 2-126 所示。读者可以打开本书附带文件 \Chapter-02\“酒广告.psd”进行查看。

图 2-126

2.3.4 “扩大选取”命令

使用“扩大选取”命令可以使选区在图像上延伸、扩大，将色彩相近的像素点和与已选择选区连接的图像一起扩充到选区内。每次执行此命令的时候，选区都会扩大。

（1）打开本书附带文件 \Chapter-02\“西兰花.tif”，如图 2-127 所示。

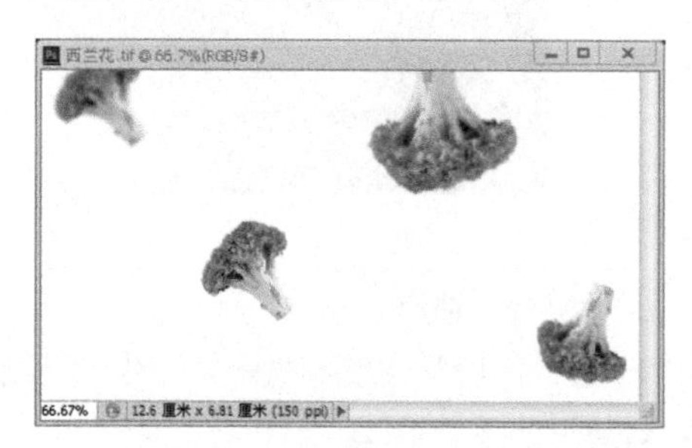

图 2-127

（2）选择“魔棒”工具，在西兰花图像上单击选择图像，效果如图 2-128 所示。

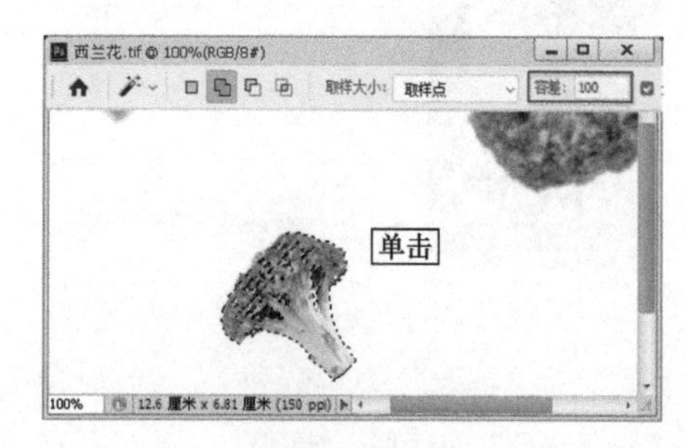

图 2-128

（3）执行“选择”→“扩大选取”命令，选取和选区相似的颜色，效果如图 2-129 所示。

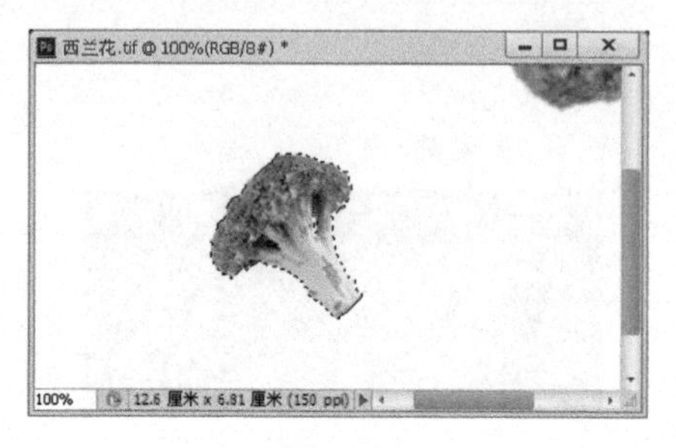

图 2-129

2.3.5 “选取相似”命令

使用“选取相似”命令可以将整个图像中位于容差范围内的像素扩充到选区内，而不只是相邻的像素。

（1）接着上节的操作。执行“选择”→“选取相似”命令，相同的颜色都会被设置为选区，效果如图 2–130 所示。

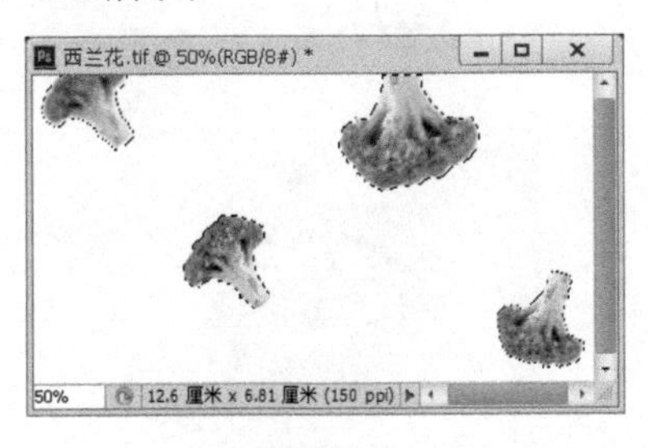

图 2–130

注意

在位图模式的图像文件中，不能执行“扩大选取”和“选取相似”命令。

（2）执行“选择”→“修改”→“收缩”命令，收缩选区，如图 2–131 和图 2–132 所示。

图 2–131

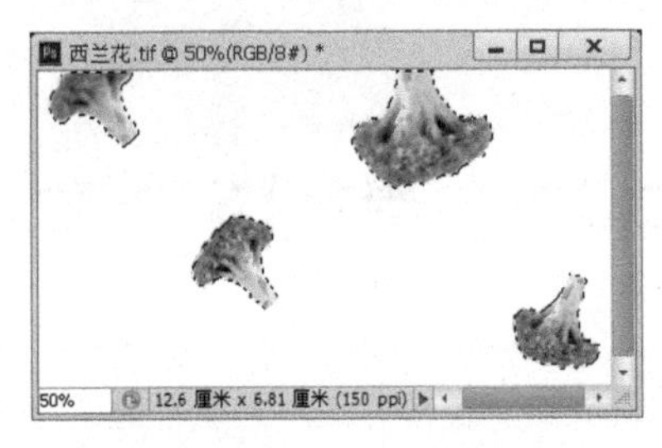

图 2–132

（3）打开本书附带文件 \Chapter–02\“汉堡海报背景 .psd”，将选区中的图像拖动到此文件中，并调整其位置，效果如图 2–133 所示。

图 2–133

2.3.6 “变换选区”命令

使用“变换选区”命令可以对选区进行自由变换。下面就在具体的操作中演示“变换选区”命令的使用方法。

（1）在“汉堡海报背景 .psd”文件中，按住 <Ctrl> 键的同时单击汉堡图像所在图层（“图层 1”）的图层缩览图，载入汉堡图像的选区。

（2）执行“选择”→“变换选区”命令后，选框上将出现 8 个控制点，如图 2–134 所示。

图 2–134

（3）其工具选项栏内中出现了与该命令相关的设置选项，如图 2–135 所示。

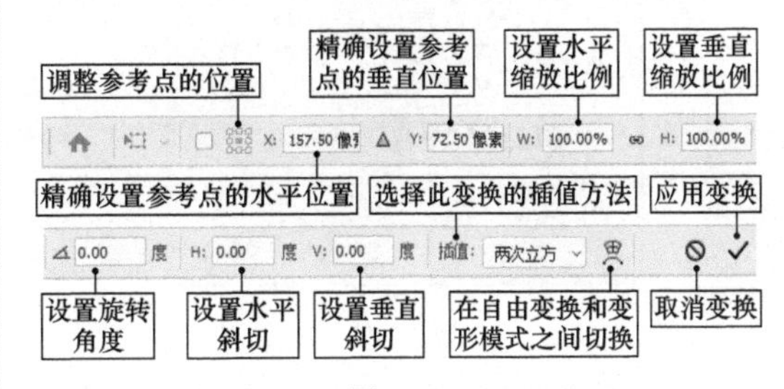

图 2–135

（4）在其工具选项栏内选择“切换参考点”选项，激活“参考点定位符”按钮，单击“参考点定位符”按钮可以更改参考点的位置，如图 2–136 所示。

图 2–136

提示

除了使用“参考点定位符”按钮更改参考点的位置，还可以在视图中单击拖动参考点，更改其位置。

（5）在工具选项栏中设置X（水平位置）、Y（垂直位置）、W（宽度）和H（高度）的值，精确调整选框的位置和大小，如图2-137和图2-138所示。

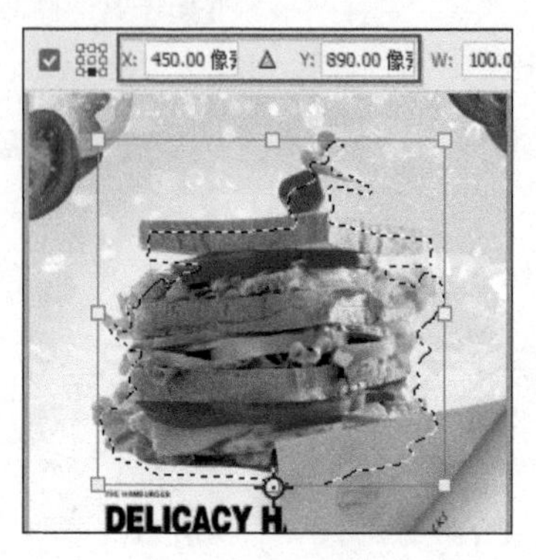

图2-137

图2-138

（6）在H（水平斜切）和V（垂直斜切）文本框中输入角度，调整选框的斜切，如图2-139所示。

图2-139

（7）单击工具选项栏中的“在自由变换和变形模式之间切换”按钮，工具选项栏将变为“变形”模式，显示变形控制框，如图2-140和图2-141所示。

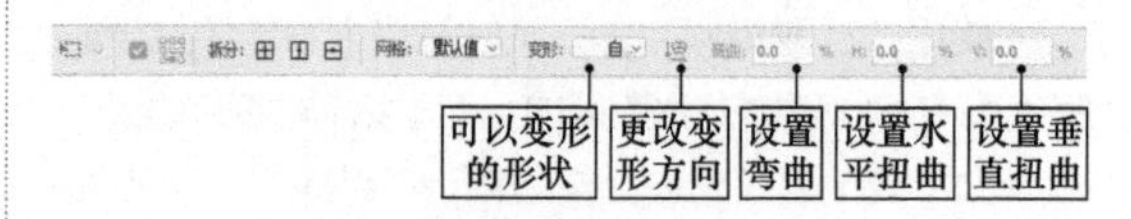

图2-140

图2-141

（8）单击“变形”倒三角按钮，将弹出“变形样式”列表，在该列表中选择一种变形，如图2-142所示。

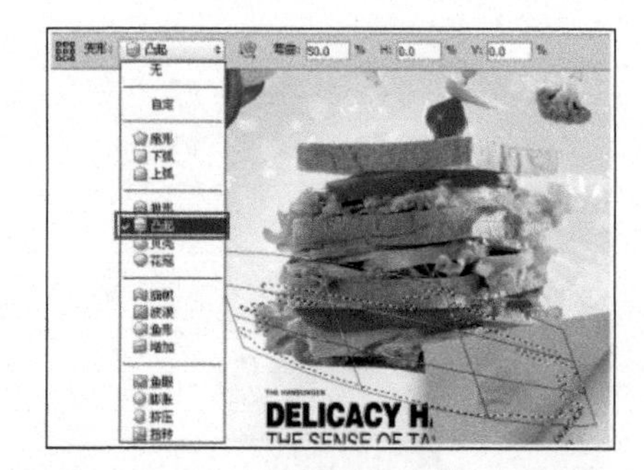

图2-142

提示

从弹出的“变形样式”列表中选择变形后，仍然能够拖动控制点对变形进行调整。

（9）设置“变形”为“自定”，变形控制框中显示控制柄，如图2-143所示。

图2-143

（10）在视图中拖动控制点，可以改变变形控制框的形状，变形图像，如图 2-144 所示。

图 2-144

（11）拖动控制柄也可以改变变形控制框的形状，变形图像，如图 2-145 所示。

图 2-145

（12）按 <Enter> 键或者单击工具选项栏内的“进行变换”按钮可以确定变换操作。

（13）执行“选择”→“修改”→“羽化”命令，将选区羽化，如图 2-146 所示。

图 2-146

（14）新建图层，并将其拖到“图层 1”下方，使用灰色填充选区，制作出汉堡的阴影效果，取消选择选区，效果如图 2-147 所示。

图 2-147

2.3.7 “载入选区”与“存储选区”命令

使用“载入选区”命令，可以将存储好的选区载入重新使用。使用“存储选区”命令，可以将制作好的选区存储到通道中，以便以后调用。具体操作方法如下。

（1）在“图层”调板中选择“番茄”图层，执行“选择”→“载入选区”命令。此时，会弹出“载入选区”对话框，单击“确定”按钮载入图层选区，如图 2-148 所示。

图 2-148

（2）执行“选择”→“存储选区”命令，打开“存储选区”对话框，参照图 2-149 设置对话框，然后单击“确定”按钮，关闭对话框，存储选区。

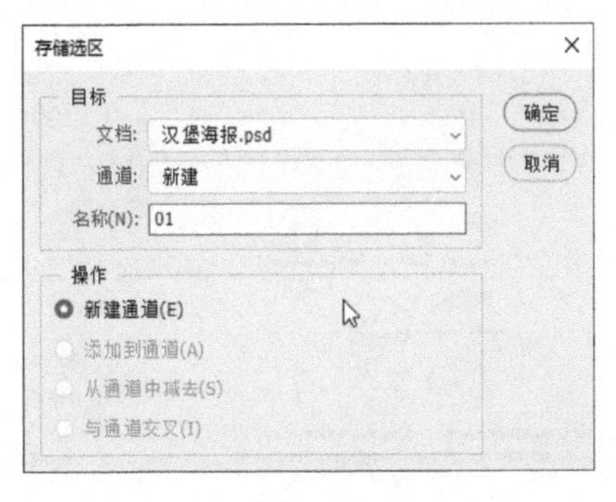

图 2-149

（3）在“通道”调板中创建01通道，如图2-150所示。

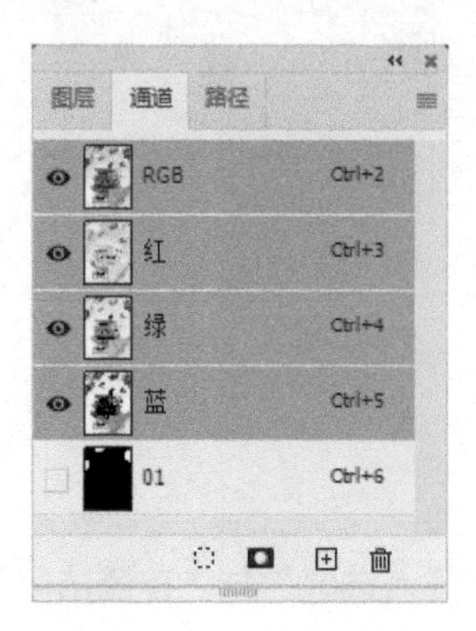

图2-150

（4）按<Ctrl+D>组合键取消选择选区。

（5）执行“选择”→“载入选区”命令，打开“载入选区”对话框，参照图2-151设置对话框，完成后单击“确定”按钮，可调出刚才存储的选区。

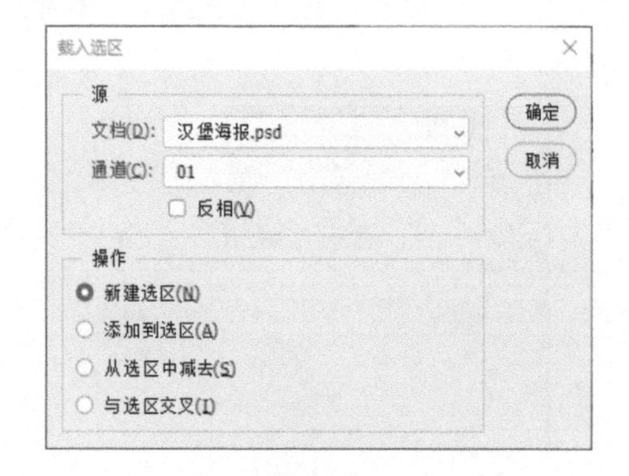

图2-151

（6）执行“图像”→“调整”→“色相/饱和度”命令，参照图2-152对选区内的番茄图像的色调进行调整。完毕后取消选择选区。

（7）至此,本实例已经制作完成,效果如图2-153所示。读者可以打开本书附带文件\Chapter-02\“汉堡海报.psd”进行查看。

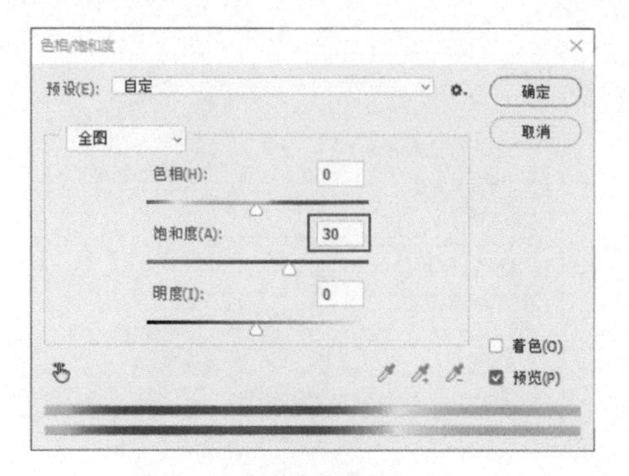

图2-152

图2-153

2.4 课时7: 怎样快速精准地抠图?

在我们的设计工作中，创建选区的操作通常都和抠图相关。利用精准的选区，让目标图像与图像背景脱离，然后为目标图像设置更加绚丽的背景纹理，或者将目标图像作为素材，与更多的素材重新拼合、构图。为了使抠图工作更加高效和智能，Photoshop提供了多组命令，帮助用户精准创建选区、分类背景等。本课一起来对这些命令进行学习。

学习指导

本课内容重要性为【必修课】。

本课时的学习时间为40～50分钟。

本课的知识点是掌握多种修改选区的命令，使选区的修改变得更加灵活。

课前预习

扫描二维码观看教学视频，对本课知识进行预习。

2.4.1 “色彩范围”命令

执行“色彩范围”命令可以按照图像中颜色的分布特点自动生成选区。该命令同“魔棒”工具的工作原理比较接近，但该命令提供了更多的控制选项，所以更为灵活、强大。接下来在具体的操作中演示“色彩范围”命令的使用方法。

（1）打开本书附带文件\Chapter-02\“水花.tif”，如图2-154所示。

（2）执行“选择”→“色彩范围”命令，打开“色彩范围”对话框，如图2-155所示。

（3）在“选择”列表中可以选择颜色或色调范围，也可以选择取样颜色，如图2-156所示。其中“溢色”选项只适用于RGB图像和Lab图像。

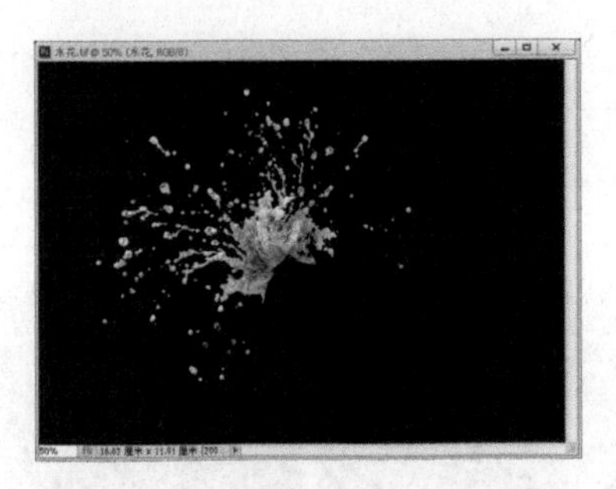

图 2-154

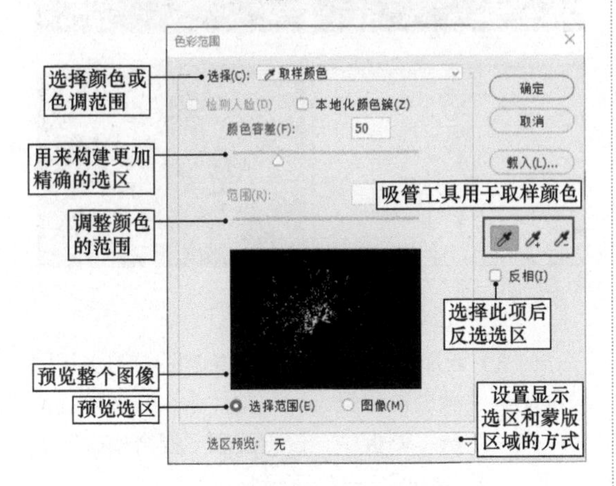

图 2-155

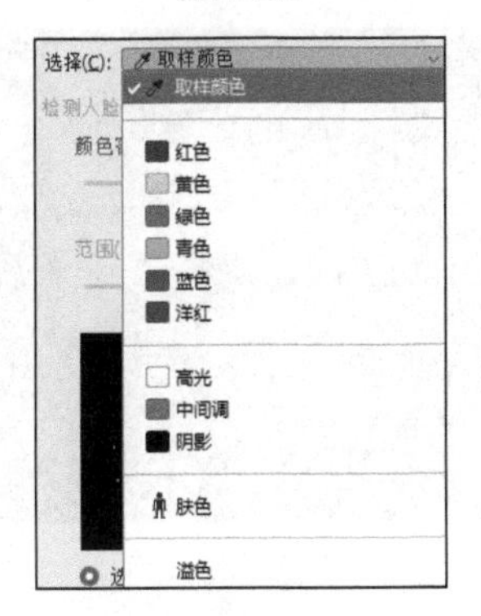

图 2-156

（4）在“色彩范围”对话框中，选择“吸管”工具在缩览图上单击选取颜色，会以缩览图中的白色区域创建选区，如图 2-157 和图 2-158 所示。

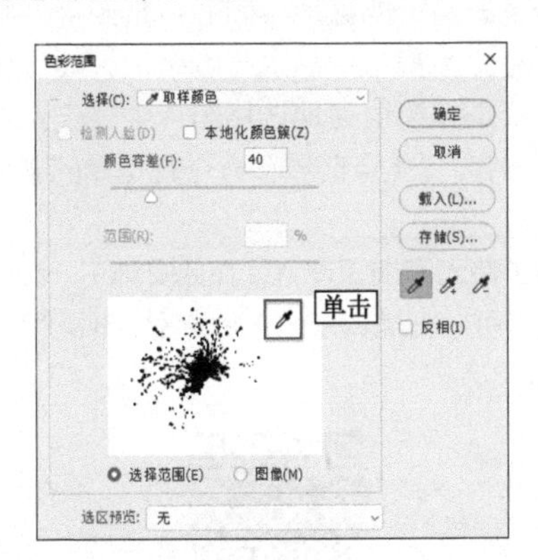

图 2-157

图 2-158

（5）在“色彩范围”对话框中，选中“反相”复选框，此时白色区域和黑色区域反转，那么选择的区域也会反转，如图 2-159 和图 2-160 所示。

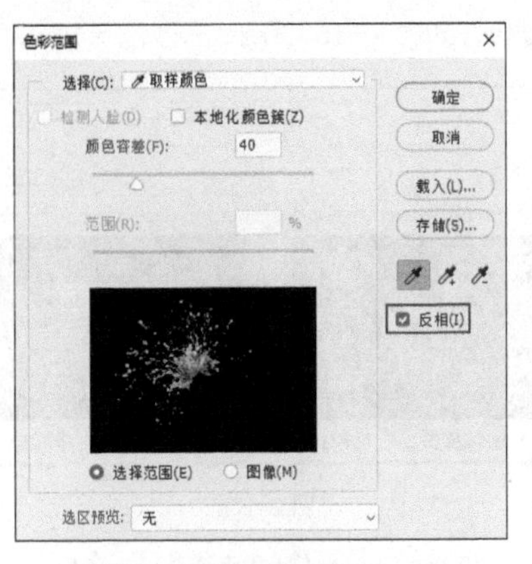

图 2-159

图 2-160

（6）若要添加颜色，可选择“添加到取样”工具，在图像中水花的暗部单击，使选择的范围扩大，如图 2-161 所示。

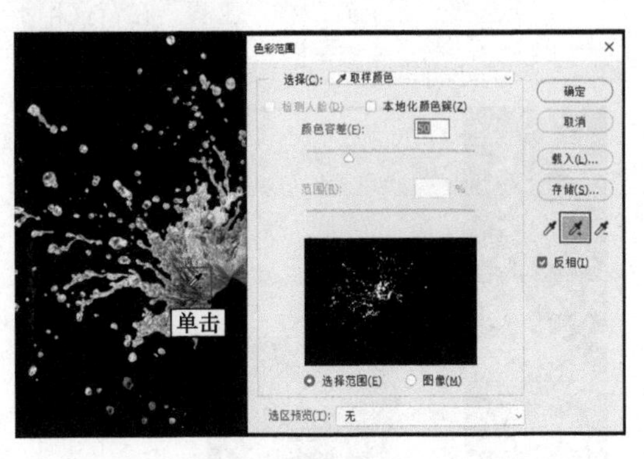

图 2-161

（7）设置“颜色容差”，输入的数值越大，颜色范围越大，对比效果如图 2-162 所示。

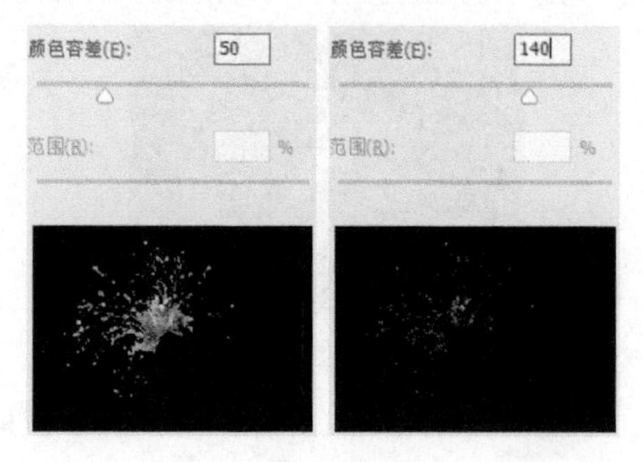

图 2-162

（8）选择“从取样中减去”工具，可以减少选取的颜色，如图 2-163 所示。

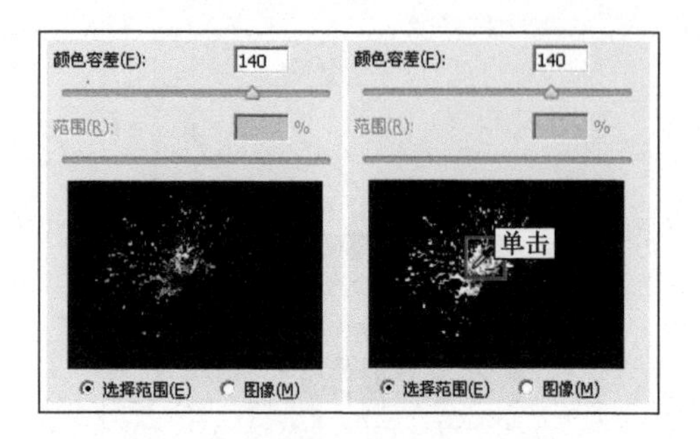

图 2-163

（9）选中“本地化颜色簇”复选框，“范围”选项变为可设置状态。“范围”数值越小，颜色范围越小，对比效果如图 2-164 所示。

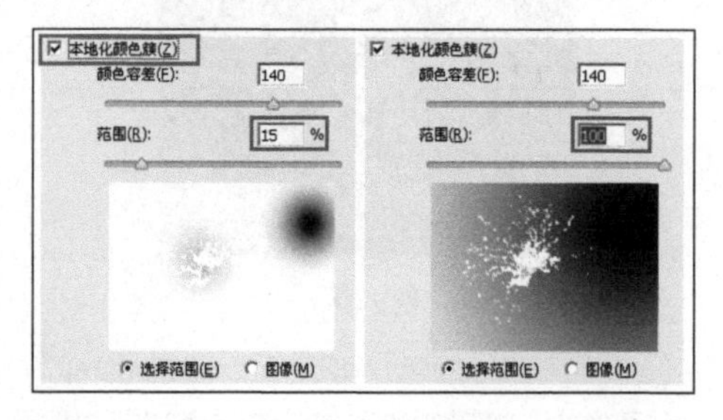

图 2-164

（10）选择“添加到取样”工具，在背景和水花的暗部单击，添加到颜色取样，如图 2-165 所示。

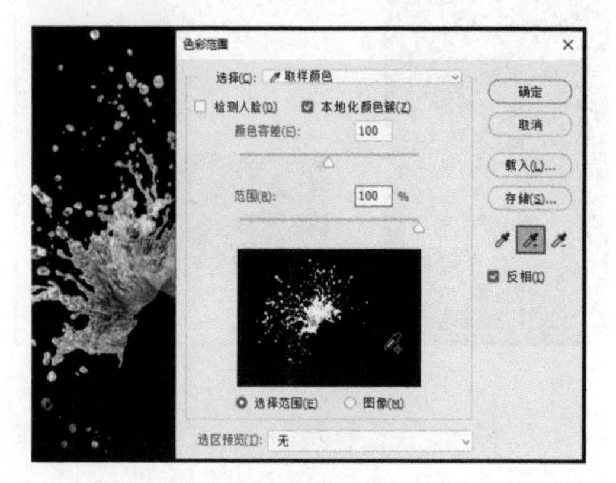

图 2-165

（11）“选区预览”选项可以设置在视图中预览选区的方法，图 2-166 所示为选择不同的选项时，预览效果的变化。

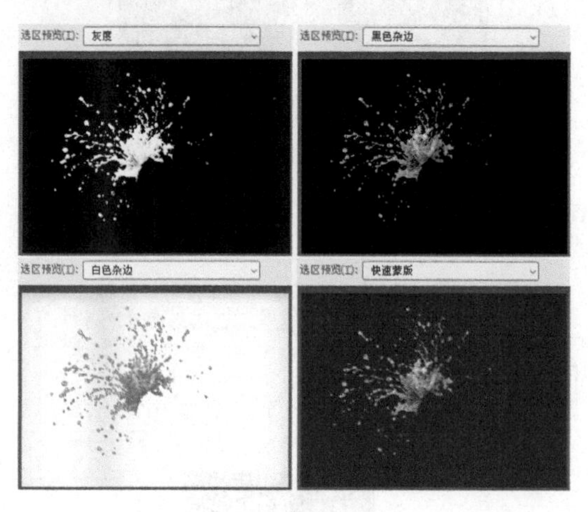

图 2-166

（12）选择“移动”工具，将选区中的水花图像拖动到“酒广告背景 .psd”文件中，并调整其位置，在“图层”调板中，设置图层“混合模式”为“滤色”，效果如图 2-167 所示。

图 2-167

2.4.2 “焦点区域”命令

“焦点区域”命令来自摄影技术。熟悉摄影的读者应该知道，在一幅摄影作品中，图像的焦点区域一般是最清晰的区域，同时也是照片主题的区域。在对此类摄影作品进行编辑时，会产生一个问题，就是如何快速地选择照片中处于焦点区域的图像内容。“焦点区域”命令就是专门来解决这个问题的。

为了使大家加深理解，在此安排了一组教学视频，大家可以扫描二维码进行查看，预习将要讲述的内容。

2.4.3 “选择并遮住”命令

“选择并遮住”命令是Photoshop中非常重要的一个选区编辑命令。该命令和很多选区创建工具绑定在一起使用，用于在选区创建完毕后，对选区的外形进行进一步调整与细化，使选区更加精准。

随着Photoshop版本的不断提升，“选择并遮住”命令的功能也日趋强大，除了可以智能精准地对图像的边界进行分析外，还可以对选区的外形做进一步调整，在选区创建完毕后，还可以根据工作要求从选区生成蒙版或通道。总之，“选择并遮住”命令是Photoshop中非常重要的一项命令，初学者必须熟练掌握它。为了便于大家快速学习，这里为大家准备了“选择并遮住”命令的教学视频，大家可以通过扫描二维码观看视频进行学习。

在完成了视频学习后，我们来进行一组案例操作，尝试用“选择并遮住”命令对人物照片进行抠图并美化处理。

（1）执行“文件”→“打开”命令，打开本书附带文件\Chapter-02\“人物照片.psd”，如图2-168所示。

图2-168

（2）选择“魔棒”工具，在工具选项栏中进行设置，然后在图像灰色的背景处多次单击，选择整个背景区域，如图2-169所示。

图2-169

（3）按<Ctrl+Shift+I>组合键，反选选区，选择人物部分，如图2-170所示。

图2-170

（4）执行“选择”→“选择并遮住”命令，此时会进入“选择并遮住”命令编辑模式，如图2-171所示。

图2-171

（5）在“视图模式”选项组中可以设置当前的显示方式，单击“视图”倒三角按钮，在下拉列表中选择“图层”模式，如图2-172所示。

图2-172

提示

按<F>键可循环切换视图，以便更加清晰地观察选取的图像。

（6）选择“缩放”工具，在视图中单击将图像放大，如图2-173所示。

图2-173

（7）选择“抓手”工具，单击并拖动鼠标，查看图像的边缘，如图2-174所示。

图2-174

（8）选中“智能半径”复选框并设置“半径”参数值，系统将根据选区边缘颜色，智能辨别并去除背景图像，如图2-175所示。

图2-175

（9）在“视图模式”选项组中选中“显示边缘”复选框，视图将显示为设置半径的宽度状态，如图2-176所示。

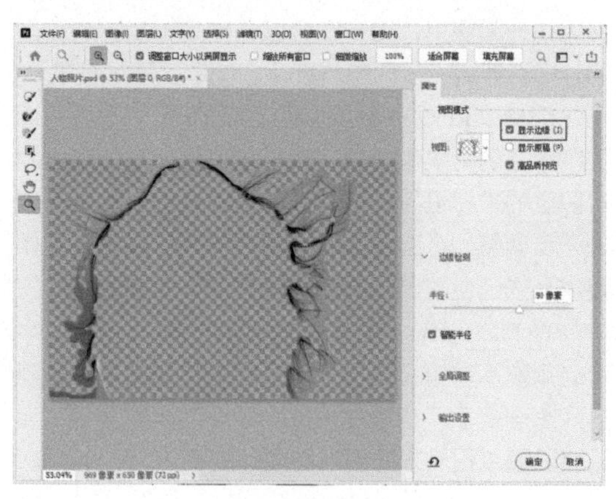

图2-176

（10）取消选中“显示边缘”复选框,选择“调整边缘画笔”工具，手动在头发边缘处涂抹，设置边缘半径，将背景图像去除，效果如图2-177所示。

图2-177

（11）选择“快速选择”工具，对图像左下角衣服外侧的区域进行调整，效果如图2-178所示。

图2-178

（12）在“全局调整”栏中设置各项参数，得到更加清晰、精确的头发边缘，效果如图2-179所示。

图 2-179

（13）在“输出设置”栏中，展开“输出到”列表，选择“选区”选项，单击“确定”按钮，得到调整后的选区，如图 2-180 所示。

图 2-180

（14）按 <Ctrl+Shift+I> 组合键，反选选区。

（15）在“图层”调板中，显示并展开“装饰”图层组，在其中选择“金属”图层，并单击调板底部的“添加蒙版”按钮，添加图层蒙版，如图 2-181 所示。

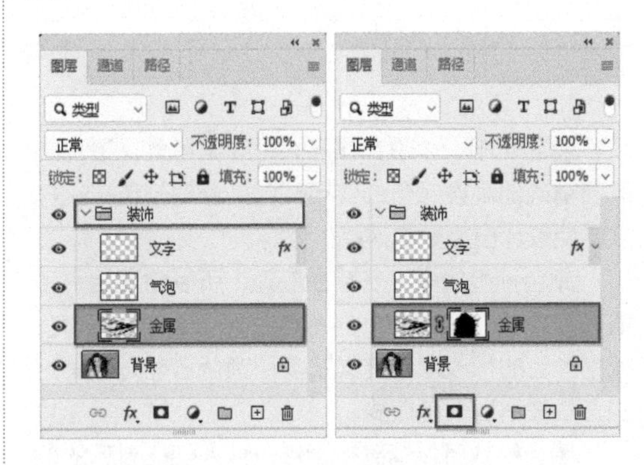

图 2-181

（16）至此，完成本实例的制作，效果如图 2-182 所示。读者可以打开本书附带文件 \Chapter-02\“照片处理 .psd”进行查看。

图 2-182

03 第3章 准确地使用颜色

色彩对于一个设计作品来说非常重要。设计师需要精确地观察颜色、使用颜色、管理颜色，这样才能使设计出更好的作品。

颜色种类较多，且存在差异，所以需要用一种精确的方法来定义每一种颜色。科学家经过研究，根据颜色的构成原理定义了多种颜色管理方法，这些方法被称为颜色模式。

颜色模式可以精确定义每一种人们能看到的颜色，常见的颜色模式有 RGB 模式、CMYK 模式等。颜色模式有非常多的种类，这常常使初学者感到无所适从，其实每种颜色模式都解决了行业中的一个问题，如 RGB 模式管理显示器、手机等光电设备的颜色显示，而 CMYK 模式则管理油墨在印刷时的颜色分布。

本章会对这些看似复杂的颜色模式做详细的讲解，还会对 Photoshop 中设置和管理颜色的功能做相应的介绍。

3.1 课时 8：RGB 模式如何管理屏幕颜色？

RGB 模式是最常用的颜色模式，我们身边的很多设备都使用 RGB 模式进行工作，如投影仪、电视机、计算机显示器、LED 广告屏、手机屏幕等。以光电方式来显示颜色的设备大多使用了 RGB 模式。

RGB 模式对于设计工作来说非常重要。平时工作中用的计算机显示器，使用的就是 RGB 模式。如果作品要在网络环境发布，那么该作品也需要用 RGB 模式输出。Photoshop 也是默认使用 RGB 模式作为颜色管理方式的。

学习指导

本课内容重要性为【选修课】。

本课时的学习时间为 30 ～ 40 分钟。

本课的知识点是理解 RGB 模式的原理，熟悉 RGB 模式在工作中的应用方式。

课前预习

由于本课内容的理论性很强，所以建议大家先扫描二维码观看教学视频，对本课知识进行预习。

3.1.1 RGB 模式

RGB 模式是一种最基本的、使用最广泛的颜色模式，它的组成颜色是 R（Red，红色）、G（Green，绿色）、B（Blue，蓝色）。

RGB 模式是一种光色模式，起源于有色光的三原色理论，即任何一种颜色都可以由红色、绿色、蓝色这 3 种基本颜色组合而成，如图 3-1 所示，在红色、绿色、蓝色 3 种颜色的重叠处分别产生了青色、洋红色、黄色和白色。计算机显示器就是通过 RGB 模式显示颜色的，它通过把红色、绿色和蓝色的光组合起来产生颜色。

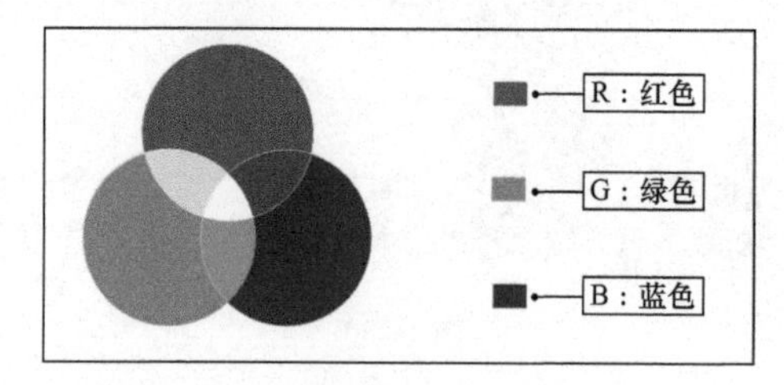

图 3-1

在计算机中，构成 RGB 模式的红色、绿色、蓝色 3 种颜色，从无到完全显示的过程通过 0 ～ 255 的数值表示。因为 RGB 模式是以光的颜色为基础的，所以越大的 RGB 值对应的光量也越多。因此，较高的 RGB 值会产生较淡的颜色。如果这 3 个颜色值都为最大值，则产生的颜色为白色。因为 RGB 模式是通过增加光来产生颜色的，所以它被称为加色模式。而当 RGB 的每种颜色值都为 0 时，即没有光，将产生黑色。

RGB 模式中所包含的所有颜色，都是通过红色、绿色、蓝色这 3 种颜色叠加产生的。因为 256×256×256=16 777 216，所以 RGB 图像通过 3 种颜色或通道，可以在屏幕上重新生成多达约 1670 万种颜色。

3.1.2 观察 RGB 模式

Photoshop 使用色彩通道来管理图像的颜色分布，可以在通道中观察 RGB 模式。

（1）执行“文件”→“打开”命令，打开本书附带文件\Chapter-03\“插画.jpg”，如图 3-2 所示。

图 3-2

（2）执行“编辑”→“首选项”→“界面”命令，打开“首选项”对话框，参照图 3-3 选中“用彩色显示通道”复选框，然后单击“确定”按钮，关闭对话框。

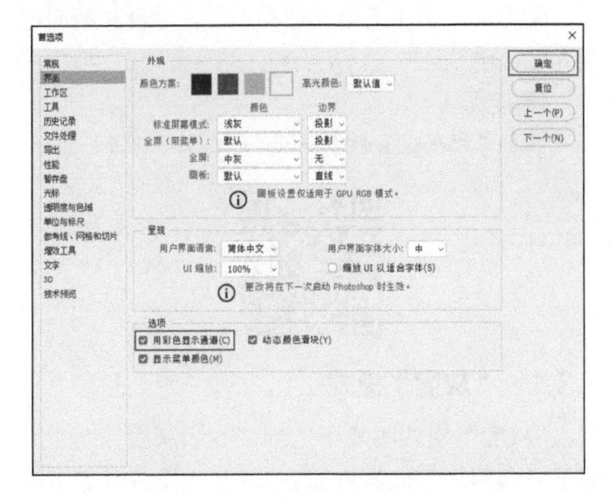

图 3-3

（3）执行“窗口”→“通道”命令，打开“通道”调板，通道为 RGB 三色通道，如图 3-4 所示。

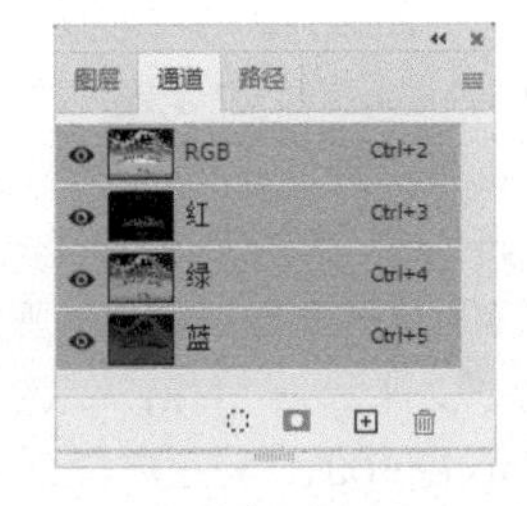

图 3-4

（4）单击“绿”通道，图像以单色通道显现，在视图中可以看到绿色的分布情况，如图 3-5 所示。

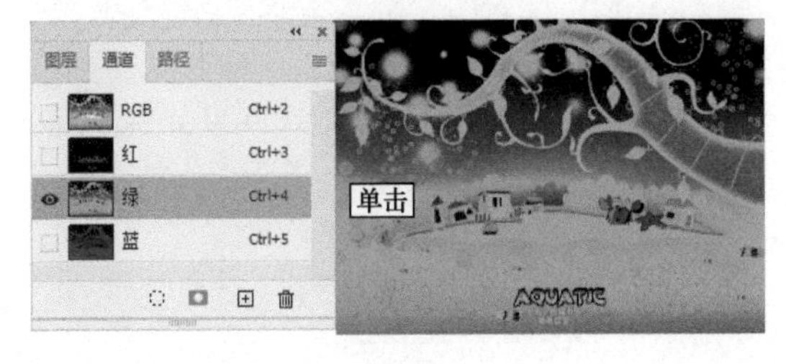

图 3-5

3.2 课时 9：CMYK 模式如何管理油墨？

CMYK 模式是应用于印刷工艺的颜色模式，可以精确地控制油墨在纸张上的分布，所以该颜色模式又被称为印刷色彩模式。

设计师的很多工作内容都需要印刷打印，所以 CMYK 模式对于设计工作也非常重要。理解 CMYK 模式管理颜色的原理，有助于在设计工作中避免出现印刷偏色、溢色等印刷问题。

学习指导

本课内容重要性为【选修课】。

本课时的学习时间为 30 ～ 40 分钟。

本课的知识点是理解 CMYK 模式的原理，熟悉 CMYK 模式在印刷中管理颜色的方式。

课前预习

由于本课内容的理论性很强，因此建议大家先扫描二维码观看教学视频，对本课知识进行预习。

3.2.1 CMYK 模式

通过显示器观看到的图像，最终大多要用油墨在纸上打印出来。在纸上再现颜色的常用方法是把青色、洋红、黄色和黑色的油墨组合起来，这 4 种颜色是 CMYK 模式的颜色组件，即 C（Cyan，青色）、M（Magenta，洋红）、Y（Yellow，黄色）和 K（Black，黑色）。因为 RGB 模式中的 B 代表蓝色，为了不与其发生冲突，所以用 K 来表示黑色，如图 3-6 所示。

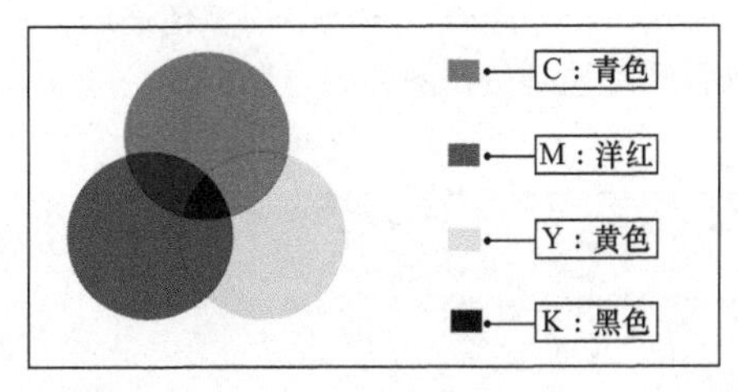

图 3-6

CMYK 模式是以打印在纸上的油墨对光线产生的反射特性为基础产生的。当白光照射到半透明油墨上时，白光中的一部分颜色被吸收，而另一部分颜色被反射回眼睛。通过反射某些颜色的光，并吸收其他颜色的光，油墨就可以产生颜色，黑色的墨吸收的光最多。因为 CMYK 模式是以墨的颜色为基础的，所以百分比越高颜色越暗。构成 CMYK

模式的洋红色、黄色、蓝色和黑色这 4 种颜色，从无到完全显示的过程通过 0 ～ 100 的数值表示。青色 100、洋红色 100 和黄色 100 相混合，会产生黑色。实际上，它们只能产生较暗淡的褐色，并不是黑色。为了弥补墨的缺陷，黑色必须被加到颜色模式中。

Photoshop 中的 CMYK 模式会为每个像素的每种印刷油墨指定一个百分比值。其中亮调的颜色所含印刷油墨的颜色百分比较低，暗调的颜色所含印刷油墨的颜色百分比较高，当 4 种颜色的值均为 0 时，会产生纯白色。

虽然 CMYK 模式也能产生许多种颜色，但它的颜色表现能力相对较弱，它所能描绘的色彩量最少。同一作品的 CMYK 图像与 RGB 图像相比，CMYK 图像的颜色纯度不高，并且看起来灰暗。但是用户要用印刷色打印图像时，应使用 CMYK 模式查看，不要使用 RGB 模式查看，因为两种模式的颜色表现有差别，使用 RGB 模式查看不能准确反映最后印刷作品的色彩显示。

3.2.2 观察 CMYK 模式

接着上节的操作，执行“图像”→“模式”→“CMYK”命令，将其由 RGB 模式转换为 CMYK 模式，观察转换前后的效果可以看到，CMYK 图像的颜色纯度不高，并且看起来灰暗，如图 3-7 所示。

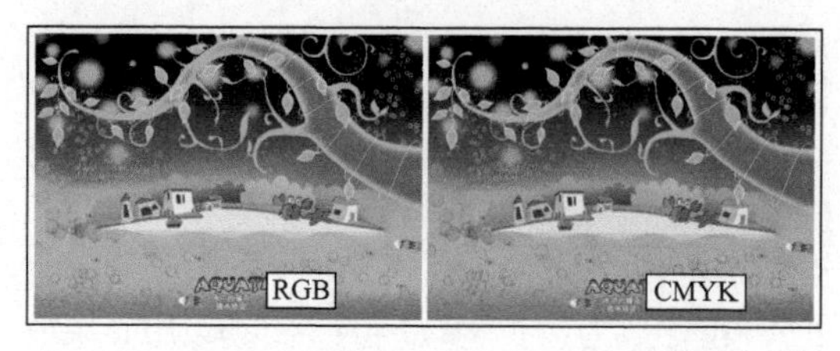

图 3-7

分别单击“通道”调板中的单色通道，这时可以看到每种颜色在图中的分布情况，如图 3-8 所示。

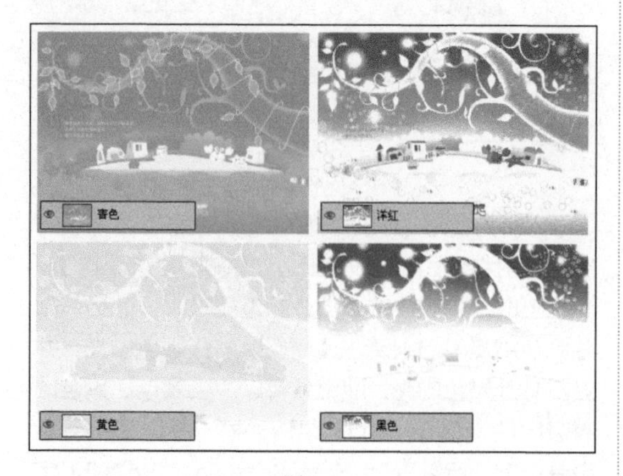

图 3-8

3.3 课时 10：如何设置特殊印刷物的颜色？

除了 RGB 模式与 CMYK 模式外，Photoshop 中还包含了很多其他的颜色模式，如灰度、位图等。使用这些颜色模式时，图像会产生不同的变化，易使初学者感到困惑。

其实这些颜色模式也是非常重要的，它们可以帮助我们解决很多特殊印刷工艺下的色彩管理要求。本课将结合实际工作对这些颜色模式进行讲解。

学习指导

本课内容重要性为【必修课】。

本课时的学习时间为 40 ～ 50 分钟。

本课的知识点是结合印刷工艺，对特殊的颜色模式进行学习。

课前预习

扫描二维码观看教学视频，对本课知识进行预习。

3.3.1 “灰度”模式

“灰度”模式图像可达到 256 级灰度，产生类似于黑白照片的图像效果。“灰度”模式图像中的每个像素都有一个 0 ～ 255 的灰度值，其中 0 代表黑色，255 代表白色。在某些情况下，我们必须先将彩色图像转换成“灰度”模式图像后才能转换为其他模式图像，如必须先将彩色图像转换成“灰度”模式图像，才能转换成“位图”模式图像。“位图”模式图像也可转换为“灰度”模式图像，而彩色图像都可以转换成“灰度”模式图像。将彩色图像转换成“灰度”模式图像的具体步骤如下。

（1）执行“文件”→“打开”命令，打开本书附带文件 \Chapter-03\“美玉广告 .jpg”。

（2）执行“图像”→“模式”→“灰度”命令，弹出一个提示对话框，提示用户转换后图像将丢失颜色信息。

（3）单击“扔掉”按钮，彩色图像被转换成“灰度”模式图像，如图 3-9 和图 3-10 所示。

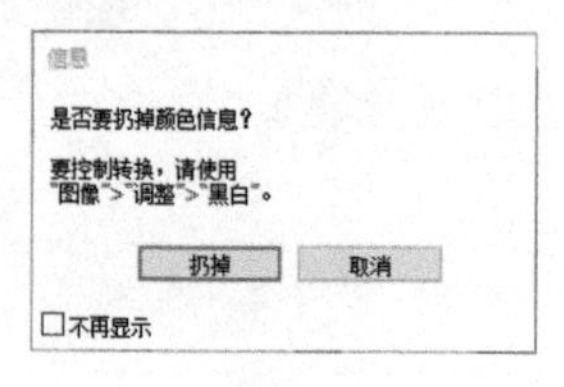

图 3-9

图 3-10

3.3.2 “位图”模式

“位图”模式使用黑色或白色两种颜色值之一表示图像中的像素。在“位图”模式下，图像是由一个个黑色或白色的像素组成的，这时，图像称为 1 位图像，因为它的位深度为 1。前面提到将彩色图像转换成“位图”模式图像时，首先要将彩色图像转换成“灰度”模式图像，因为用于“位图”模式图像的编辑选项很少，通常在“灰度”模式下编辑图像后再进行转换。当“灰度”模式图像转变为“位图”模式图像后，只有一个图层和一个通道，而且色彩调整、滤镜等图像调整命令全部被禁用。将“灰度”模式图像转换成“位图”模式图像的方法如下。

（1）接着上节的操作。执行“图像”→“模式”→“位图”命令，打开“位图”对话框，如图 3-11 所示。

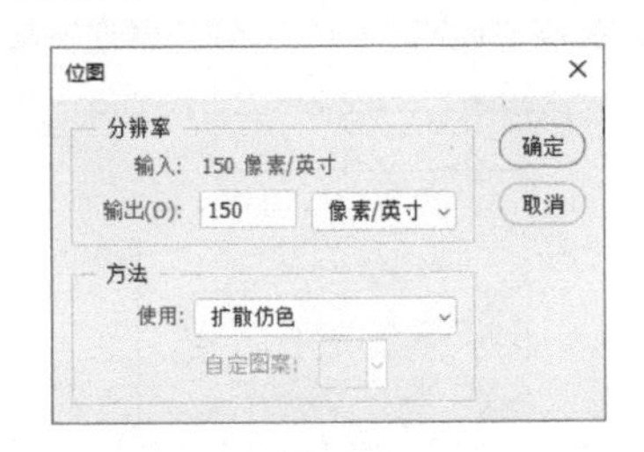

图 3-11

（2）在“分辨率”选项组中，默认情况下以当前图像分辨率作为输入和输出分辨率，可以在“输出”文本框内为“位图”模式图像的输出分辨率输入一个值，并给像素指定测量单位。

（3）单击“使用”倒三角按钮，在打开的列表中选择“半调网屏”选项，如图 3-12 所示。

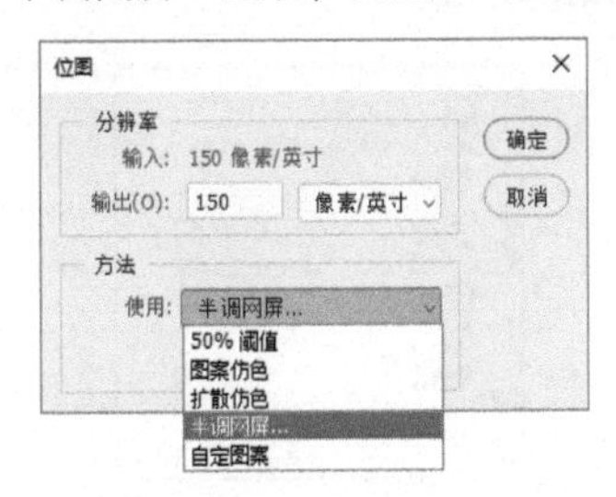

图 3-12

（4）单击“确定”按钮，打开“半调网屏”对话框，在其中设置“形状”为“圆形”，如图 3-13 所示。

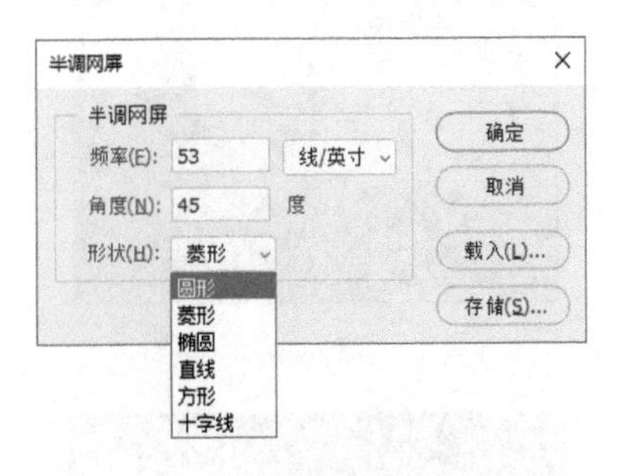

图 3-13

（5）设置完毕后单击“确定”按钮，将图像转换为“位图”模式，效果如图 3-14 所示。

图 3-14

（6）按 <Ctrl+Z> 组合键撤销上一步的操作。打开“位图”对话框，在“使用”选项中选择“自定图案”选项，如图 3-15 所示。

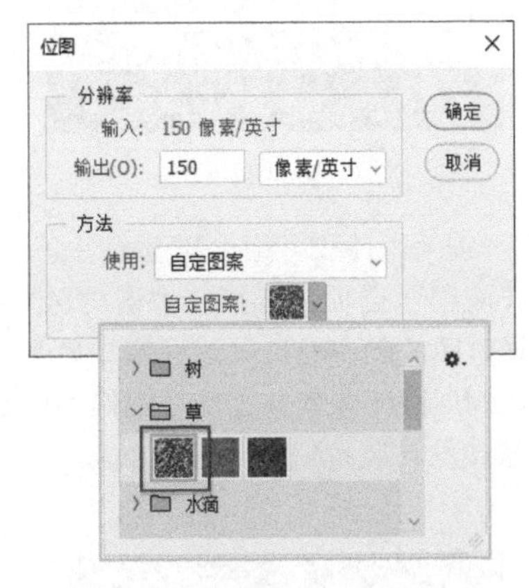

图 3-15

（7）单击“确定”按钮，系统会根据定义的图案来减色，使图像转换更为灵活、自由，效果如图 3-16 所示。

（8）按 <Ctrl+Z> 组合键撤销上一步的操作。在“使用”选项中选择“50% 阈值”选项，将灰色值高于中间灰阶（128）的像素转换为白色，低于中间灰阶的像素转换为黑色，效果如图 3-17 所示，产生高对比度的黑白图像。

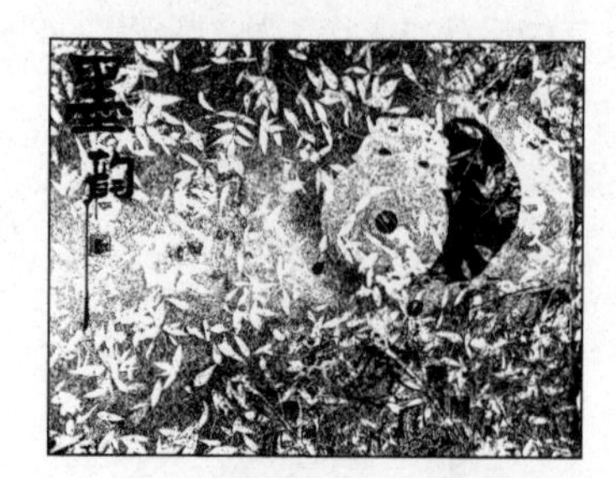

图 3-16

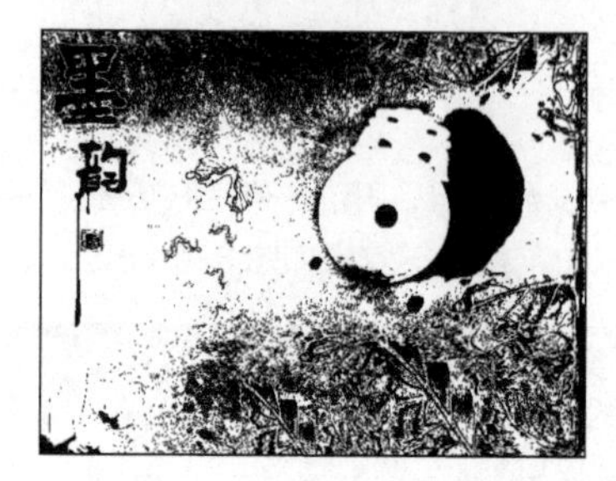

图 3-17

（9）按 <Ctrl+Z> 组合键撤销上一步的操作。在“使用”选项中选择“图案仿色”选项，系统将通过将灰阶组织成白色和黑色网点的几何图案进行图像的转换，效果如图 3-18 所示。

图 3-18

（10）按 <Ctrl+Z> 组合键撤销上一步的操作。在“使用”选项中选择“扩散仿色”选项，系统会通过图像的误差扩散过程来转换图像。该误差传递到周围的像素并在整个图像中扩散，从而出现颗粒状、胶片般的纹理，效果如图 3-19 所示。

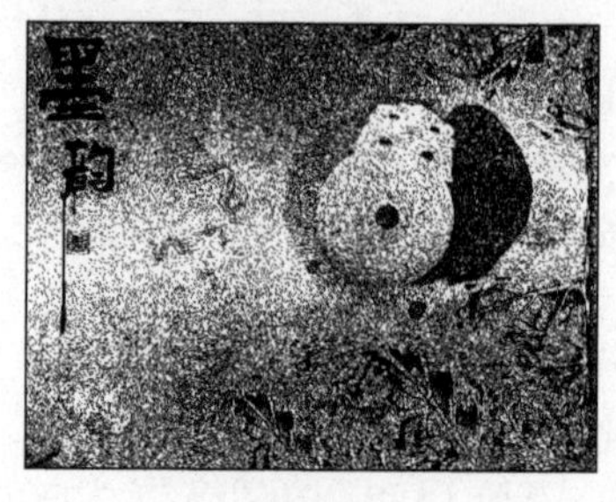

图 3-19

3.3.3 “多通道”模式

“多通道”模式用 256 色的灰色阴影表现颜色模式。将彩色图像转换为“多通道”模式图像以后，各个通道都会变为灰度 256 色。

（1）执行“文件”→“打开”命令，打开本书附带文件 \Chapter-03\“街头涂鸦.jpg”。

（2）执行“图像”→“模式”→“多通道”命令，弹出提示对话框，如图 3-20 所示。

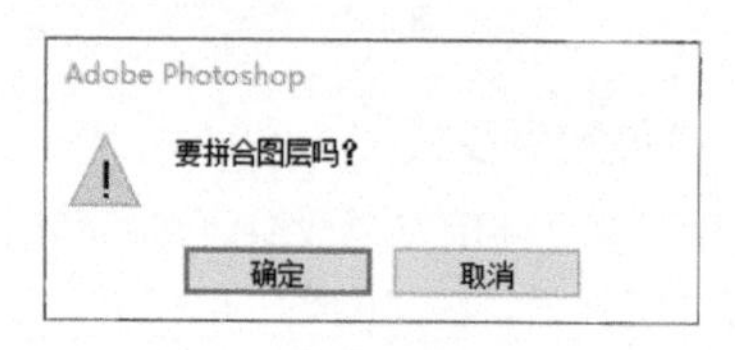

图 3-20

（3）单击“确定”按钮关闭对话框，将图像转换为“多通道”模式图像，效果如图 3-21 所示。

图 3-21

（4）观察“通道”调板，颜色通道在转换的图像中成为专色通道，如图 3-22 所示。

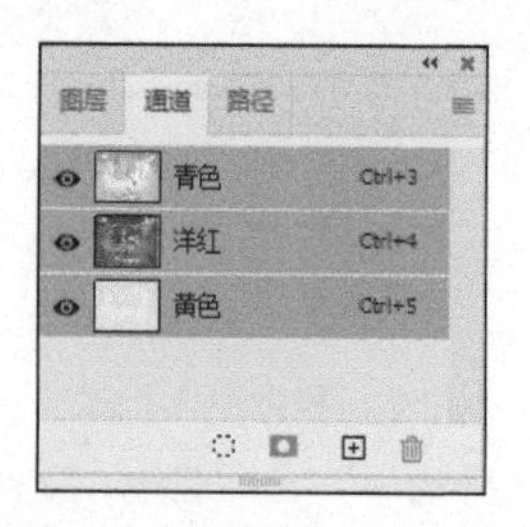

图 3-22

（5）按 <Ctrl+Z> 组合键，关闭“多通道”模式，然后单击并拖动“红”通道至“通道”调板底部的“删除当前通道”按钮上，松开鼠标，该通道被删除，如图 3-23 所示。

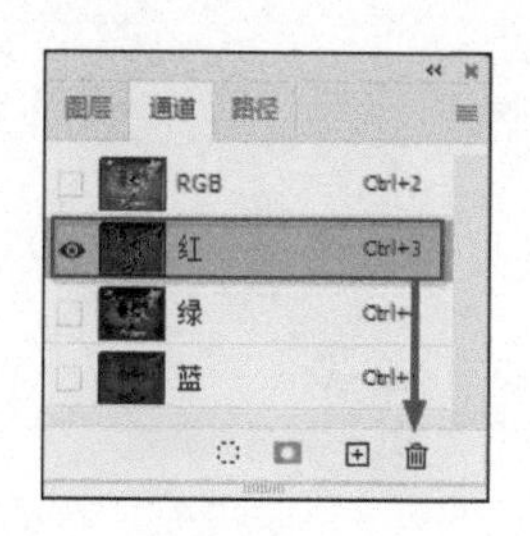

图 3-23

（6）从 RGB 图像、CMYK 图像或 Lab 图像中删除通道后，系统会自动将图像转换为“多通道”模式图像，如图 3–24 所示。

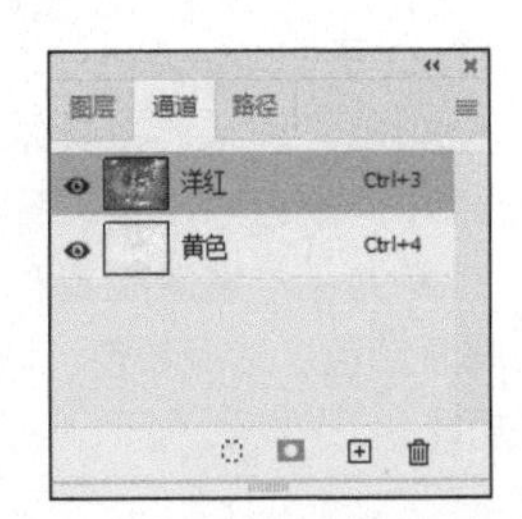

图 3–24

（7）单击“通道”调板中“黄色”通道前的眼睛图标将该通道隐藏，图像效果如图 3–25 所示。

图 3–25

3.3.4 “双色调”模式

“双色调”模式其实也是“灰度”模式，它用于增加“灰度”模式图像的色调范围。该模式可以向“灰度”模式图像添加 1 种到 4 种颜色，从而创建双色调（2 种颜色）、三色调（3 种颜色）和四色调（4 种颜色）的“灰度”模式图像。

因为双色调使用不同的彩色油墨重新生成不同的灰阶，所以在 Photoshop 中将“双色调”模式图像视为单通道、8 位的“灰度”模式图像。将图像转换成“双色调”模式图像的具体操作步骤如下。

（1）按 <Ctrl+Z> 组合键，关闭“多通道”模式，执行“图像”→“模式”→“灰度”命令，将图像转换成“灰度”模式图像，效果如图 3–26 所示。

图 3–26

（2）执行“图像”→“模式”→“双色调”命令，打开“双色调选项”对话框，如图 3–27 所示。

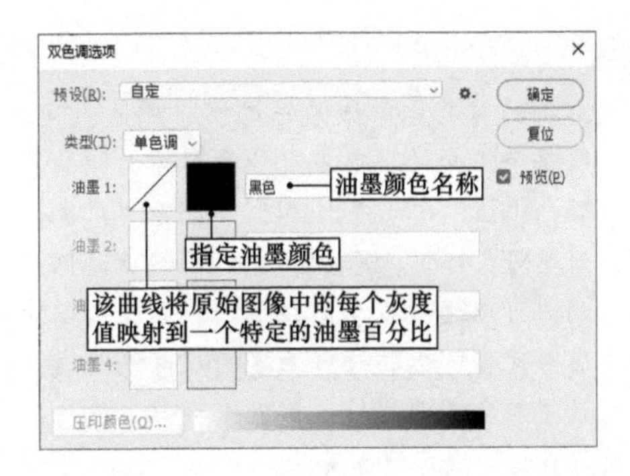

图 3–27

（3）参照图 3–28，在“类型”下拉列表中选择“双色调”选项，以确定现用的油墨控制量。

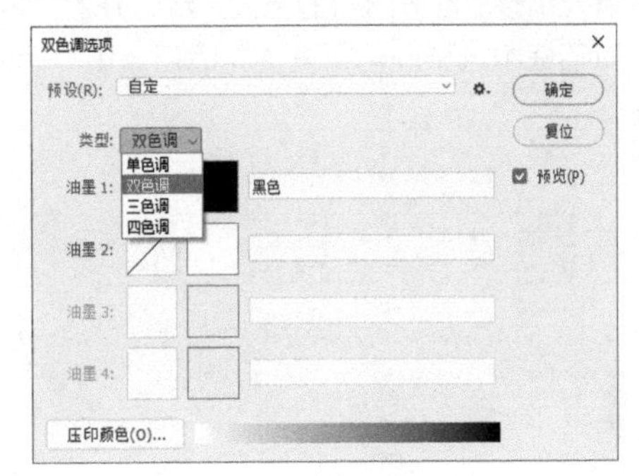

图 3–28

（4）单击“油墨 1”颜色框，打开“拾色器”对话框，参照图 3–29 设置油墨颜色。

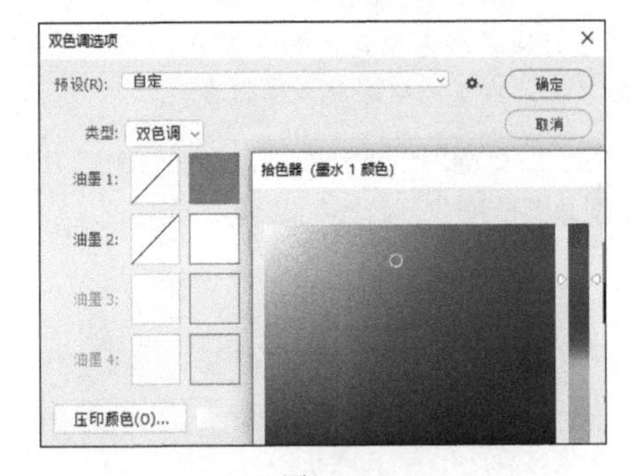

图 3–29

（5）在“拾色器”对话框中单击“确定”按钮关闭对话框，此时设置的颜色就显示在“双色调选项”对话框的“油墨 1”颜色框中。

（6）单击“油墨 1”颜色框左边的曲线框，打开“双色调曲线”对话框，对话框参照图 3–30 设置。

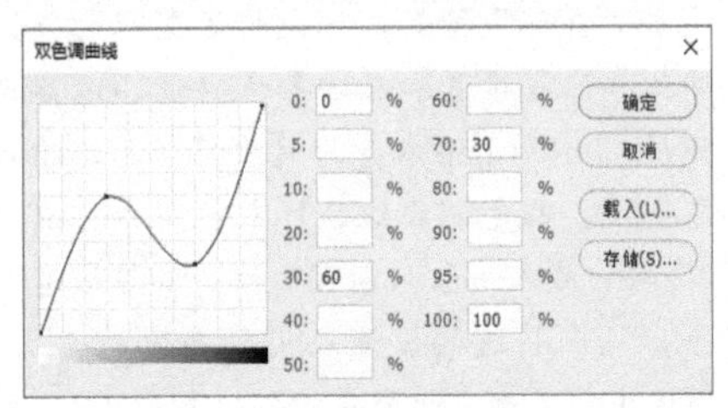

图 3–30

提示

默认的双色调曲线为穿过网格的直对角线，表示将每个像素的当前灰度值映射为打印油墨的同一百分比值。由此得出，50%中间色调的像素用50%油墨网点打印，100%暗调用100%油墨网点打印。用户可以通过拖动曲线上的点或输入不同的油墨百分比值，调整每种油墨的双色调曲线。调整好油墨双色调曲线后，单击“存储”按钮，即可将设置的曲线存储备用。

（7）在“双色调选项”对话框内单击“压印颜色”按钮，打开“压印颜色”对话框，参照图3-31单击需要调整的油墨组合的色板，在打开的“拾色器”对话框中选择颜色，设置完成后单击“确定”按钮。

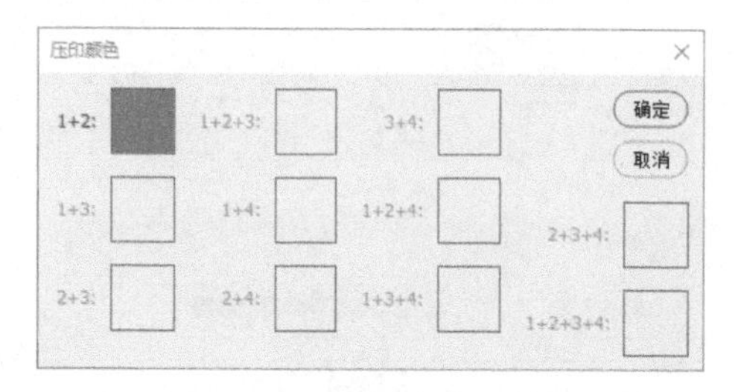

图3-31

提示

“压印颜色”对话框内显示的是“打印油墨”时产生的油墨颜色组合，如在黄色油墨上打印青色油墨时，产生的压印颜色是绿色。

（8）所有选项设置完毕后，单击“确定”按钮，转换图像颜色模式，效果如图3-32所示。

图3-32

技巧

单击“存储”按钮，可以将设置好的一组双色调曲线、油墨设置和压印颜色存储，以备日后工作使用。Photoshop本身为用户提供了几组双色调、三色调、四色调曲线的样本，用户可以单击“载入”按钮载入一组双色调曲线、油墨设置和压印颜色，从而将这些设置应用到其他的“灰度”模式图像中，或者以此为基础创建新的组合。

3.4 课时11：如何准确地选择和使用颜色?

现在已经明白了Photoshop如何使用颜色模式准确地管理颜色。那么，在具体工作中，应如何准确地选择并将颜色应用于设计作品中呢?Photoshop为此提供了丰富的工具和调板，使用户能够准确地观察颜色、选择颜色、记录颜色。下面就学习这些功能。

学习指导

本课内容重要性为【必修课】。

本课时的学习时间为40～50分钟。

本课的知识点是结合印刷工艺，对于颜色模式进行学习。

课前预习

扫描二维码观看教学视频，对本课知识进行预习。

3.4.1 设置前景色和背景色

在工具箱中使用色彩控制图标，可以设置前景色和背景色，如图3-33所示。

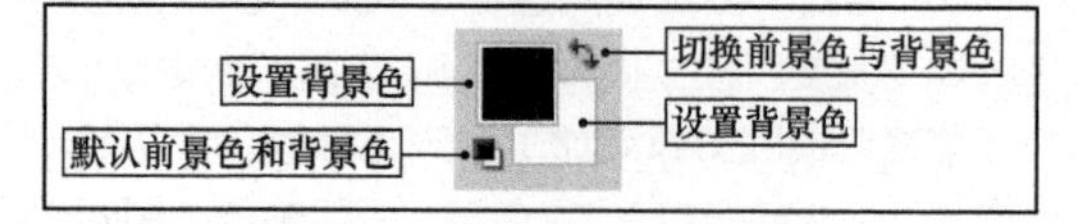

图3-33

（1）打开本书附带文件\Chapter-03\“视觉艺术中心招贴.tif”，如图3-34所示。

图3-34

（2）单击“设置背景色”图标，打开“拾色器”对话框，设置背景色，如图3-35所示。设置完毕后关闭对话框。

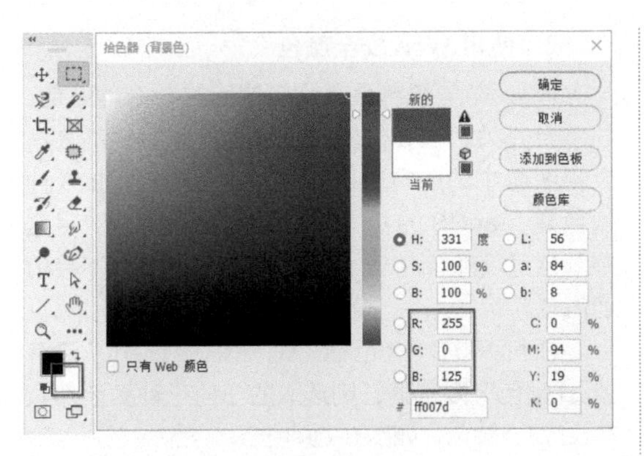

图 3-35

（3）依照以上方法，单击“设置前景色”图标，在打开的“拾色器”对话框中设置前景色，如图 3-36 所示。

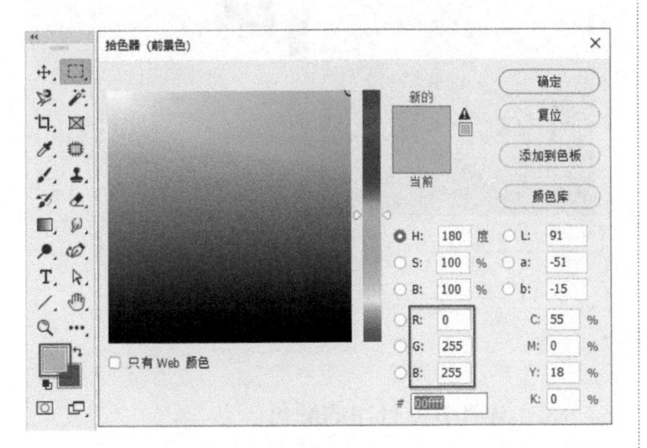

图 3-36

（4）选择工具箱中的“油漆桶”工具，在箭头图像上单击，使用前景色将其填充，效果如图 3-37 所示。

图 3-37

（5）单击工具箱下方的“切换前景色与背景色”按钮或按 <X> 键，切换前景色与背景色的颜色，如图 3-38 所示。

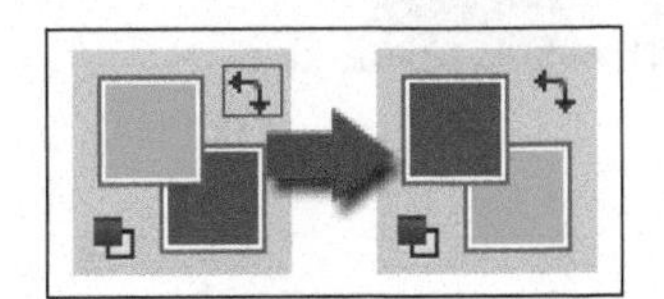

图 3-38

（6）选择“油漆桶”工具，在箭头图像上单击，使用前景色将其填充，效果如图 3-39 所示。

图 3-39

（7）单击“默认前景色与背景色”图标或按 <D> 键，可以将前景色与背景色设置为默认值，如图 3-40 所示。

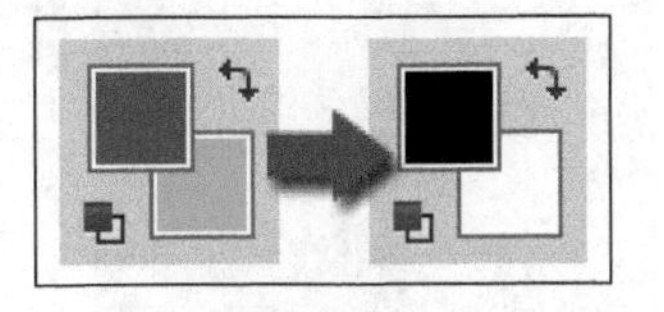

图 3-40

3.4.2 使用拾色器

使用拾色器可以设置前景色、背景色和文本颜色，还可以在某些颜色和色调调整命令中设置目标颜色。在“拾色器”对话框中可以通过输入数值设置颜色。图 3-41 所示为“拾色器”对话框。

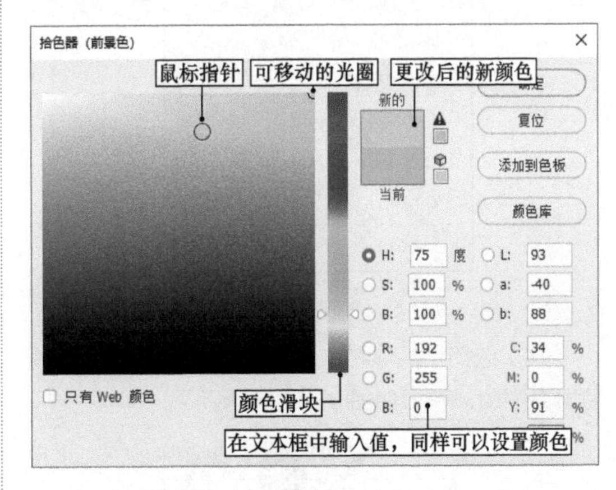

图 3-41

1. 指定颜色

在选择了目标颜色后，“拾色器”对话框的右侧有 5 种色彩参数的显示方式，分别是 HSB、RGB、LAB、CMYK 和十六进制数的数值。

（1）单击“设置前景色”图标，打开“拾色器”对话框，拖动彩色条两侧的三角滑块可以设置色相，如图 3-42 所示。

（2）在拾色器中单击可以确定饱和度和明度，

如图 3-43 所示。

图 3-42

图 3-43

（3）在右侧的文本框中输入数值可以设置颜色，如图 3-44 所示，设置完毕后，单击“确定”按钮，完成颜色的设置。

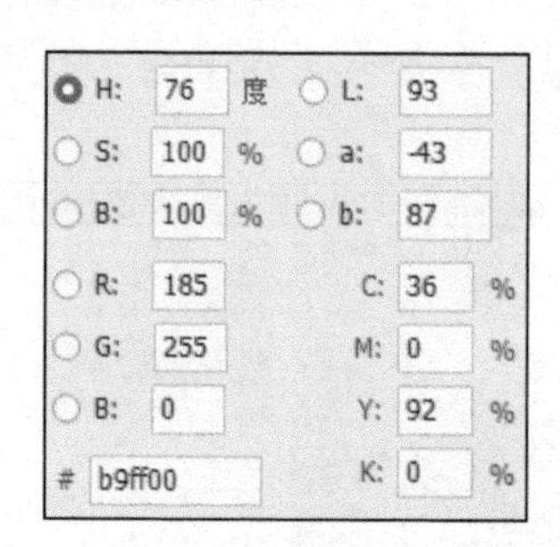

图 3-44

（4）选择“油漆桶”工具，使用设置好的前景色填充图像，效果如图 3-45 所示。

图 3-45

2. 使用 Web 安全颜色

Web 安全颜色是浏览器使用的 216 种颜色，与平台无关。在 8 位屏幕上显示颜色时，浏览器会将图像中的所有颜色更改成这些颜色。216 种颜色是 MacOS 的 8 位颜色调板的子集，使用这些颜色可以确保为 Web 浏览器制作的图像不会出现仿色。

在打开的“拾色器”对话框中选中“只有 Web 颜色”复选框，则选取的任何一种颜色都为 Web 安全颜色，如图 3-46 所示。

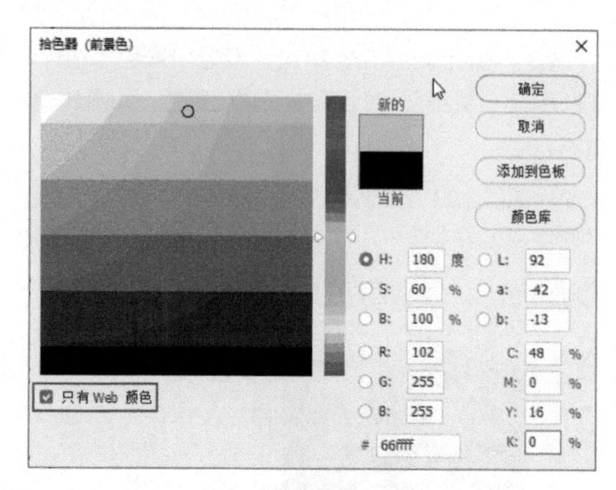

图 3-46

3. 识别不可打印的颜色

可以打印的颜色由“拾色器”对话框中定义的当前 CMYK 文本框中的数值决定。CMYK 模式中没有 RGB 模式、HSB 模式和 Lab 模式中的一些颜色，因此无法打印这些颜色。当选择了不可打印的颜色时，“拾色器”对话框中将出现一个警告三角形图标。与 CMYK 模式最接近的颜色会显示在该三角形图标的下面，如图 3-47 所示。单击下面的颜色块，即可得到与 CMYK 模式最接近的颜色。

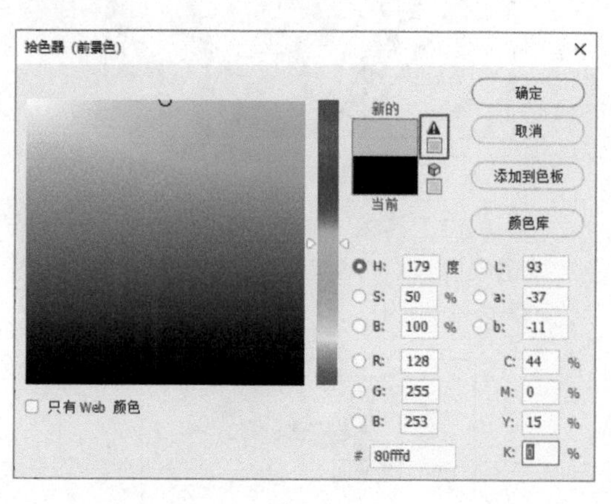

图 3-47

4. 选取自定颜色

拾色器支持各种颜色系统，下面通过具体操作学习选取颜色库中颜色的方法。

（1）打开“拾色器”对话框，在其中单击“颜色库”按钮，接着弹出“颜色库”对话框，其中显示了与拾色器中当前选中颜色最接近的颜色，如图 3-48 所示。

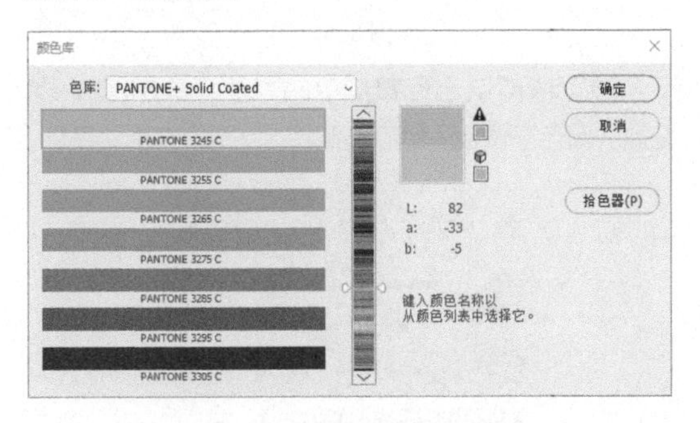

图 3-48

（2）单击“色库”倒三角按钮，在弹出的下拉列表中可以选择需要的颜色系统，如图 3-49 所示。

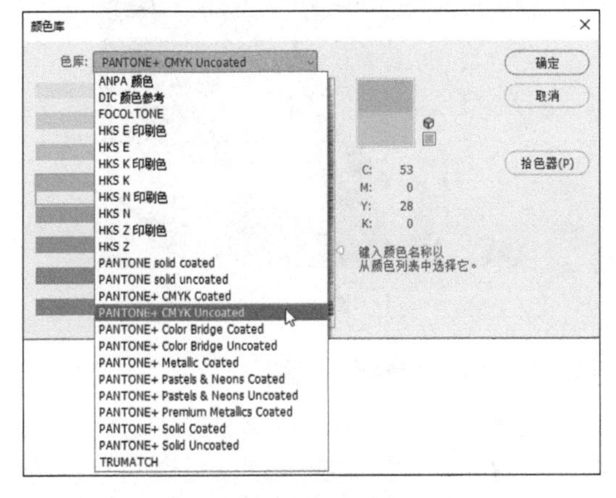

图 3-49

颜色系统是由颜料厂商和颜色研究机构，按行业规范统一定制的颜色管理系统。颜色库对所有可能能够使用到的颜色都进行了分类和命名。

颜色库对设计工作有何作用？

在大多数日常设计工作中，是用不到颜色库色彩的。颜色库色彩常应用在对印刷质量要求较高的印刷物中。在印刷过程中，客户可能会根据颜色库中的颜色名称来选择印刷用色，此时印刷厂必须按颜色库的色彩标准来制定印刷标准。

颜色库的作用就是在行业中形成规范标准，使印刷色更为精准。

（1）在“颜色库”对话框中的“色库”选项内选择颜色系统，拖动滑块来选取所需的色相，如图 3-50 所示。

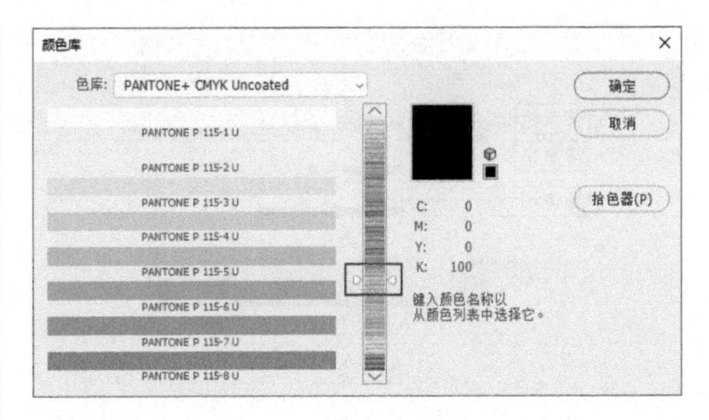

图 3-50

（2）在“颜色”列表中单击所需的编号，如图 3-51 所示，选择好后单击“确定”按钮即可得到所需的颜色。

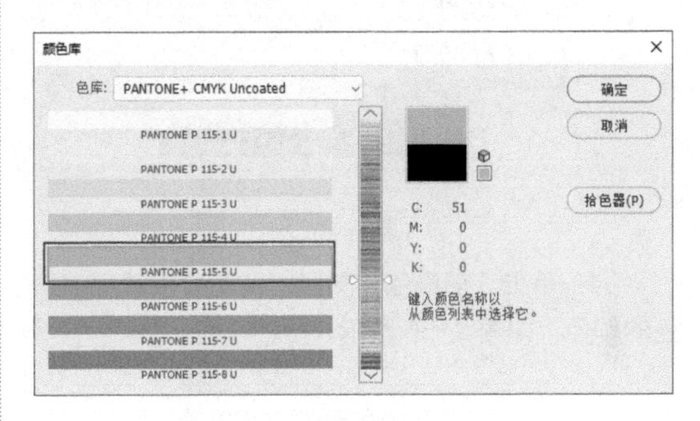

图 3-51

3.4.3 使用“颜色”调板

“颜色”调板中会显示当前前景色和背景色的颜色值。可以拖动“颜色”调板中的滑块设置前景色和背景色，也可以利用几种不同的颜色模式编辑前景色和背景色，还可以从调板底部的色谱中选取前景色或背景色。

（1）执行“窗口”→“颜色”命令，打开“颜色”调板，单击“调板菜单”按钮，选择“RGB 滑块”选项，更改颜色调板的显示方式，如图 3-52 所示。

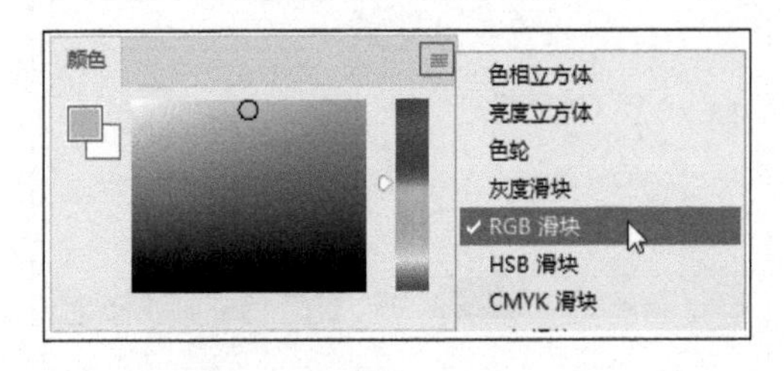

图 3-52

（2）现在的“颜色”调板如同一个简化版的拾色器，在调板内可以方便地设置前景色和背景色，如图 3-53 所示。

（3）单击“背景色”图标，在“颜色”调板底部的色谱上单击，选取的颜色将显示在背景色中，如图 3-54 所示。默认情况下前景色为选择状态。

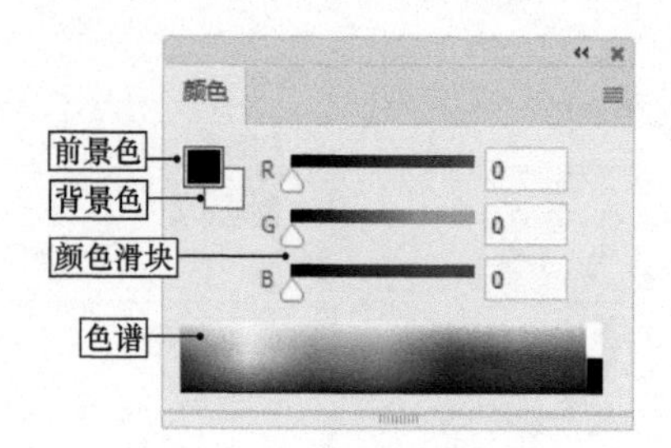

图 3-53

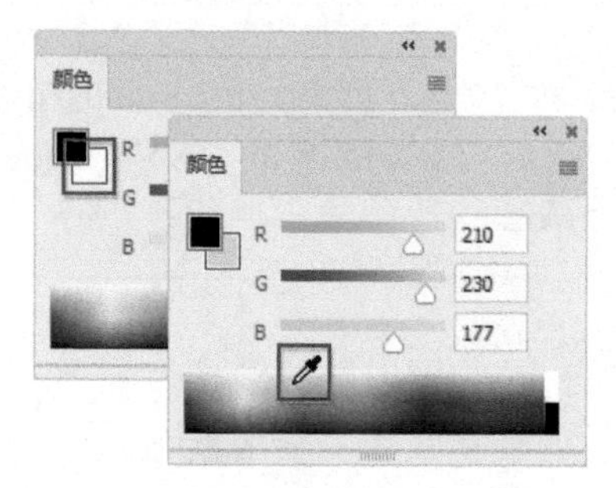

图 3-54

（4）单击“前景色”图标，拖动滑块调整前景色的颜色，如图 3-55 所示。

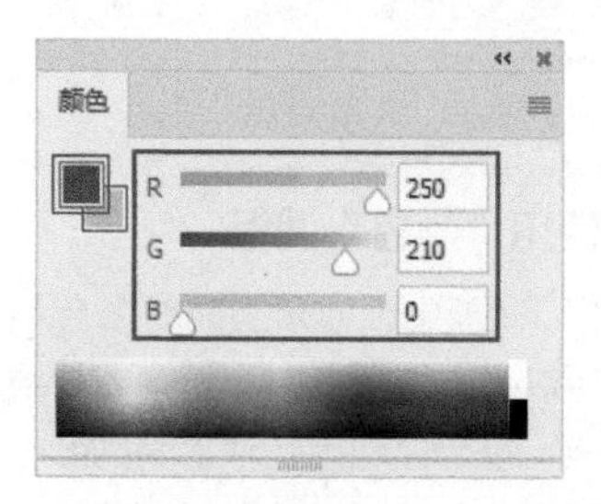

图 3-55

（5）单击“颜色”调板右上角的“调板菜单”按钮，在弹出的菜单中可以选择不同模式的滑块，如图 3-56 所示。

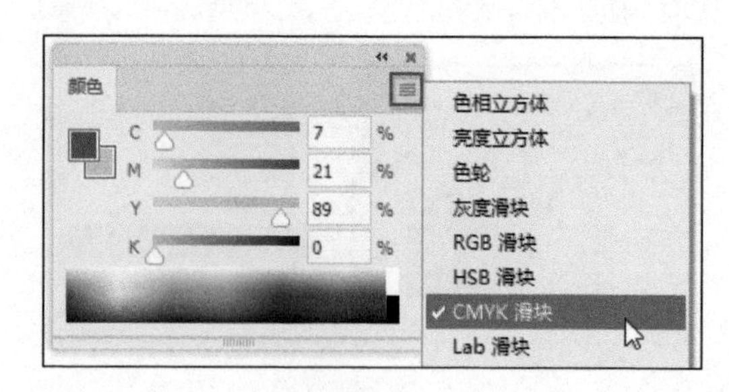

图 3-56

（6）单击“颜色”调板右上角的“调板菜单”按钮，在弹出的菜单中还可以设置不同的色谱，如图 3-57 所示。

技巧

按住<Shift>键的同时在色谱图中单击，可以快速更改色谱。

图 3-57

（7）依照以上设置颜色的方法，参照图 3-58 设置“颜色”调板，然后参照图 3-59 填充箭头图像。

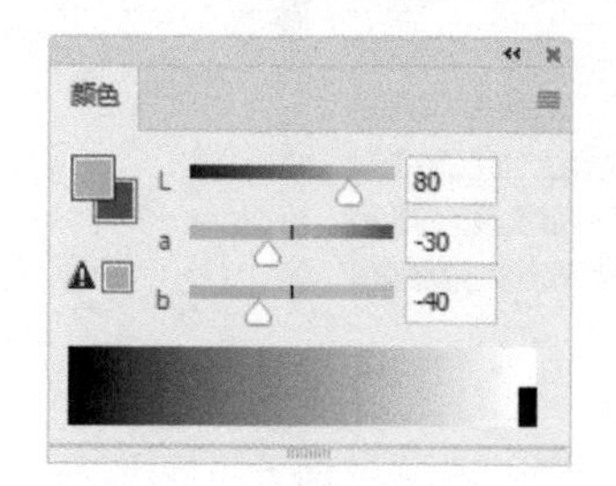

图 3-58

图 3-59

3.4.4 使用“色板”调板

“色板”调板中存储了一些经常需要使用的颜色。可以在调板中添加或删除颜色，也可以为不同的项目显示不同的颜色库。

（1）执行“窗口”→“色板”命令，打开“色板”调板，如图 3-60 所示。

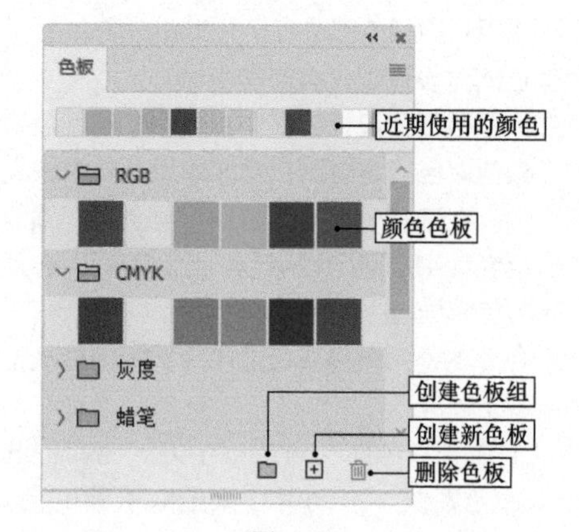

图 3-60

（2）单击“色板”调板底部的“创建新色板”按钮，此时会弹出“色板名称”对话框，在对话框内可以设置色板的名称，单击“确定”按钮，完成新色板的创建，如图 3-61 所示。

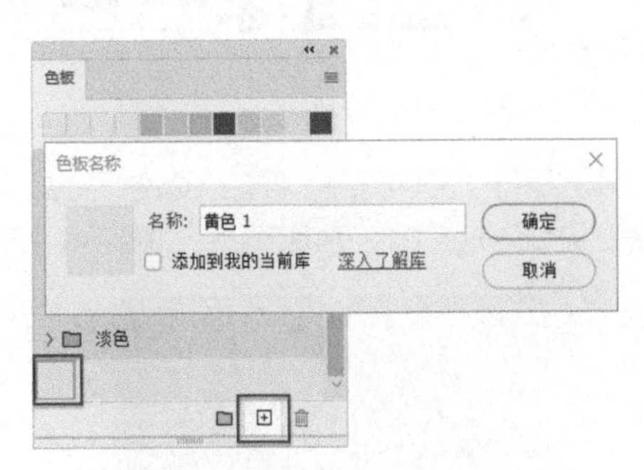

图 3-61

（3）在“颜色”调板中选择新建的颜色，选择“油漆桶”工具，在视图中填充图像，如图 3-62 所示。

（4）拖动色板到“删除色板”按钮上，当按钮呈凹下状态时松开鼠标，即可将所选色板删除，如图 3-63 所示。

图 3-62

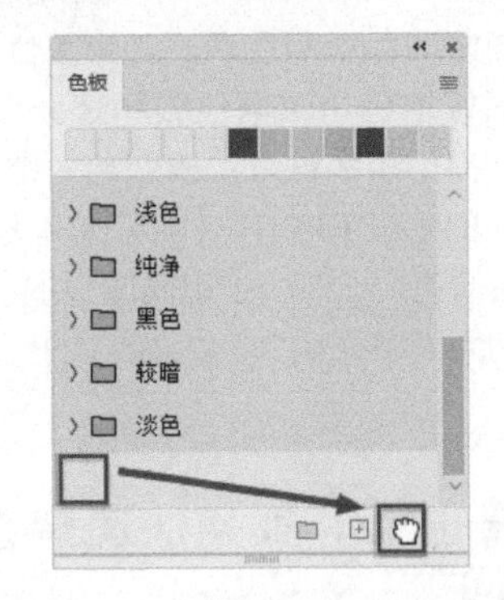

图 3-63

04 第4章 调整图像的色彩

Photoshop 的色彩表现能力非常强大，调整图像的色彩是其常用的功能之一。Photoshop 提供了功能强大的工具和命令，可以轻松地增强、修复和校正图像的色彩和色调。对图像色彩进行调校，可以很好地优化图像色彩和还原图像色彩。Photoshop 提供了多种方法改变色彩的亮度、强度和纯度，以恢复图像暗部、阴影或高光中的细节损失，纠正偏色，在整体上提高图像的显示质量。本章将详细为大家介绍 Photoshop 的色彩调整命令及功能。

4.1 课时 12：如何快速查看图像的色彩问题?

在对图像色彩进行调整前，首先要知道图像的色彩分布情况，要明确图像色彩的问题所在。分析图像色彩是不能依靠肉眼判断的。想要科学准确地分析色彩信息，必须借助 Photoshop 的色彩专用工具“直方图”调板。“直方图”调板为用户呈现了图像色彩的所有数据，以及图像色彩的分布情况，用户可以根据图像数据判断图像色彩的问题所在。接下来学习“直方图”调板的使用方法。

学习指导

本课内容重要性为【选修课】。

本课时的学习时间为 40 ～ 50 分钟。

本课的知识点是掌握“直方图”调板的使用方法，学会使用直方图分析图像。

课前预习

扫描二维码观看教学视频，对本课知识进行预习。

4.1.1 “直方图”调板展示的图像信息

在对图像色彩进行调整之前，要先了解图像中的像素信息。在 Photoshop 中通常使用“直方图”调板查看图像的像素信息。“直方图”调板采用“峰值”图像的形式来显示不同色阶处像素的数量，使用户了解像素在图像中的分布情况。

（1）执行“文件”→“打开”命令，打开本书附带文件 \Chapter-04\“玫瑰.jpg”，如图 4-1 所示。

图 4-1

（2）执行“窗口”→“直方图”命令，打开“直方图”调板，如图 4-2 所示。

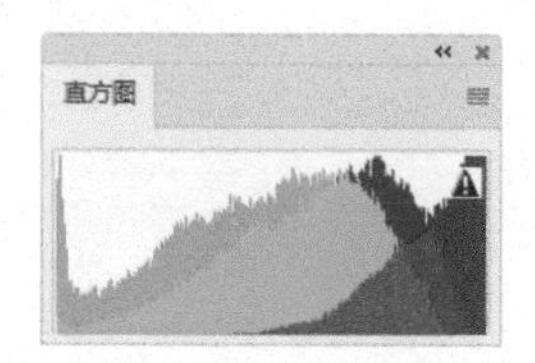

图 4-2

（3）单击“直方图”调板右上角的“调板菜单”按钮，打开调板菜单，在调板菜单中单击“扩展视图”命令，如图 4-3 所示。将直方图展开，如图 4-4 所示。

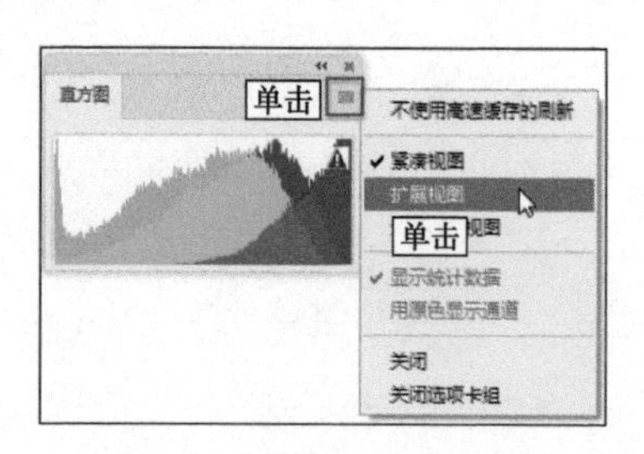

图 4-3

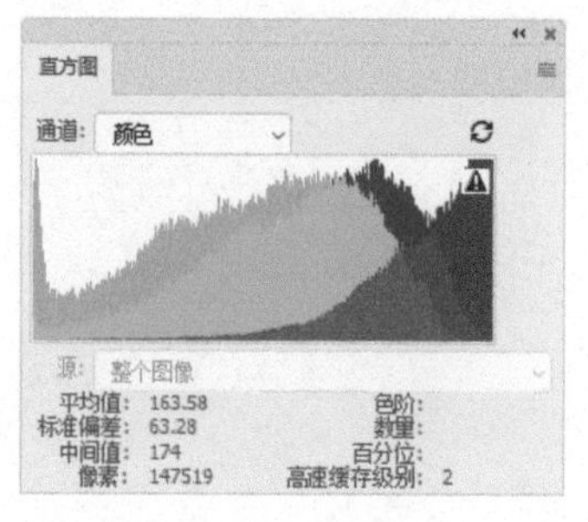

图 4-4

（4）在“通道”下拉列表中，选择通道为 RGB，如图 4-5 所示，直方图显示为单一的黑色，便于观察和分析图像。

直方图
通道：RGB
RGB
红
绿
蓝
明度
颜色
单击
源：整个图像
平均值：163.58
标准偏差：63.28
中间值：174
像素：147519
色阶：81
数量：1182
百分位：12.44
高速缓存级别：2

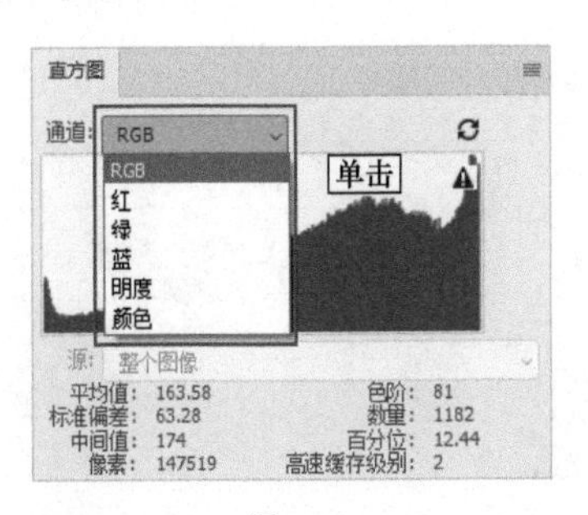

图 4-5

（5）调板底部显示有统计数据，具体说明如图 4-6 所示。

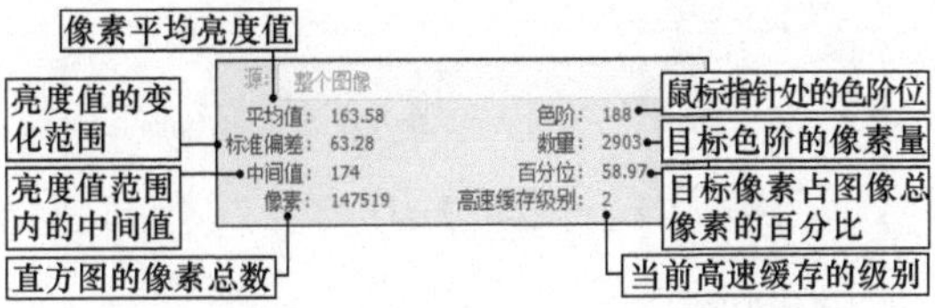

像素平均亮度值
亮度值的变化范围
亮度值范围内的中间值
直方图的像素总数
源：整个图像
平均值：163.58
标准偏差：63.28
中间值：174
像素：147519
色阶：188
数量：2903
百分位：58.97
高速缓存级别：2
鼠标指针处的色阶位
目标色阶的像素量
目标像素占图像总像素的百分比
当前高速缓存的级别

图 4-6

（6）将鼠标指针放置在直方图上的某处就可显示该处的信息，或者单击并拖动鼠标在直方图中选择一个区域，其下方会显示它的色阶值、数量、百分位等信息，如图 4-7 所示。

直方图
通道：RGB
单击并拖动
源：整个图像
平均值：163.58
标准偏差：63.28
中间值：174
像素：147519
色阶：176
数量：2607
百分位：51.55
高速缓存级别：2
色阶：175...210
数量：99239
百分位：22.42

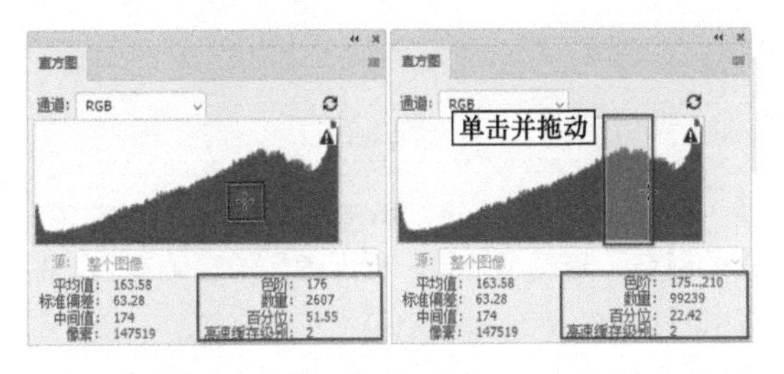

图 4-7

（7）选择“矩形选框”工具，单击并拖动鼠标在视图中绘制选区，这时“直方图”调板中只显示选区内的信息，如图 4-8 所示。

单击并拖动
直方图
通道：RGB
源：整个图像
平均值：150.54
标准偏差：70.58
中间值：159
像素：86268
高速缓存级别：1

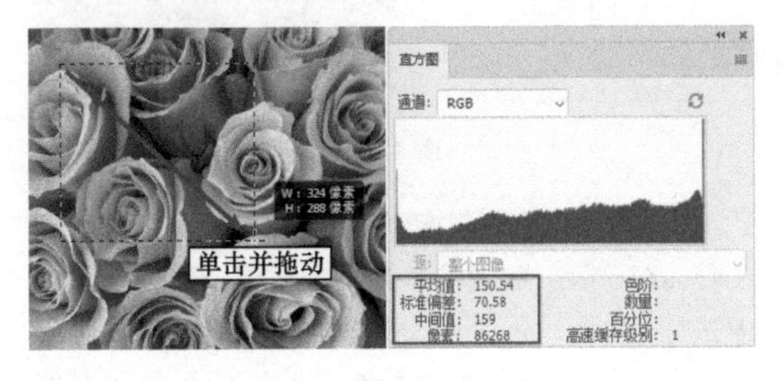

图 4-8

（8）在调板菜单中分别执行“全部通道视图”命令和“用原色显示通道”命令，“直方图”调板内会显示各个通道的黑色直方图和彩色直方图，对比效果如图 4-9 所示。

直方图
通道：RGB
源：整个图像
平均值：150.54
标准偏差：70.58
中间值：159
像素：86268
高速缓存级别：1
红
绿
蓝

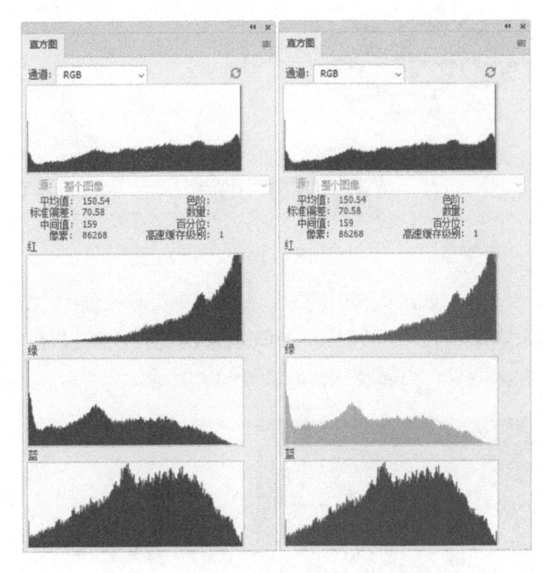

图 4-9

4.1.2 通过“直方图”调板了解图像

充分了解“直方图”调板后，可以通过直方图清楚地知道图像存在的色彩问题。打开本书附带文件 \Chapter-04\“风景 01.jpg”“风景 02.jpg”“风景 03.jpg”“风景 04.jpg”，接下来结合具体的图例，使用“直方图”调板进行色彩分析。

（1）如果直方图左端像素较多，右端（亮部）没有像素，则表明图像暗部的细节损失，亮度不足，图像曝光不足，如图 4-10 所示。

直方图
通道：RGB
源：整个图像
平均值：57.76
标准偏差：56.00
中间值：41
像素：1500000
高速缓存级别：1

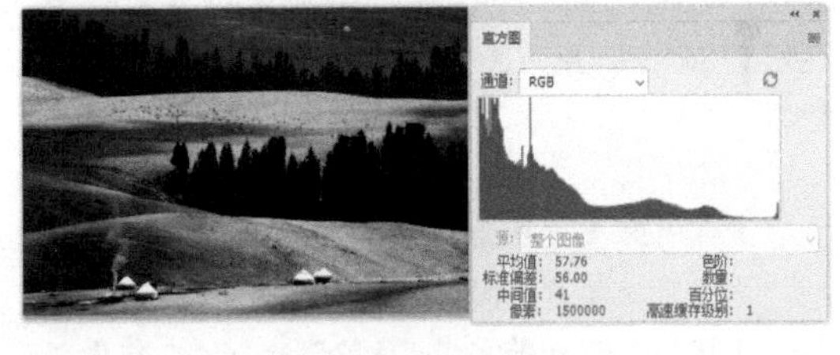

图 4-10

（2）如果直方图左端像素较少，右端产生溢出，则表明图像缺少黑色成分，亮部细节损失较大，图像曝光过度，如图 4-11 所示。

直方图
通道：RGB
源：整个图像
平均值：197.88
标准偏差：51.29
中间值：210
像素：1500000
高速缓存级别：1

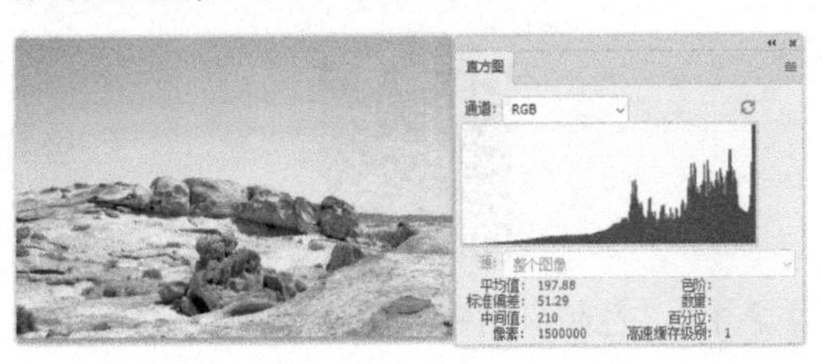

图 4-11

（3）如果直方图的两端都产生溢出，则表明图像的暗部和亮部都存在不可逆转的细节损失，画面效果表现为反差过高，如图 4-12 所示。

图 4-12

（4）如果直方图的左、右两端都存在大量空白，像素集中在中间部分，图像效果表现为反差过低、层次减少、画面发灰，如图 4-13 所示。

图 4-13

4.2 课时 13：如何使用“色阶”命令调整图像色彩？

在确认了图像的像素与色彩信息后，接下来就可以针对图像中的色彩问题进行调整了。“色阶”命令是最常用的色彩调整命令之一。使用“色阶”命令可以调整图像的暗调、中间调和高光等强度级别，以校正图像的色调范围及色彩平衡效果。“色阶”命令以直方图为调整图像基本色调的直观参考。

学习指导

本课内容重要性为【必修课】。

本课时的学习时间为 40 ～ 50 分钟。

本课的知识点是掌握“色阶”命令的工作原理，熟练地使用“色阶”命令。

课前预习

扫描二维码观看教学视频，对本课知识进行预习。

4.2.1 “色阶”命令原理

“色阶”命令是建立在“直方图”理论上的一种色彩调整命令，它可以更改色彩在各个色阶位的分布，达到修改图像色彩的目的。

（1）执行“文件”→“打开”命令，打开本书附带文件 \Chapter-04\“美玉广告 .jpg”，如图 4-14 所示。

图 4-14

（2）在菜单栏中执行“图像”→“调整”→“色阶”命令，打开“色阶”对话框，如图 4-15 所示。

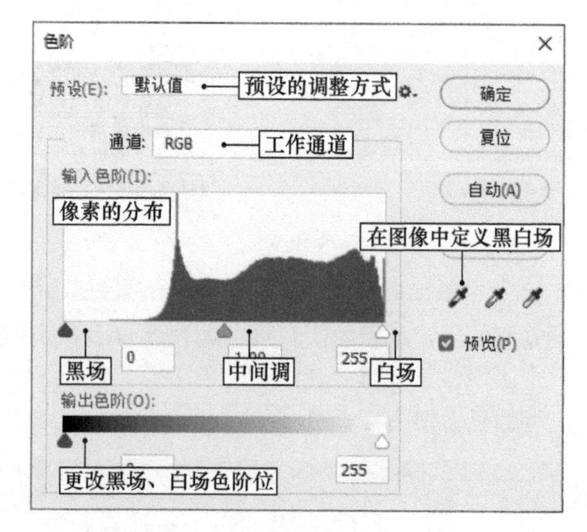

图 4-15

（3）参照图 4-16，单击并向右拖动直方图下方的黑色（暗调）滑块，增大图像的暗调范围，图像变暗。

图 4-16

（4）单击并向左拖动白色（高光）滑块，如图 4-17 所示，增大图像的高光范围，图像变亮。

提示

移动黑色滑块和白色滑块中间的灰色（中间调）滑块，可以对图像的中间调进行调整。它可以更改灰色调中间范围的强度值，但不会明显改变高光和暗调。

图 4-17

（5）参照图 4-18，将“输出色阶”参数框上的黑色滑块和白色滑块分别向中心拖动，即可降低图像的对比度。

图 4-18

（6）按 <Alt> 键，“色阶”对话框中的“取消”按钮转换为“复位”按钮，单击“复位”按钮，如图 4-19 所示，将“色阶”对话框恢复为打开时的初始状态。

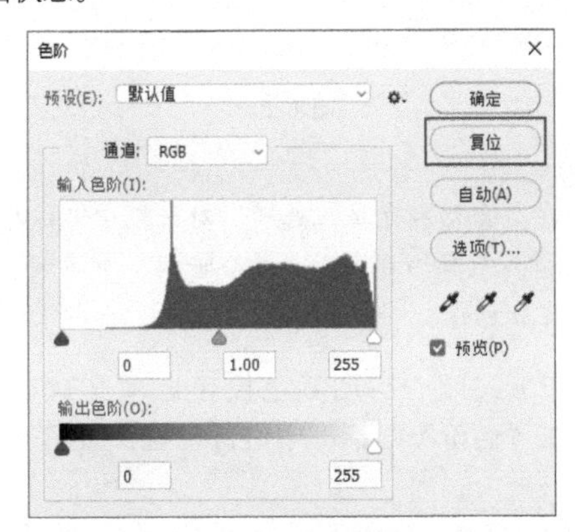

图 4-19

4.2.2 使用“色阶”命令设定黑白场

“色阶”对话框的右下角有 3 个吸管工具，它们分别为“设置黑场”吸管工具、“设置灰场”吸管工具和“设置白场”吸管工具。使用这 3 个吸管工具，可以在图像中设置黑场或白场。需要注意的是，当吸管工具将某个像素的色调值转换到黑场（0）或白场（255）时，图像中所有像素将随着该像素的转换而进行相同量的转换。

默认情况下，“设置黑场”吸管工具的目标值是 0，“设置白场”吸管工具的目标值是 255。

（1）在“色阶”对话框中选择“设置黑场”吸管工具，如图 4-20 所示。

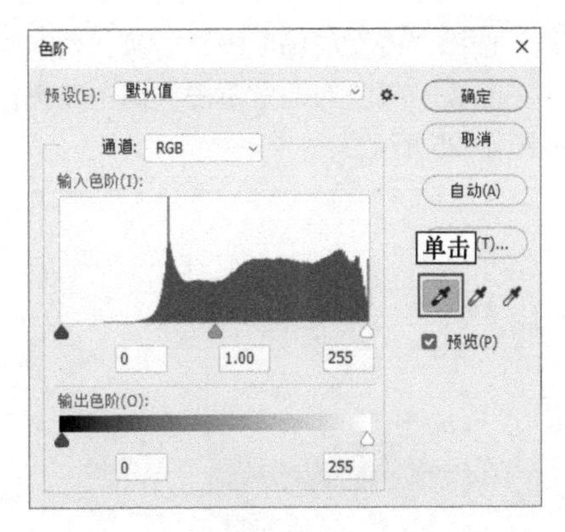

图 4-20

（2）在图像中最暗的地方单击，将该像素的色调值转换为黑场，整个图像随着该像素的转换而进行相同量的转换，效果如图 4-21 所示。

图 4-21

（3）选择“设置白场”吸管工具，如图 4-22 所示。在图像中最亮的美玉高光上单击，设定白场，提高画面亮度，效果如图 4-23 所示。此时画面偏灰的问题得到基本解决。

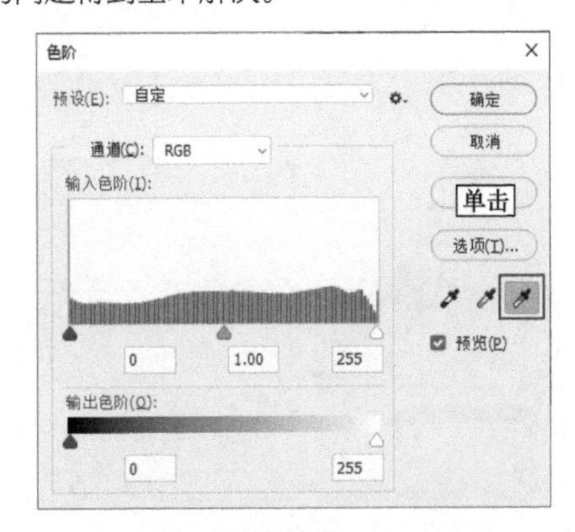

图 4-22

图 4-23

（4）选择“设置灰场”吸管工具，如图 4-24 所示。在图像中灰色的地方单击，纠正图像色偏，效果如图 4-25 所示。

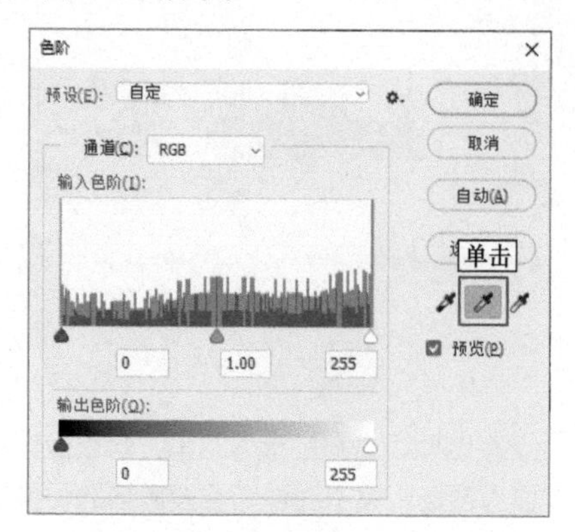

图 4-24

图 4-25

（5）单击“色阶”对话框右侧的“自动”按钮，如图 4-26 所示，系统将自动调整图像中的黑场和白场，增加图像对比度，效果如图 4-27 所示。

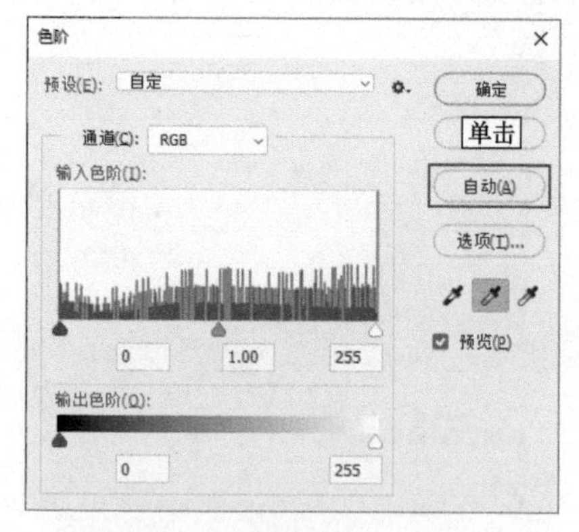

图 4-26

图 4-27

提示

单击“自动”按钮，系统会剪切每个通道中的暗调和高光部分，并将每个颜色通道中最亮和最暗的像素映射到纯白（255）和纯黑（0），中间像素值按比例重新分布。因此，单击“自动”按钮会增加图像的对比度。另外，单击“自动”按钮会单独调整每个颜色通道，所以可能会移去颜色或引入色痕。

（6）单击“色阶”对话框右侧的“选项”按钮，即可打开“自动颜色校正选项”对话框，如图 4-28 所示。

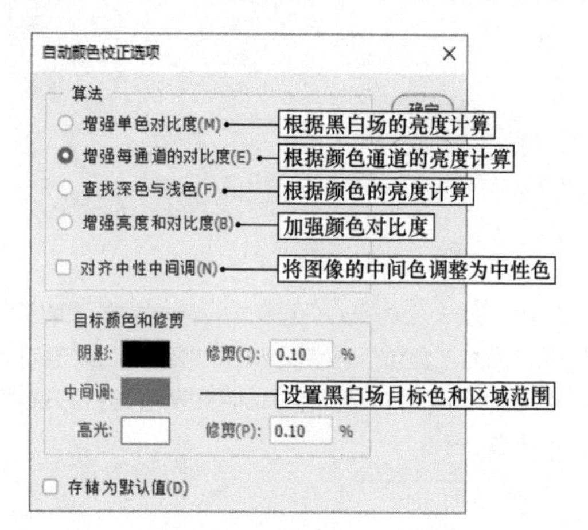

图 4-28

提示

在“自动颜色校正选项”对话框中可以指定暗调和高光剪切百分比，并给暗调、中间调和高光指定颜色值。

（7）关闭“自动颜色校正选项”对话框，然后在“色阶”对话框中进行设置，如图 4-29 所示。

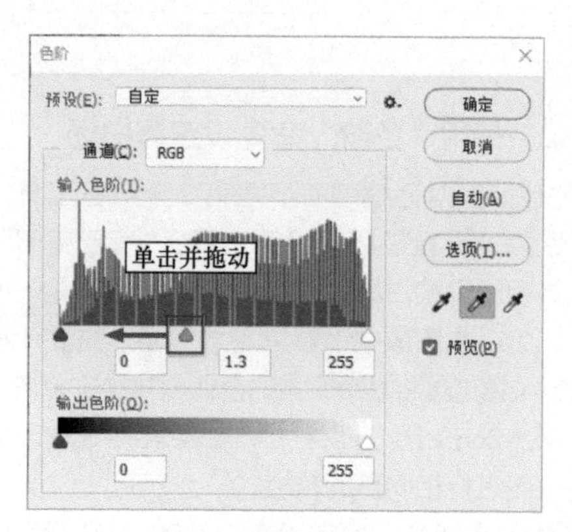

图 4-29

（8）设置完毕后，单击“确定”按钮，关闭对话框，完成图像颜色的校正，效果如图 4-30 所示。

图 4–30

4.2.3 使用“色阶”命令调整偏亮、偏暗和灰色图像

更改图像像素在色阶上的分布位置可以快速矫正图像色调关系。

（1）执行“文件”→“打开”命令，打开本书附带文件 \Chapter-04\“问题图片 .psd”，如图 4–31 所示。

图 4–31

（2）执行“图像”→“调整”→“色阶”命令，打开“色阶”对话框。观察直方图可以发现，直方图的左端存在大量空白，表明图像缺乏暗调，如图 4–32 所示。

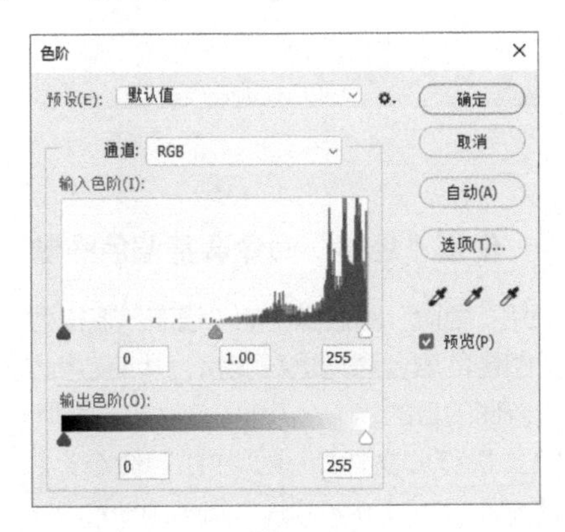

图 4–32

（3）将直方图下方中间代表中间调的灰色滑块向右侧移动至包含像素的地方，如图 4–33 所示，增加中间调区域，即可纠正图像色调。

（4）设置完毕后单击“确定”按钮，关闭对话框，效果如图 4–34 所示。

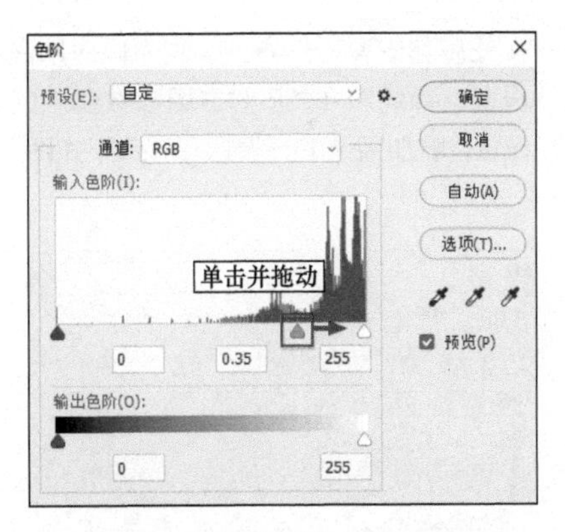

图 4–33

图 4–34

（5）在“图层”调板中显示并选择“金属”图层，如图 4–35 所示。

图 4–35

（6）执行“图像”→“调整”→“色阶”命令，在打开的“色阶”对话框中观察直方图，直方图的右端存在大量空白，表明图像缺乏亮调，如图 4–36 所示。

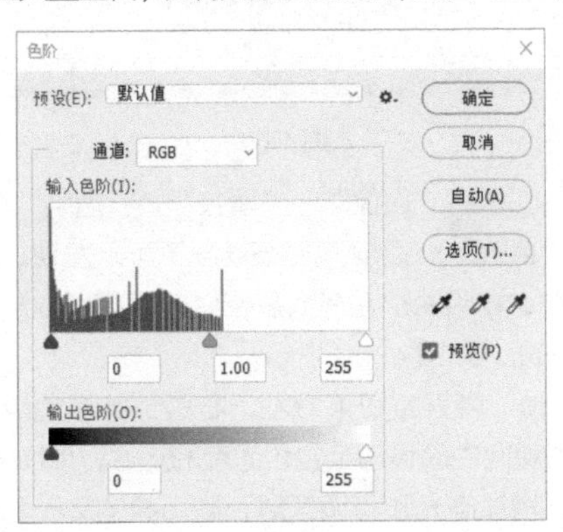

图 4–36

（7）使用参数设置的方式，也可以对黑白场滑块进行设置，参照图 4-37 对白场参数和中间调参数进行设置，增加图像的亮调区域，效果如图 4-38 所示。

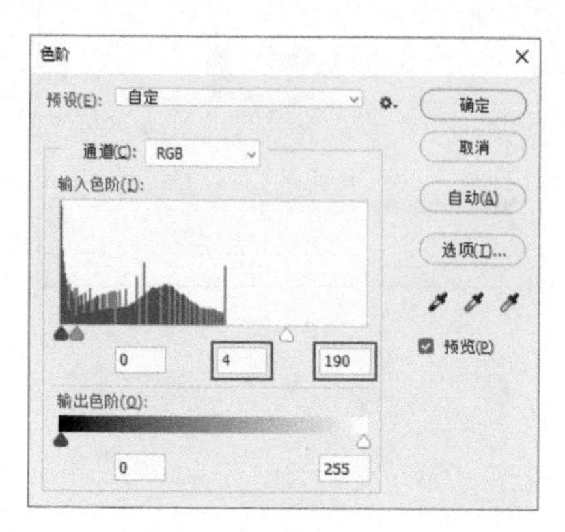

图 4-37

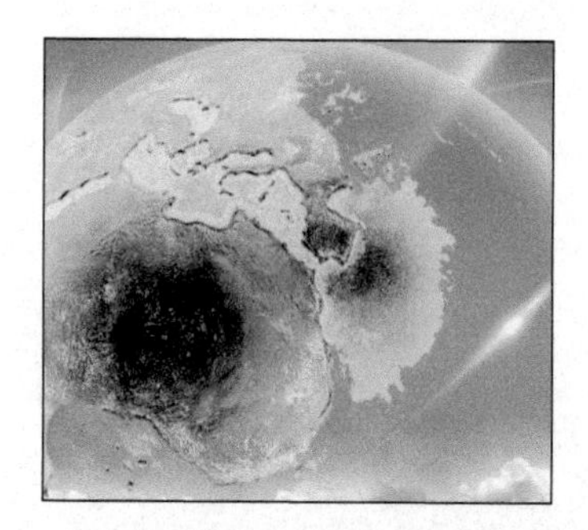

图 4-38

（8）在“图层”调板中显示并选择“冲浪”图层，如图 4-39 所示。

图 4-39

（9）执行“图像”→“调整”→“色阶”命令，打开“色阶”对话框。观察直方图可以发现，直方图的左、右两端都存在大量空白，表明图像缺乏暗调和高光，如图 4-40 所示。

（10）将直方图下方左、右两侧的黑色滑块和白色滑块向中间移动至包含像素的地方，如图 4-41 所示，增加高光和暗调区域，则图像的高光和暗调基本得到纠正，效果如图 4-42 所示。

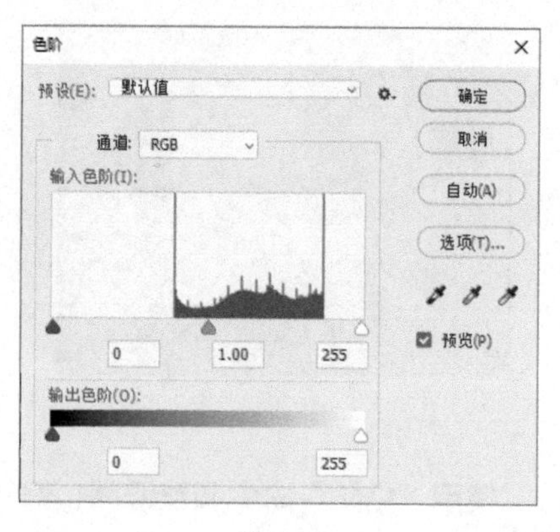

图 4-40

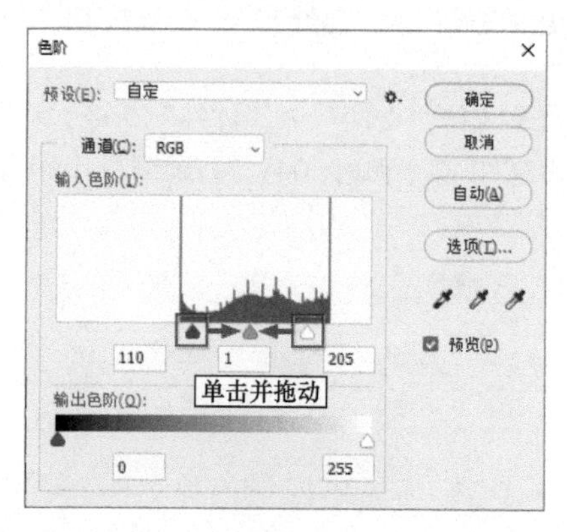

图 4-41

图 4-42

4.2.4 使用“色阶”命令调整偏色图像

使用“色阶”对话框中的“通道”下拉列表框，可以对图像的颜色通道进行调整，从而达到快速矫正图像色调的目的。

（1）执行“文件”→“打开”命令，打开本书附带文件 \Chapter-04\“偏色的图像 .tif”，如图 4-43 所示。

（2）在“直方图”调板中，可以看到“红”通道、“绿”通道中的颜色信息大多处于暗调和中间调区域，而“蓝”通道的颜色信息大部分处于高光和中间调区域，如图 4-44 所示，整个图像的颜色偏蓝。

图 4-43

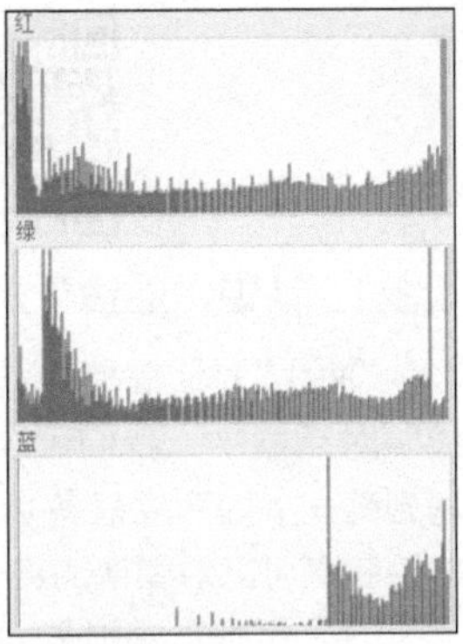

图 4-44

（3）要校正偏蓝的图像,需执行“图像”→“调整”→“色阶”命令，打开“色阶”对话框，选择“蓝”通道，将直方图下方的灰色滑块向右移动，减少“蓝”通道中的颜色信息，如图 4-45 所示，效果如图 4-46 所示。

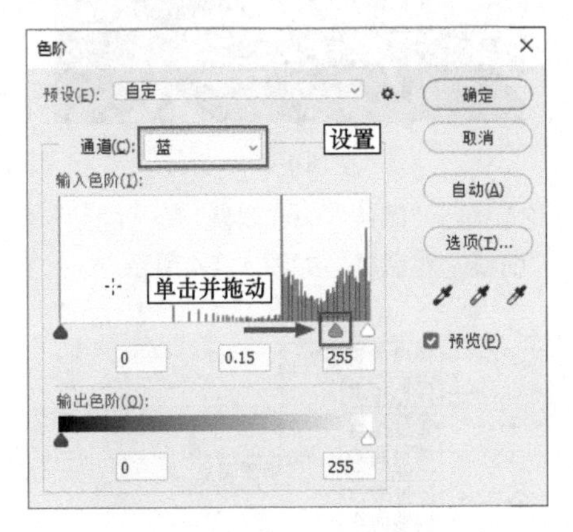

图 4-45

图 4-46

（4）分别选择“红”通道、“绿”通道，然后将直方图下方的灰色滑块向左移动，使红色和绿色信息增加，也可以间接地减少蓝色信息，如图 4-47 ～图 4-50 所示。

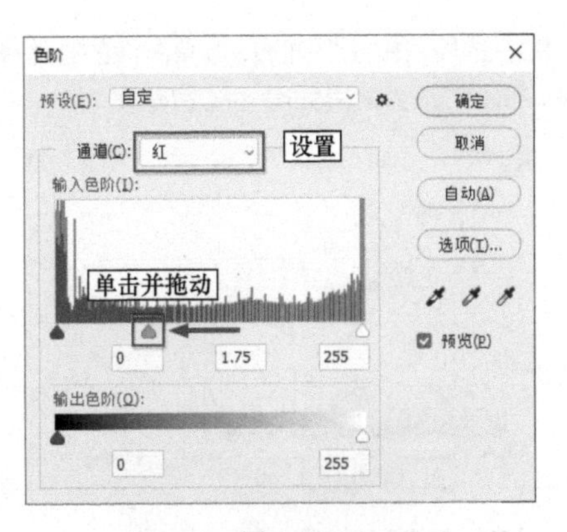

图 4-47

图 4-48

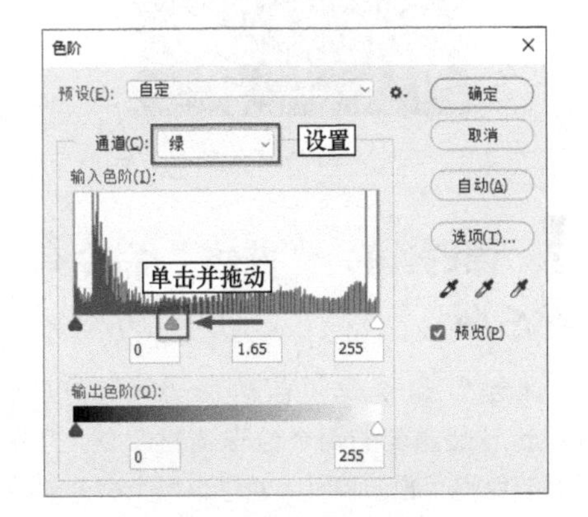

图 4-49

图 4-50

（5）选择“RGB”通道，调整图像的整体亮度，如图 4-51 所示，效果如图 4-52 所示。

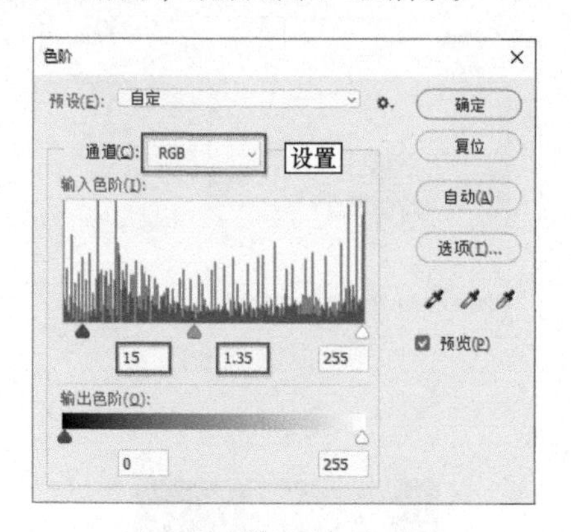

图 4-51

图 4-52

4.3 课时 14：“曲线”命令有何巧妙之处？

“曲线”命令与“色阶”命令可以说是 Photoshop 最重要的两个色彩调整命令，几乎图像所有的色彩问题，都可以通过这两个命令解决。

“曲线”命令调整图像颜色的原理与“色阶”命令基本相同，两者之间最大的区别就是“色阶”命令的黑场和白场之间只有一个中间调控制点，而“曲线”命令可以在黑场和白场间设置多个控制点，从而使图像中间调的调整更加便捷、细腻。本课将学习“曲线”命令的使用方法。

学习指导

本课内容重要性为【必修课】。

本课时的学习时间为 40～50 分钟。

本课的知识点是掌握“曲线”命令的工作原理，学会使用“曲线”命令调整图像。

课前预习

扫描二维码观看教学视频，对本课知识进行预习。

4.3.1 认识“曲线”对话框

“曲线”对话框提供了丰富的设置功能。在“曲线”对话框中，我们可以在整个色调范围（从暗调到高光）内建立最多 14 个色彩控制点，利用这些控制点可以对图像的各个色调层次进行微调。

（1）打开本书附带文件 \Chapter-04\“果汁饮料广告.jpg”，如图 4-53 所示。

图 4-53

（2）执行“图像”→“调整”→“曲线”命令，打开“曲线”对话框，如图 4-54 所示。

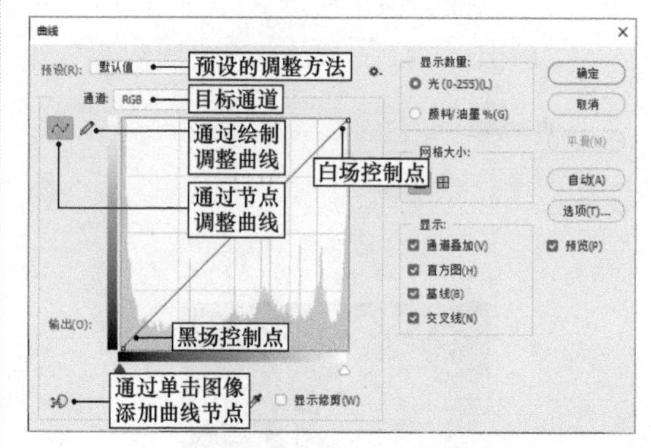

图 4-54

（3）单击“预设”倒三角按钮，在弹出的下拉列表中可以选择系统提供的设置好的曲线，如图 4-55 所示。

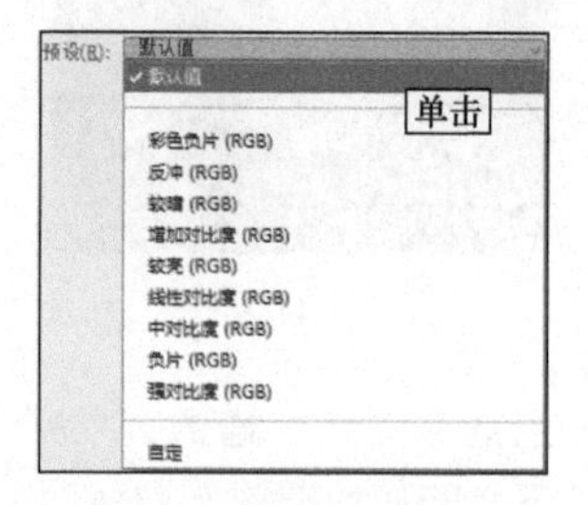

图 4-55

（4）在“曲线”对话框中拖动曲线，如图 4-56

所示，可调整图像的明暗，效果如图 4-57 所示。

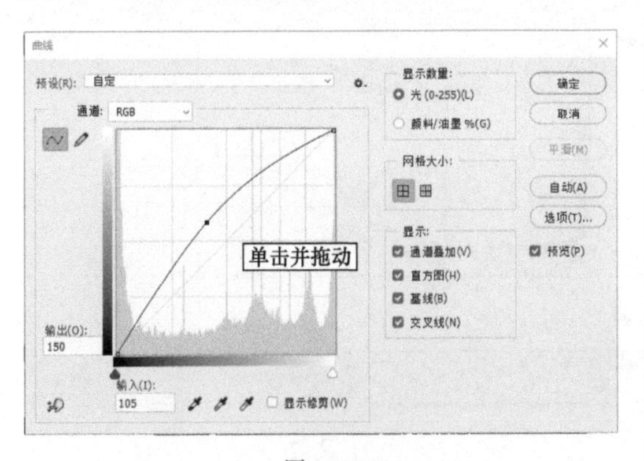

图 4-56

图 4-57

提示

如果需要继续添加控制点，则在曲线上单击即可。如果需要删除控制点，则拖动控制点到对话框外即可。

（5）选中“显示修剪”复选框，在设置黑场或白场时，系统会在视图中以各个通道中的颜色显示图像效果，如图 4-58 所示，效果如图 4-59 所示。

（6）“显示”选项组可以对当前“曲线”对话框的显示内容进行设置，如图 4-60 所示。

（7）设置“显示数量”选项组中的选项可以调整高光和暗调的方向。选择“光”选项，系统会按照 RGB 模式显示直方图和曲线的编辑模式；选择“颜料 / 油墨”选项，系统则会按照 CMYK 模式显示直方图和曲线的编辑模式，如图 4-61 所示。

（8）取消选中“通道叠加”复选框，可以将各个通道中的曲线隐藏，如图 4-62 所示。

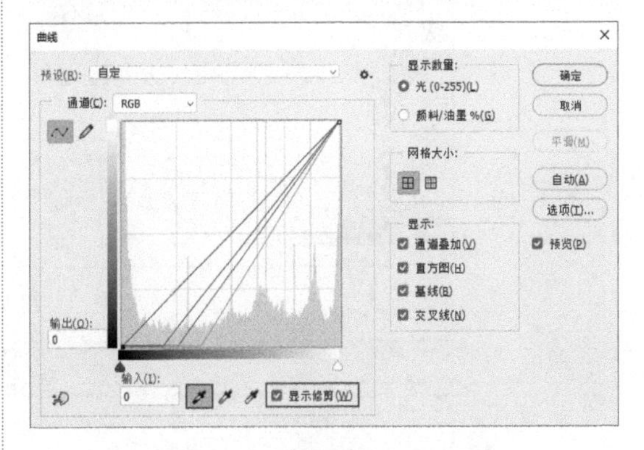

图 4-58

图 4-59

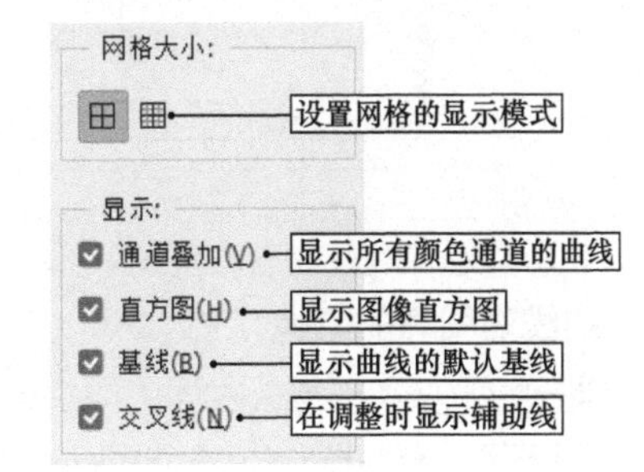

图 4-60

（9）取消选中“直方图”复选框，可以将直方图隐藏，如图 4-63 所示；取消选中“基线”复选框，可以将基线隐藏。

（10）单击网格按钮可以将网格变小，如图 4-64 所示，也可以在按住 <Alt> 键的同时在网格图内单击进行网格大小的调整。

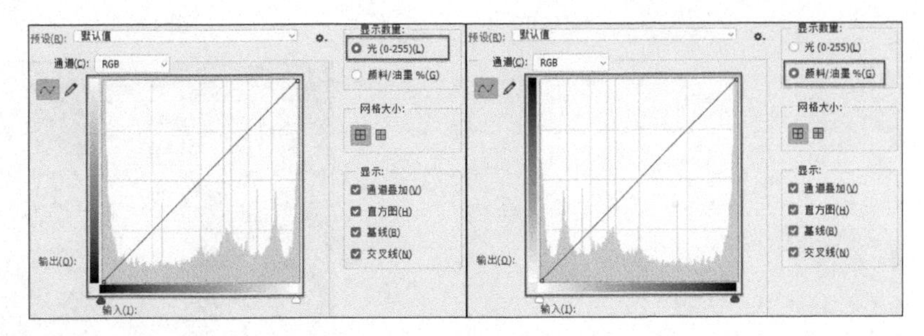

图 4-61

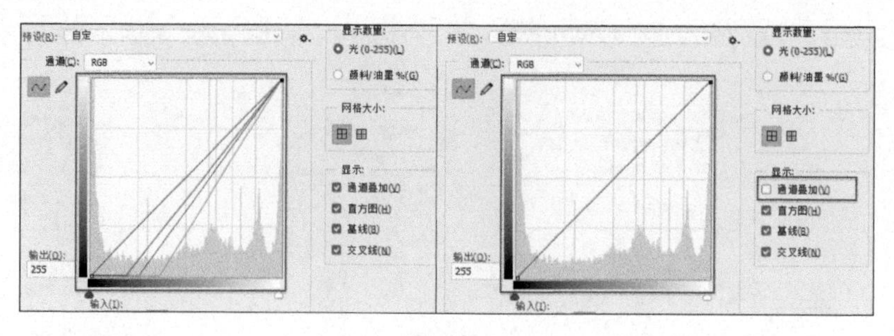

图 4-62

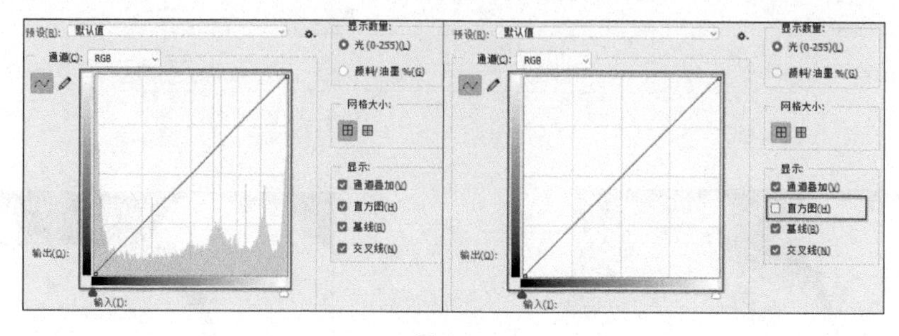

图 4-63

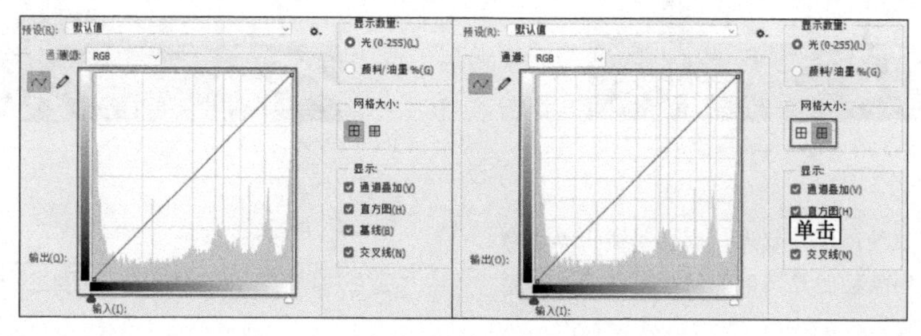

图 4-64

4.3.2 曲线对图像的影响

在“曲线”对话框中，默认情况下，拖动曲线顶部的控制点主要是调整高光，拖动曲线中间的控制点主要是调整中间调，而拖动曲线底部的控制点主要是调整暗调。而且，将曲线上的控制点向下向右拖动会使图像变暗，而将控制点向上向左拖动则会使图像变亮。

（1）按住 <Alt> 键的同时单击“复位”按钮，将“曲线”对话框恢复到打开时的状态，如图 4-65 所示。

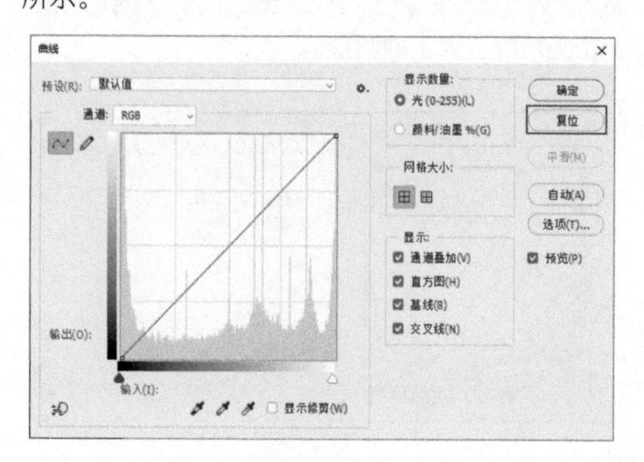

图 4-65

（2）向下拖动右上角的控制点，图像中的高光部分变暗了。向上拖动左下角的控制点，图像中的暗部变亮了。这时整个图像偏灰，如图 4-66 所示，效果如图 4-67 所示。

图 4-66

图 4-67

（3）选择左下角的控制点，在“输出”和“输入”文本框中分别输入 0 和 90，这时图像中的暗部变为黑色，如图 4-68 所示，效果如图 4-69 所示。

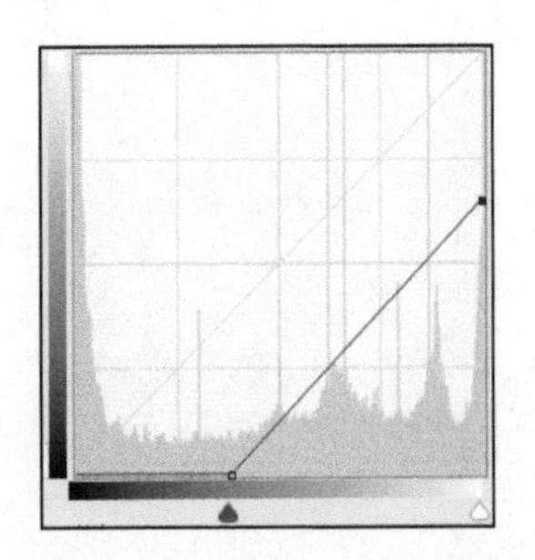

图 4-68

图 4-69

（4）选择右上角的控制点，在“输出”和“输入”文本框中分别输入 255 和 94，这时图像中的亮部变为了白色，整个图像呈现高反差色调效果，如图 4-70 所示，效果如图 4-71 所示。

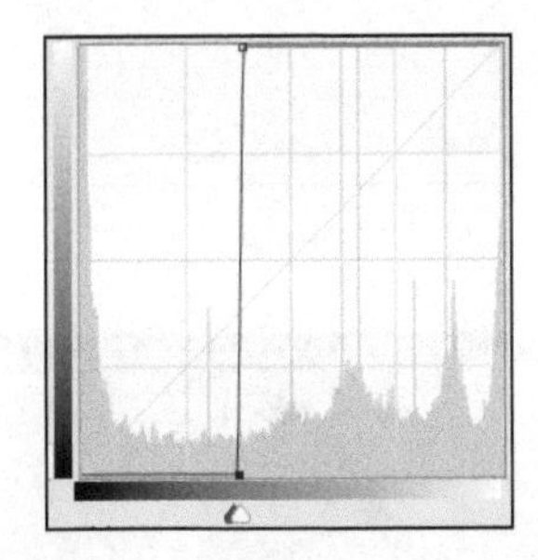

图 4-70

图 4-71

（5）将“曲线”对话框恢复到打开时的状态。将鼠标指针移动到曲线上，当鼠标指针呈“+”状时，单击即可为曲线添加控制点，向左上方拖动新添加的控制点，可以使图像中间调变亮，如图 4-72 所示，效果如图 4-73 所示。

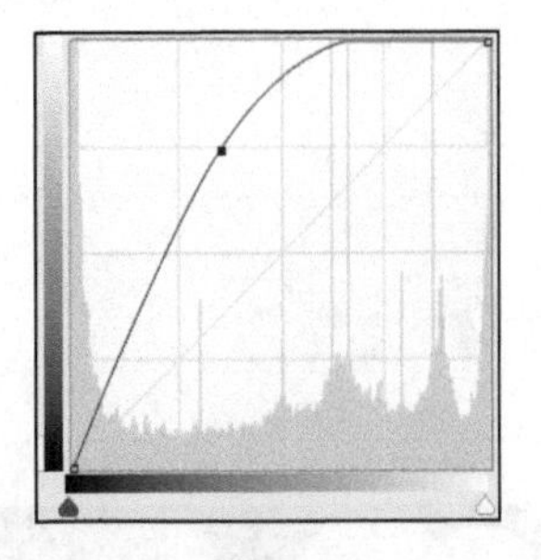

图 4-72

图 4-73

（6）向右下方拖动该控制点，可以使图像中间色调变暗，如图 4-74 所示，效果如图 4-75 所示。

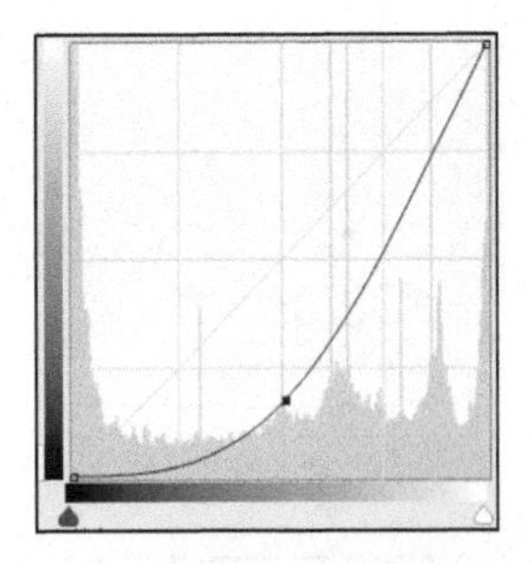

图 4-74

图 4-75

（7）在曲线右上方再次单击添加控制点，并参照图 4-76 设置“输出”和“输入”参数，这时曲线的形状为一个大致的“S”形，图像呈现出较高的对比度，效果如图 4-77 所示。

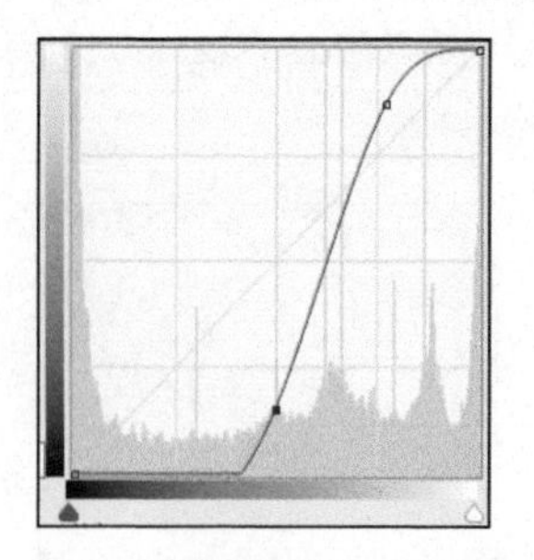

图 4-76

图 4-77

（8）将“曲线”对话框恢复到打开时的状态，然后拖动左下角的控制点到左上角，并拖动右上角的控制点到右下角，调整曲线后图像的颜色产生反相效果，如图 4-78 所示，效果如图 4-79 所示。

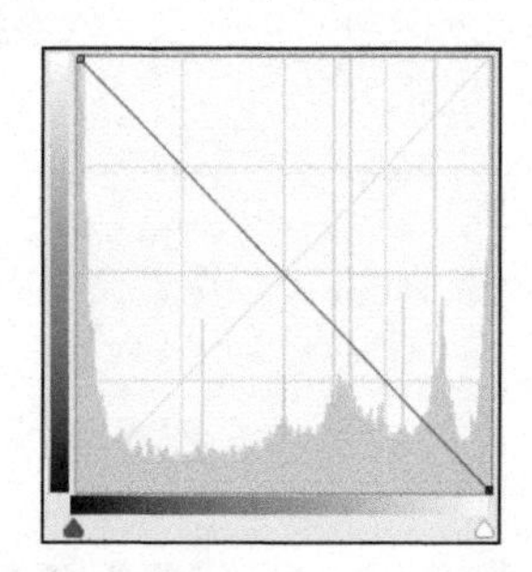

图 4-78

图 4-79

（9）在曲线上按照一定的间隔添加控制点并拖动控制点，使曲线产生不规则的变形，图像的颜色会呈现出特殊的效果，如图 4-80 所示，效果如图 4-81 所示。

（10）单击“通过绘制来修改曲线”按钮，使用该工具在网格图中绘制曲线，图像就会依据该曲线做出相应的变化，如图 4-82 所示，效果如图 4-83 所示。

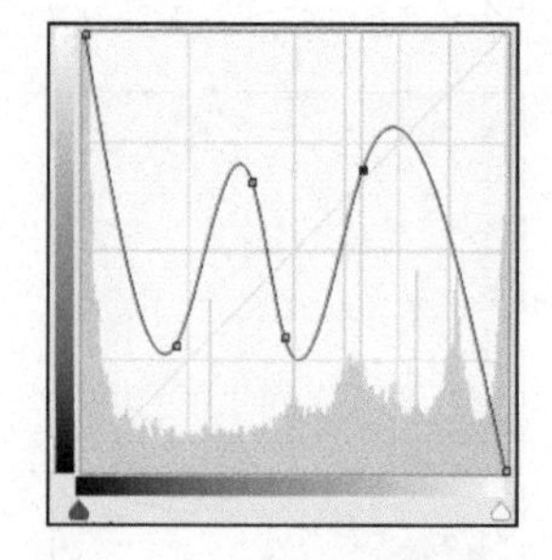

图 4-80

图 4-81

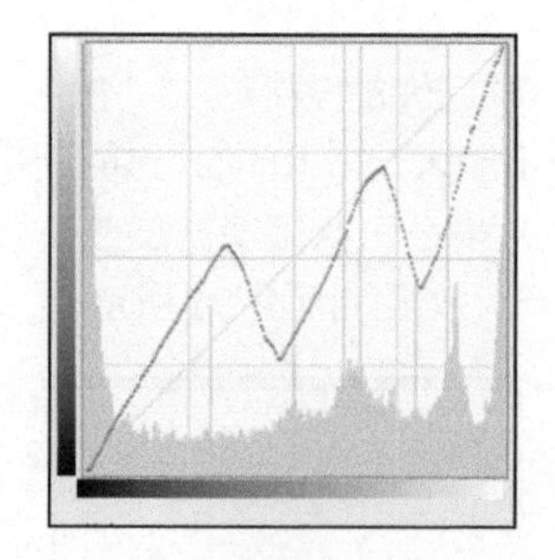

图 4-82

图 4-83

4.3.3 利用“曲线”命令调整图像

初步认识“曲线”对话框后，下面就将上面学习到的知识运用到实际操作中，练习如何使用“曲线”命令调整偏亮、偏暗、偏灰及偏色的图像。

（1）打开本书附带文件 \Chapter-04\“影集封面 .jpg”，如图 4-84 所示，图像严重偏向于绿色。

图 4–84

（2）打开“曲线”对话框，在“通道”选项中选择“绿”通道，在曲线上单击并向右下方拖动，使图像中的绿色减少，如图 4–85 所示。

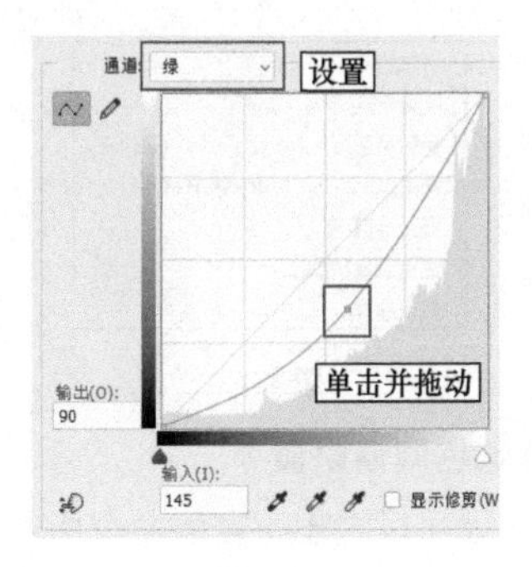

图 4–85

（3）调整后图像仍然存在偏绿的问题，这时可以通过适当地调整“红”通道、“蓝”通道中的颜色来相对降低“绿”通道中的颜色，如图 4–86 和图 4–87 所示。

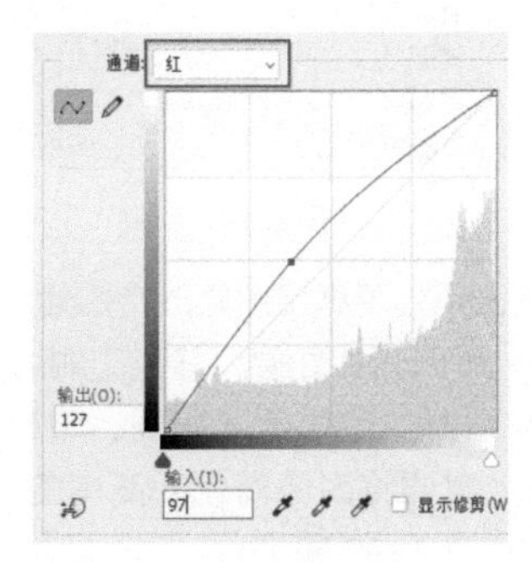

图 4–86

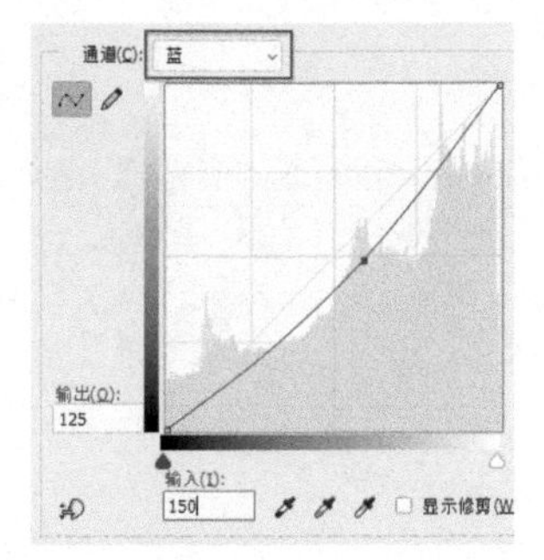

图 4–87

（4）在“通道”选项中选择 RGB，对“输出”和“输入”参数进行设置，调整图片整体的亮度，如图 4–88 所示。

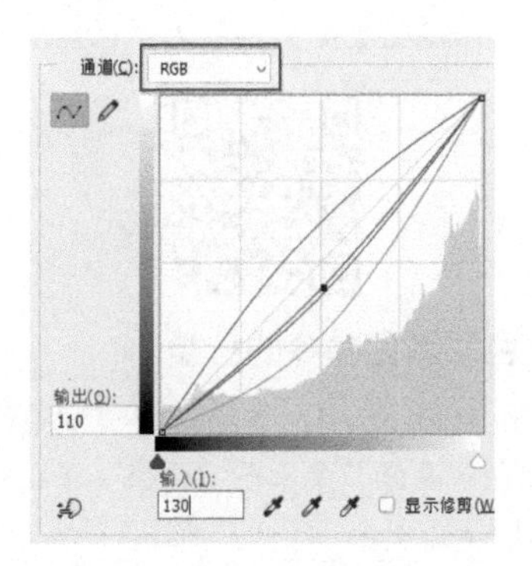

图 4–88

（5）设置完毕后单击“确定”按钮，效果如图 4–89 所示。至此本实例已经制作完毕。读者可以打开本书附带文件 \Chapter-04\“曲线命令.jpg”进行查看。

图 4–89

4.4 课时 15：如何掌握繁杂的色彩调整命令？

Photoshop 除了提供了常用的“色阶”与“曲线”命令以外，还提供了其他 20 多种色彩调整命令。面对这么多的色彩调整命令，初学者常常望而却步、无从下手。

其实这些色彩调整命令并不复杂，每种色彩调整命令可以帮助我们解决一类工作中的问题。如果结合具体的工作来学习这些命令，会发现它们非常容易上手。

首先来整体认识 Photoshop 中所有的色彩调整命令，并对这些命令进行分类，对这些命令形成一个整体的印象，以便开始具体的学习。

学习指导

本课内容重要性为【选修课】。

本课时的学习时间为 30 分钟。

本课的知识点为对繁杂的色彩调整命令进行分类，整体对色彩调整命令进行认知。

课前预习

扫描二维码观看教学视频，对本课知识进行预习。

4.4.1 色彩调整命令的分类

在 Photoshop 中，与色彩调整相关的命令都集中放置在“图像”菜单的“调整”子菜单内，如图 4-90 所示。

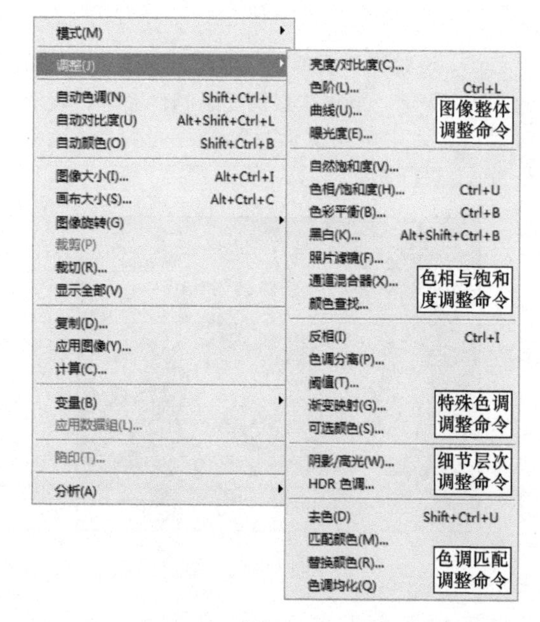

图 4–90

Photoshop 根据这些命令的特征与用户的工作习惯，将这些命令整体分为了 5 类，菜单中有分类所用的分割线。为了便于读者对于这些命令有一个整体、直观的快速认知，本书对这些分类进行了命名，分别是图像整体调整命令、色相与饱和度调整命令、特殊色调调整命令、细节层次调整命令及色调匹配调色命令。下面根据分类整体认识这些命令。

1. 图像整体调整命令

这组命令都是用于对图像整体进行调整的，如图 4-91 所示。这组命令包含了我们前面详细介绍的“色阶”与“曲线”命令，这两个命令对应的对话框中的直方图就可以充分说明这一点（如果不明白这一观点，请重新学习前面关于直方图的知识）。这组命令还包含了“亮度 / 对比度”命令和“曝光度”命令，这些命令以非常简化的控制方式对图像色调进行整体调整。

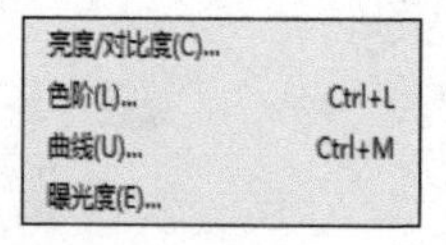

图 4–91

2. 色相与饱和度调整命令

这组命令比较复杂，在操作的过程中各有特点，但都是基于图像的色相与饱和度进行调整的。它们的不同点就是每个命令都有各自的工作特点，从而可以有针对性地解决工作中遇到的不同问题，如图 4-92 所示。

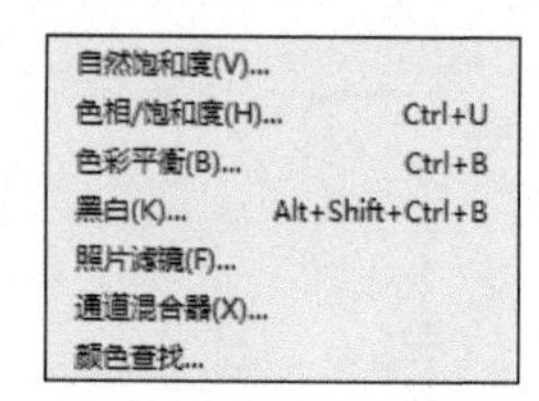

图 4–92

3. 特殊色调调整命令

从名字就可以看出，这组命令所产生的色调效果是比较特殊的，如图 4-93 所示。大家或许会奇怪，为什么要将图像调整为不符合现实世界规律的色调效果呢？可以从下面两种情况解释这一问题。

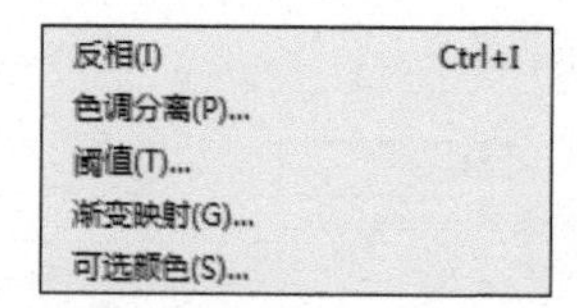

图 4–93

一类情况是为了满足图像的特殊输出要求，需要在不同环境下印刷图像，有些印刷方式只能使用粗糙的成像方式（如丝网印刷、印章喷涂印刷等），这时就需要将图像简化为简单的色调图案，如图 4-94 和图 4-95 所示。

图 4–94

图 4–95

另一类情况是利用 Photoshop 制作一些特殊的视觉效果（如版画效果、底片效果、图章效果等）。这时这些特殊色调调整命令就可以发挥作用了，如图 4–96 和图 4–97 所示。

图 4–96

图 4–97

当然，所有的命令都没有固定的用法，熟练掌握这些命令后，可以根据自己的理解，以及工作中的具体情况来随心所欲地进行操作。

4. 细节层次调整命令

这组命令非常简单，只有“阴影 / 高光”与“HDR 色调”两个命令，如图 4–98 所示。它们主要针对高质量数码照片进行调整，可以对图像中的各色调的细节进行调整。

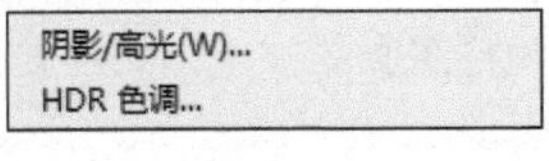

阴影/高光(W)...
HDR 色调...

图 4–98

5. 色调匹配调整命令

这类命令用于对图像的整体色调进行调整，如图 4–99 所示。与图像整体调整命令不同的是，色调匹配调整命令是根据一种特定方式将图像的色调匹配为一种新的色调效果。例如，将绿色调图像根据另一幅红色调图像的颜色进行匹配，使图像整体由绿色调转变为红色调效果，如图 4–100 所示。

图 4–99

图 4–100

4.4.2 如何学习色彩命令

以上对色彩调整命令的分类，是本书作者根据自身多年工作经验进行定义的。当然，这种定义方式只代表作者的理解，目的是让读者对繁杂的色彩调整命令有一个整体、直观的快速认知。以上这种分类方式不是绝对的，大家在深入学习之后，可以按自己的理解方式来定义这些命令。

我们知道，Photoshop 提供的所有的功能都是为了解决我们工作中的问题，从而使工作更加高效、精准，色彩调整命令也不例外。在学习这些色彩调整命令时，要从工作需求入手，体会各个命令在编辑图像色彩时的区别，以及这些命令所针对的修改目标。这样才能真正明白色彩调整命令的用意，从而掌握其应用方法与技巧。

05 第5章 系统掌握色彩调整命令

现在已经对 Photoshop 的色彩调整命令有了整体的认识。本章将详细介绍这些命令的操作方法。根据这些色彩调整的工作特点，本章将这些命令分为 4 类进行介绍，分别为整体色调调整命令、特殊色调设置命令等。下面开始本章的学习。

5.1 课时 16：如何快速调整图像的整体色调？

Photoshop 中有些色彩调整命令可以快速、准确地对图像的整体色调进行调整，这些命令具有很强的针对性，可以快速有效地对图像的凸显问题做出调整。例如，“亮度 / 对比度”命令可以快速增强图像的对比度关系，“色相 / 饱和度”命令可以快速对图像的色彩做出更改。虽然使用“色阶”与“曲线”命令也可以达到上述效果，但是它们与这些快速调整命令最大的区别在于操作繁杂。下面就对这些快速调整命令进行学习。

学习指导

本课内容重要性为【必修课】。

本课时的学习时间为 50 ～ 60 分钟。

本课的知识点是掌握图像整体色调调整的方法。

课前预习

扫描二维码观看教学视频，对本课知识进行预习。

5.1.1 “亮度 / 对比度”命令

使用“亮度 / 对比度”命令可以对图像的色调范围进行简单的调整。与“色阶”和“曲线”命令不同的是，“亮度 / 对比度”命令不考虑图像中各通道的颜色，而是对图像中的每个像素都进行同样的调整，因此它的调整会导致部分图像细节损失。

“亮度 / 对比度”对话框内的调整选项很简单，向左拖动滑块则可以降低图像的整体亮度或者对比度，向右拖动滑块则可以提高图像的整体亮度和对比度，也可以在相对应的文本框中输入数值调节图像的整体亮度和对比度，其取值范围为 -100 ～ +100。

在观看了教学视频后，相信大家对“亮度 / 对比度”命令有所了解了，接下来用该命令对图像进行调整。

（1）打开本书附带文件 \Chapter-05\“家具背景 1.psd”，在“图层”调板中选择“柜子”图层，如图 5-1 所示。

图 5-1

（2）执行“图像”→“调整”→“亮度 / 对比度”命令，打开“亮度 / 对比度”对话框，如图 5-2 所示。

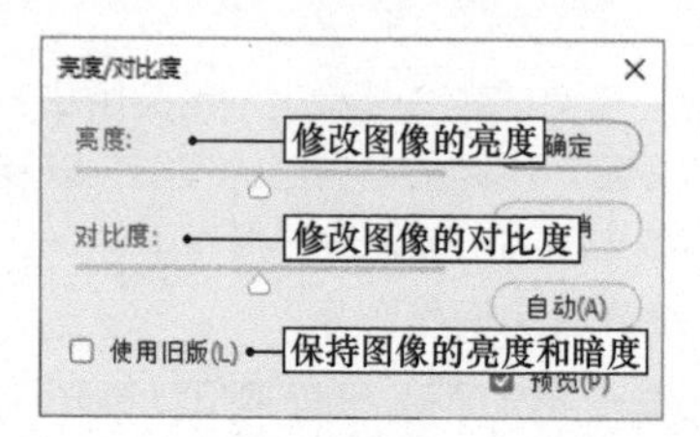

图 5-2

（3）选中“使用旧版”复选框，将亮度和对比度作用于图像中的每个像素。向右拖动“亮度”选项的滑块，调整图像的亮度，如图 5-3 所示，效果如图 5-4 所示。

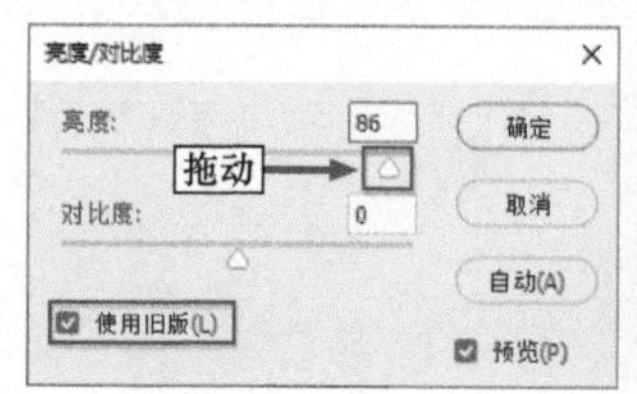

图 5-3

图 5-4

（4）向左拖动“对比度”选项的滑块，降低图像的对比度，可以看到图像已经成为灰色，失去了所有细节，要谨慎调整亮度和对比度，如图 5-5 所示，效果如图 5-6 所示。

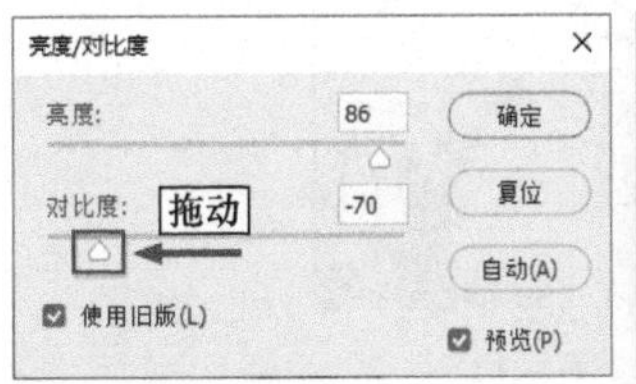

图 5-5

图 5-6

（5）取消选中“使用旧版”复选框，可以保持原图像的亮度和暗度，向右拖动“亮度”选项的滑块，调整图像的亮度，如图 5-7 所示，效果如图 5-8 所示。

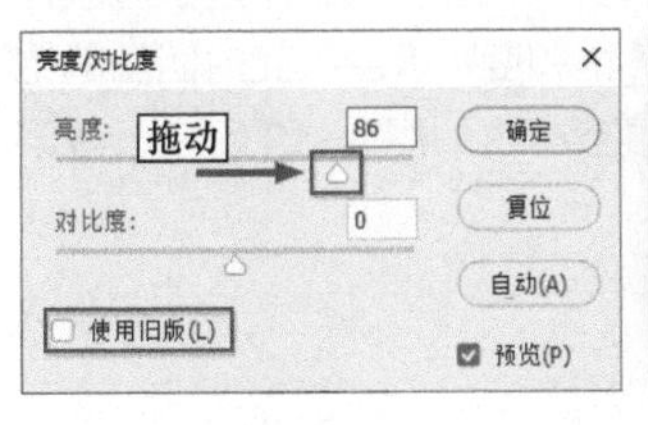

图 5-7

图 5-8

（6）向右拖动“对比度”选项的滑块，提高图像的对比度，如图 5-9 所示，效果如图 5-10 所示。

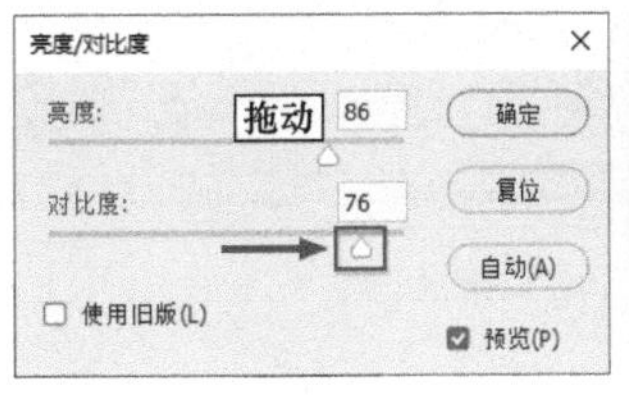

图 5-9

图 5-10

（7）设置“对比度”参数，柜子图案会看起来光泽更鲜亮，单击“确定”按钮完成操作。

5.1.2 “自然饱和度”命令

“自然饱和度”命令源自 Camera Raw 的一个叫作“细节饱和度”的功能。和“色相 / 饱和度”命令类似，它可以使图片更加鲜艳或暗淡，且效果会更加细腻，它还可以智能地处理图像中不够饱和的部分和忽略足够饱和的颜色。

课前预习

扫描二维码观看教学视频，对本课知识进行预习。

在观看完教学视频后，相信大家已经掌握了“自然饱和度”命令的操作方法。该命令的使用方法非常简单，下面利用该命令对图像进行调整。

（1）打开本书附带文件 \Chapter-05\“人物背景 .psd”，如图 5-11 所示。

图 5-11

（2）执行“图像”→“调整”→“自然饱和度”命令，打开“自然饱和度”对话框。

（3）拖动“自然饱和度”和“饱和度”选项的滑块，调整图像的饱和度，如图 5-12 所示。

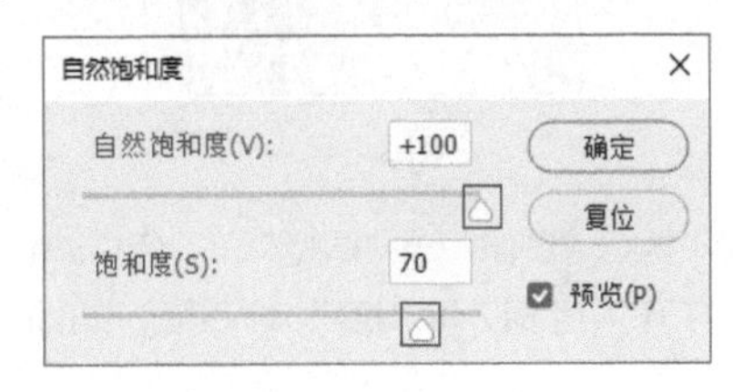

图 5-12

（4）设置完毕后，单击“确定”按钮关闭对话框，效果如图 5-13 所示。

图 5-13

5.1.3 “色相 / 饱和度”命令

“色相 / 饱和度”命令是非常重要的色彩调整命令，在设计工作中的使用频率非常高。该命令的功能非常齐全，它可以对图像的色相、饱和度和明度进行调整。在调整过程中，它可以更改整幅图像的颜色，也可以锁定图像中某一颜色进行修改。除此之外，它还可以对图像进行单色化处理。初学者要熟练掌握该命令。

课前预习

扫描二维码观看教学视频，对本课知识进行预习。

1. 调整图像色彩

在观看了教学视频后，相信大家已经对“色相 / 饱和度”命令比较熟悉了，接下来，通过一组操作来学习“色相 / 饱和度”命令的使用方法。

（1）打开本书附带文件 \Chapter-05\“花卉.psd”，如图 5-14 所示。在“图层”调板中确定“背景”图层为选择状态。

图 5-14

（2）执行“图像”→“调整”→“色相 / 饱和度”命令，打开“色相 / 饱和度”对话框，如图 5-15 所示。

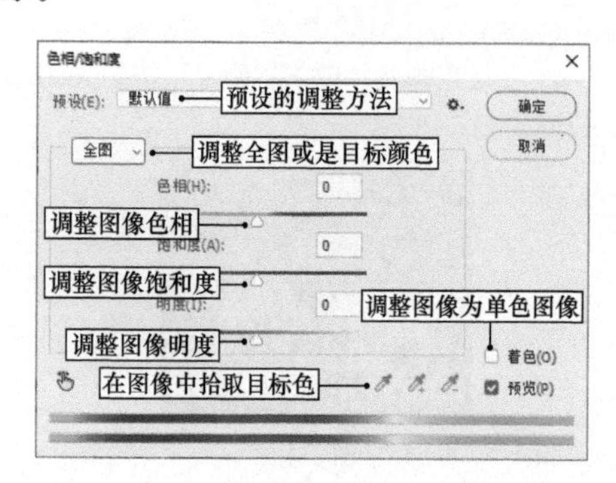

图 5-15

（3）将“饱和度”滑块拖动到最左侧，此时图像饱和度降到最低，图像中的颜色转换为黑色、白色和不同色度的灰色，如图 5-16 所示，效果如图 5-17 所示。

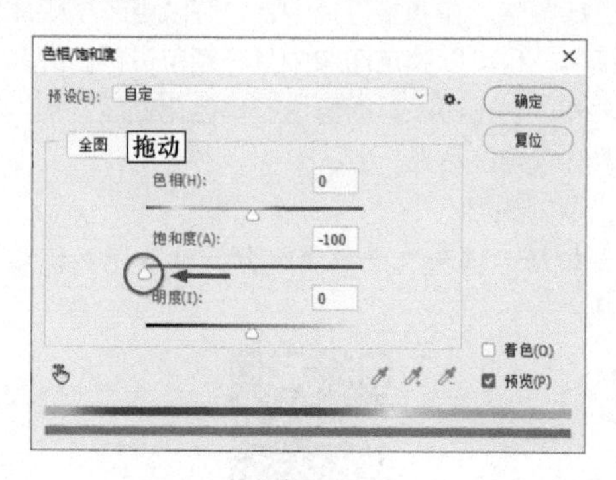

图 5-16

图 5-17

提示

在彩色模式（RGB、CMYK）图像中，去掉饱和度就可以将图像制作为与“灰度”模式类似的黑白状态的图像，且图像不会丢失颜色信息。饱和度的最大值为 100，最小值为 -100。

（4）向右拖动“饱和度”滑块，此时图像的饱和度增加，图像变得艳丽，如图 5-18 所示，效果如图 5-19 所示。

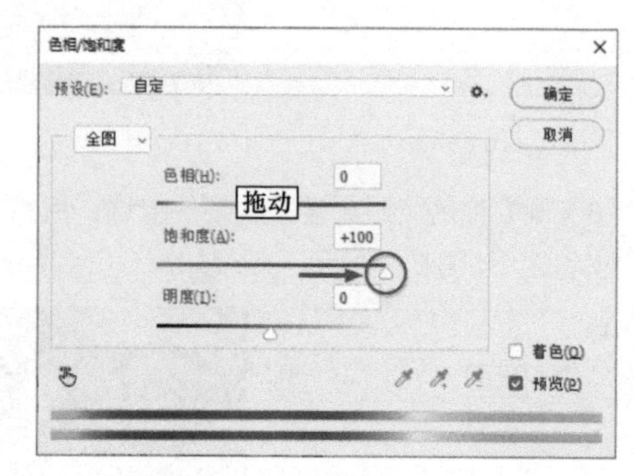

图 5-18

图 5-19

（5）向右拖动“色相”滑块，改变图像颜色，如图 5-20 所示，效果如图 5-21 所示。“色相 / 饱和度”对话框底部的颜色条中，上方的颜色条显示的是调整前的色相，下方的颜色条显示的是调整后的色相。

（6）向右拖动“明度”滑块，数值越大，图像越亮，如图 5-22 所示，效果如图 5-23 所示。

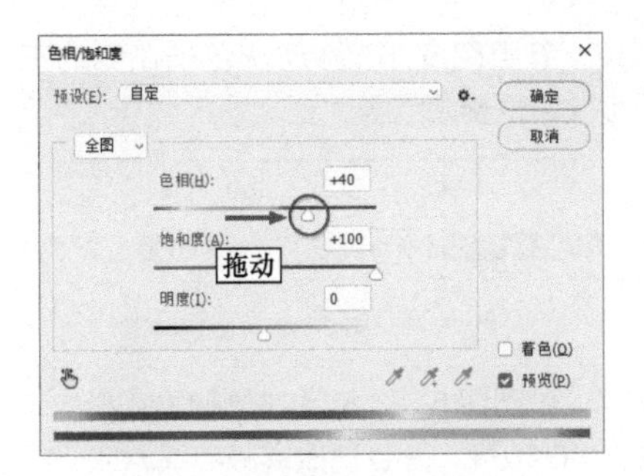

图 5-20

图 5-21

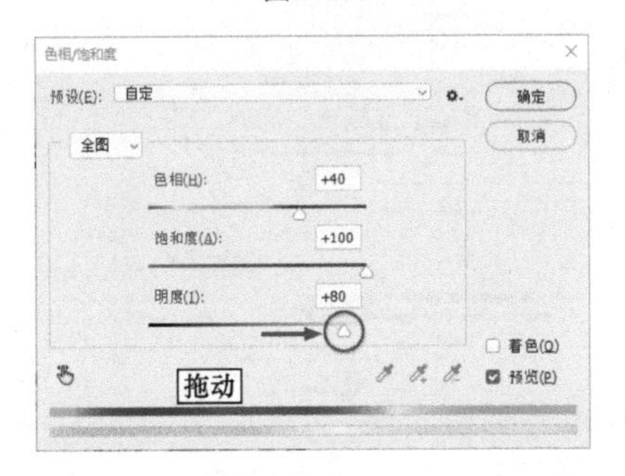

图 5-22

图 5-23

提示

当“明度”参数为+100时，图像将成为纯白色；相反，当“明度”参数为-100时，图像将成为纯黑色。在这两个数值状态下调整“色相”和“饱和度”参数，对图像没有任何影响。

（7）向左拖动“明度”滑块，数值越小，图像越暗，如图 5-24 所示，效果如图 5-25 所示。设置完毕后单击“确定”按钮关闭对话框。

2. 对目标色进行修改

“色相 / 饱和度”命令不仅可以调整整个图像的色相、饱和度和明度，还可以对图像中的单个颜色成分（红色、黄色、绿色、蓝色、青色、洋红）分别进行调整。

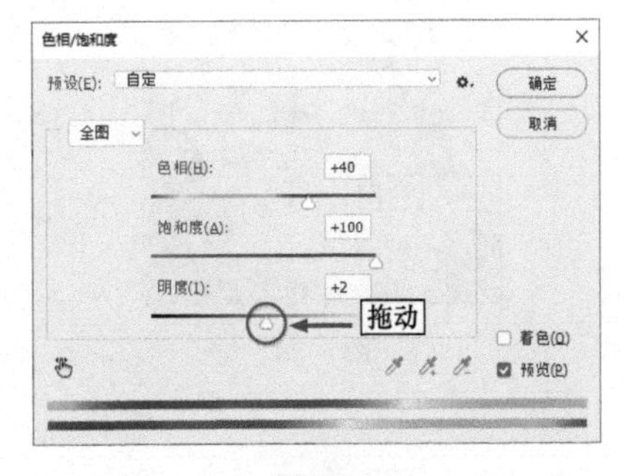

图 5-24

图 5-25

（1）在“图层”调板中选择“花朵”图层，如图 5-26 所示。按 <Ctrl+U> 组合键打开“色相 / 饱和度”对话框。

图 5-26

（2）在“编辑”选项的下拉列表中选择“红色”，这时对话框底部的颜色条之间出现了 4 个滑块和 4 个相对应的值，如图 5-27 所示。

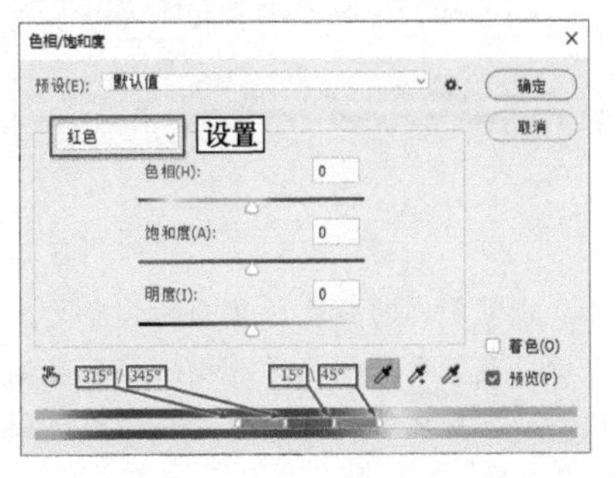

图 5-27

（3）选择“吸管”工具在需要调整的颜色上单击，选择需要调整的颜色，如图5-28所示。这时对话框也随着选取的颜色范围发生变化，如图5-29所示。

图5-28

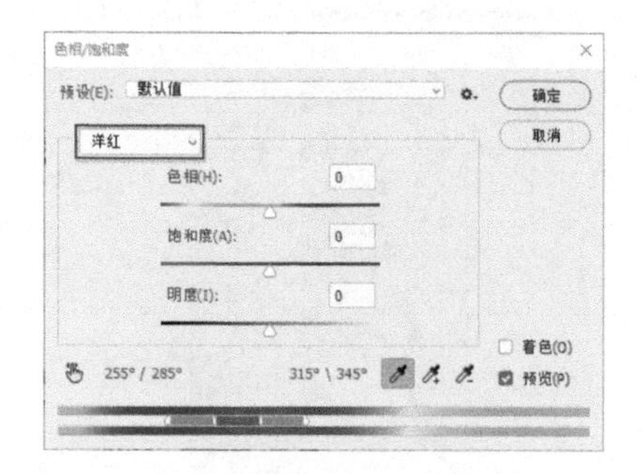

图5-29

提示

选择“吸管”工具吸取颜色范围后，“编辑”下拉列表框中的名称会随之改变，以反映这个变化。

（4）拖动对话框底部颜色条中间的灰色条，可以调整4个滑块的位置，改变颜色的范围，如图5-30所示。

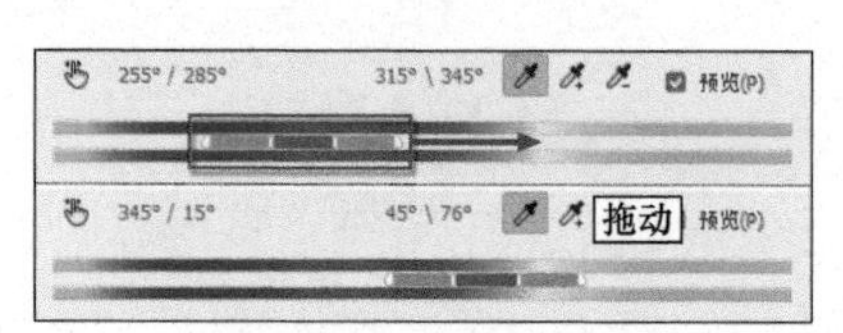

图5-30

（5）向右拖动右侧的垂直滑块和三角滑块之间的区域，可以使调整的颜色范围增大，并保持衰减范围，如图5-31所示。

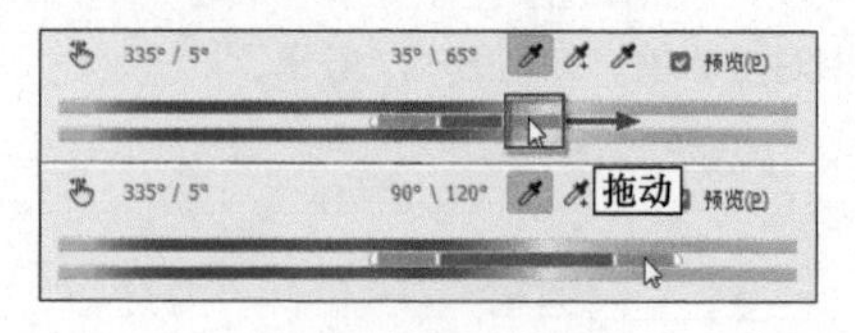

图5-31

提示

在衰减范围内的颜色所受到的调整力度将会逐步降低，越靠近外侧三角滑块的颜色受到的调整力度越小，反之则越大，直至与调整范围内的颜色调整效果相同。

（6）参照图5-32拖动灰色条左侧的三角滑块，可以调整衰减范围。

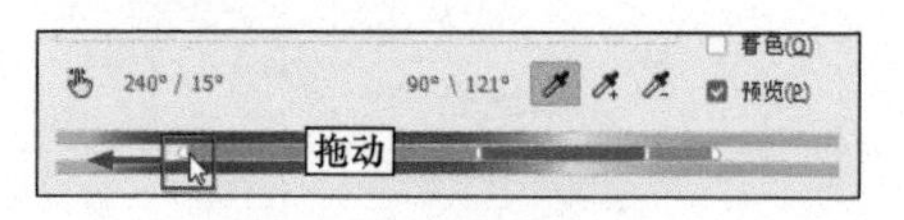

图5-32

（7）参照图5-33拖动左侧的垂直滑块，可以调整色彩的范围，并且更改衰减范围。

图5-33

（8）按住<Alt>键，单击“复位”按钮，恢复对话框为默认状态，然后参照图5-34～图5-36设置对话框，调整图像色调，效果如图5-37所示。

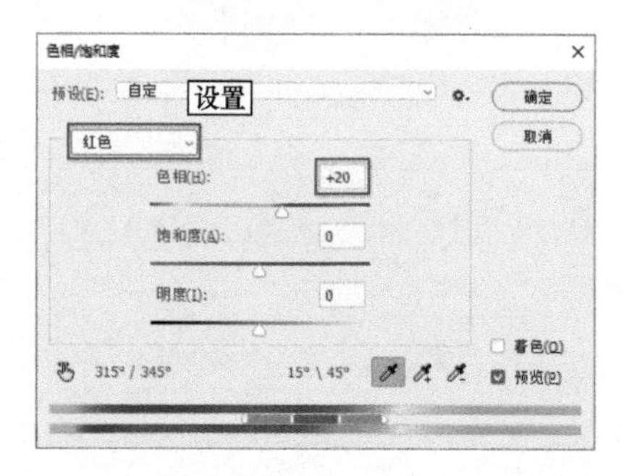

图5-34

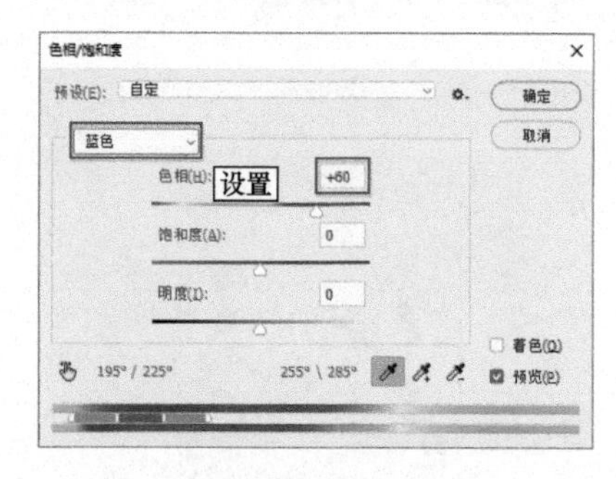

图5-35

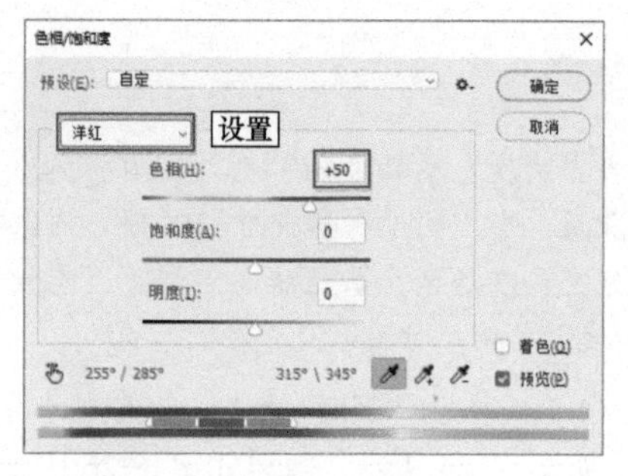

图5-36

3. 创造单色调效果

执行“色相/饱和度”命令还可以创建单色调

画面效果。

图 5-37

（1）在“图层”调板中选择“蝴蝶”图层。按 <Ctrl+U> 组合键，打开“色相 / 饱和度”对话框。

（2）在对话框中，选中“着色”复选框，这时图像表现为单色状态，如图 5-38 所示，效果如图 5-39 所示。

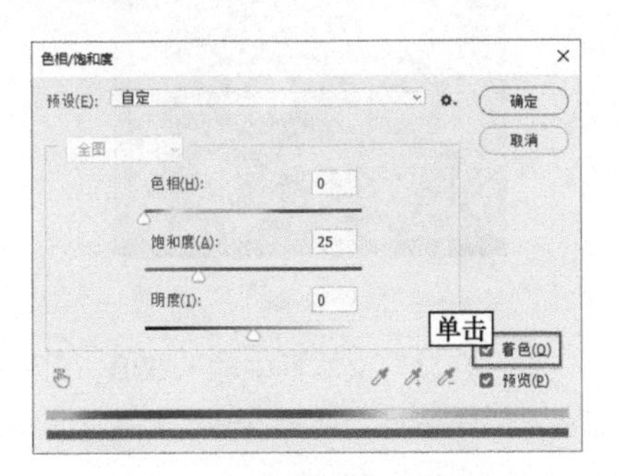

图 5-38

图 5-39

提示

如果当前前景色不是默认设置，选中“着色”复选框后，图像会转换成当前前景色的色相。

（3）将“饱和度”滑块移动到最右端，将“饱和度”参数设置为 340，图像颜色将变得非常鲜艳，如图 5-40 所示，效果如图 5-41 所示。

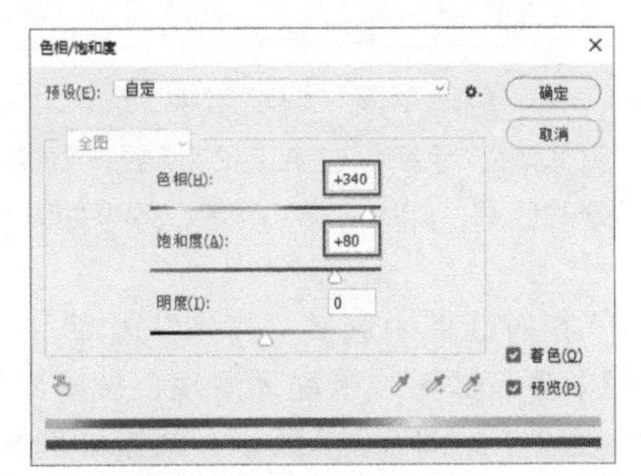

图 5-40

图 5-41

（4）设置完毕后单击“确定”按钮关闭对话框。至此本实例已经制作完毕，效果如图 5-42 所示。读者可以打开本书附带文件 \Chapter-05\“花卉展海报 .psd”进行查看。

图 5-42

5.1.4 “色彩平衡”命令

“色彩平衡”命令是根据绘画理论中的补色原理建立的。在绘画中，常用补色来增强画面颜色的对比度，例如物体受光面如果呈现绿色，那背光面就会呈现为绿色的补色，即红色。每种颜色都有其补色，在色轮中，补色之间呈现 180° 的对应关系。补色之间产生的色彩对比关系是最强烈的。在对照片调色的过程中，也常常利用补色理论来增强画面的色彩对比关系，“色彩平衡”命令就是用于进行操作的命令。下面一起来学习该命令。

课前预习

扫描二维码观看教学视频，对本课知识进行预习。

1. 了解补色

要熟练使用“色彩平衡”命令，首先需要了解补色的概念。在标准色轮上，处于相对位置的颜色被称作补色，如绿色和洋红色互为补色、黄色和蓝色互为补色、红色和青色互为补色，如图 5-43 所示。

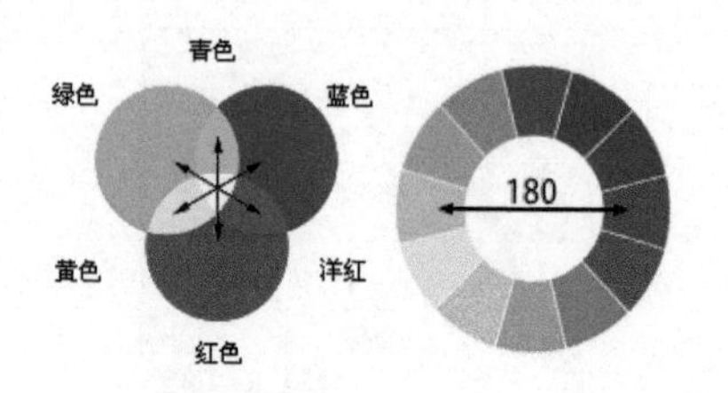

图 5-43

所谓互补，就是指图像中一种颜色成分的减少，必然导致它的补色成分的增加，绝不可能出现一种颜色和它的补色同时增加的情况。另外，每一种颜色都可以由它的相邻色混合得到，如洋红色可以由红色和蓝色混合而成、青色可以由绿色和蓝色混合而成、黄色可以由绿色和红色混合而成等，因此，可以通过增减相邻色来调整图像颜色，如删除红色和蓝色来减少洋红色。

执行“图像”→“调整”→“色彩平衡”命令，打开“色彩平衡”对话框，如图 5-44 所示。对话框中呈现了色轮的色彩，即青色、红色、洋红、绿色、黄色、蓝色，且按照补色关系排列颜色，操作起来比较简单。

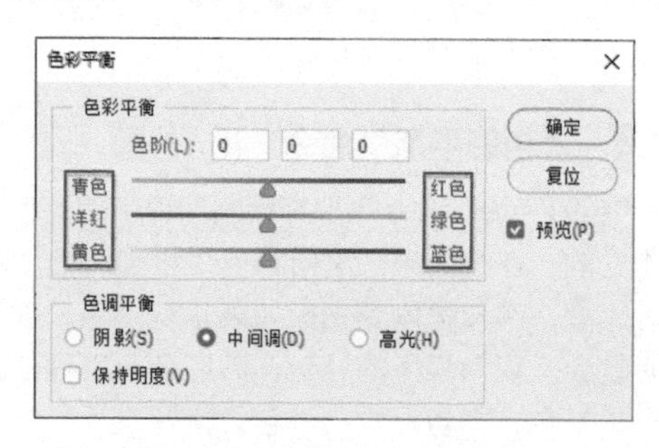

图 5-44

2. 修改图像色调关系

接下来我们通过一组操作来学习使用“色彩平衡”命令对图像色彩进行修改的方法。

（1）打开本书附带文件 \Chapter-05\“家具背景 2.psd”，如图 5-45 所示。在“图层”调板中选择“背景”图层，如图 5-46 所示。

图 5-45

图 5-46

（2）执行“图像”→“调整”→“色彩平衡”命令，打开“色彩平衡”对话框。

（3）将“青色 / 红色”色阶的滑块向“红色”色阶移动，如图 5-47 所示，使图像增加红色减少青色，效果如图 5-48 所示。

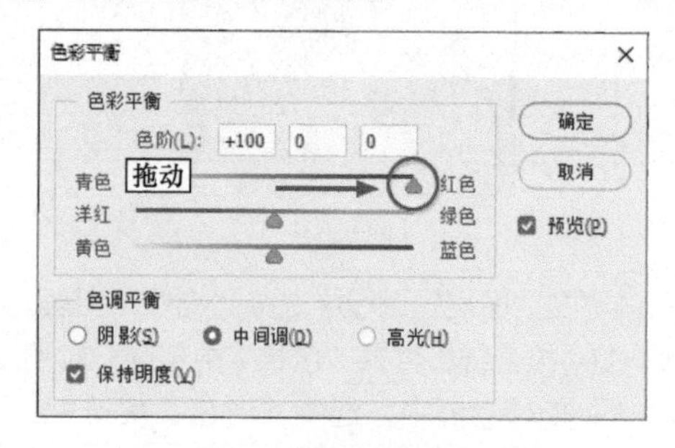

图 5-47

图 5-48

（4）在“色阶”文本框中输入数值，可以精确地设置色彩平衡数值，如图 5-49 所示，调整图像的颜色，效果如图 5-50 所示。

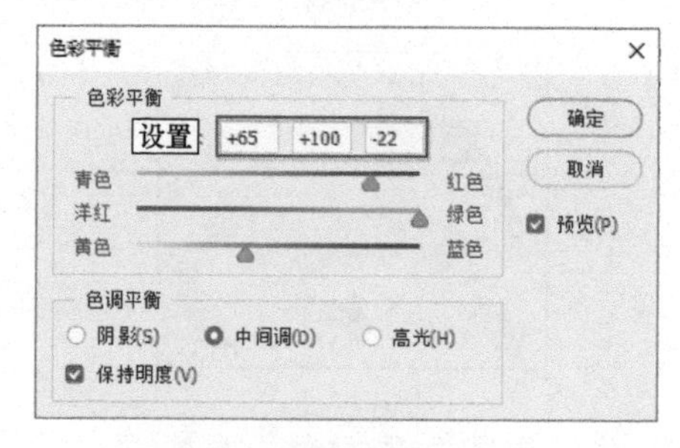

图 5-49

图 5-50

（5）在“色调平衡”选项组中，选择“阴影”选项，并设置“色阶”栏相应的参数，调整图像阴影部分的色调，如图 5-51 所示，效果如图 5-52 所示。

（6）在对话框中选择“高光”选项，在“色阶”栏中输入数值或者拖动滑块，调整图像高光处的色调，如图 5-53 所示，效果如图 5-54 所示。

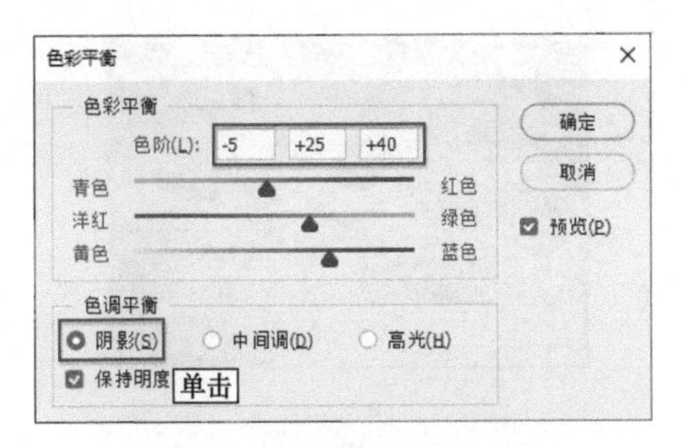

图 5-51

图 5-52

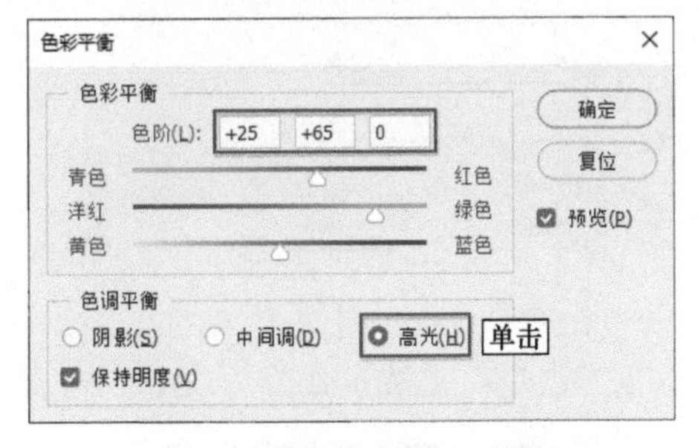

图 5-53

图 5-54

（7）取消选中“色彩平衡”对话框下方的“保持亮度”复选框，图像将不保持原有亮度，图像的亮度会随着操作而更改，如图 5-55 所示，效果如图 5-56 所示。

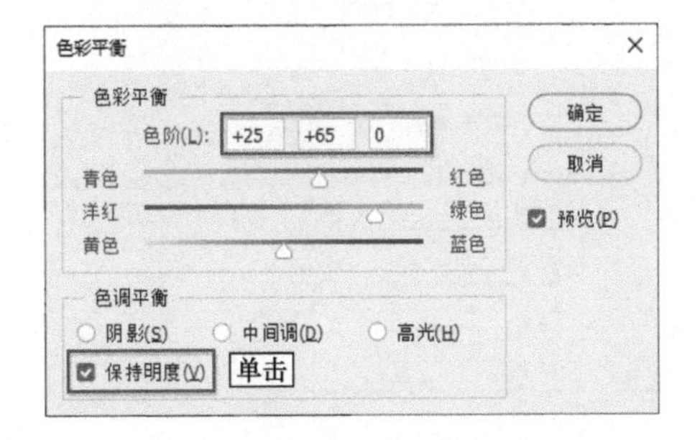

图 5-55

（8）选中“保持明度”复选框，单击“确定”按钮，关闭对话框。

图 5-56

5.2 课时 17：如何设计华丽的图像色调?

Photoshop 中的有些色彩调整命令可以让图像产生特殊的色调变化，如同在摄影过程中，在相机镜头前加装彩色滤镜，此时拍摄出的照片会呈现华丽、特殊的色调效果。

Photoshop 中能够更改图像色调的命令非常丰富，它们的工作特点各不相同，有些命令可以使照片整体色调发生变化，有些命令则可以对图像的局部色调进行更改。在工作中，可以根据具体需要来选择使用不同的命令。下面我们就对这些命令进行学习。

学习指导

本课内容重要性为【必修课】。

本课时的学习时间为 50 ～ 60 分钟。

本课的知识点是掌握图像色调调整的方法。

课前预习

扫描二维码观看教学视频，对本课知识进行预习。

5.2.1 “黑白”命令

“黑白”命令可以快速将一幅彩色、照片转换为黑白照片。虽然这一过程看起来很简单，但实际上“黑白”命令的功能较为强大、复杂。在转换图像色彩的过程中，该命令可以根据图像色彩分布增强或减弱图像的色调关系，还可以将图像以指定色调进行呈现。下面对该命令进行学习。

通过对教学视频的学习，相信大家已经对“黑白”命令有所了解了。接下来通过案例操作对“黑白”命令进行练习。

（1）打开本书附带文件 \Chapter-05\“魔幻风格艺术照片 .psd”，如图 5-57 所示。

图 5-57

（2）执行“图像”→“调整”→“黑白”命令，打开“黑白”对话框，如图 5-58 所示。

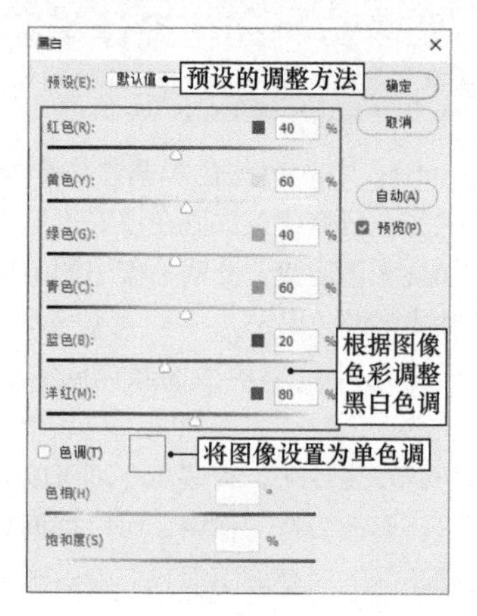

图 5-58

（3）单击“预设”选项的倒三角按钮，在弹出的下拉列表中选择需要的预设效果，如图 5-59 所示。

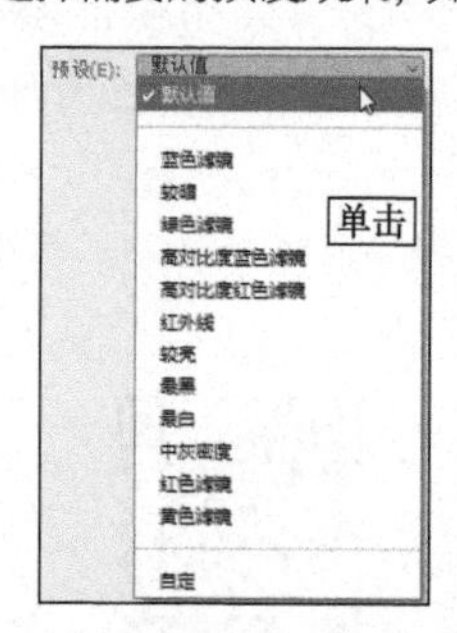

图 5-59

（4）向右拖动“红色”滑块，使红色范围内的图像变亮，如图 5-60 所示。

图 5-60

（5）向左拖动“黄色”滑块，使黄色范围内的图像变暗，如图 5-61 所示。

图 5-61

（6）单击“自动”按钮，系统会自动调整图像的明暗，如图 5-62 所示，效果如图 5-63 所示。

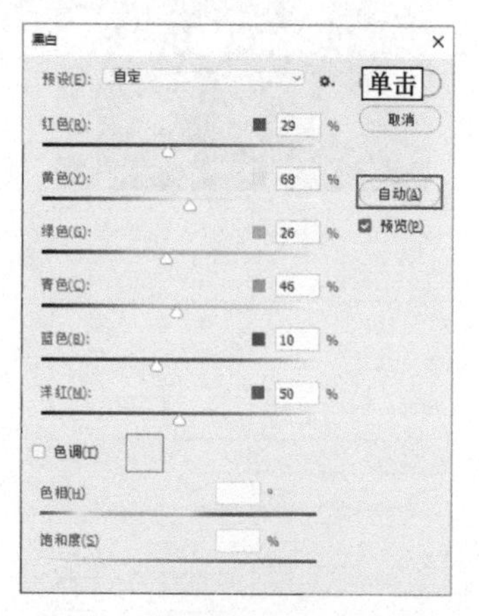

图 5-62

图 5-63

（7）依照以上调整颜色的方法进行设置，如图 5-64 所示，效果如图 5-65 所示。

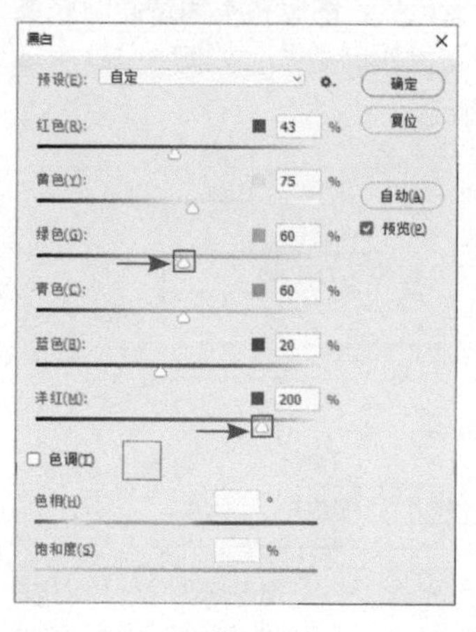

图 5-64

图 5-65

（8）选中“色调”复选框，其设置变为可用状态，当前色块的颜色成为图像的基本色调，如图 5-66 所示，效果如图 5-67 所示。

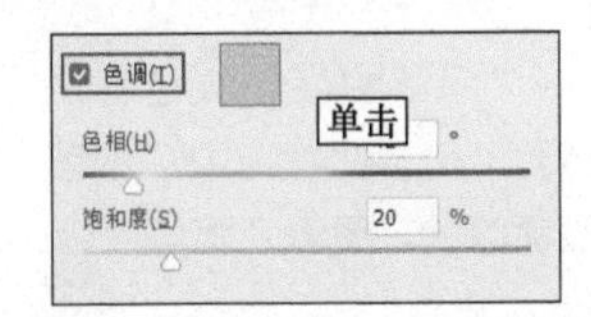

图 5-66

图 5-67

（9）单击色块，打开“拾色器”对话框，设置颜色，设置完毕后关闭对话框，可改变色块的颜色，如图 5-68 所示，效果如图 5-69 所示。

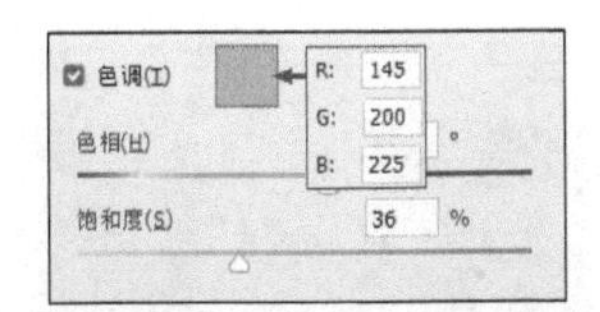

图 5-68

图 5-69

（10）设置“色相”“饱和度”选项参数，精确调整图像的基本色调，如图 5-70 所示。

（11）调整完毕后，单击“确定”按钮关闭对话框，效果如图 5-71 所示。

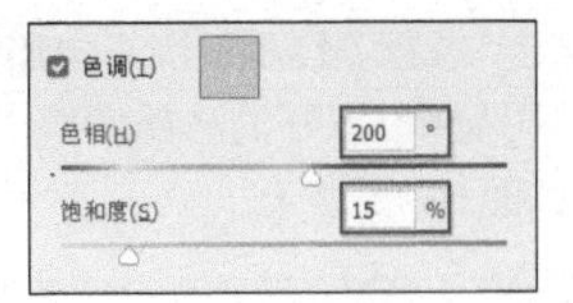

图 5-70

图 5-71

5.2.2 “照片滤镜”命令

“照片滤镜”命令可以模拟在相机镜头前面安装彩色滤镜的视觉效果，执行该命令可以调整图像的色彩平衡和色温，使图像呈现更准确的曝光效果。

课前预习

扫描二维码观看教学视频，对本课知识进行预习。

（1）打开本书附带文件 \Chapter-05\“金色盾牌 .psd”，如图 5-72 所示。

图 5-72

（2）执行“图像”→“调整”→“照片滤镜”命令，打开“照片滤镜”对话框，如图 5-73 所示。

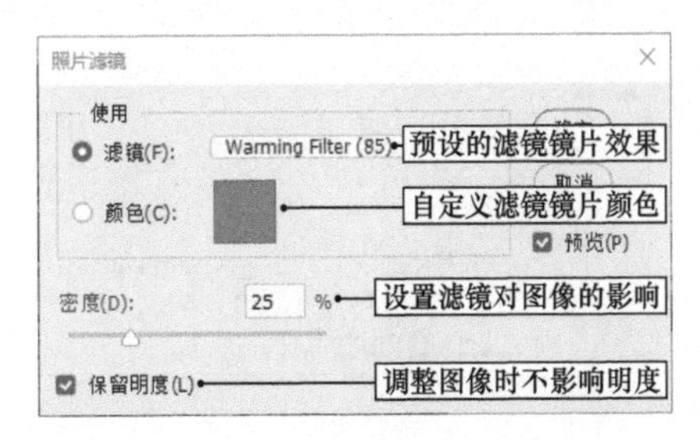

图 5-73

（3）单击“滤镜”选项的倒三角按钮，在弹出的下拉列表中选择设置好的滤镜效果，如图5-74所示，效果如图5-75所示。

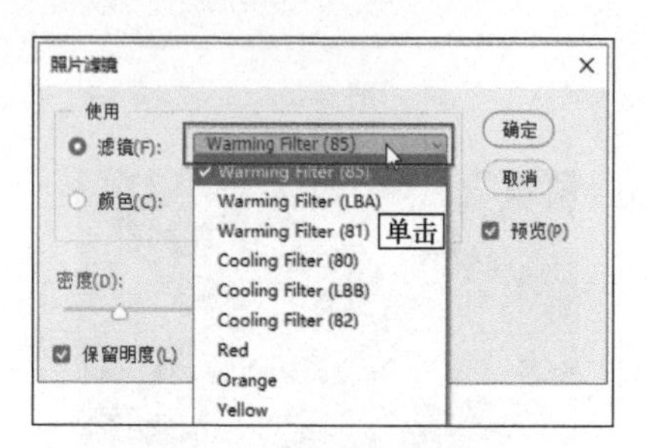

图5-74

图5-75

（4）单击“颜色”选项的颜色块，打开“拾色器”对话框，设置颜色，调整图像的色调，如图5-76所示，效果如图5-77所示。

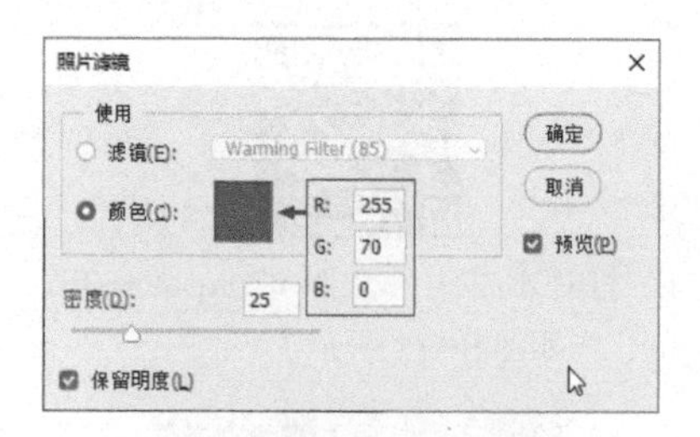

图5-76

图5-77

（5）向右拖动“密度”选项的滑块，使应用在图像上的颜色加深，如图5-78所示，效果如图5-79所示。

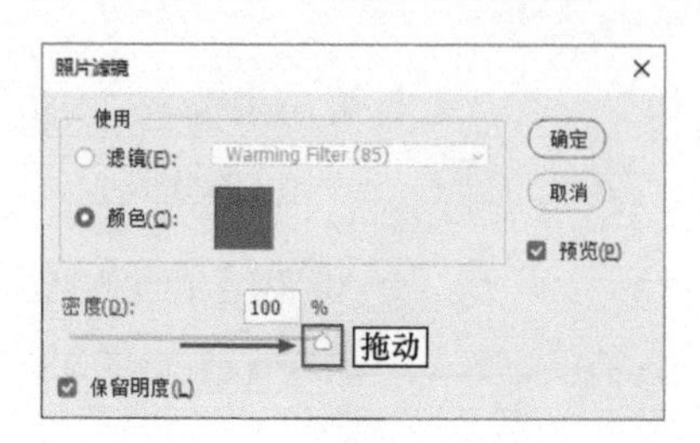

图5-78

图5-79

提示

当选择“颜色”选项时，“滤镜”选项右侧的倒三角按钮为不可使用状态。如果需要使用预设滤镜，应选择“滤镜”选项。

（6）选中“保留明度”复选框后，图像中的亮度不会受到影响，取消选中“保留明度”复选框后，添加颜色滤镜，图像会整体变暗，如图5-80所示。

图5-80

（7）选中“保留明度”复选框，并关闭对话框。至此，本实例已经制作完毕，效果如图5-81所示。读者可以打开本书附带文件\Chapter-05\“照片滤镜命令.psd”进行查看。

图5-81

5.2.3 “通道混合器”命令

“通道混合器”命令可以利用图像的色彩通道对图像的色调进行调整。图像的色彩通道记录了颜色的分布情况，例如如果图像偏蓝色，那么可以使用“通道混合器”命令，将蓝色通道对图像的影响降低。下面来学习该命令的使用方法。

课前预习

扫描二维码观看教学视频，对本课知识进行预习。

1. 校正图像偏色

执行“通道混合器”命令可以对偏色图像进行调整，对图像中缺失或过量的颜色进行校正。

（1）打开本书附带文件 \Chapter-05\“科幻插画 .psd”，如图 5-82 所示。在“图层”调板中确认“禅”图层为可编辑状态。

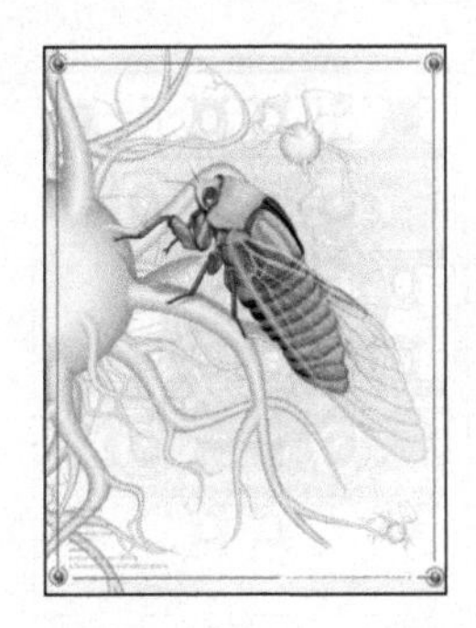

图 5-82

（2）在“通道”调板中观察禅图像部分的颜色信息，会发现其蓝色通道几乎没有颜色信息，导致图像色调偏黄绿色，如图 5-83 所示。

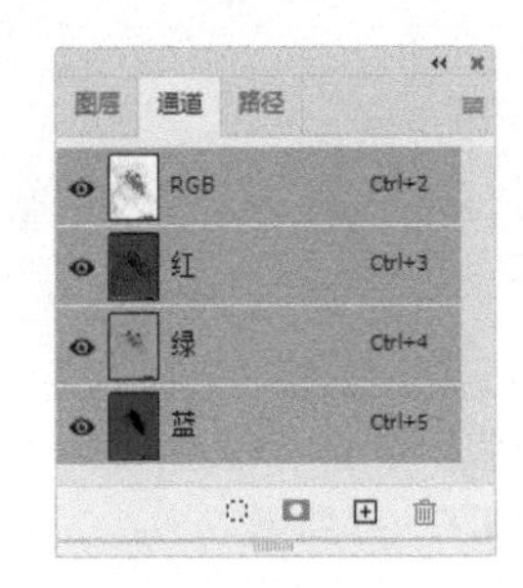

图 5-83

（3）执行“图像”→“调整”→“通道混合器”命令，打开“通道混合器”对话框，因为图像偏黄绿色，所以首先选择“绿”通道，如图 5-84 所示。

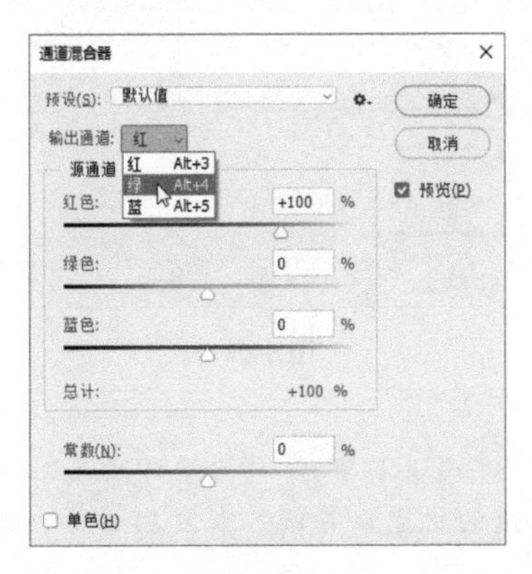

图 5-84

> **提示**
>
> 当图像的颜色模式为 CMYK 模式时，“通道混和器”对话框中的“输出通道”下拉列表中将显示相应的“青色”“洋红”“黄色”“黑色”4 个通道选项。除了 CMYK 模式和 RGB 模式的图像以外，其他颜色模式的图像都无法应用“通道混合器”命令。

（4）将“绿色”滑块向左拖动，降低图像中的绿色信息。调整后图像中的黄色信息增加，画面略微偏红，如图 5-85 所示，效果如图 5-86 所示。

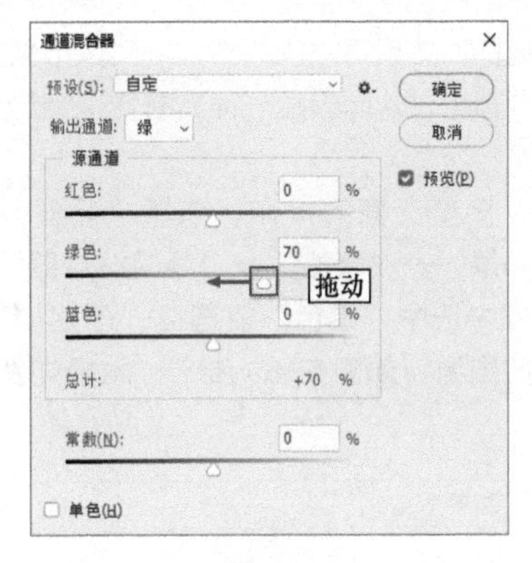

图 5-85

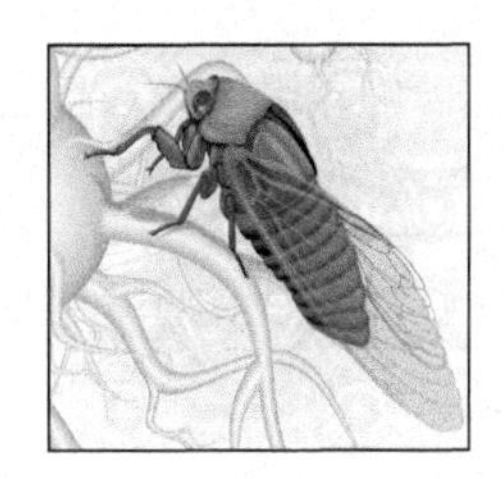

图 5-86

（5）拖动“红色”滑块，降低图像中的红色。再移动“蓝色”滑块，将禅的翅膀调整为淡蓝色，如图 5-87 所示，设置完毕后单击“确定”按钮，关闭对话框，效果如图 5-88 所示。

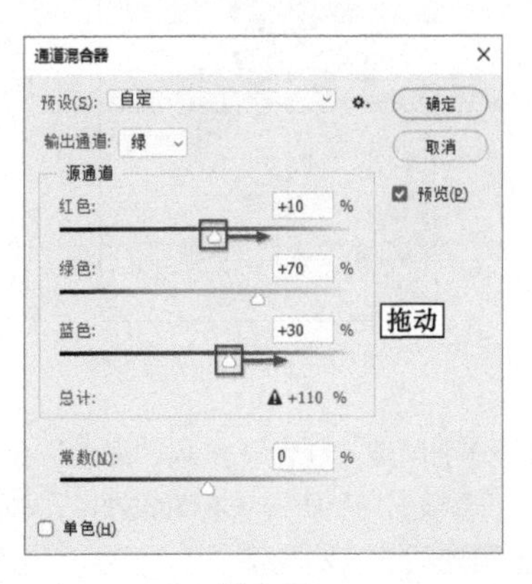

图 5-87

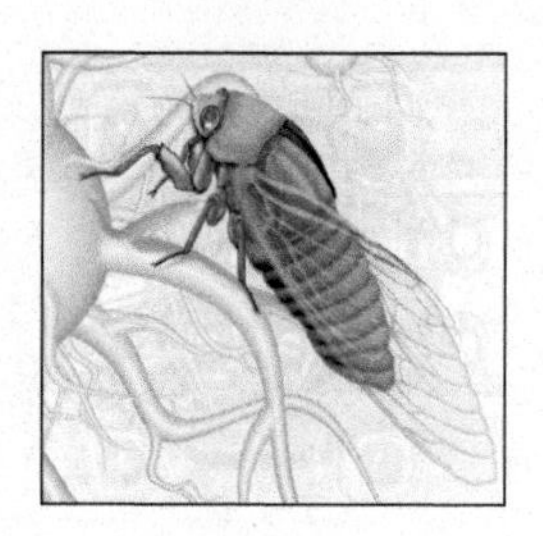

图 5-88

2. 创建单色画面效果

在“通道混合器”对话框中选中“单色”复选框后，可以将相同的设置应用于“灰色”输出通道，从而创建出只包含灰色值的图像。如果先选中“单色”复选框，然后再取消选中，则可以单独修改每个通道的颜色，从而创建一种具有特殊手绘艺术效果的画面。

（1）接着上面的操作。选择“背景”图层，执行“图像”→“调整”→“通道混合器”命令，在对话框中选中“单色”复选框，创建出只包含灰色值的图像，如图 5-89 所示，效果如图 5-90 所示。

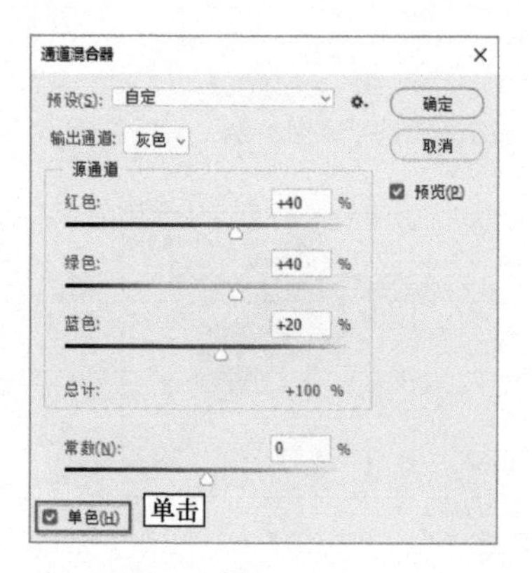

图 5-89

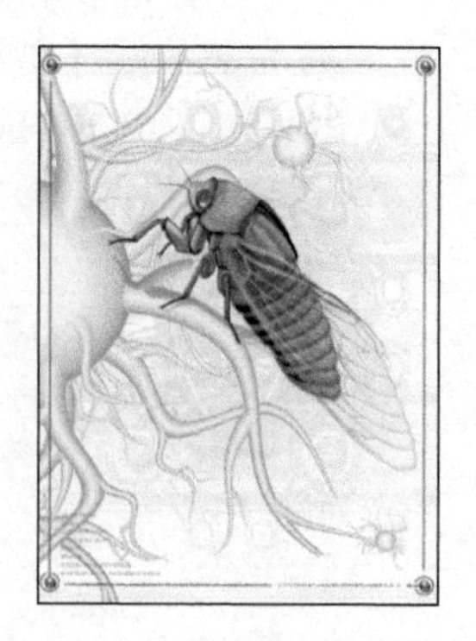

图 5-90

（2）分别调整“红色”参数、“绿色”参数、“蓝色”参数，调整出高品质的灰度图像效果，如图 5-91 所示，效果如图 5-92 所示。

（3）取消选中“单色”复选框，此时图像会将全部颜色去除。

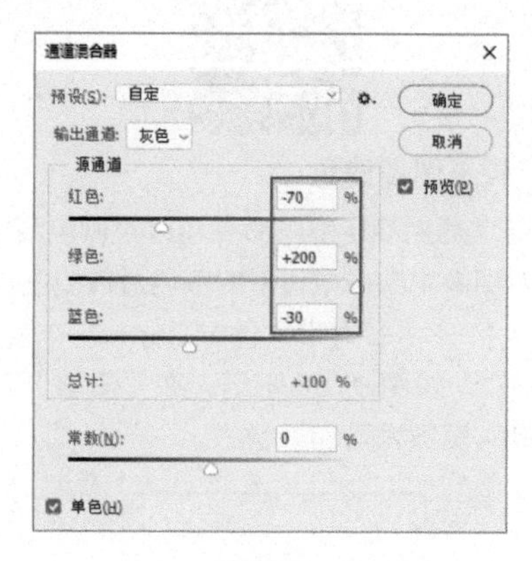

图 5-91

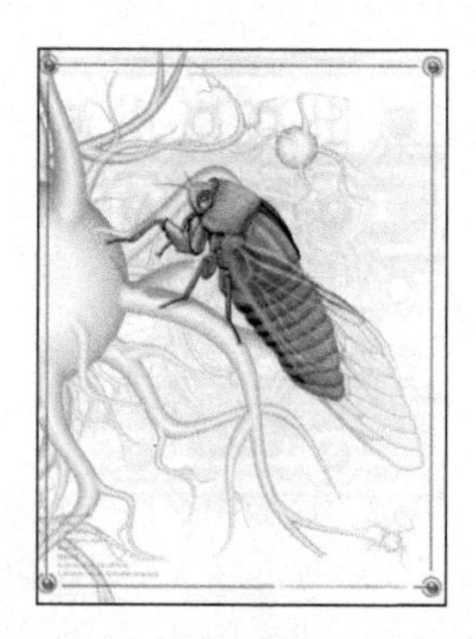

图 5-92

提示

在取消选中“单色”复选框后，如果希望画面恢复色彩，可以复位“通道混合器”对话框，将图像恢复至未进行调整的彩色状态。

（4）在对话框中选择“蓝”通道，并设置各个颜色滑块，创建出淡蓝色调的图像效果，如图 5-93 所示，效果如图 5-94 所示。

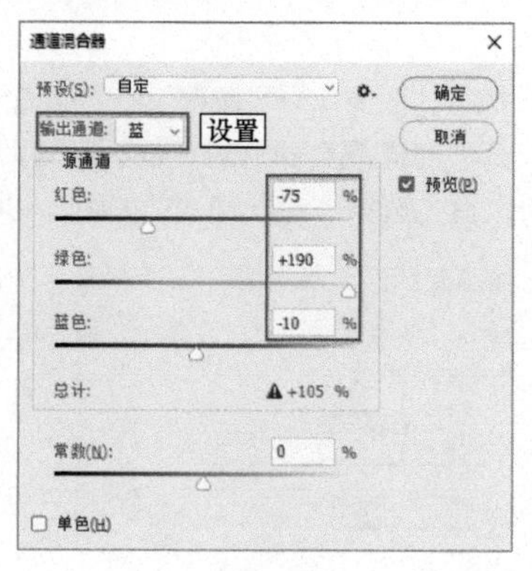

图 5-93

提示

执行“通道混合器”命令会涉及通道的知识。关于通道的讲述请查阅本书第 11 章的内容进行学习。

（5）设置完毕后关闭对话框，完成本实例的制作。读者可以打开本书附带文件 \Chapter-05\“通道混合器 .psd”进行查看。

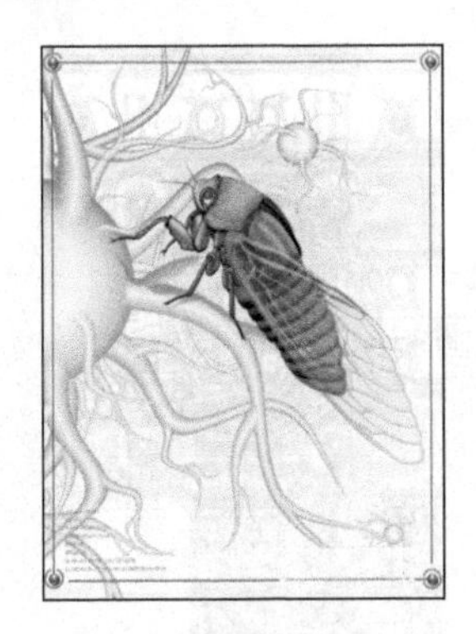

图 5-94

5.2.4 “颜色查找”命令

“颜色查找”命令的使用方法非常简单，该命令可以快速地将一组设定好的色调关系套用到当前图像中，而这组设定好的色调输出方式，就是 3DLUT 文件记录的颜色表。

LUT 是英文 Look Up Table 的缩写，字面翻译是“查找表”。3DLUT 技术产生于在不同设备间导入或导出视频文件时，还原图像色彩的颜色适配表。使用 3DLUT 文件中记录的颜色适配方式，图像的颜色会更鲜亮或者更加真实。

执行 Photoshop 的“颜色查找”命令时，可以使用 3DLUT 文件中记录的颜色适配方式，使当前图像呈现特殊的色调变化。

课前预习

扫描二维码观看教学视频，对本课知识进行预习。

5.2.5 “匹配颜色”命令

“匹配颜色”命令可以将当前编辑图像的色调，与另一幅目标图像的色调进行匹配。这种方法简洁有效，但是因为颜色修改的过程过于直接，可能会使得到的图像产生严重的颜色失真问题。另外，要注意该命令仅适用于 RGB 模式。虽然该命令有诸多的限制，但依然是非常有力的色彩调整命令，下面具体学习该命令的使用方法。

课前预习

扫描二维码观看教学视频，对本课知识进行预习。

通过对教学视频的学习，相信大家已经掌握了“匹配颜色”命令的使用方法，接下来通过一组案例来对该命令进行实际操作。

（1）打开本书附带文件 \Chapter-05\“人物背景 .psd”“丝绸 .jpg”，如图 5-95 所示。

图 5-95

（2）选择“人物背景 .psd”文件，在“图层”调板中选择“水面”图层。

（3）执行“图像”→“调整”→“匹配颜色”命令，打开“匹配颜色”对话框，如图 5-96 所示。

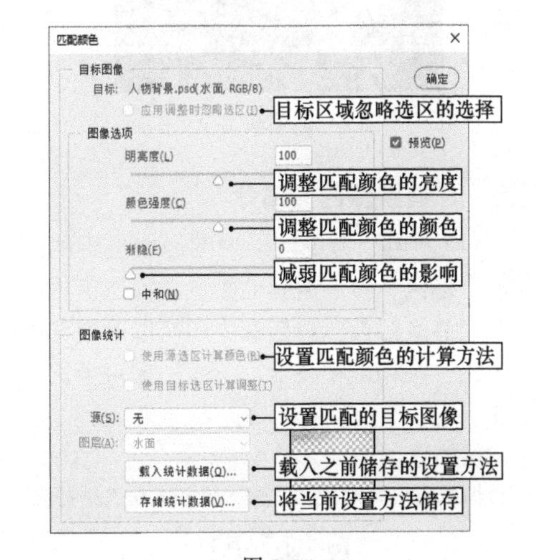

图 5-96

（4）单击“源”选项的倒三角按钮，在弹出的下拉列表中选择“丝绸 .jpg”选项，这时“图层”选项可用，使“水面”图像和“丝绸”图像匹配，如图 5-97 所示。

图 5-97

（5）参照图 5-98 设置“图像选项”选项组中的选项，对图像进行调整。

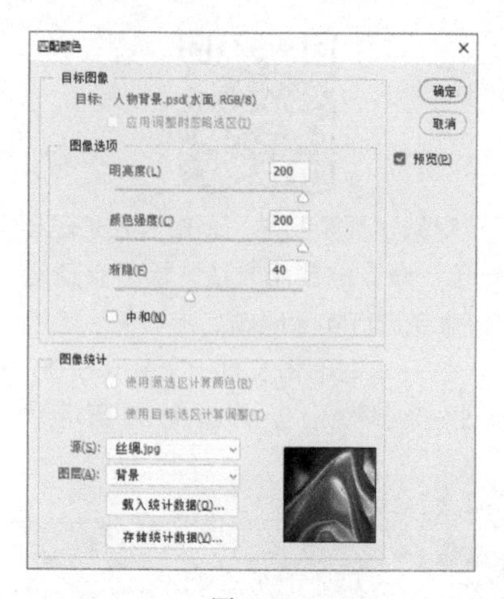

图 5-98

（6）设置完毕后，单击“确定”按钮关闭对话框，完成本实例的制作，效果如图 5-99 所示。读者可以打开本书附带文件 \Chapter-05\“视觉艺术中心海报 .psd”进行查看。

图 5-99

5.2.6 “替换颜色”命令

“替换颜色”命令可以为图像中选定的颜色创建一个选区，然后用其他颜色替换选区内的颜色，在“替换颜色”对话框中还可以改变选中颜色的色相、饱和度和亮度。下面一起来学习使用该命令。

课前预习

扫描二维码观看教学视频，对本课知识进行预习。

通过对教学视频进行学习，相信大家已经掌握了“替换颜色”命令的使用方法，下面利用该命令制作一幅海报，以对该命令进行实际演练。

（1）打开本书附带文件 \Chapter-05\“天然雪场广告 .psd”，如图 5-100 所示。在“图层”调板中确认“天空”图层为可编辑状态。

（2）执行“图像”→“调整”→“替换颜色”命令，打开“替换颜色”对话框，如图 5-101 所示。

图 5-100

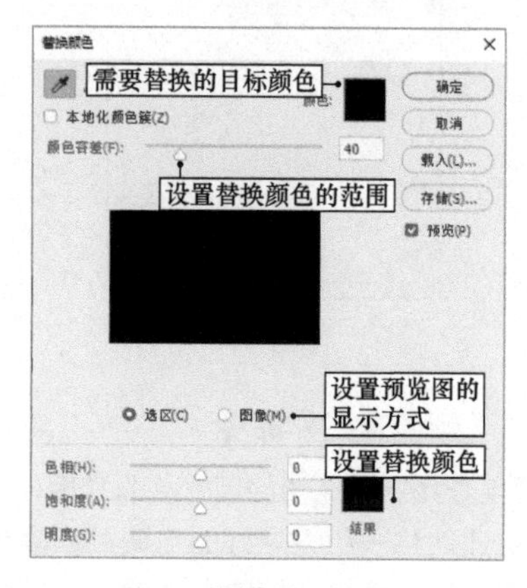

图 5-101

提示

打开“替换颜色”对话框后，对话框中的颜色为当前前景色颜色，“颜色容差”值为最后一次使用时设置的参数。

（3）选择“吸管”工具在图 5-102 所示的图像位置单击，选择要替换颜色的区域。在预览框中，白色区域为选区范围，即要替换颜色的区域，如图 5-103 所示。

图 5-102

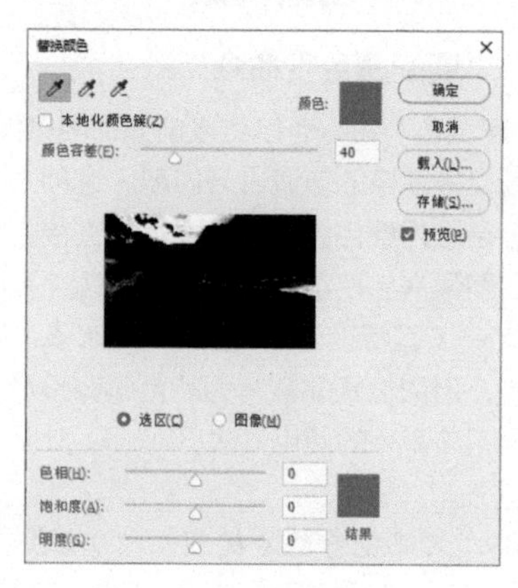

图 5-103

（4）调整“颜色容差”选项的数值大小，容差值越小，选择的区域越小，反之，则选择的选区越大，如图 5-104 所示。

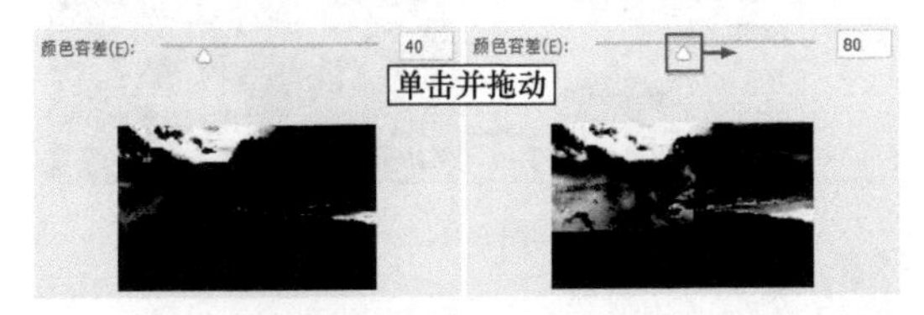

图 5-104

（5）在“替换颜色”对话框中设置参数，可以看到选择的颜色被替换为新的颜色，如图 5-105 所示。

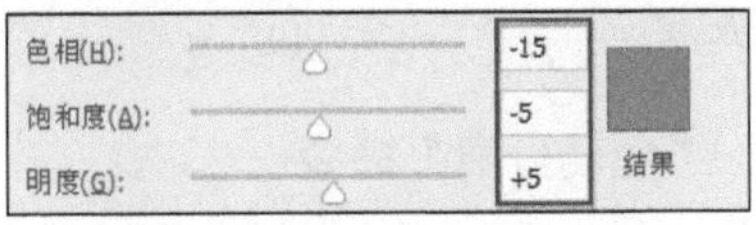

图 5-105

（6）也可以单击“结果”颜色图标，打开“拾色器”对话框，直接设置所需颜色。当颜色改变时，左侧的参数会根据新的颜色产生改变，如图 5-106 所示。

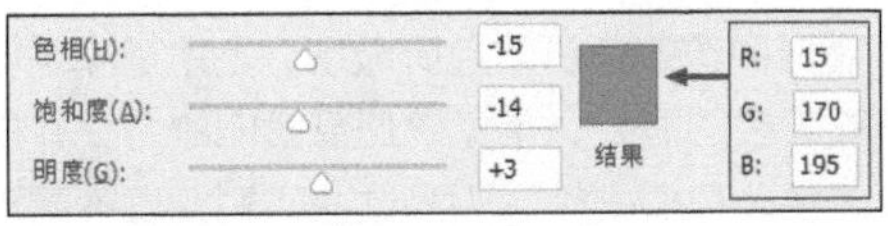

图 5-106

（7）选择“添加到取样”工具，在天空中颜色较深的区域单击，将其添加到替换颜色的范围中，如图 5-107 和图 5-108 所示。

图 5-107

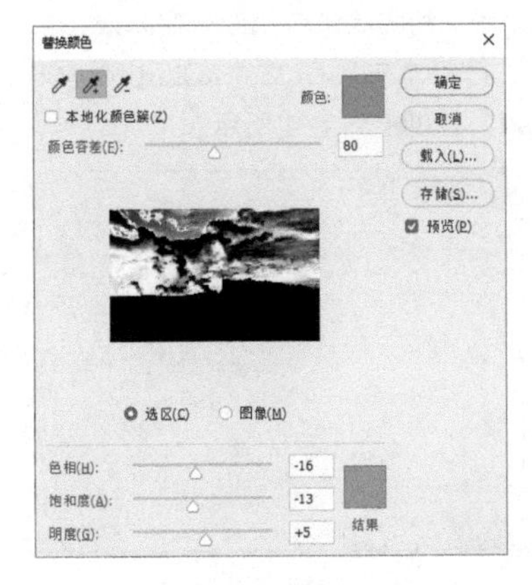

图 5-108

（8）设置完毕后关闭对话框，为图像调整色调，至此本实例已经制作完毕，如图 5-109 所示。读者可以打开本书附带文件 \Chapter-05\“替换颜色命令.psd”进行查看。

图 5-109

5.2.7 “色调均化”命令

使用“色调均化”命令可以重新分布图像中像素的亮度值，使它们更均匀地呈现所有范围的亮度。该命令会将图像中的最亮值映射为白色，最暗值映射为黑色，然后在整个灰度区域中均匀分布中间像素值。

课前预习

扫描二维码观看教学视频，对本课知识进行预习。

在学习了教学视频后，来具体操作该命令。

（1）打开本书附带文件 \Chapter-05\“卡通画宣传页.jpg”。

（2）执行“图像”→“调整”→“色调均化”命令，调整图像，如图 5-110 所示。

图 5-110

（3）查看“直方图”调板，可以发现直方图几乎呈直线状态，如图 5-111 所示。

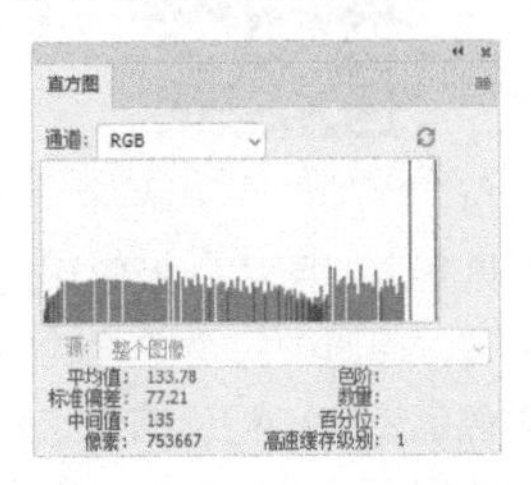

图 5-111

提示

如果在视图中有选区的情况下使用“色调均化”命令，打开“色调均化”对话框，如图5-112所示。可以在对话框中选择需要色调均化的区域。

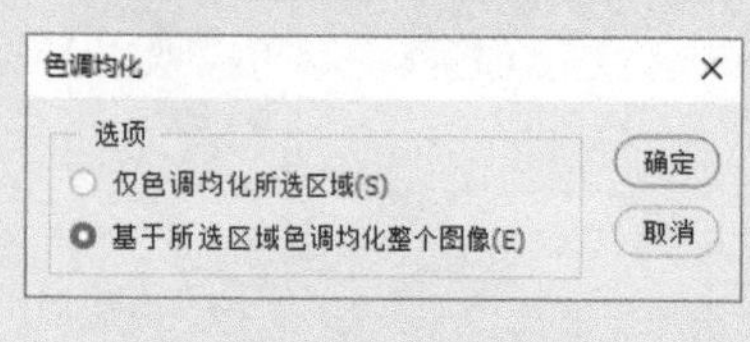

图 5-112

5.3　课时 18：如何调整特殊印刷物的色彩？

Photoshop 中除了有对图像色调进行修改的命令外，还有一些看起来非常特殊的色彩调整命令，例如“色调分离”命令可以将图像转换为粗糙的色块图像，“阈值”命令则可以让图像呈斑驳的黑白图像。这些命令所产生的效果往往使初学者感到困惑。其实这些色彩调整命令是服务于特殊印刷工艺的，在工作中也是非常重要的命令。下面就来详细学习这些命令。

学习指导

本课内容重要性为【必修课】。

本课时的学习时间为 50 ～ 60 分钟。

本课的知识点是掌握调整图像色调的方法。

5.3.1　“反相”命令

“反相”命令可以将图像的色调进行反转，将黑色变为白色、亮色变为暗色等，如果是彩色图像，那将会按照色彩补色理论对图像的色调进行反转，将红色变为绿色，蓝色变为橙色的。将图像的色调进行反转可以制作出负片效果，将反转后的图像打印在透明胶片上，就可以制作出幻灯片。另外，“反相”命令还多用于视觉特效的制作。

课前预习

扫描二维码观看教学视频，对本课知识进行预习。

对图像执行“图像”→“调整”→“反相”命令，可以获得具有类似照片底版效果的图像。在对图像进行反相时，通道中每个像素的亮度值都会转换为 256 级颜色值刻度上相反的值，例如值为 255 的正片图像中的像素转换为 0，值为 5 的像素转换为 250，如图 5-113 所示。

图 5-113

技巧

按<Ctrl+I>组合键可以快速执行“反相”命令。利用我们前面学到的“色阶”命令，将“输出色阶”参数框下的黑白滑块位置反转，也可以将图像反相。

5.3.2　“色调分离”命令

一幅正常 RGB 图像的颜色色阶级别为 256 级，“色调分离”命令可以按照输入的数字重新定义图像的色调级别，如设置图像的色调级别为 2，那么图像的色彩会只有有色和无色两个级别。降低图像的色彩的色阶级别后，画面会产生非常斑驳的粗糙感。

降低图像的色彩的色阶级别，是为了满足低品质印刷工艺的需要，常见的低品质印刷方式有铁皮印刷、包装箱印刷等。因为这些印刷介质不同于纸张，不可能用细腻的印刷网纹印刷，所以只能通过减低图像的色彩级别来满足印刷要求。下面来详细学习“色调分离”命令的使用方法。

课前预习

扫描二维码观看教学视频，对本课知识进行预习。

在学习了教学视频后，应该了解了“色调分离”命令，接下来利用该命令制作一幅海报。

（1）打开本书附带文件 \Chapter-05\“漫画背景 .psd”，如图 5-114 所示。

图 5-114

（2）执行“图像”→“调整”→“色调分离”命令，打开“色调分离”对话框，参照图 5-115 在“色阶”文本框内输入需要分离的色阶数目，预览图像效果，如图 5-116 所示。

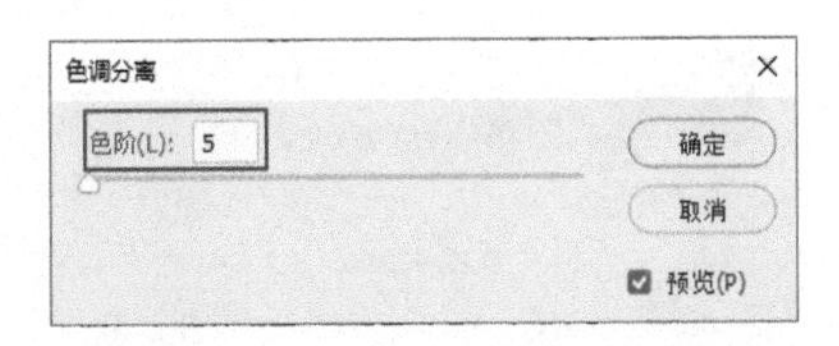

图 5-115

图 5-116

（3）调整“色阶”文本框中色阶数目的大小，如图 5-117 所示，设置完毕后关闭对话框，效果如图 5-118 所示。

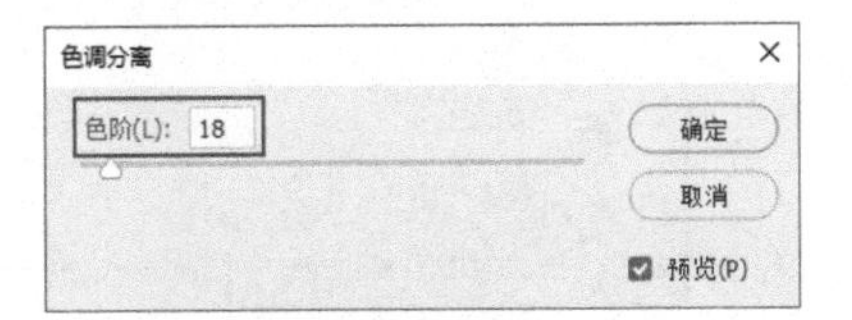

图 5-117

图 5-118

5.3.3 “阈值”命令

“阈值”命令可以将图像转变为类似剪纸画一样的黑白图像，其目的也是满足特殊印刷工艺的需要。这种黑白图像常用于超市的热敏打印机、针式打印机打印等，在这种特殊的印刷方式下，图像只能呈现出有色或无色的纹理。

课前预习

扫描二维码观看教学视频，对本课知识进行预习。

“阈值”命令的操作非常简单，相信大家学习了教学视频后一定可以掌握该命令。在接下来的操作中，我们将利用该命令制作一些常见的视觉特效。

（1）在“漫画背景.psd”文件中进行操作，如果你已经将其关闭了，请在配套文件中打开。在“图层”调板中选择“阈值 50”图层，并将其显示，如图 5-119 所示，效果如图 5-120 所示。

图 5-119

图 5-120

（2）执行“图像”→“调整”→“阈值”命令，打开“阈值”对话框，如图 5-121 所示。

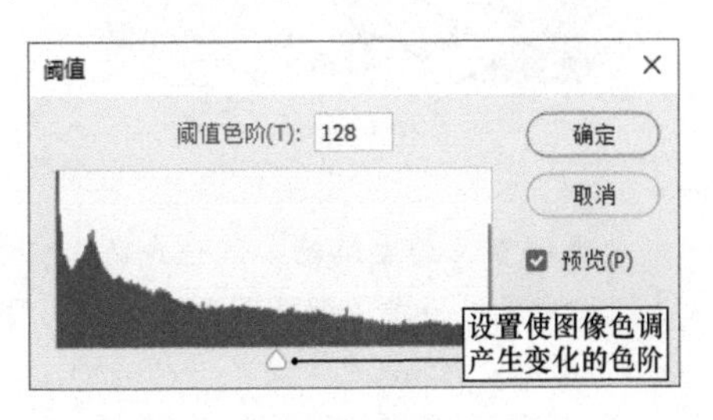

图 5-121

（3）参照图 5-122 设置“阈值”对话框，图像中所有比设定的阈值亮的像素被转换为白色，而比阈值暗的像素则被转换为黑色。设置完毕后关闭对话框，效果如图 5-123 所示。

（4）在“图层”调板中选择并显示“阈值 85”图层，再执行“图像”→“调整”→“阈值”命令。

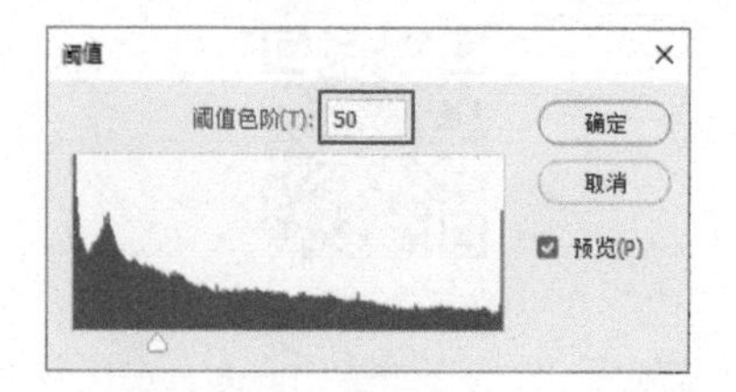

图 5-122

图 5-123

（5）在“阈值色阶”文本框中输入数值，如图 5-124 所示，图像中所有比新阈值亮的像素被转换为白色，而比阈值暗的像素则被转换为黑色，效果如图 5-125 所示。设置完毕后关闭对话框。

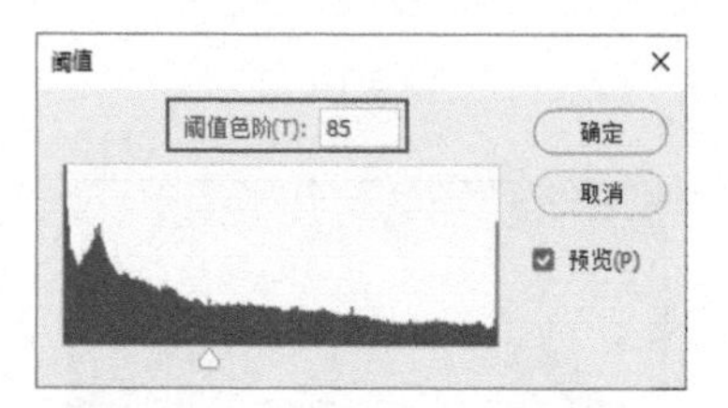

图 5-124

图 5-125

提示

当滑块调整至最左端时，阈值色阶为255，图像变成纯白色；当滑块调整至最右端时，阈值色阶为1，图像变成纯黑色。

（6）依照以上方法，选择并显示“阈值 160”图层并将其显示,再执行“图像”→“调整”→“阈值”命令，设置“阈值”对话框的参数，如图 5-126 所示，效果如图 5-127 所示。

（7）按住 <Ctrl> 键，依次在“图层”调板中单击“阈值 50”“阈值 85”和“阈值 160”图层，将其同时选择，然后设置这些图层的“不透明度”为 20%，如图 5-128 所示。

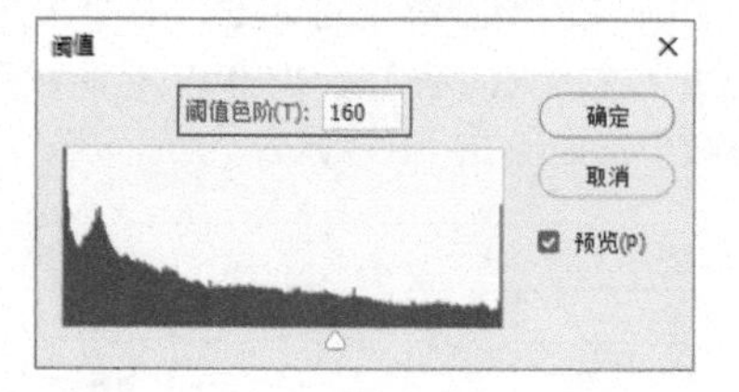

图 5-126

图 5-127

图 5-128

（8）至此完成实例的制作，如图 5-129 所示。读者可以打开本书附带文件 \Chapter-05\“漫画海报 .psd”进行查看。

图 5-129

5.3.4 “渐变映射”命令

“渐变映射”命令可以对画面的色彩重新进行着色，整个着色的过程可以分为两个步骤，第一步是将图像转变为黑白色调；第二步是根据图像明暗色调色阶关系，与渐变色带的颜色进行对应，完成整个图像的着色过程。“渐变映射”命令非常适合对双色调印刷图像进行处理。

课前预习

扫描二维码观看教学视频，对本课知识进行预习。

在学习了教学视频后，接下来我们通过具体操作对“渐变映射”命令进行演练。

（1）打开本书附带文件 \Chapter-05\“树林 .psd”，执行“图像”→“调整”→“渐变映射”命令，打开“渐变映射”对话框，如图 5-130 所示。

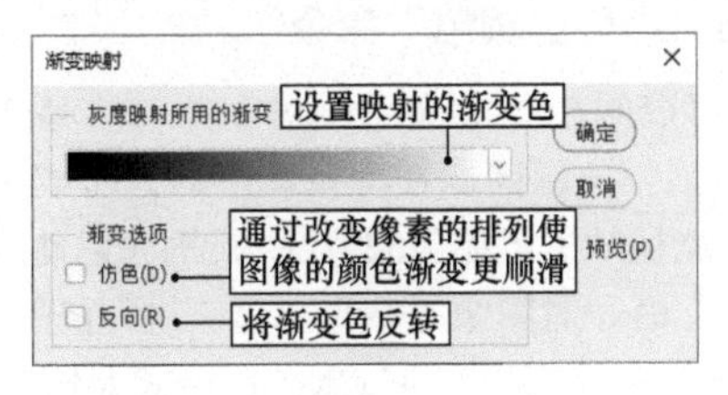

图 5-130

（2）单击渐变条右侧的倒三角按钮，在弹出的“渐变”拾色器中选择渐变样式，如图 5-131 所示，预览图像，效果如图 5-132 所示。

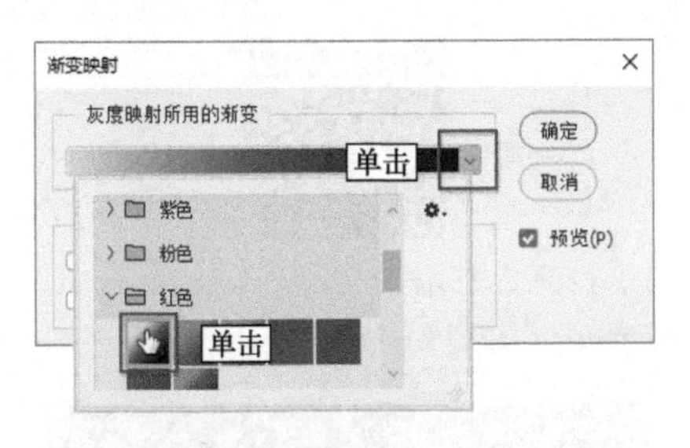

图 5-131

图 5-132

（3）选中“反向”复选框，如图 5-133 所示，切换渐变填充的方向以反向渐变映射，效果如图 5-134 所示。

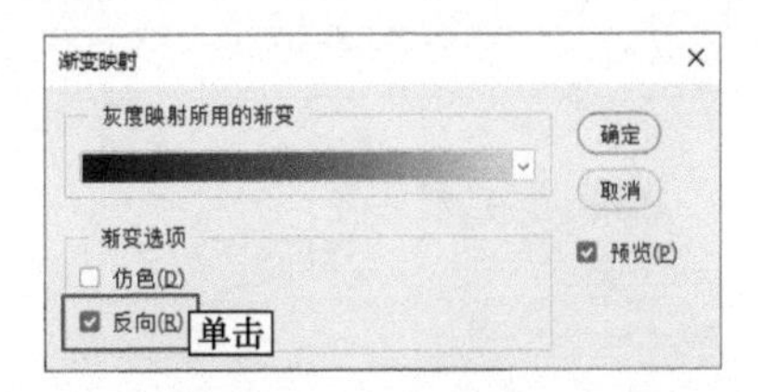

图 5-133

图 5-134

（4）单击渐变条，可以打开“渐变编辑器”对话框，在对话框内对渐变条的颜色进行设置，如图 5-135 所示。本书的第 7 章将详细介绍“渐变编辑器”的设置方法。

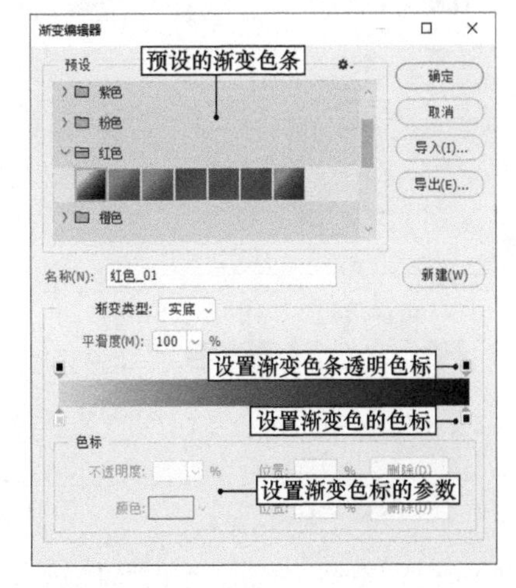

图 5-135

（5）单击渐变条最左侧的色标将其选中，在对话框底部的“色标”选项组中设置色标的颜色，如图 5-136 所示。

（6）单击渐变条中间的色标将其选中，颜色设置为白色，并对色标位置进行设置，如图 5-137 所示。

（7）色标设置完毕后，单击“确定”按钮关闭“渐变编辑器”对话框，完成渐变条的设置。此时“渐变映射”对话框中的渐变条如图 5-138 所示。

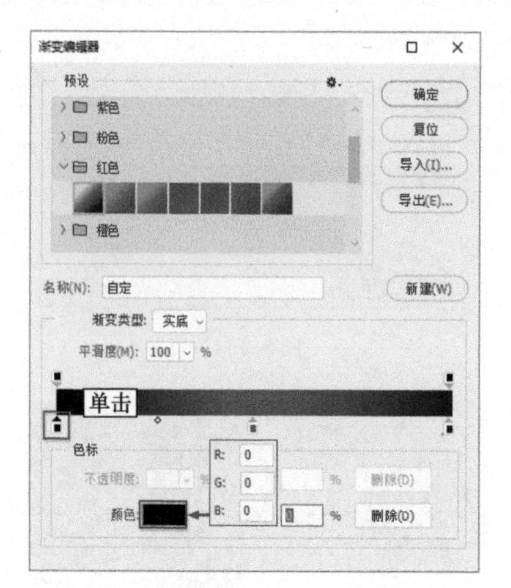

图 5-136

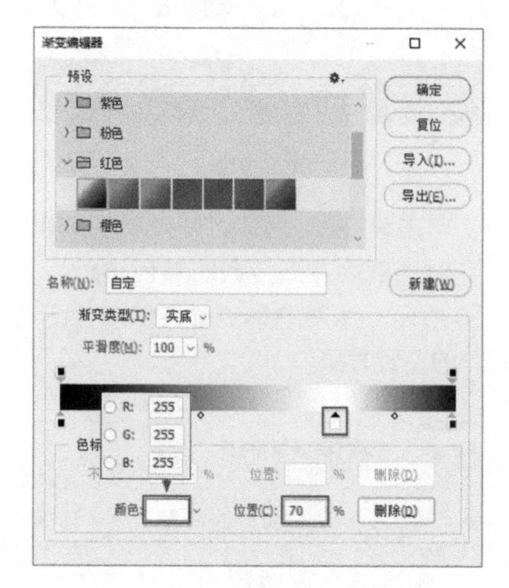

图 5-137

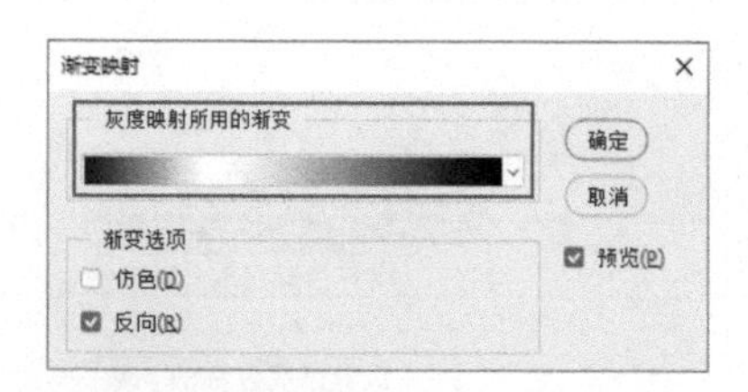

图 5-138

（8）单击“确定”按钮，关闭“渐变映射”对话框，执行“渐变映射”命令，效果如图 5-139 所示。

图 5-139

（9）在“图层”调板中将隐藏的图层显示，完成实例的制作，如图 5-140 所示。读者可以打开本书附带文件 \Chapter-05\“古典文学网页.psd”进行查看。

图 5-140

5.3.5 “可选颜色”命令

“可选颜色”命令可以对图像的油墨色进行补偿增强。一幅图像在准备印刷时，可能会出现某个印刷色缺失或偏色的情况，此时可以使用“可选颜色”命令对图像的油墨色重新进行修改。“可选颜色”命令可以根据 CMYK 模式对图像进行调整。

课前预习

扫描二维码观看教学视频，对本课知识进行预习。

（1）打开本书附带文件 \Chapter-05\“文物展海报.jpg”，如图 5-141 所示。

图 5-141

（2）执行“图像”→“调整”→“可选颜色”命令，打开“可选颜色”对话框，如图 5-142 所示。

（3）单击“颜色”选项的倒三角按钮，在弹出的下拉列表中选择“黄色”选项。

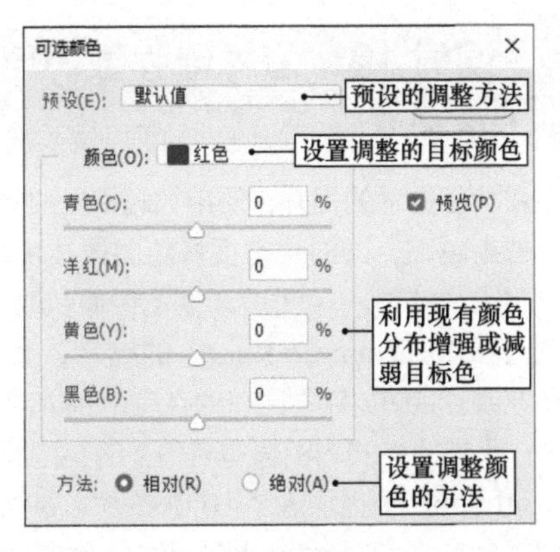

图 5-142

（4）向右拖动“洋红”滑块，使图像黄色区域中的洋红色增加，如图 5-143 所示，效果如图 5-144 所示。

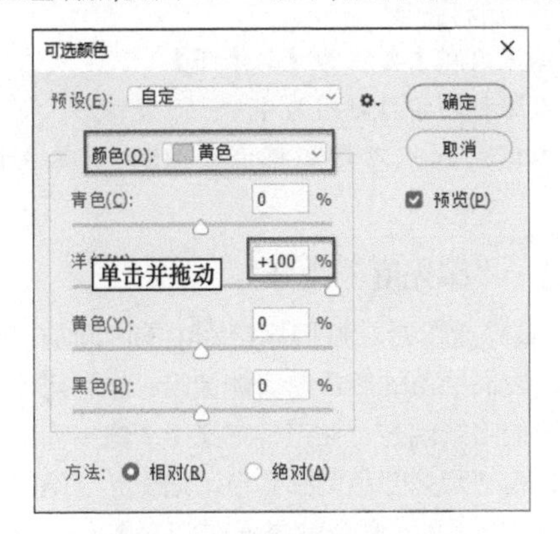

图 5-143

图 5-144

（5）参照以上方法对其他选项参数进行设置，如图 5-145 所示，效果如图 5-146 所示。

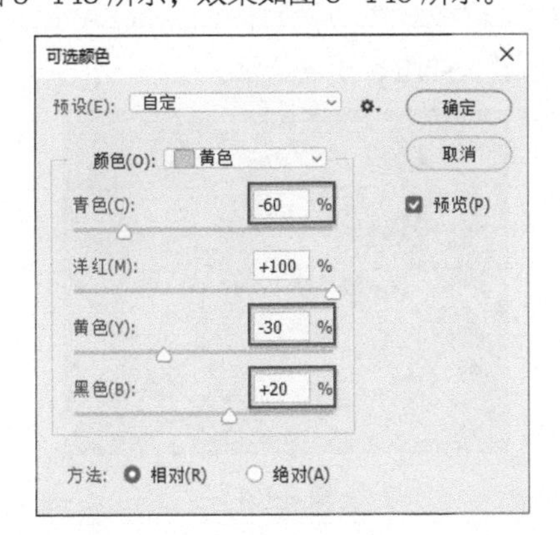

图 5-145

图 5-146

（6）“绝对”选项的效果要比“相对”选项的效果更明显。在“颜色”选项中选择“绿色”选项，参照图 5-147 设置对话框的参数，对图像进行调整，效果如图 5-148 所示。

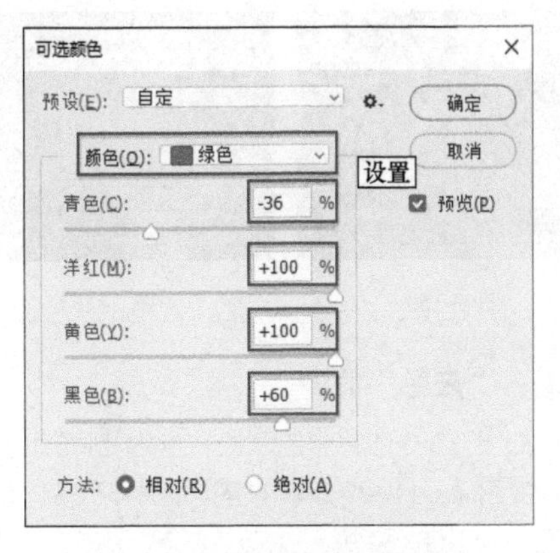

图 5-147

图 5-148

提示

调整“相对”选项会按照总量的百分比更改现有的青色、洋红、黄色或黑色的量。例如，给 50% 的洋红像素开始添加 10%，则实际是另将 5%（50%×10%=5%）的像素变为洋红，结果为 55% 的洋红像素。调整“绝对”选项，则按绝对值调整颜色。例如，给 50% 的洋红像素添加 10%，洋红像素会设置为 60%。

（7）选中“绝对”复选框，设置图像的效果，如图 5-149 所示，效果如图 5-150 所示。

（8）选中“相对”复选框，然后单击“确定”按钮关闭对话框，将图像调整为金碧辉煌的效果，完成实例的制作，如图 5-151 所示。读者可以打开本书附带文件 \Chapter-05\“可选颜色命令.psd”进行查看。

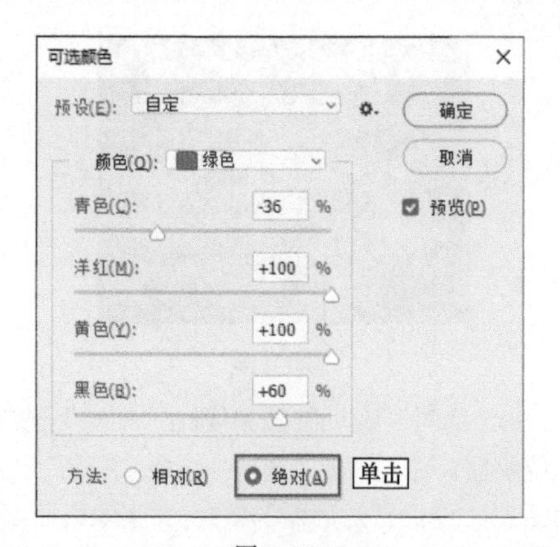

图 5-149

图 5-150

图 5-151

5.3.6 “去色”命令

“去色”命令能将彩色图像转换为相同颜色模式下的灰度图像，且每个像素的亮度值并不改变。例如，当前图像为 RGB 模式，执行“去色”命令后，图像中的每个像素被指定为相等的红色、绿色和蓝色值，图像表现为灰度，颜色模式仍保持为 RGB 模式。

（1）打开本书附带文件 \Chapter-05\“树林.psd”,执行“图像”→“调整”→“去色”命令，图像效果如图 5-152 所示。

图 5-152

（2）打开“通道”调板观察，当前保留 RGB 颜色通道，如图 5-153 所示。

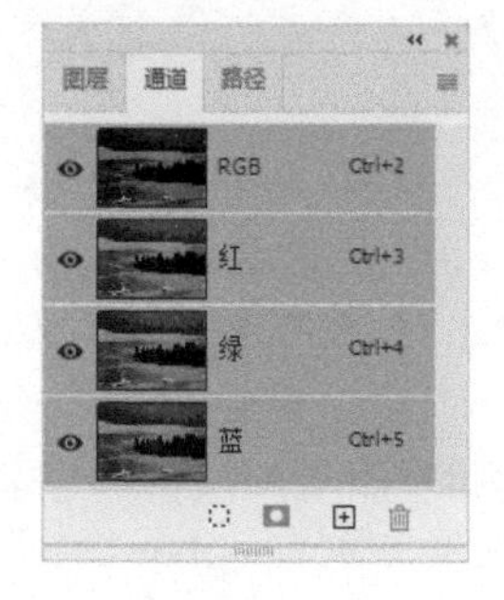

图 5-153

5.4 课时 19：怎样增强数码照片的细节层次？

随着数码技术的提升，使用数码相机拍摄的图像质量越来越高，同时也有很多新图像技术诞生。HDR 技术就是其中一项非常重要的图像获取技术。HDR 是 High-Dynamic Range 的缩写，也就是高动态范围。HDR 图像是一种亮度范围非常广的图像，它比其他格式的图像有着更多的亮度数据信息。Photoshop 中也加入了 HDR 技术，并为此开发了相关的色彩调整命令，利用这些色彩调整命令，可以对 HDR 图像进行修改和优化。下面就详细学习相关内容。

学习指导

本课内容重要性为【必修课】。

本课时的学习时间为 40 ～ 50 分钟。

本课的知识点是掌握调整 HDR 图像色调的方法。

5.4.1 “曝光度”命令

“曝光度”命令是根据摄影中的中间灰理论建立的。我们拍摄的照片有可能偏暗，也有可能偏亮但无论偏暗或偏亮，在正确定义了图像中间灰的亮度后，暗部和亮部色调都会自动适配到准确的亮度范围。“曝光度”命令就是通过定义图像中间灰的亮度来修复图像色调关系的。

课前预习

扫描二维码观看教学视频，对本课知识进行预习。

在学习了教学视频后，接下来通过一组操作对“曝光度”命令进行实际演练。

（1）打开本书附带文件 \Chapter-05\“设计海报.jpg”，如图 5-154 所示。

图 5-154

（2）执行“图像”→“调整”→“曝光度”命

令，打开“曝光度”对话框，如图 5-155 所示。

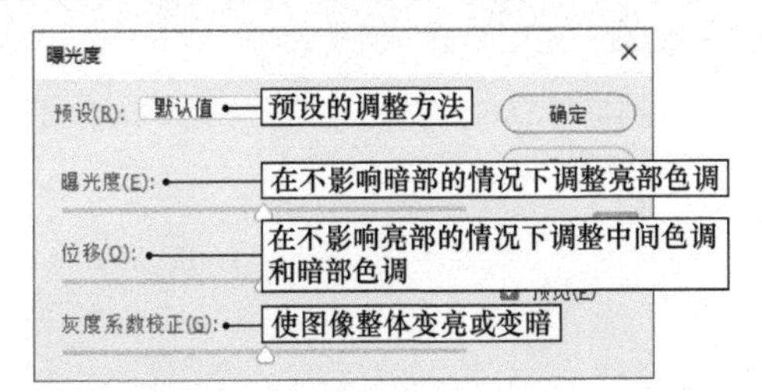

图 5-155

（3）选择“在图像中取样以设置白场”工具，在图像高光的位置单击，调整图像的亮度，如图 5-156 所示。“曝光度”选项也随着图像的变亮而设置为相应的参数，如图 5-157 所示。

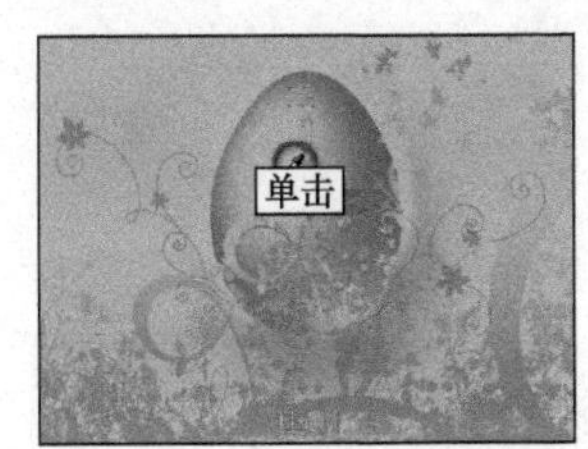

图 5-156

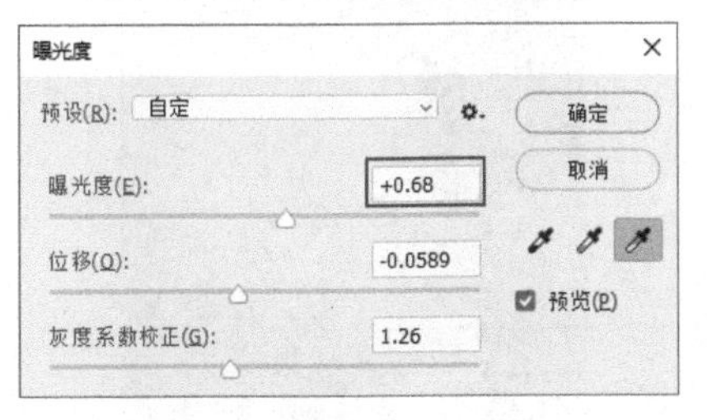

图 5-157

（4）“位移”选项用于调整图像的阴影，对图像的高光区域影响较小。向左拖动该选项的滑块，使图像的中间色调和暗部色调变暗，如图 5-158 所示，效果如图 5-159 所示。

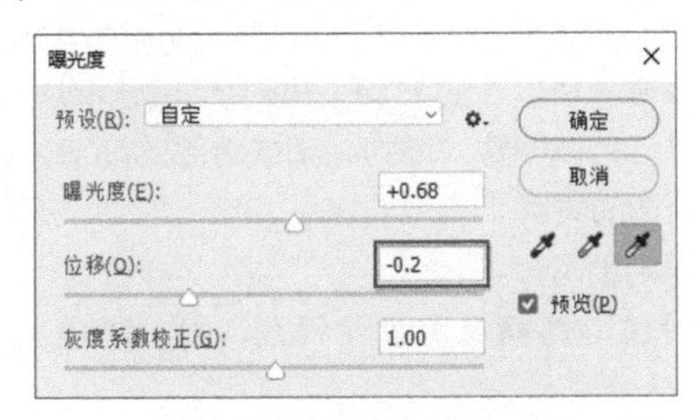

图 5-158

图 5-159

（5）“灰度系数校正”选项用于调整图像的中间色调，使图像整体变暗或变亮，如图 5-160 所示，效果如图 5-161 所示。

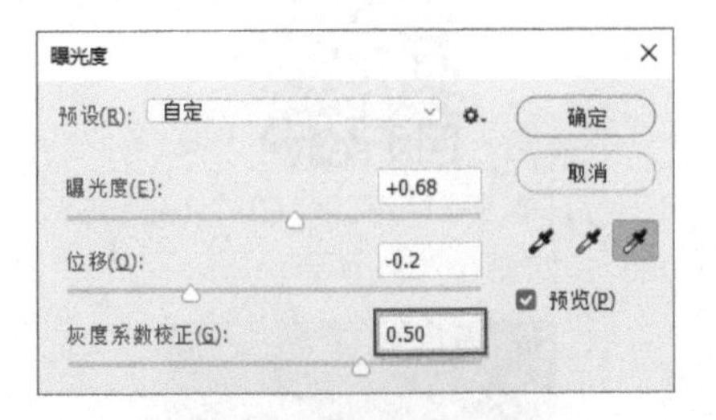

图 5-160

图 5-161

（6）参照图 5-162 设置“曝光度”对话框中的参数，设置完毕后关闭对话框，完成对图像的调整，效果如图 5-163 所示。

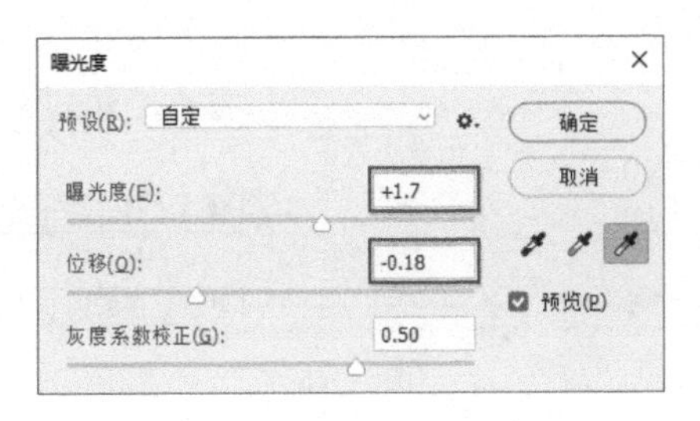

图 5-162

图 5-163

5.4.2 “阴影 / 高光”命令

“阴影 / 高光”命令可以增加高光和阴影区域的细节。如强逆光拍摄的照片，主体大部分处于阴影内，所以导致细节丢失。再如曝光过度的照片中主体受光区域会损失大部分的细节。此时，就可以使用“阴影 / 高光”命令对照片进行细节修复与补偿。

“阴影 / 高光”命令不是简单地使图像变亮或变暗，它基于阴影或高光中像素之间的对比度来增强或减弱色彩的对比度。

课前预习

扫描二维码观看教学视频，对本课知识进行预习。

（1）打开本书附带文件 \Chapter-05\“花卉海报 .psd”，如图 5-164 所示。

图 5-164

（2）执行“图像”→“调整”→“阴影 / 高光”命令，打开“阴影 / 高光”对话框，如图 5-165 所示。

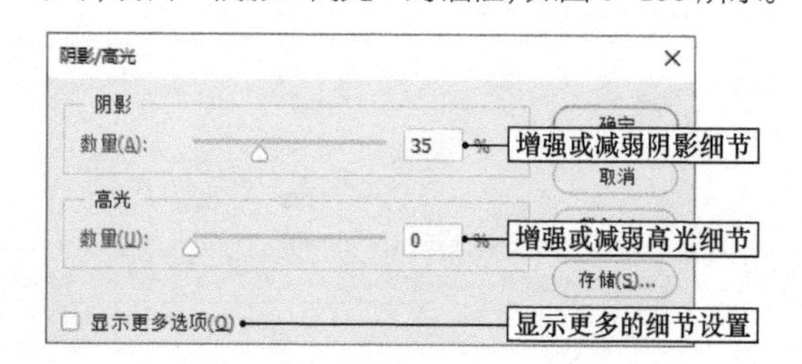

图 5-165

（3）选中“显示其他选项”复选框，显示“阴影 / 高光”对话框的所有选项，如图 5-166 所示。

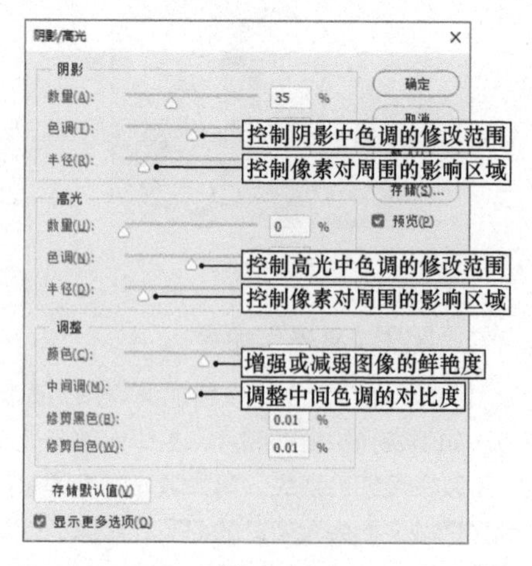

图 5-166

（4）参照图 5-167 设置“阴影 / 高光”对话框中的参数，对图像进行调整。

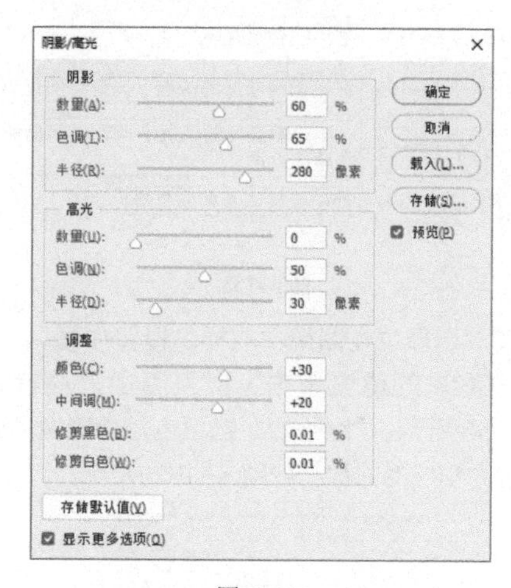

图 5-167

（5）调整完成后的图像效果如图 5-168 所示。

图 5-168

5.4.3 “HDR 色调”命令

“HDR 色调”命令是 Photoshop 中非常重要的一个命令，随着 HDR 技术融入 Photoshop 中，使用该命令可以按照 HDR 图像管理色彩的方式对图像进行色调调整，增强亮部或暗部的细节，更改图像色调的关系。

课前预习

扫描二维码观看教学视频，对“HDR 色调”命令进行学习。

06 第6章 强大的绘画工具

随着电子屏幕触控技术的发展，很多硬件设备都具备了绘画功能，很多手机和平板电脑都具备了用手指绘画的功能。借助更加专业的手绘板工具，可以实现数字绘画作品的创作。

为了配合数字绘画功能的需求，Photoshop 在很早的版本就开始对其绘画功能进行提升与更新。目前，Photoshop 已经成为全球数字艺术创作者的必备工具之一。使用 Photoshop 进行绘画，“画笔”工具是最常用的工具之一。该工具拥有真实度较高的笔触绘画效果，极大地丰富了设计作品的艺术表现手法。绘画工具组还包含“铅笔”工具、“颜色替换”工具、“历史记录画笔”工具等。本章将向读者详细介绍这些绘画工具的使用方法和应用技巧。

6.1 课时 20：如何使用 Photoshop 绘画？

使用 Photoshop 中的“画笔”工具进行绘画，可以生动地模拟出传统绘画工具的笔触效果，如铅笔、水彩、油画等效果。“画笔”工具的表现力之所以这么强大，是因为该工具提供了丰富的设置选项，用于调整笔触的形态、角度、散布、纹理等外观特征。下面来学习“画笔”工具的使用方法。

学习指导

本课内容重要性为【必修课】。

本课时的学习时间为 40 ～ 50 分钟。

本课的知识点是掌握“画笔”工具的基础操作方法以及常用笔触设置选项。

课前预习

扫描二维码观看教学视频，对本课知识进行预习。

6.1.1 “画笔”工具

“画笔”工具看似非常简单，但是它包含了非常丰富的参数设置选项，本节将从“画笔”工具的基础操作方法开始学习，掌握“画笔”工具在日常绘图工作中的一般设置方法。

（1）执行“文件”→“打开”命令，打开本书附带文件 \Chapter-06\“啤酒瓶广告 1.psd”，如图 6-1 所示。

（2）在“图层”调板中，确认“背景”图层为选中状态。设置前景色为橙色，如图 6-2 和图 6-3 所示。

图 6-1

图 6-2

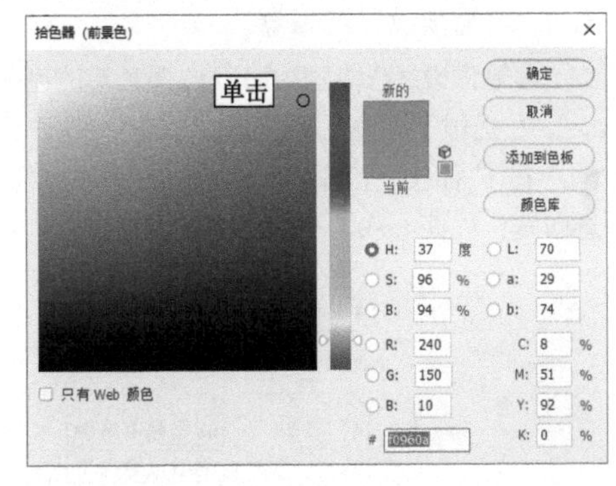

图 6-3

（3）选择“画笔”工具，按 <]> 键将画笔尺寸调大，如图 6-4 和图 6-5 所示。

图 6-4

图 6-5

（4）在背景图像上涂抹，如图 6-6 和图 6-7 所示，绘制出具有层次感的背景。

图 6-6

图 6-7

6.1.2 “画笔”工具选项栏设置

如果对将要使用的画笔笔刷有特殊的要求，那么就需要在绘制前在工具选项栏内进行更多的设置。选择“画笔”工具后，其工具选项栏如图 6-8 所示。下面就对这些选项进行学习。

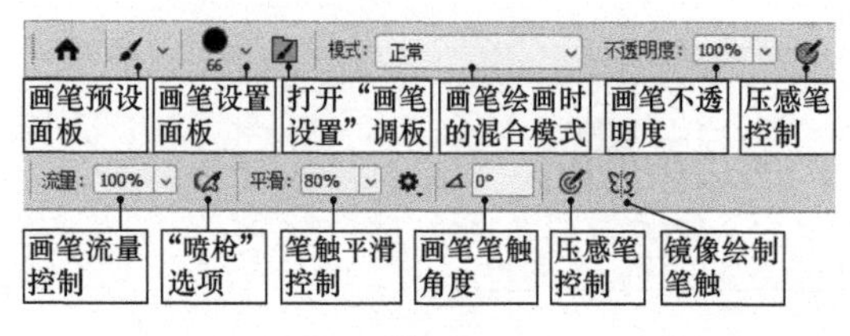

图 6-8

1. “画笔预设”选取器

在“画笔预设”选取器中可以选择画笔的型号，Photoshop 提供了丰富的画笔形状供用户选择。

（1）在“画笔”工具选项栏中，打开“画笔预设”选取器，如图 6-9 所示。

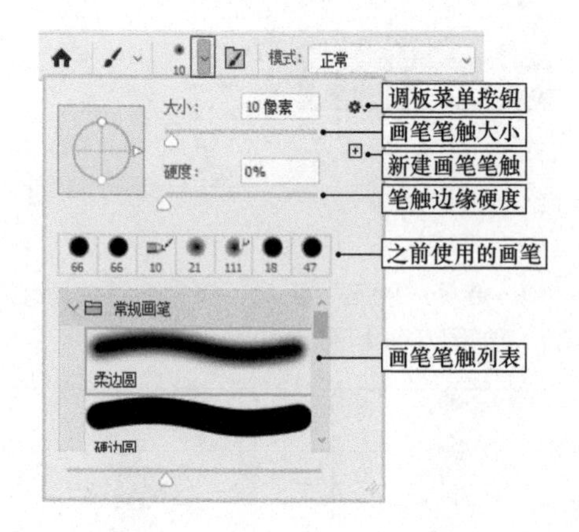

图 6-9

（2）在“画笔预设”选取器中选择“湿介质画笔”组内的“KYLE 终极上墨（粗和细）”笔触，如图 6-10 所示。

（3）在“大小”文本框中输入画笔大小的值，设置完毕后使用绿色（R195、G220、B40）在视图中绘制笔触，如图 6-11 所示。

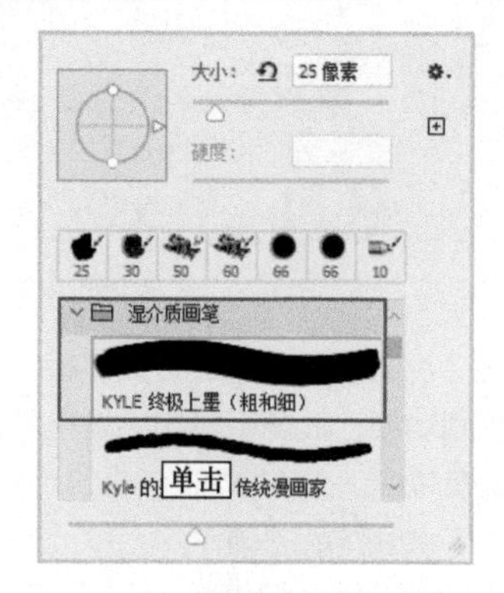

图 6-10

（4）向左拖动“大小”滑块，“大小”文本框中的数值变小，使用蓝色（R195、G220、B40）绘制笔触，如图 6-12 所示。由此可以看出“大小”参数值越大，画笔笔触越粗。

图 6-11

图 6-12

（5）在“画笔预设”选取器中，选择并设置画笔，如图 6-13 所示。

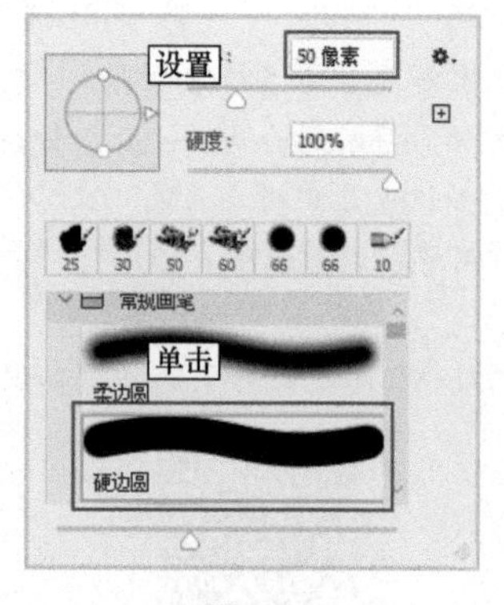

图 6-13

（6）设置“硬度”选项数值，可以控制笔触边缘的羽化程度，其数值越小，笔触边缘越柔和，对比效果如图 6-14 和图 6-15 所示。

2. 调板菜单

为了方便用户选择和调用画笔，调板菜单内提供了多项命令对画笔进行管理。

图 6-14

图 6-15

（1）在“画笔预设”选取器中，打开“画笔”调板菜单，如图 6-16 所示。

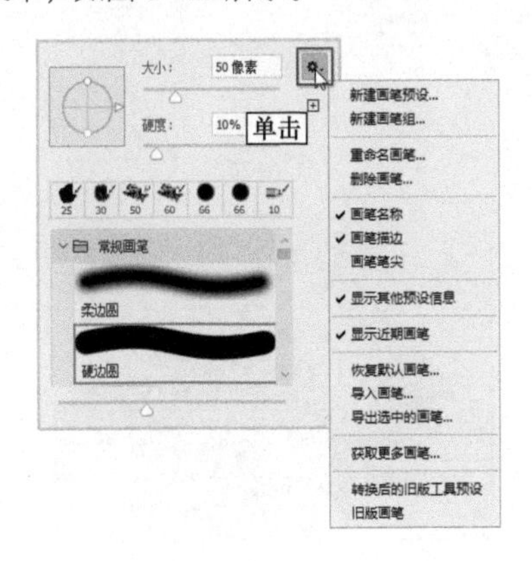

图 6-16

（2）执行“新建画笔预设”命令，打开“新建画笔”对话框，如图 6-17 所示。

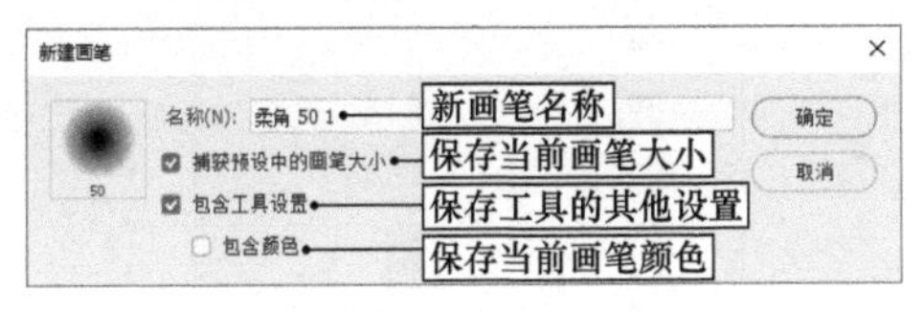

图 6-17

提示

单击“从此画笔创建新的预设”按钮，与执行此命令的效果相同。

（3）保持对话框为默认状态，单击“确定”按钮，即可将刚刚设置的画笔存储起来，如图 6-18 所示。

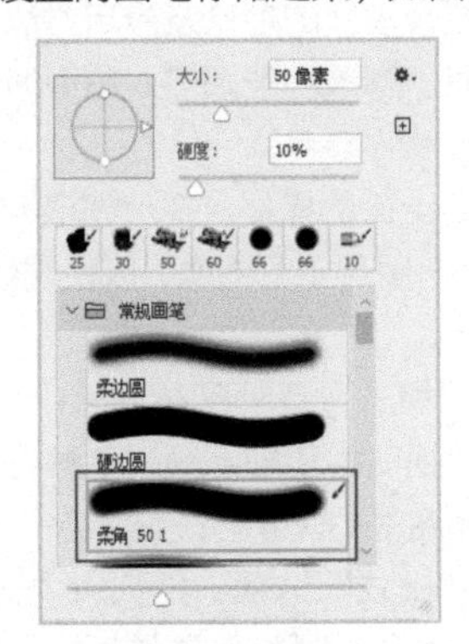

图 6-18

（4）执行“重命名画笔”命令，打开“画笔名称”对话框，在文本框中输入需要的名称，如图 6-19 所示。

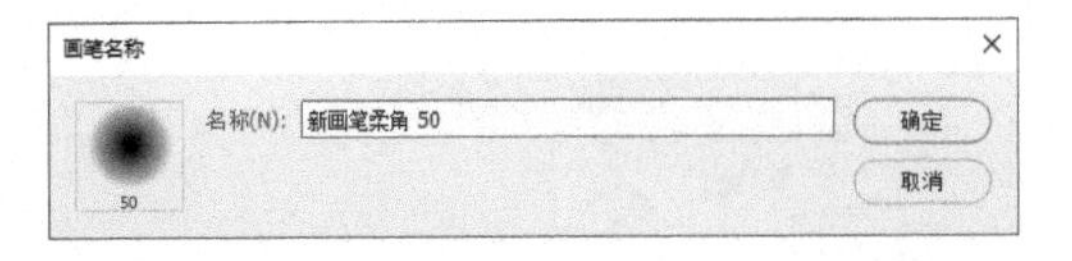

图 6-19

（5）单击“确定”按钮，即可更改画笔的名称。执行“删除画笔”命令可以将当前选择的画笔删除，在提示对话框中单击“确定”即可删除，如图 6-20 所示。

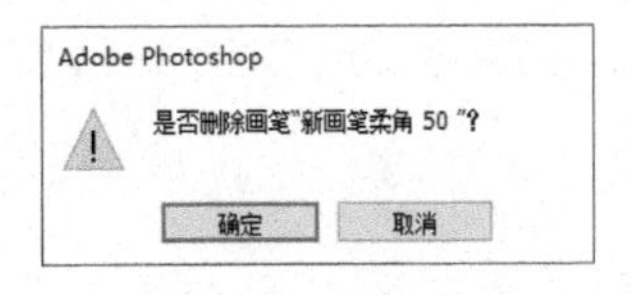

图 6-20

（6）在“画笔”调板菜单中设置“画笔名称”“画笔描边”“画笔笔尖”选项，可以更改画笔笔触列表的显示方式。勾选对应选项，可以在列表中改变画笔笔触的预览方式，如图 6-21 所示。

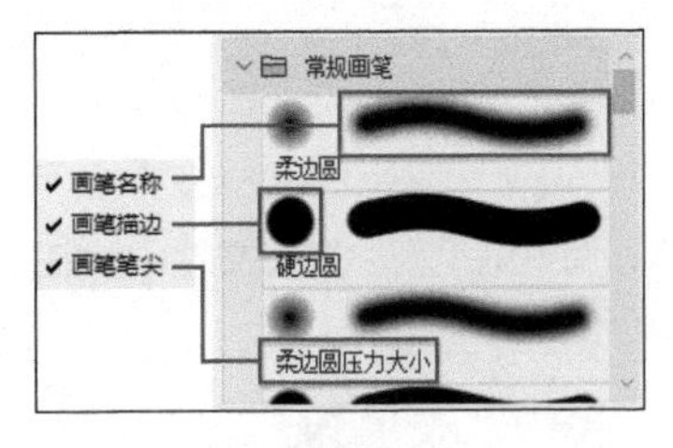

图 6-21

（7）由于画笔笔触列表内容非常多，还可以更改画笔预览尺寸，或更改调板窗口尺寸，从而显示更多的画笔笔触内容，如图 6-22 所示。

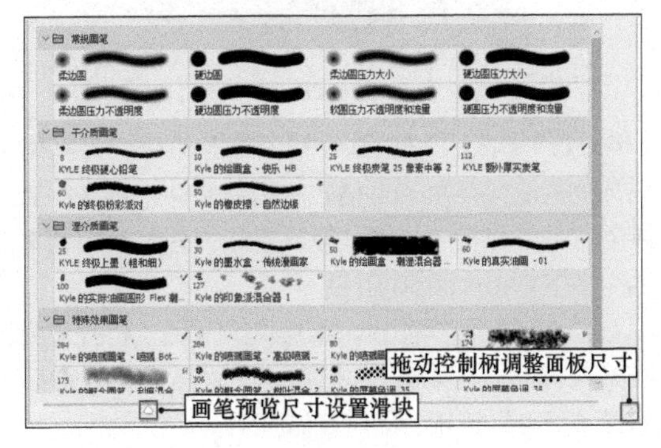

图 6-22

（8）执行“载入画笔”命令可以将外部画笔设置文件载入 Photoshop 中。执行“载入画笔”命令，弹出“载入”对话框，选择附带文件 \Chapter-06\“书法笔触.abr”，如图 6-23 所示。

图 6-23

（9）单击“载入”按钮，此时画笔笔触列表会增加新载入的画笔笔触组，如图 6-24 所示。

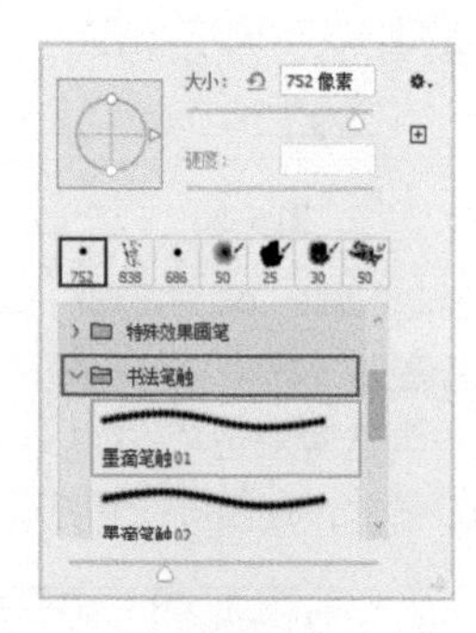

图 6-24

（10）在载入的画笔笔触组内选择“墨滴笔触01”画笔，调整画笔大小并在文件中绘制，效果如图 6-25 所示。

图 6-25

（11）执行“导出选中的画笔”命令，可以将选择的画笔保存为 .abr 格式的画笔文件，将文件复制到其他计算机中，可以把设置好的画笔笔触分享给更多的 Photoshop 用户。

（12）执行“导出选中的画笔”命令，打开“另存为”对话框，如图 6-26 所示。设置文件名称后单击“保存”按钮，即可存储画笔。

（13）选择合适的画笔笔触，在文件中绘制纹理，如图 6-27 所示。

3. “模式”选项

“模式”选项下拉列表中提供了丰富的混合模式选项，这些选项可以控制“画笔”工具影响图像像素的方式。不同的混合模式可以让画笔笔触涂抹出不同的色彩效果。单击“模式”选项右侧的倒三角按钮，弹出“模式”选项下拉列表，如图 6-28 所示。

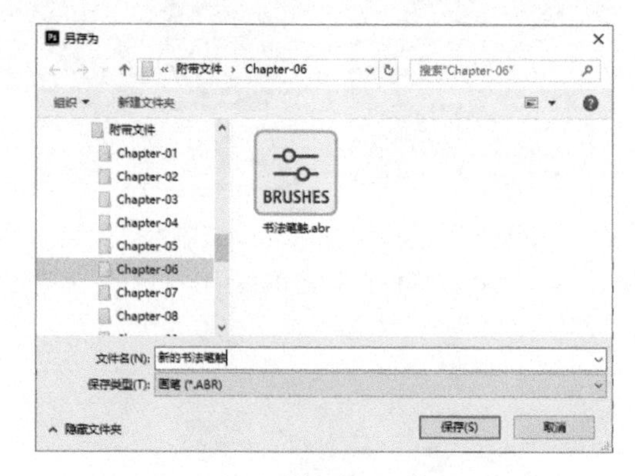

图 6-26

图 6-27

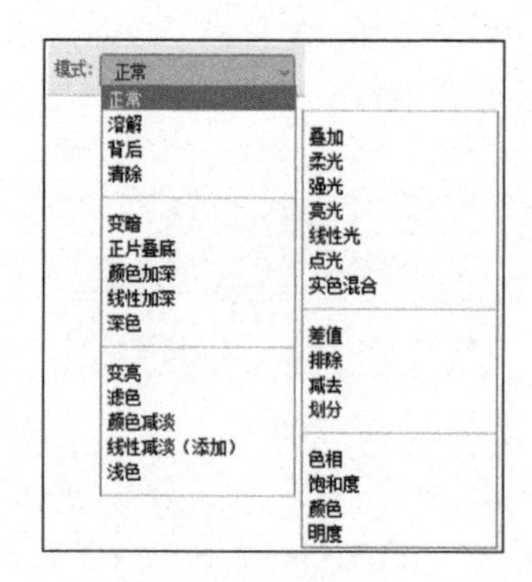

图 6-28

画笔在绘画时的混合模式设置，实际上与图层叠加时的混合模式是完全一致的，本书在第 10 章将详细讲述混合模式的理论及应用方法，在本章大家只需要暂时了解该功能即可。下面通过混合模式设置来绘制笔触效果。

（1）接着上面的操作，在“图层”调板中暂时隐藏“装饰 1”图层中的图像，以便观察绘制效果，如图 6-29 所示。

（2）在“模式”选项下拉列表中选择“正常”选项，然后在视图中绘制笔触，笔触将覆盖下面的图像，效果如图 6-30 所示。

（3）在“模式”选项下拉列表中选择“滤色”选项，然后在视图中继续绘制笔触，用黑色过滤时颜色保持不变，用白色过滤将产生白色，效果如图 6–31 所示。

（4）在“模式”选项下拉列表中选择“溶解”选项，然后在视图中绘制笔触，形成交融的效果，效果如图 6–32 所示。

图 6–29

图 6–30

图 6–31

图 6–32

4. “不透明度”选项

“不透明度”选项可以用来设置笔刷的不透明度，其数值越小，绘制出的颜色越透明。

（1）在“画笔”工具选项栏的“不透明度”文本框中输入数值，设置完毕后在视图中绘制，如图 6–33 所示。

（2）单击“不透明度”右侧的三角按钮，利用弹出的滑块进行调整，然后在视图中绘制，其参数值越小，绘制的图像越透明，如图 6–34 所示。

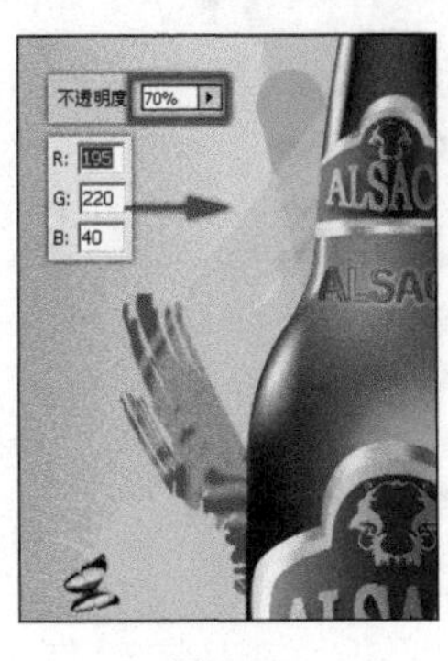

图 6–33

图 6–34

5. “流量”选项

“流量”选项决定了画笔在绘画时油彩的流动速度，其数值越大，画笔涂抹的油彩越多，绘制出的图案就会越重。

（1）在“画笔”工具选项栏的“流量”文本框中输入数值，如图 6–35 所示。

（2）或者单击其后的三角按钮，利用弹出的滑块进行调整，设置完毕后在文档中进行涂抹。由于颜色的流量减小，涂抹的图案的颜色会变淡，如图 6–36 所示。

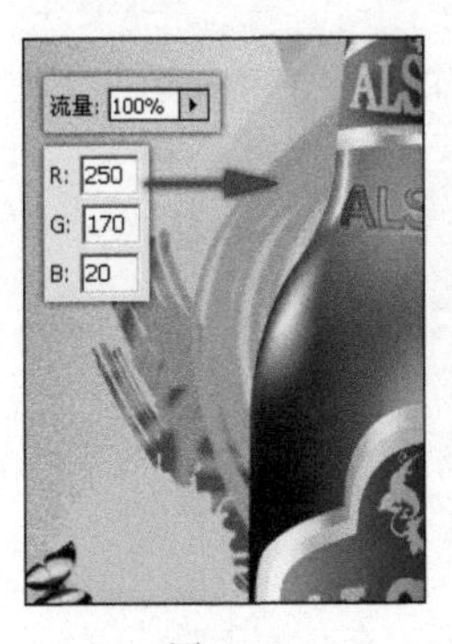

图 6–35

图 6–36

注意

很多初学者容易将“不透明度”和“流量”两个选项的功能混淆，“不透明度”用于对画笔整体透明效果进行控制，在透明状态下虽然画笔颜色会变淡，但重复叠加涂抹时并不改变油墨流量。图 6-37 和图 6-38 展示了设置“不透明度”和“流量”后绘制出的不同效果。

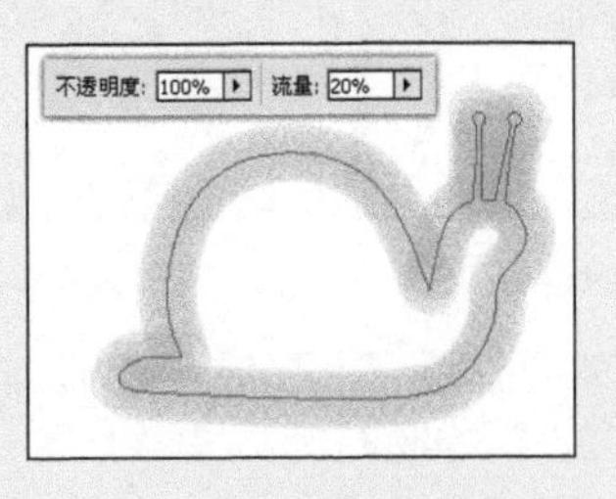

图 6–37

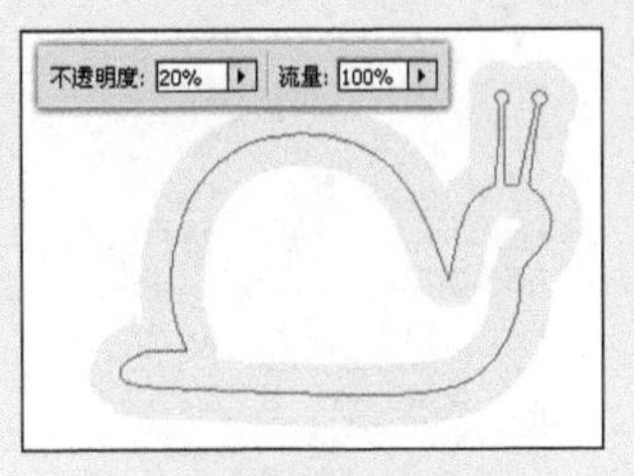

图 6–38

6. “喷枪”选项

在生活中使用喷枪喷涂颜料时，喷涂的时间越长，颜色就越浓。在“画笔”工具选项栏内单击“喷枪”按钮就可以模拟喷枪的喷涂效果，画笔停留的时间越长，喷涂区域就会越大，且颜色越重。

（1）在“图层”调板中显示“装饰 1”中的图像，在“画笔预设”选取器中复位并选择画笔，如图 6-39 和图 6-40 所示。

图 6-39

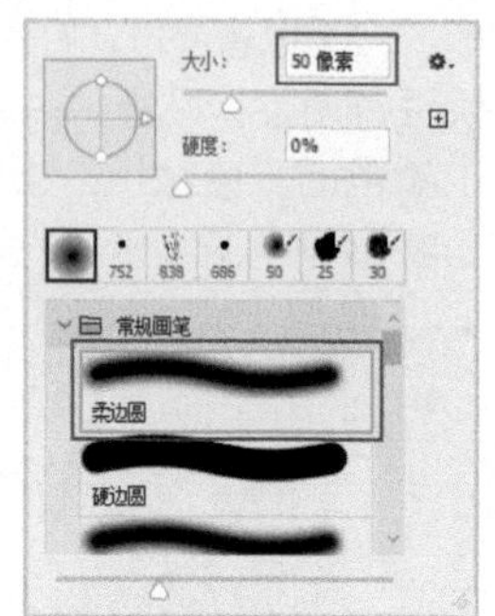

图 6-40

（2）不激活“喷枪”按钮，在画面上绘制颜色，图案不会因画笔停留的时间变长而改变，如图 6-41 所示。

（3）单击“喷枪”按钮，在画面上喷绘颜色，图像会根据画笔停留的时间改变粗细和边缘模糊程度，如图 6-42 所示。

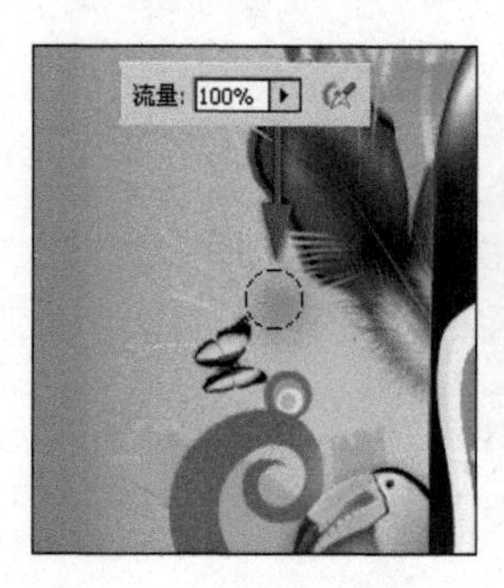

图 6-41

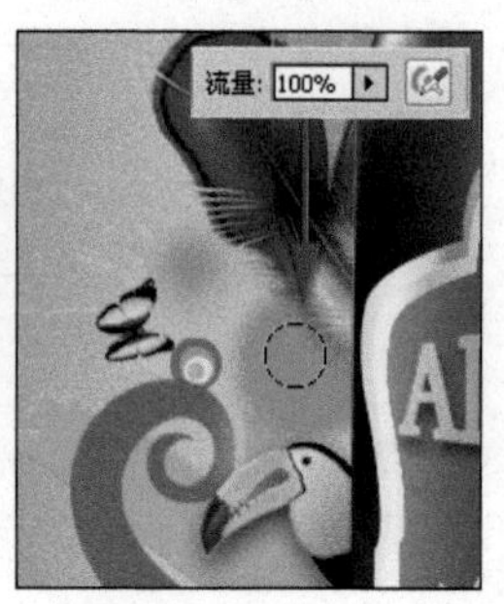

图 6-42

（4）在“图层”调板中显示“虚线装饰”图层中的图像，完成本实例的制作，效果如图 6-43 所示。读者可以打开附带文件 \Chapter-06\“啤酒广告 2.psd”进行查看。

图 6-43

6.1.3 “画笔设置”调板

使用“画笔设置”调板可以对笔触外观进行更多的设置。在“画笔设置”调板内不仅可以对画笔的尺寸、形状、旋转角度等基础参数进行定义，还可以为画笔设置多种特殊外观效果。执行“窗口”→“画笔”命令，打开“画笔设置”调板，如图 6-44 所示。

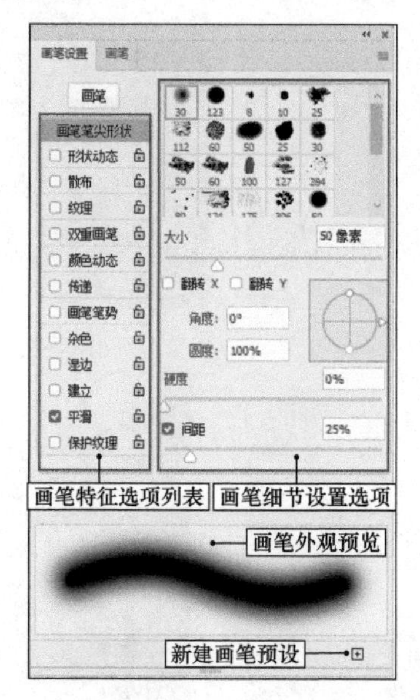

图 6-44

提示

按<F5>快捷键或者在“画笔”工具选项栏上单击“打开画笔设置面板”按钮也可打开此调板。

在“画笔设置”调板的左侧选择项目名称，所选项目的可用选项会出现在该调板的右侧。下面就对这些项目进行介绍。

在“画笔设置”调板的左侧单击“画笔”按钮，可以打开“画笔”调板，该调板中罗列了所有预设的画笔内容，如图 6-45 所示。

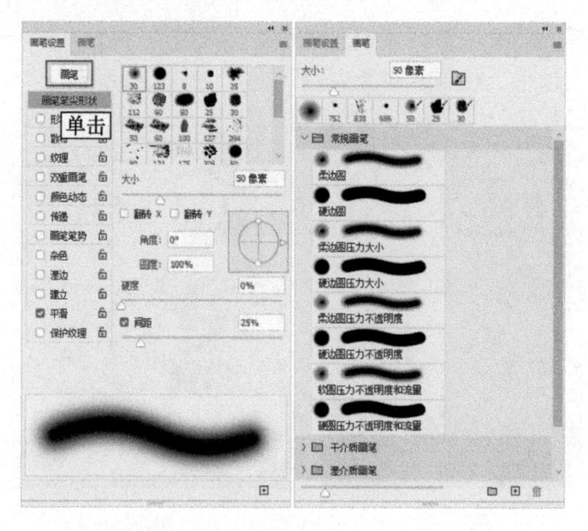

图 6-45

6.1.4 “画笔笔尖形状”选项

“画笔笔尖形状”选项不仅可以设置画笔笔尖的样式、直径、硬度，还可以设置画笔的翻转、角度、圆度等外观特征。

（1）执行“文件”→“打开”命令，打开附带文件 \Chapter-06\“字母设计 1.tif”，如图 6-46 所示。

图 6-46

（2）打开“画笔设置”调板，默认状态下“画笔笔尖形状”选项为选择状态，该选项内的设置参数可以对画笔的基本特征进行设置。

（3）在调板上端的笔触栏内选择笔触图案，然后对笔触大小、硬度、间距、圆度选项进行设置，如图 6-47 所示。

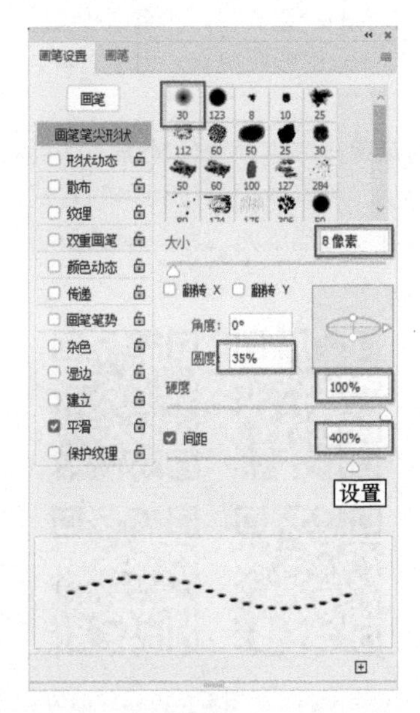

图 6-47

（4）设置“大小”选项,可以调整笔触的大小，数值越小笔触越小，如图 6-48 所示。

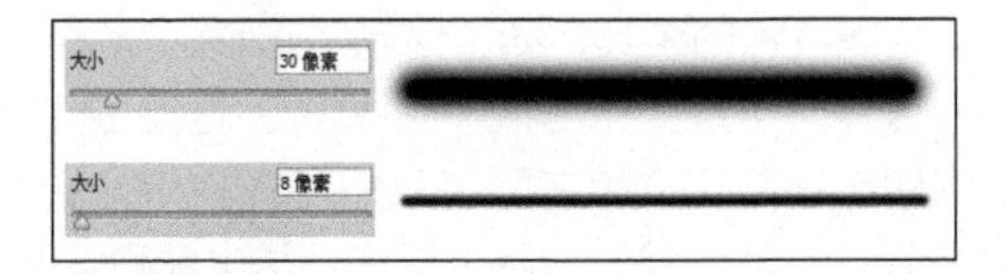

图 6-48

（5）设置“硬度”选项，可以控制笔触边缘的羽化程度，数值越小笔触边缘越柔和，如图 6-49 所示。

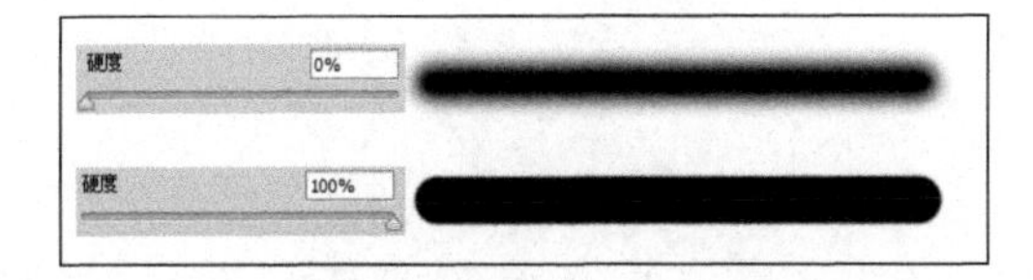

图 6-49

（6）设置“间距”选项，可以控制画笔绘制时两个笔触之间的距离，数值越大，两个笔触之间的距离越大，如图 6-50 所示。

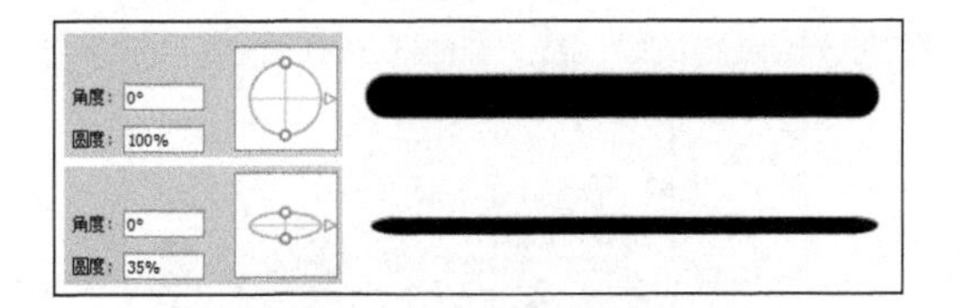

图 6-50

（7）设置“圆度”选项，可以调整画笔笔尖的形状，参数值为 100% 时画笔笔尖为圆形，为 0 时画笔笔尖为线形，为介于两者之间的值时画笔笔尖为椭圆，如图 6-51 所示。

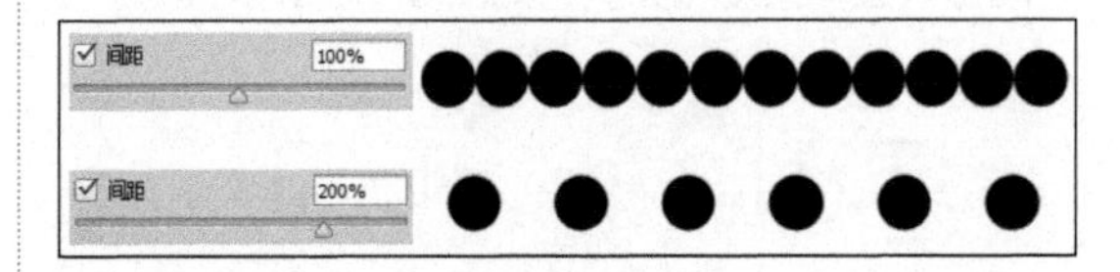

图 6-51

（8）设置前景色为黑色，使用设置好的“画笔”工具，在字母上绘制纵向缝纫线效果，效果如图 6-52 所示。

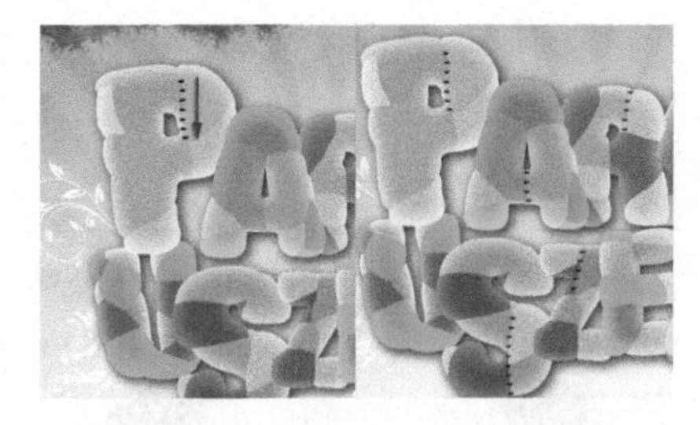

图 6-52

（9）设置“角度”选项，可以调整画笔的角度，如图 6-53 所示。

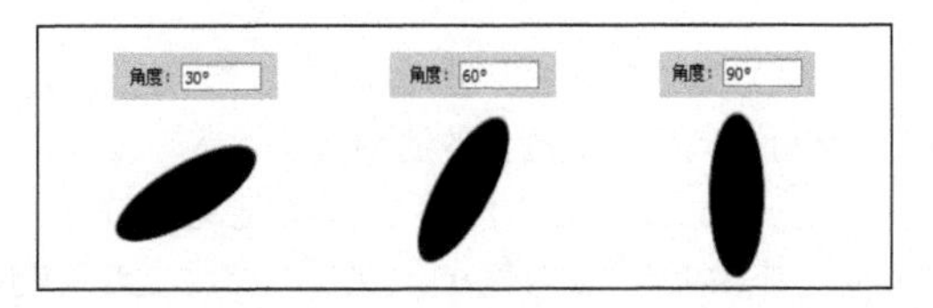

图 6-53

（10）使用设置好的“画笔”工具，绘制字母的横向缝纫线效果，效果如图 6-54 所示。

图 6-54

（11）拖动“角度”和“圆度”右侧的缩览图，手动更改画笔角度和圆度，如图 6-55 所示。

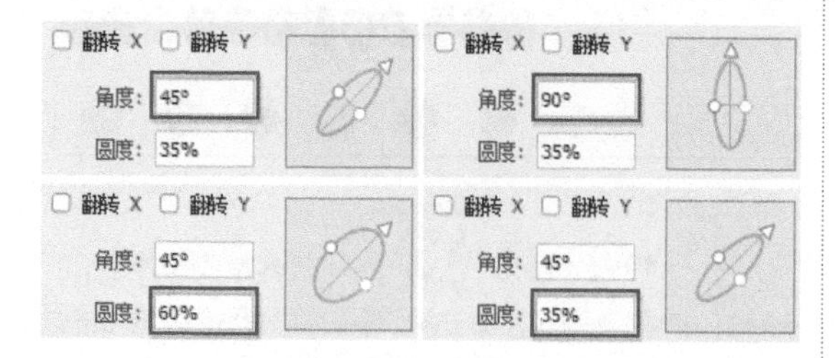

图 6-55

（12）使用设置好的“画笔”工具，绘制字母上向一侧倾斜的缝纫线，如图 6-56 所示。

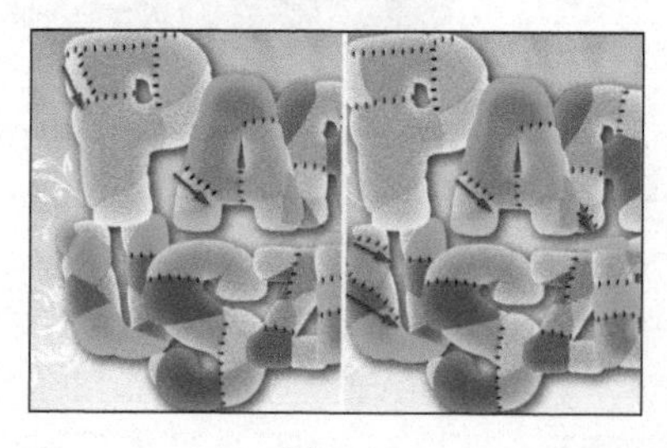

图 6-56

（13）选中“翻转 X”复选框，设置画笔笔尖在 X 轴上水平进行翻转，得到水平对称的画笔笔尖效果，如图 6-57 所示。

图 6-57

（14）使用设置好的“画笔”工具，参照图 6-58，绘制字母上向另一侧倾斜的缝纫线。

（15）依照以上方法设置“画笔笔尖形状”选项，并绘制其他角度的缝纫线，完成实例的制作，效果如图 6-59 所示。读者可以打开本书附带文件 \Chapter-06\“字体设计 2.tif”进行查看。

图 6-58

图 6-59

6.1.5　“画笔设置”调板详解

通过前面的学习，了解了画笔设置的基础知识，但是细心的读者会发现，“画笔设置”调板中还包含了丰富的设置选项，那么这些设置选项可以帮我们实现什么样的效果呢？本小节将为大家详细讲解。

因为这部分内容理论性较强，并且需要丰富的操作演示，所以我们通过视频的方式为大家讲解，大家可以扫描下方二维码观看教学视频进行学习。

6.2　课时 21：如何模拟特殊质感的绘画效果？

Photoshop 除了提供“画笔”工具外，还提供了一些特殊的工具，如“铅笔”工具、“颜色替换”工具、“历史记录画笔”工具等。这些工具可以创建出不同于“画笔”工具的特殊效果，从而使 Photoshop 的绘画表现力变得更加丰富和强大。下面就来学习这些工具的使用方法。

学习指导

本课内容重要性为【必修课】。

本课时的学习时间为 40 ~ 50 分钟。

本课的知识点是掌握特殊画笔工具的操作方法。

6.2.1 “铅笔”工具

“铅笔”工具的效果与实际生活中的铅笔相似，画出的线条比较硬朗，而且还会有棱角，其调整的方法和使用的方法与“画笔”工具相同。

课前预习

扫描二维码观看教学视频，对本课知识进行预习。

在工具箱中选择“铅笔”工具，此时工具选项栏中会呈现“铅笔”工具的设置选项。打开“画笔预设”选取器，与“画笔”工具不同的是，无论你选择哪一个画笔，其外观都会转变为硬边的笔刷，如图 6-60 所示。

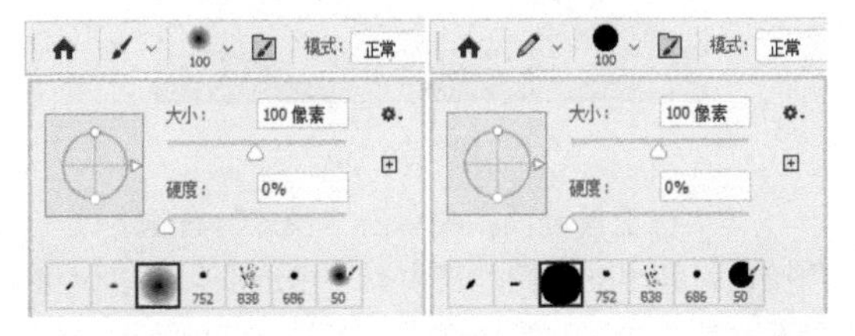

图 6-60

（1）执行“文件”→“打开”命令，打开本书附带文件 \Chapter-06\“照片背景美化 1.tif”，如图 6-61 所示。

图 6-61

（2）选择“铅笔”工具，打开“画笔设置”调板，分别设置“画笔笔尖形状”“形状动态”“散布”选项，如图 6-62 所示。

（3）在工具箱中设置“前景色”为绿色（R65、G100、B25），使用设置好的“铅笔”工具在背景上进行绘制，可以看到绘制的效果有棱角，如图 6-63 所示。

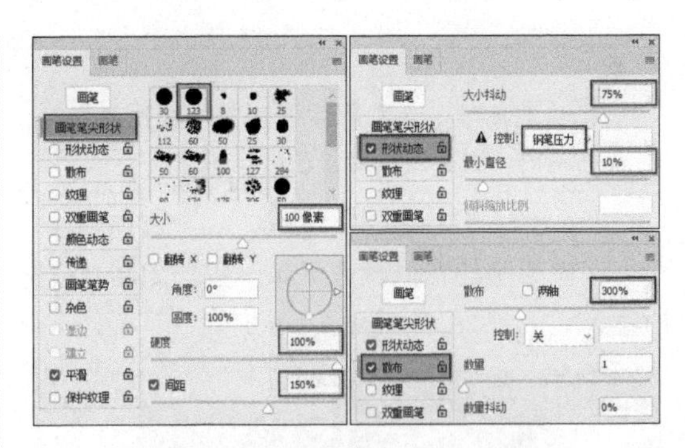

图 6-62

图 6-63

（4）设置“背景色”为浅绿色（R155、G190、B75），在“铅笔”工具选项栏中选中“自动涂抹”复选框，使用“铅笔”工具进行绘制图像，效果如图 6-64 所示。

图 6-64

> **提示**
>
> 拖动鼠标时，如果鼠标指针中心处的颜色与前景色相同，则会使用背景色涂抹图像。

（5）设置“前景色”为白色，保持“自动涂抹”复选框为选中状态，使用“铅笔”工具绘制图像，效果如图 6-65 所示。

图 6-65

注意

拖动鼠标时，如果鼠标指针中心处的颜色与前景色不同，则会使用前景色涂抹图像。

（6）执行“滤镜”→“模糊”→“高斯模糊”命令，使绘制的背景图像柔和一些，如图 6-66 所示。

图 6-66

（7）在“图层”调板中显示隐藏的“装饰”图层，完成本实例的制作，效果如图 6-67 所示。读者可以打开本书附带文件 \Chapter-06\“照片背景美化 2.tif”进行查看。

图 6-67

6.2.2 “颜色替换”工具

使用“颜色替换”工具在图像中的特定颜色区域进行涂抹，可以更改原有的颜色。该工具常用于校正图像的偏色问题。下面就来学习该工具的使用方法。

课前预习

扫描二维码观看教学视频，对本课知识进行预习。

（1）执行“文件”→“打开”命令，打开本书附带文件 \Chapter-06\“企业文化宣传册封面 1.psd”，如图 6-68 所示。

（2）在工具箱中选择“颜色替换”工具，默认状态下其工具选项栏如图 6-69 所示。

图 6-68

图 6-69

（3）设置前景色为紫色（R255、G204、B227），在“图层”调板中选择“文字”图层。

（4）单击并拖动鼠标，在图像上涂抹，使用设置的前景色替换涂抹区域的颜色，如图 6-70 所示。

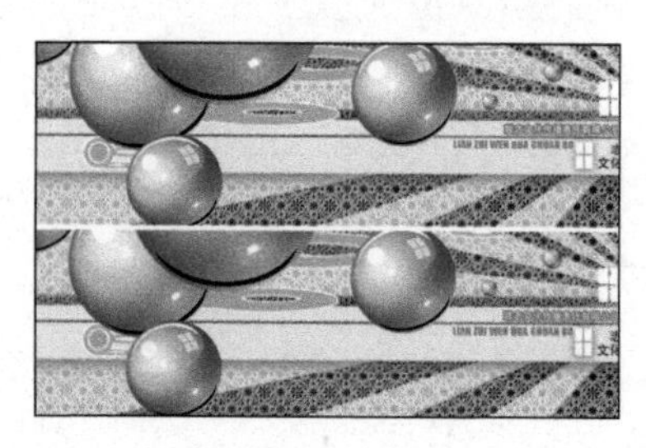

图 6-70

（5）在工具选项栏中单击“模式”右侧的倒三角按钮，弹出的下拉列表中有 4 个选项，可以调整替换颜色与底图的混合模式，如图 6-71 所示。

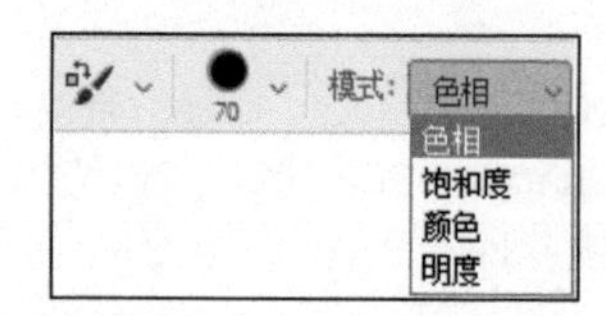

图 6-71

（6）在“图层”调板中选择“装饰”图层，再分别选择“色相”“饱和度”“颜色”和“明度”选项，在装饰图像上涂抹，效果如图 6-72 所示。

图 6-72

（7）设置前景色为绿色（R185、G220、B0），确定“取样：一次”按钮为选择状态，如图 6-73 所示。

图 6-73

（8）选择“球体”图层，在球体暗部单击并拖动鼠标，不松开鼠标，将只替换第一次单击的颜色所在区域中的相似颜色，如图 6-74 和图 6-75 所示。

图 6-74

图 6-75

（9）按 <Ctrl+Z> 组合键，将图像恢复到球体没有替换颜色时的状态。

（10）在“颜色替换”工具选项栏中设置“容差”为 100%，在球体上单击并拖动鼠标，由于容差值较高，可以替换较大范围的颜色，效果如图 6-76 所示。

图 6-76

（11）在“图层”调板中选择“背景”图层，设置前景色为紫色（R245、G130、B180），背景色为黄色（R206、G155、B42）。

（12）在“颜色替换”工具选项栏中，确定“取样：背景色板”按钮为选择状态，如图 6-77 所示。

图 6-77

（13）在背景图像上涂抹，使用前景色替换设置的背景色，效果如图 6-78 所示。

（14）至此，本实例已经制作完毕。读者可以打开本书附带文件 \Chapter-06\“企业文化宣传册封面 2.psd”进行查看。

图 6-78

6.2.3 “历史记录画笔”工具

“历史记录画笔”工具可以将画面之前的一个历史状态作为画笔的笔触，重新涂抹到当前图像中，将不同状态下的图像纹理拼合在同一画面中，可以创建出变化丰富的画面效果。

课前预习

扫描二维码观看教学视频，对本课知识进行预习。

在使用“历史记录画笔”工具之前，先对图像素材进行一定的调整，然后再利用画笔将其还原至之前的状态。

（1）执行“文件”→“打开”命令，打开本书附带文件 \Chapter-06\“电影海报 1.jpg”，如图 6-79 所示。

图 6-79

（2）执行“图像”→“调整”→“渐变映射”命令，打开“渐变映射”对话框，单击该对话框中的渐变条，参照图 6-80 设置打开的“渐变编辑器”对话框，调整人物图像的色调，效果如图 6-81 所示。

（3）打开本书附带文件 \Chapter-06\“树林 .jpg”，按住 <Shift> 键将其拖动到“电影海报 1.jpg”文件中，并设置其图层混合模式，如图 6-82 所示，效果如图 6-83 所示。

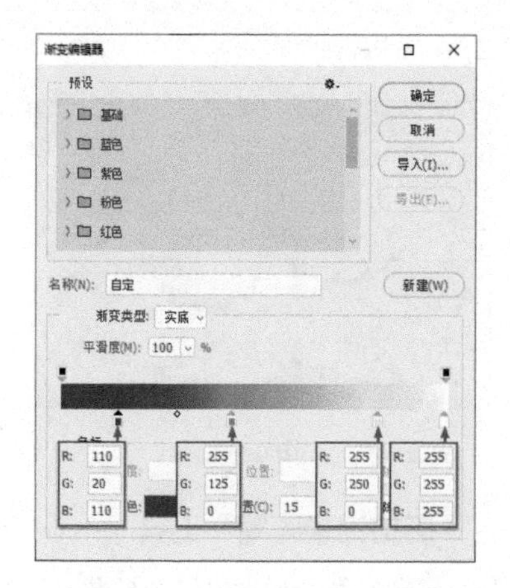

图 6-80

图 6-81

图 6-82

图 6-83

（4）按 <Ctrl+E> 组合键，将“图层 1”中的树林图像与“背景”图层合并，执行“滤镜”→“滤镜库”命令，打开“滤镜库”对话框，为图像添加“艺术效果”→“海报边缘”滤镜，对滤镜参数进行设置，如图 6-84 所示。

（5）选择工具箱中的“历史记录画笔”工具，参照图 6-85 设置其工具选项栏。

（6）使用设置好的“历史记录画笔”工具在人物图像上涂抹，效果如图 6-86 所示。

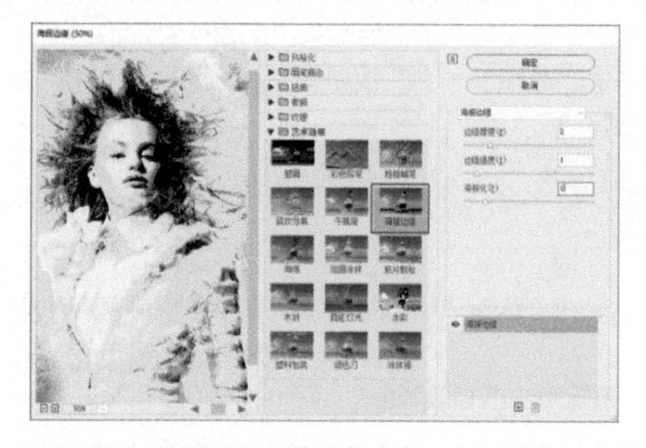

图 6-84

图 6-85

图 6-86

提示

使用“历史记录画笔”工具可以将画面中的涂抹区域还原到最初的画面状态，能创建出独特的画面效果。

6.2.4 “历史记录艺术画笔”工具

“历史记录艺术画笔”工具也可以将涂抹区域还原至之前编辑过程中的某一状态，与“历史记录画笔”工具不同的是，该工具以风格化描边进行绘制。设置该画笔不同的绘画样式、笔触大小，可以用不同的色彩和艺术风格模拟绘画的纹理，创建出不同艺术风格的绘画效果。

课前预习

扫描二维码观看教学视频，对本课知识进行预习。

1. “历史记录艺术画笔”工具选项栏

首先，来了解一下“历史记录艺术画笔”工具选项栏内的相关设置。选择工具箱中的“历史记录艺术画笔”工具，其工具选项栏如图 6-87 所示。

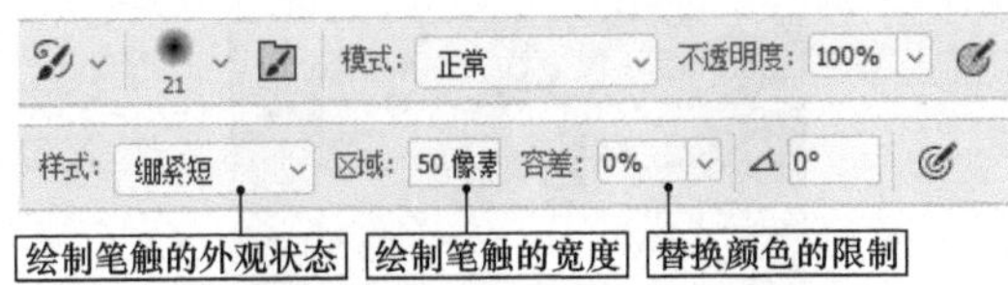

图 6–87

提示

“画笔”“模式”“不透明度”选项的使用与“画笔”工具一致，这里不再赘述。下面重点介绍“样式”“区域”“容差”选项。

（1）选择“历史记录艺术画笔”工具，设置画笔为“尖角 20 像素”，然后设置画笔的大小，并在视图中绘制图像，如图 6–88 和图 6–89 所示。

图 6–88

图 6–89

（2）“样式”下拉列表中有 10 种画笔笔触，如图 6–90 所示。读者可根据绘画的需要选择合适的画笔笔触样式。画笔的类型不同，绘制出的图像的风格也会发生改变，部分展示如图 6–91 所示。

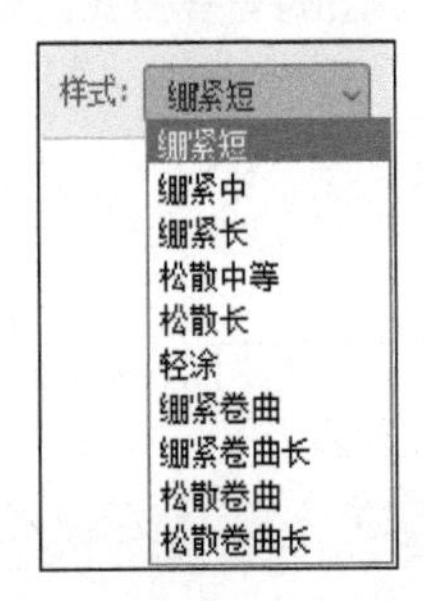

图 6–90

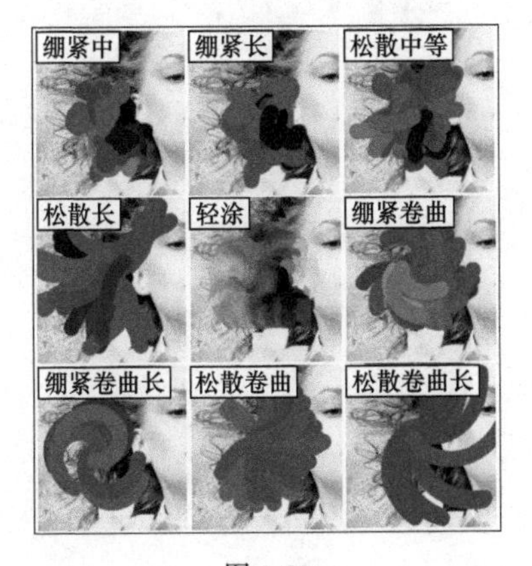

图 6–91

（3）设置“区域”选项，可以调整画笔的笔触区域，值越大画笔覆盖的区域就越大，描边的数量也就越多，对比效果图 6–92 和图 6–93 所示。

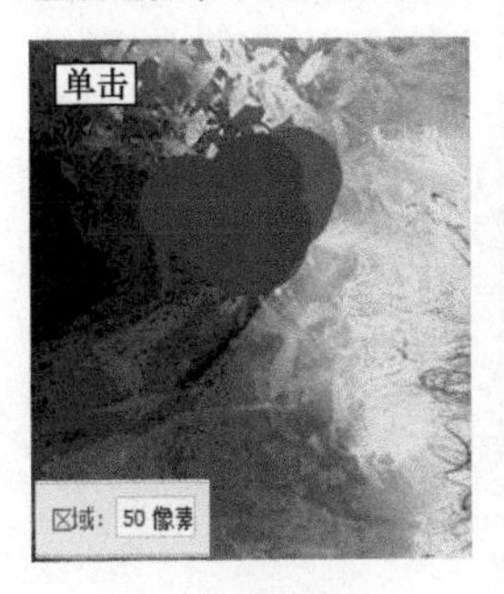

图 6–92

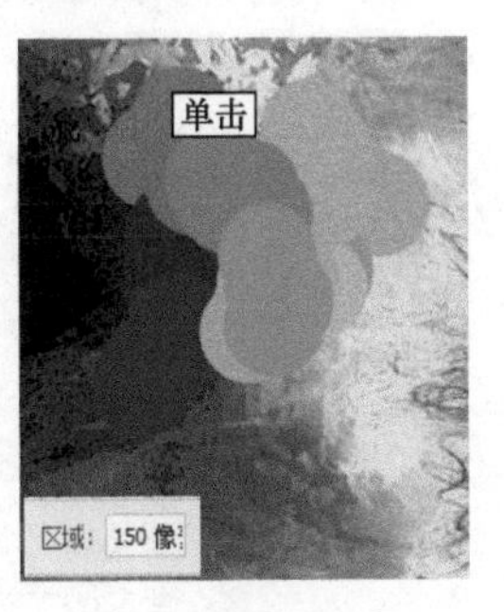

图 6–93

（4）设置“容差”选项，可以调整画笔笔触应用的间隔范围，值越小画笔应用得越精细，对比效果如图 6–94 和图 6–95 所示。

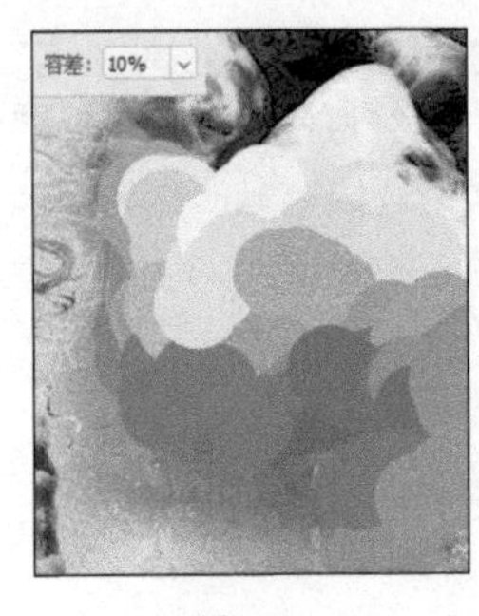

图 6–94

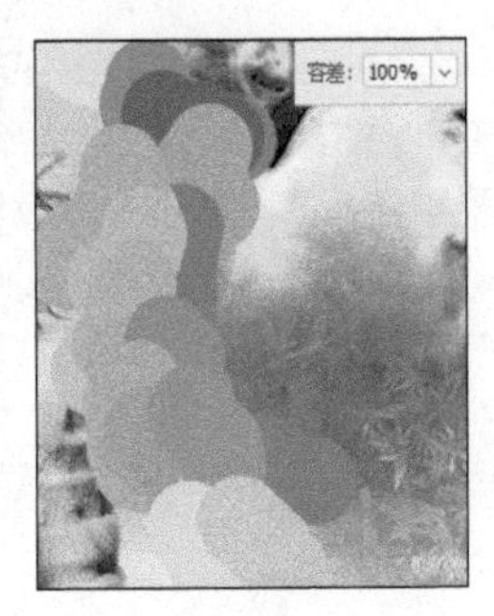

图 6–95

2. “历史记录艺术画笔”工具绘画方法

在使用“历史记录艺术画笔”工具绘画时，我们常常需配合使用“历史记录”调板。通过在“历史记录”调板中设置“历史记录源”标注点，可以将图像之前的某个状态作为画笔涂抹的内容。接下来配合“历史记录”调板，使用“历史记录艺术画笔”工具进行绘画。

（1）执行“窗口”→“历史记录”命令，打开“历史记录”调板，“历史记录”调板展示了之前进行的操作，如图 6–96 所示。

图 6–96

（2）在“图层”调板中，按<Ctrl+J>组合键对“背景”图层进行复制，生成“图层 1”图层。

（3）在“历史记录”调板中的“通过拷贝的图层”图层前单击，设置历史记录画笔的源，如图 6–97 所示。

图 6–97

（4）选择工具箱中的“历史记录艺术画笔”工具，在其工具选项栏内单击“打开画笔设置调板”按钮，在“画笔设置”调板内选择笔触，然后在工具选项栏内进行设置，如图 6–98 所示。

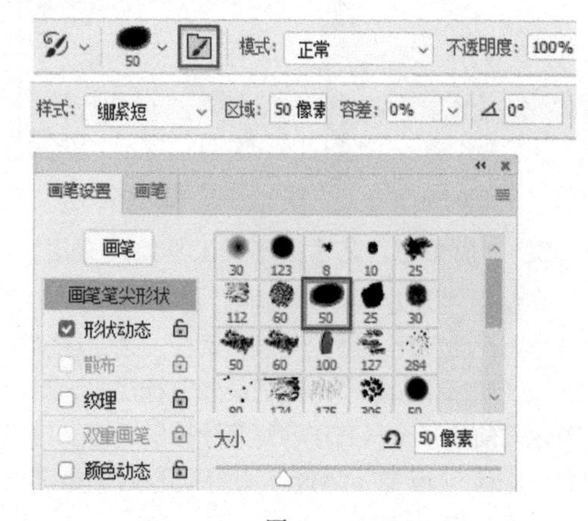

图 6–98

（5）使用设置好的“历史记录艺术画笔”工具，在“图层 1”图像上涂抹，绘制出手绘笔触效果，效果如图 6–99 所示。

图 6–99

（6）将画笔调整得小一些，然后在人物的脸部及衣服上涂抹，绘制笔触效果，效果如图 6–100 所示。

图 6–100

（7）按<Ctrl+J>组合键，在“图层”调板中复制“图层 1”图层，得到“图层 1 拷贝”图层。

（8）执行“滤镜”→“风格化”→“浮雕效果”命令，参照图 6–101 设置打开的“浮雕效果”对话框。

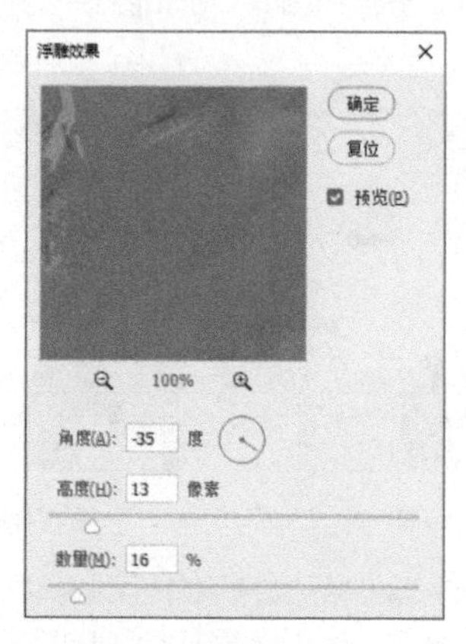

图 6–101

（9）在“图层”调板中，参照图 6–102 设置“图层 1 拷贝”图层的混合模式，效果如图 6–103 所示。

图 6–102

图 6–103

（10）添加其他装饰图像和相关文字信息，完成本实例的制作，效果如图 6–104 所示。读者可以打开本书附带文件 \Chapter–06\“电影海报 2.psd”进行查看。

图 6–104

6.2.5 “历史记录”调板

因为“历史记录画笔”工具需要紧密配合“历史记录”调板进行使用，所以本小节对“历史记录”调板的操作方法进行学习。

“历史记录”调板可以将 Photoshop 中执行的命令按前后顺序依次记录下来，必要的时候，还可以返回到指定的步骤，重新对图像进行编辑。在标记了操作内容之后，图像可以随时返回到此标记位置。

保持“电影海报 1.jpg”文件为打开状态，执行“窗口”→“历史记录”命令，打开“历史记录”调板，如图 6–105 所示。

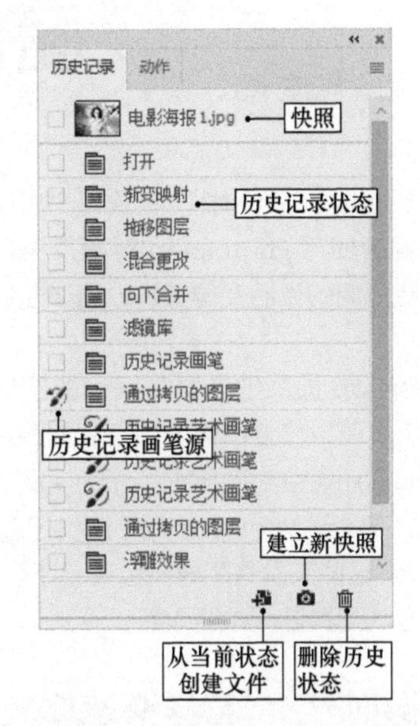

图 6–105

“历史记录”调板可以对当前工作文件的工作状态进行设置，也可以对设计图稿进行状态备份。

07 第7章 图像的修饰复原与润色美化

Photoshop 在生活中广受欢迎的原因之一，是很多爱好者使用 Photoshop 对照片进行修饰与润色，这使我们的生活变得美好，留下了很多印象深刻的瞬间。

Photoshop 提供了丰富且强大的图像修饰工具，这些工具可以修复图像的瑕疵，复原图像的真实面貌，同时还可以对图像进行润色美化，使画面更为动人。另外，Photoshop 还提供了纹理创建与填充工具，这些工具是图像润色美化不可缺少的。下面就对这些工具进行详细介绍。

7.1 课时 22：怎样快速修复图像瑕疵？

Photoshop 可以修复有瑕疵的图像，这得益于其中的多种图像修复工具。在使用这些修复工具对图像进行修复时，很多初学者都认为图像修复过程非常神奇，实际上其背后的原理非常简单，用一句话来概括，就是用正确的像素覆盖错误的像素，而这些修复工具可以帮我们快速实现这一过程。本课将为大家详细介绍图像修复工具组。

学习指导

本课内容重要性为【必修课】。

本课时的学习时间为 40 ～ 50 分钟。

本课的知识点是掌握多种图像修复工具的操作方法。

课前预习

扫描二维码观看教学视频，对本课知识进行预习。

7.1.1 “污点修复画笔”工具

图像修复工具组可用于修复图像中的瑕疵，移除图片中的污点和错误色斑。该工具组包括 5 个工具，分别为“污点修复画笔”工具、“修复画笔”工具、“修补”工具、“内容感知移动”工具、“红眼”工具，如图 7-1 所示。

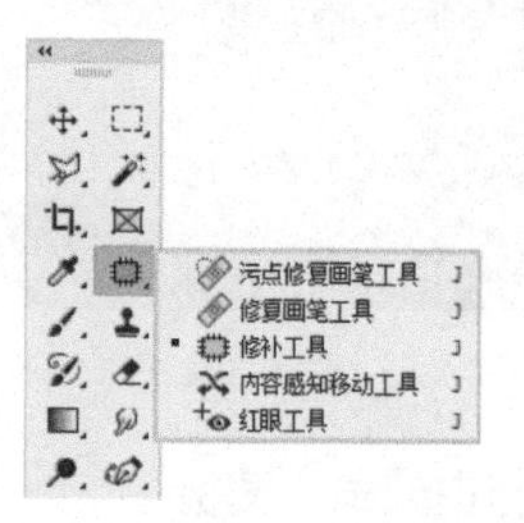

图 7-1

首先我们来学习“污点修复画笔”工具，该工具可以快速移除照片中的污点和其他不理想部分。接下来我们就在具体的操作中学习“污点修复画笔”工具的使用方法。

（1）打开本书附带文件 \Chapter-07\“美容海报 - 人物 .tif”，如图 7-2 所示。

图 7-2

（2）在工具箱内选择“污点修复画笔”工具，其工具选项栏如图 7-3 所示。

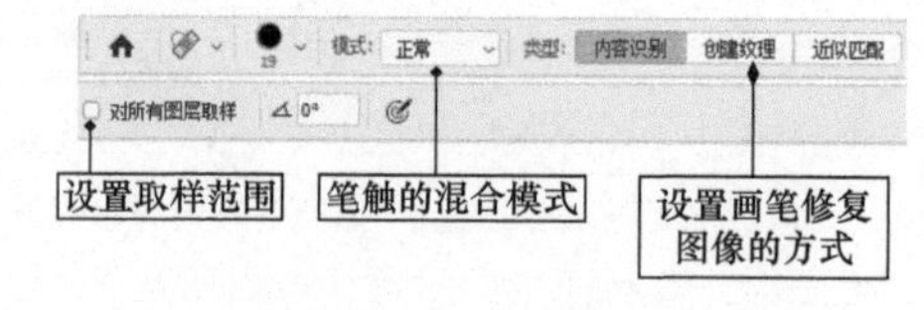

图 7-3

（3）观察素材图片，会发现人物的皮肤上存在瑕疵，如图 7-4 至图 7-6 所示。

（4）在工具选项栏内设置较小的画笔，然后在人物面部的斑点上单击，如图 7-7 所示，该工具会自动在图像上进行取样，并将取样的像素与修复的像素相匹配。

图 7-4

图 7-5

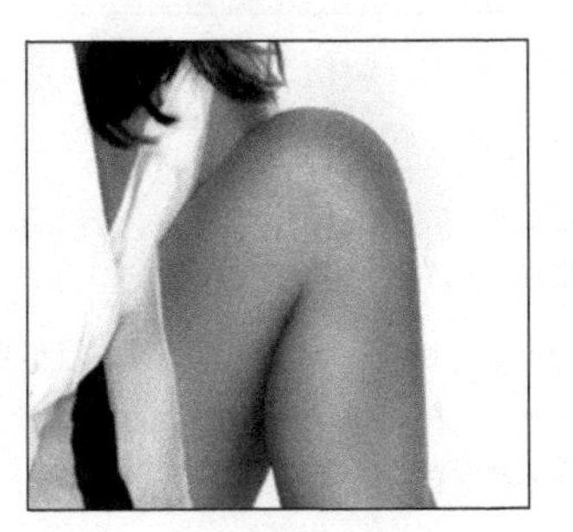

图 7-6

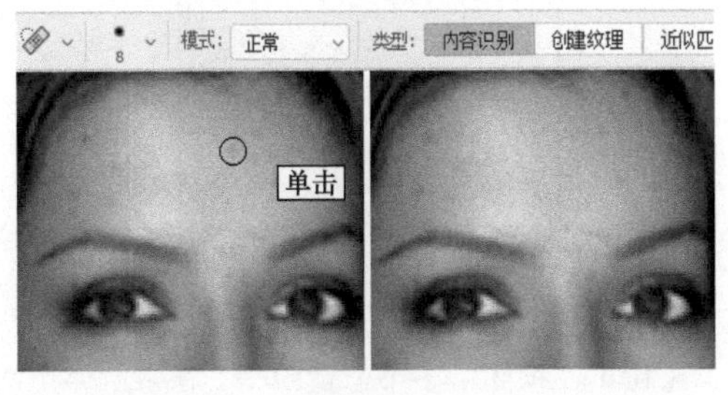

图 7-7

（5）取样完毕后，继续使用“污点修复画笔”工具在人物的面部单击，将斑点去除，如图 7-8 和图 7-9 所示。

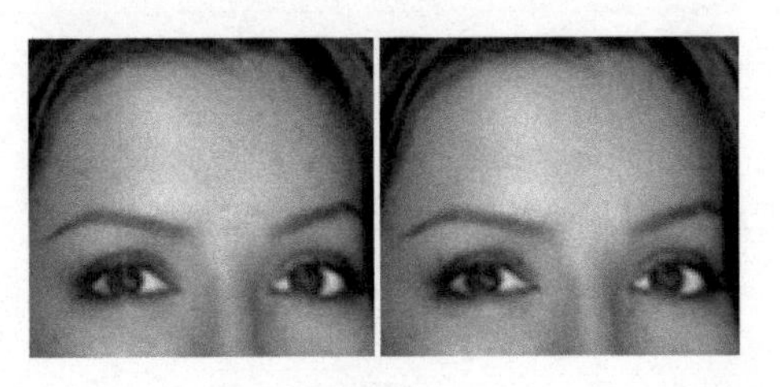

图 7-8

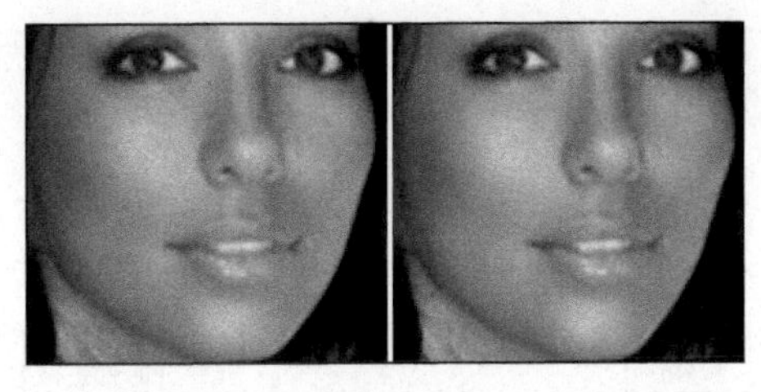

图 7-9

（6）在工具选项栏中更改画笔大小，然后在人物的胳膊和腿部单击，对瑕疵进行修复，如图 7-10 和图 7-11 所示。

图 7-10

图 7-11

7.1.2 “修复画笔”工具

“修复画笔”工具的工作方式与“污点修复画笔”工具类似，也是利用图像或图案中的样本像素对图像进行修复。与“污点修复画笔”工具不同的是，“修复画笔”工具必须先从图像中取样，然后再将样本应用到修复区域。下面结合具体操作来学习该工具的使用方法。

（1）执行“文件”→“打开”命令，打开本书附带文件 \Chapter-07\“美容海报 - 背景 .psd”，如图 7-12 所示。

图 7-12

（2）在工具箱内选择“修复画笔”工具，其工具选项栏如图 7-13 所示。

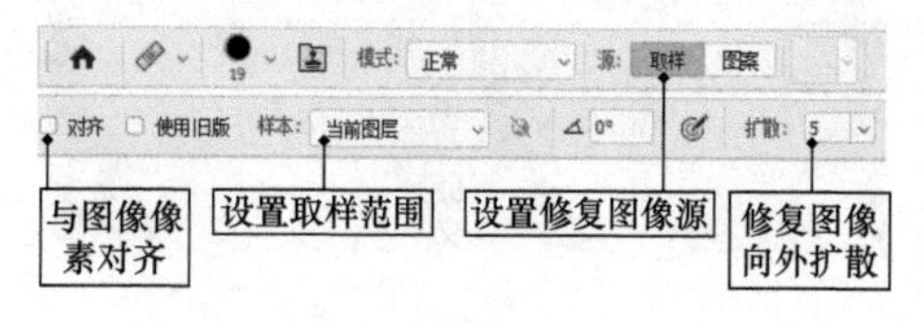

图 7-13

（3）工具选项栏中的“源”选项包括“取样”和“图案”两个选项。“取样”选项是利用从图像中定义的图像进行修复，默认状态下为选择状态。

（4）按住 <Alt> 键，鼠标指针变成⊕，在图 7-14 所示的背景上单击，定义取样点。

图 7-14

（5）在背景底部有污渍的部位单击并拖动鼠标，即可对污渍进行修复，效果如图 7-15 所示。

图 7-15

（6）在工具选项栏中设置“模式”为“替换”，按住 <Alt> 键，在图 7-16 所示的位置单击，定义取样点，在污渍部位单击并拖动鼠标，将其修复，如图 7-17 所示。

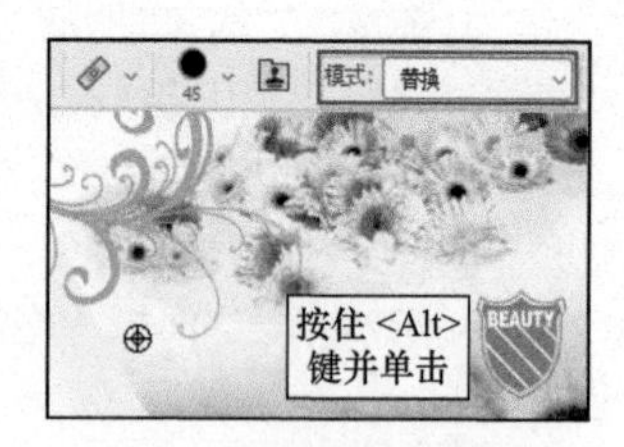

图 7-16

图 7-17

（7）使用同样的操作方法将背景底部的污渍修复干净，效果如图 7-18 所示。

图 7-18

（8）在工具选项栏内选择“图案”选项，该选项是利用右侧的图案对图像进行修复。选择该选项不需要对图像进行取样，在需要修复的位置拖动鼠标即可，效果如图 7-19 所示。

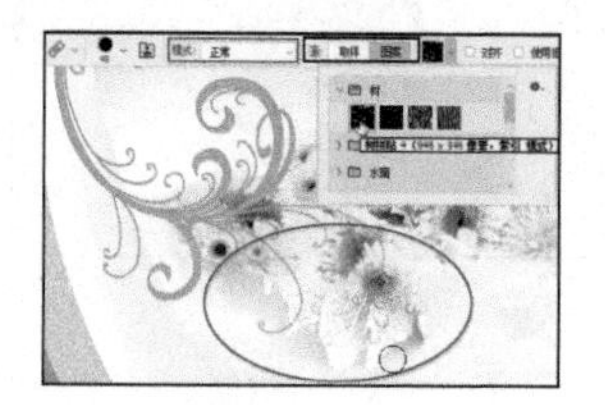

图 7-19

提示

执行完此项操作后按 <Ctrl+Z> 组合键，还原到使用图案进行修复前的状态。

（9）选择“取样”选项，确认“对齐”复选框为未选中状态，按住 <Alt> 键的同时在图 7-20 所示的花纹位置上单击，对其取样。

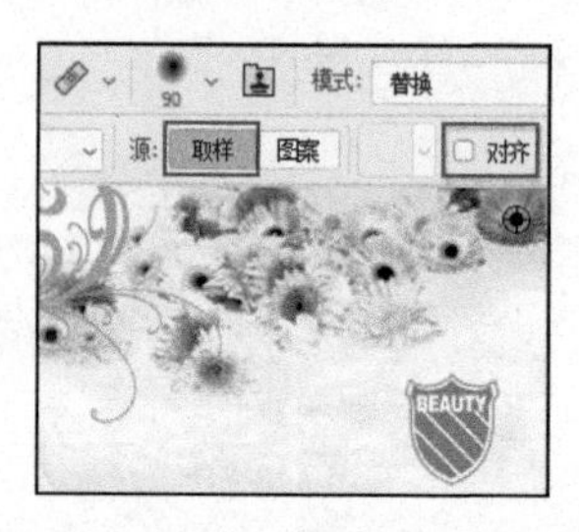

图 7-20

（10）在视图中多个位置单击，在每次停止并重新开始绘画时，系统将使用初始取样点中的样本像素，效果如图 7-21 所示。

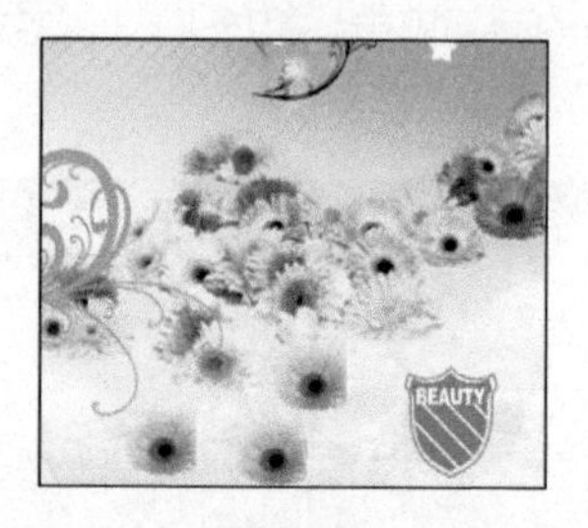

图 7-21

（11）选中“对齐”复选框可以对像素进行连

续取样。将图像恢复到没有复制花朵图像的状态，选中“对齐”复选框，然后在背景上单击涂抹，效果如图 7-22 所示。

图 7-22

提示

按<Ctrl+Z>组合键，可以撤销上一步操作。

（12）工具选项栏的“样本”选项下拉列表中有 3 个选项，各选项功能如图 7-23 所示。

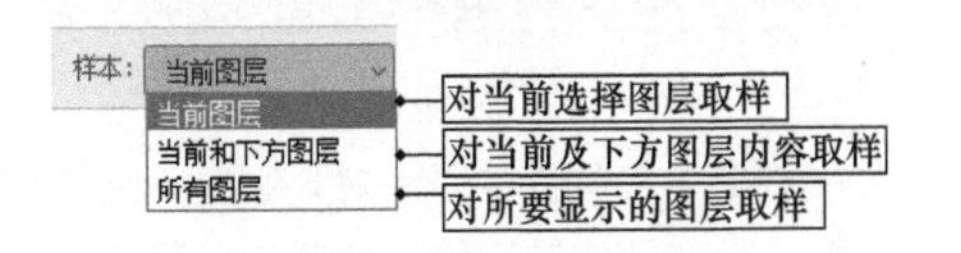

图 7-23

7.1.3 “修补”工具

“修补”工具可以说是对“修复画笔”工具的一个补充。“修复画笔”工具使用画笔来进行图像的修复，而“修补”工具则通过选区来进行图像的修复。下面我们通过具体操作来学习该工具的使用方法。

（1）切换到“美容海报 – 人物 .tif”文件，选择“移动”工具，将人物图像拖动到“美容海报 – 背景 .psd”文件中并调整其大小与位置，效果如图 7-24 所示。

图 7-24

（2）下面对人物的头顶部位进行修补。在工具箱内选择“修补”工具，其工具选项栏如图 7-25 所示。

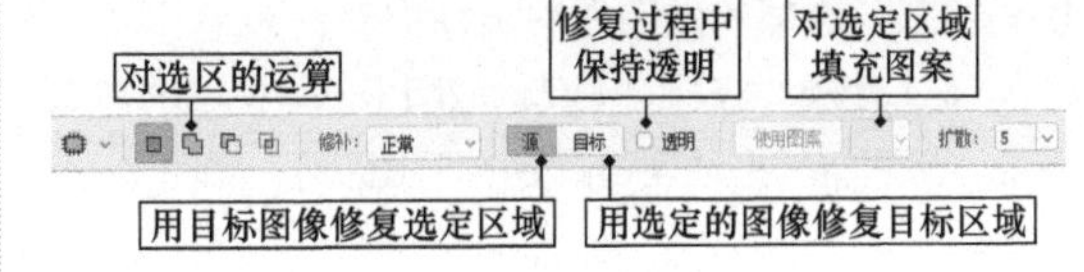

图 7-25

（3）确认工具选项栏内的“源”选项为选择状态，在视图中单击并拖动鼠标，在人物的头发残缺处绘制选区，如图 7-26 所示。

图 7-26

（4）向下拖动选区至正确的样本图像区域，到合适位置后松开鼠标，可以看到选区内有头发的像素被修补，但空白处没有被修补，如图 7-27 所示。

图 7-27

（5）确认前景色为黑色，按 <Alt+Delete> 组合键，将选区填充为黑色。继续使用“修补”工具，将选区向下拖动，到合适位置后松开鼠标，选区内的图像被修补，如图 7-28 所示。

图 7-28

提示

通过上面的操作可以发现，使用“修补”工具创建选区的操作方法与“套索”工具相同。另外，在修复图像中的像素时，选择较小区域可以获得更佳的效果。

（6）在工具选项栏内选择“目标”选项，该选项与“源”选项的使用方法恰好相反。

（7）使用“修补”工具选取用于修复区域的样本图像，然后将其拖动到要修复的区域即可，如图 7–29 所示。

图 7–29

提示

选中“透明”复选框后，可以给修复的区域应用透明度。

（8）选择“源”选项，使用“修补”工具在图像中需要修复的区域绘制一个选区，这时“使用图案”按钮呈可用状态。

（9）单击“使用图案”按钮，可以使用图案纹理对选区内容进行修复，如图 7–30 所示。如果图像中没有选区，则此按钮不可用。

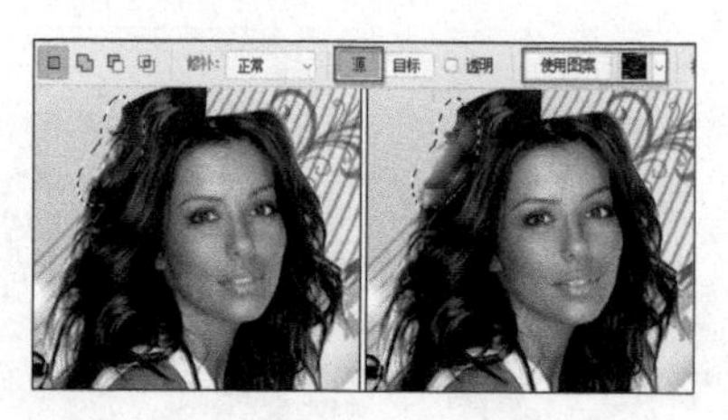

图 7–30

提示

此项操作完成后按 <Ctrl+Z> 组合键，可撤销上一步操作。

（10）参照以上修补头发的方法，将头发右侧残缺处修补完整，效果如图 7–31 所示。

图 7–31

7.1.4 “红眼”工具

图像修复工具组中还有一个工具是“红眼”工具，它可以移除用闪光灯拍摄的人物照片中的红眼，也可以移除用闪光灯拍摄的动物照片中的白色或绿色反光。接下来我们就来学习如何消除红眼。

（1）选择“红眼”工具，其工具选项栏如图 7–32 所示。

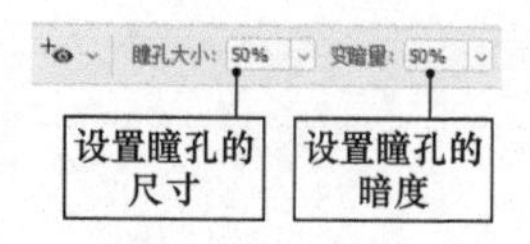

图 7–32

（2）保持“红眼”工具选项栏为默认设置，移动鼠标指针到人物的红眼上，绘制一个选框将红眼选中，如图 7–33 所示，松开鼠标即可将选取的红眼修复。

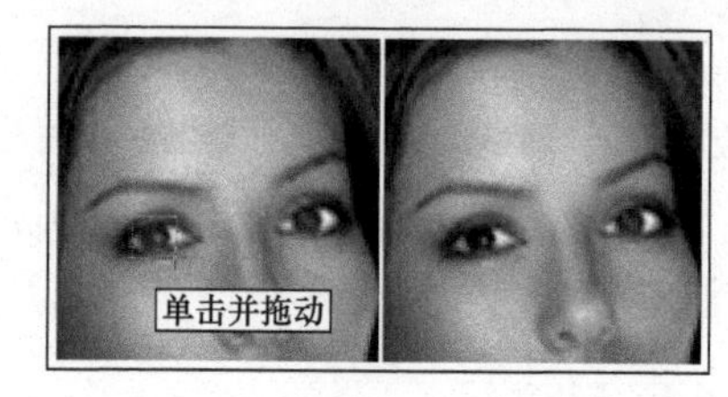

图 7–33

（3）参照上面的操作方法对人物另一侧的红眼进行修复，眼球部位的红色将被替换为黑色，效果如图 7–34 所示。

图 7–34

（4）选择“橡皮擦”工具，擦除人物左侧的衣服图像，完成本实例的制作，效果如图 7–35 所示。读者可以打开本书附带文件 \Chapter–07\“美容海报 .psd”进行查看。

图 7–35

7.1.5 “内容感知移动”工具

“内容感知移动”工具是一个相对智能的修复

工具，该工具可以对内容进行识别，然后进行智能填充，使图像的编辑处理更加方便。

（1）执行“文件”→“打开”命令，打开本书附带文件\Chapter-07\“婚纱照片.psd”，如图7-36所示。

图 7-36

（2）在“图层”调板中选择“背景”图层。选择“内容感知移动”工具，其工具选项栏如图7-37所示。

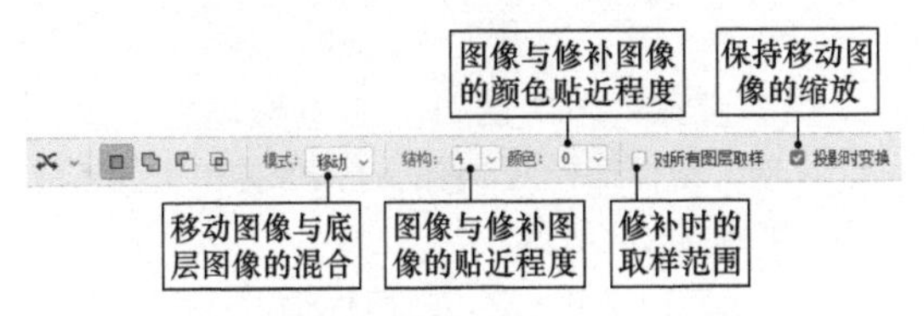

图 7-37

（3）选择“内容感知移动”工具，沿着人物和大树的轮廓单击并拖动鼠标以创建选区，如图7-38所示。

图 7-38

（4）在“内容感知移动”工具选项栏中单击“添加到选区”按钮，在裙摆处单击并拖动鼠标以添加选区，如图7-39所示。

图 7-39

（5）使用“内容感知移动”工具，水平向左移动选区中的内容，如图7-40所示。

图 7-40

（6）松开鼠标，完成智能的内容感知移动，如图7-41所示，将人物图像向左移动，以调整构图。

（7）仔细观察人物脸部，发现其被部分树叶遮盖，影响整体效果，如图7-42所示。按<Ctrl+Z>组合键取消上一步的操作。

图 7-41　　图 7-42

（8）在“内容感知移动”工具选项栏中设置“结构”选项为最大参数，再次向左移动选区中的内容，松开鼠标，人物脸部得到明显的改善，如图7-43所示。

图 7-43

（9）显示隐藏的图像，完成本实例的制作，效果如图7-44所示。读者可以打开本书附带文件\Chapter-07\“婚纱照片美化.psd”进行查看。

图 7-44

7.2 课时 23：如何快速创建装饰纹理？

在对图像进行修饰美化的过程中，我们常常需要创建一些用于装饰的纹理。图章工具组就专门用于解决该问题。图章工具组包含两个工具，分别为“仿制图章”工具和“图案图章”工具，使用这两个工具都可以轻松地创建纹理，但它们的操作原理略有区别。“仿制图章”工具主要是复制周围的图案纹理，然后绘制出新的纹理；而“图案图章”工具则是根据笔触设定的纹理，涂抹出纹理图案。虽然操作不同，但这两个图章工具的功能都是为画面创建纹理。下面来学习它们的使用方法。

学习指导

本课内容重要性为【必修课】。

本课时的学习时间为 30 ～ 40 分钟。

本课的知识点是掌握图章工具组的操作方法。

课前预习

扫描二维码观看教学视频，对本课知识进行预习。

7.2.1 “仿制图章”工具

使用“仿制图章”工具可以从图像中取样，然后将样本应用到其他图像或同一图像的其他部分。下面通过实际操作来演示“仿制图章”工具的使用方法。

（1）执行“文件”→“打开”命令，打开本书附带文件 \Chapter-07\“果汁 .psd”和“桃子 .jpg”，如图 7-45 和图 7-46 所示。

图 7-45

图 7-46

（2）选择“桃子 .jpg”文件，打开“路径”调板，按住 <Ctrl> 键的同时在“路径”调板中单击“路径 1”，将路径转换为选区，如图 7-47 所示，效果如图 7-48 所示。

图 7-47

图 7-48

（3）选择“仿制图章”工具，其工具选项栏如图 7-49 所示。

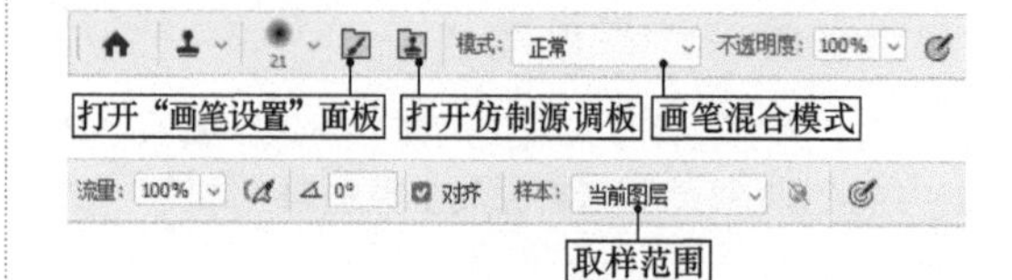

图 7-49

（4）设置“仿制图章”工具选项栏，按住 <Alt> 键，鼠标指针变成⊕，在图像中单击确定取样点，如图 7-50 所示。

（5）松开 <Alt> 键，将鼠标指针移动到要复制的图像上，然后单击并拖动鼠标复制图像，这时取样点由十字图标标注，如图 7-51 所示。

图 7-50

图 7-51

（6）默认状态下“对齐”复选框为选中状态，在视图中单击取样点连续取样，始终和画笔保持平行状态，如图 7-52 所示。

（7）按 <Ctrl+Z> 组合键，将图像恢复至载入选区后的状态。

（8）取消选中“对齐”复选框，按住 <Alt> 键的同时在相应的位置单击取样，如图 7-53 所示。

图 7-52

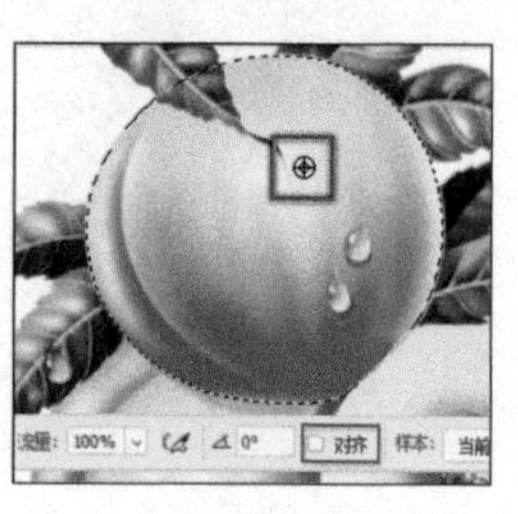

图 7-53

（9）在视图中单击，发现取样点始终保持在最初的位置，如图 7-54 所示。

（10）多次定义取样点，继续修复图像，将桃子上的叶子图像移除，效果如图 7-55 所示。

图 7-54

图 7-55

（11）选择“移动”工具，将选区内的桃子图像拖动到“果汁.psd”文件中，并调整桃子图像的大小、位置及角度，效果如图 7-56 所示。

（12）将桃子图像复制多个并分别调整其大小、位置和角度，效果如图 7-57 所示。

图 7-56

图 7-57

（13）切换到“桃子.jpg”文件中，在“路径”调板中将“路径 2”中的路径载入选区，如图 7-58 所示。

（14）选择“仿制图章”工具，“仿制图章”工具选项栏中的“样本”选项下拉列表中有 3 种选项，如图 7-59 所示。

图 7-58

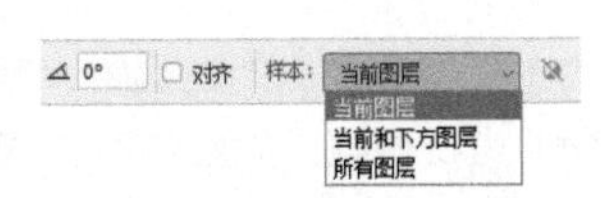

图 7-59

（15）选择“当前图层”选项，“仿制图章”工具只能从当前图层中取样。在“图层”调板中新建“图层 1”，如图 7-60 所示。

（16）按住 <Alt> 键，在图 7-61 所示的位置单击定义取样点。

（17）在视图中单击并拖动鼠标，这时我们发现没有任何图像被复制，这是因为“图层 1”是空白的，如图 7-62 所示。

图 7-60

图 7-61

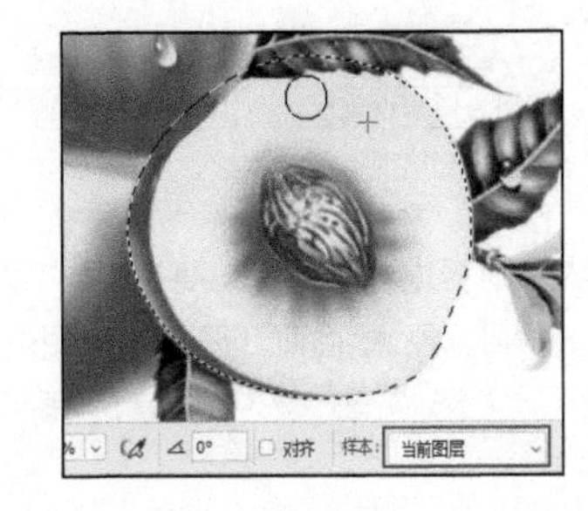

图 7-62

（18）按 <Ctrl+Z> 组合键撤销上两步的操作。

（19）按住 <Alt> 键，定义取样点，如图 7-63 所示，然后对桃子图像进行修复，效果如图 7-64 所示。

图 7-63

图 7-64

提示

在修复桃子图像时，要多次定义取样点，并适当调整画笔的大小。

（20）选择“移动”工具，将修复好的桃子图像拖动到“果汁.psd”文件中，并对桃子的大小、位置和角度进行调整，效果如图 7-65 所示。

（21）将桃子复制两个，并分别对其大小和位置进行调整，效果如图 7-66 所示。

图 7-65

图 7-66

7.2.2 “图案图章”工具

使用“图案图章”工具可以创建出具有单元图案平铺效果的图像，下面我们来学习“图案图章”工具的使用方法。

（1）继续上节的操作，选择工具箱中的“图案图章”工具，其工具选项栏如图 7-67 所示。

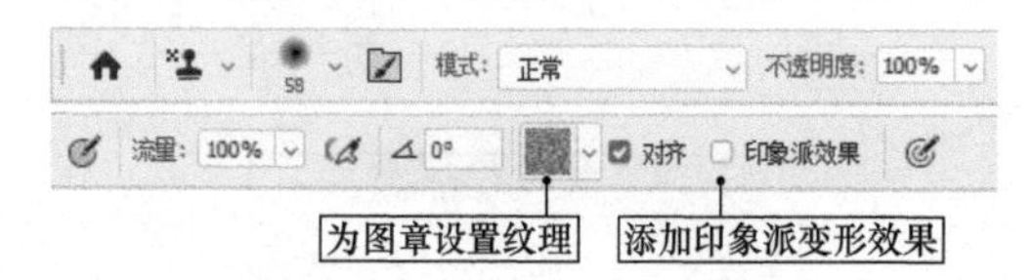

图 7-67

（2）选中“印象派效果”复选框，涂抹出的图像会有一种印象派绘画的效果，图 7-68 和图 7-69 展示了选中与不选中该复选框所绘制的图案效果。

图 7-68　　图 7-69

（3）按 <Ctrl+Z> 组合键撤销操作。

（4）执行“文件”→“打开”命令，打开本书附带文件 \Chapter-07\“小草 .psd”，如图 7-70 所示。

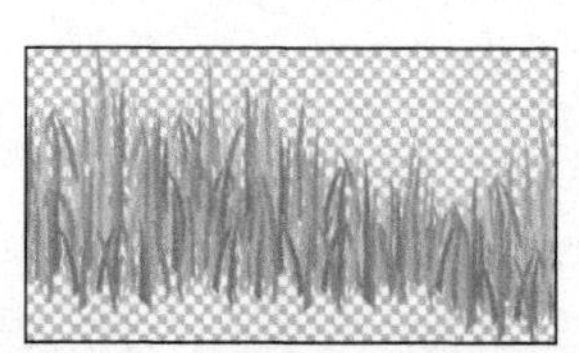

图 7-70

（5）执行“编辑”→“定义图案”命令，打开“图案名称”对话框，保持对话框为默认设置，单击“确定”按钮关闭对话框，将小草图像定义为图案，如图 7-71 所示。

图 7-71

（6）在“图案图章”工具选项栏中，选择自定义的小草图案，如图 7-72 所示。

图 7-72

（7）在“图层”调板中新建图层，使用设置好的“图案图章”工具，在文件的底部绘制小草图案，效果如图 7-73 所示。

（8）调整小草图案的图层顺序，效果如图 7-74 所示。

图 7-73　　图 7-74

（9）参照以上绘制小草图案的操作方法，在桃子的上层绘制小草图案，效果如图 7-75 所示。

（10）至此，本实例已经制作完毕，效果如图 7-76 所示。读者可以打开本书附带文件 \Chapter-07\“果汁广告 .psd”进行查看。

图 7-75　　图 7-76

7.3 课时 24：如何对图像细节做精细修饰？

在修复图像的过程中，常常需要对图像的局部细节进行调整，如修改图像局部的色彩、颜色对比度关系、纹理的清晰度等，可以通过涂抹工具组和减淡工具组来完成以上操作。本节将详细介绍这些工具的操作方法。

学习指导

本课内容重要性为【必修课】。

本课时的学习时间为 40 ～ 50 分钟。

本课的知识点是掌握涂抹工具组和减淡工具组的操作方法。

课前预习

扫描二维码观看教学视频，对本课知识进行预习。

7.3.1 “模糊”工具

涂抹工具组包括 3 个工具，分别为“模糊”工具、“锐化”工具和“涂抹”工具，使用该工具组中的工具，可以进一步修饰位图图像的细节，如将图像制作成模糊效果，或将模糊的图像制作成清晰的图像等，还可以模拟手指在湿颜料上涂抹产生的笔触效果，如图 7-77 所示。

使用“模糊”工具可以柔化图像中生硬的边缘。使用该工具对图像进行模糊处理时，会减少图像的细节。

（1）执行“文件”→“打开”命令，打开本书附带文件 \Chapter-07\“汽车 .psd”，如图 7-78 所示。

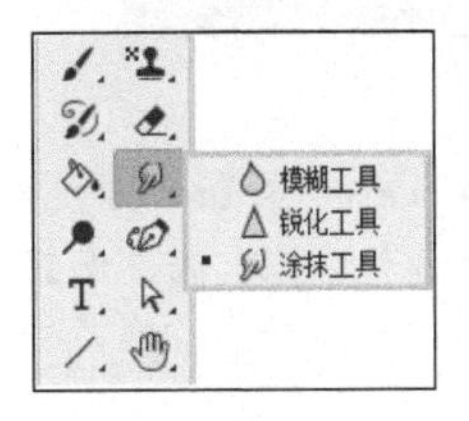

图 7-77

图 7-78

（2）在“图层”调板中单击“图层 1”前的眼睛图标，显示隐藏的图像，如图 7-79 所示，效果如图 7-80 所示。

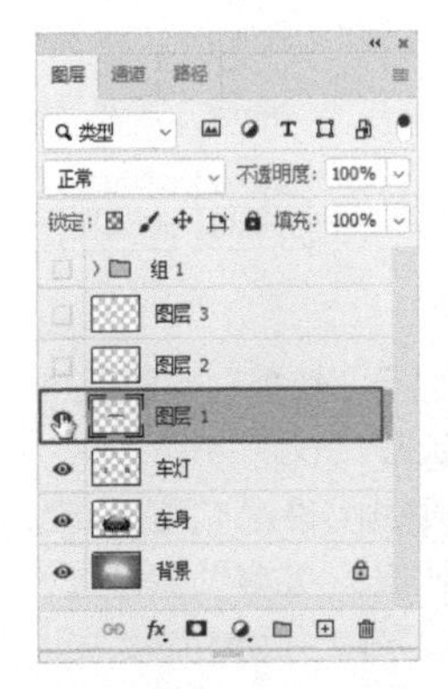

图 7-79

图 7-80

（3）在工具箱中选择“模糊”工具，其工具选项栏如图 7-81 所示。

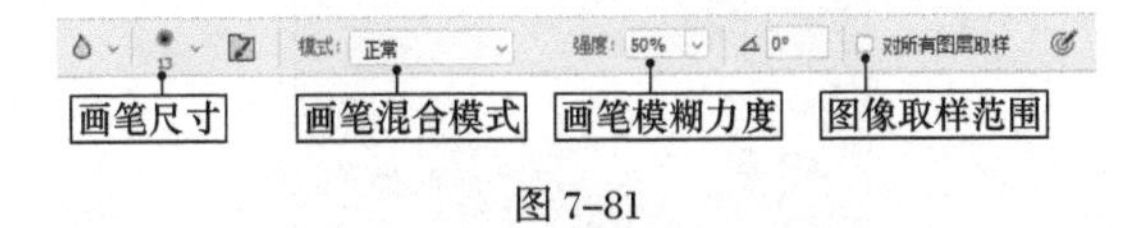

图 7-81

（4）“模糊”工具选项栏中的“模式”选项下拉列表中包含了 7 种模式，如图 7-82 所示。

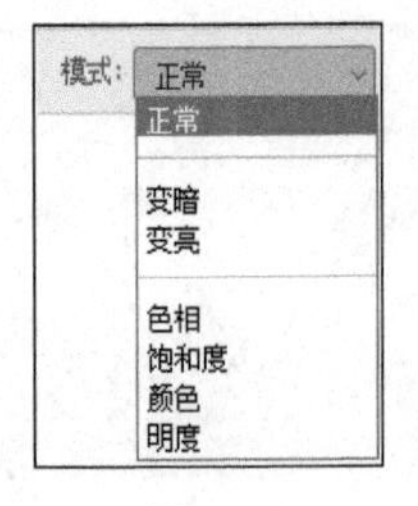

图 7-82

（5）在“模糊”工具选项栏中设置不同的模式，然后在图像上进行涂抹，效果如图 7-83 所示。

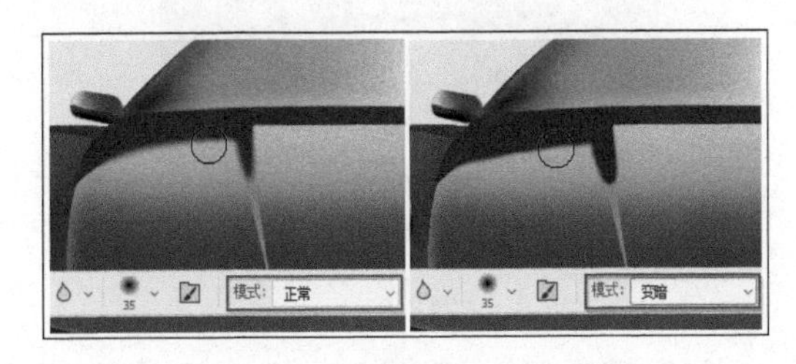

图 7-83

（6）“强度”选项可以指定“模糊”工具应用的描边强度，参数值越大，在视图中涂抹的效果越明显，设置不同的“强度”选项参数值在视图中涂抹，对比效果如图 7-84 所示。

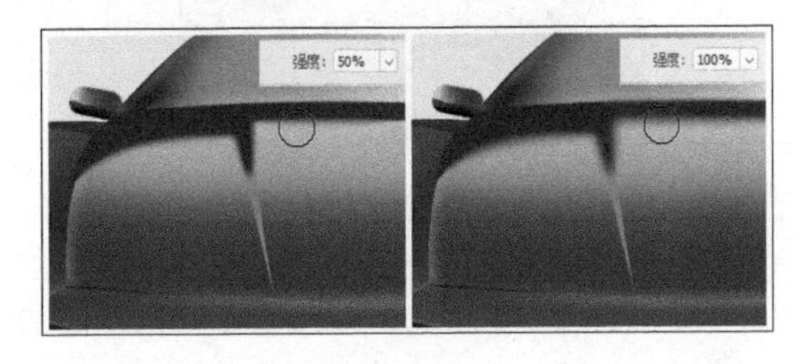

图 7-84

（7）选中“对所有图层取样”复选框，可以指定“模糊”工具只对当前图层进行模糊或是对所有图层进行模糊，图 7-85 所示为选中“对所有图层取样”复选框前后模糊图像的对比效果。

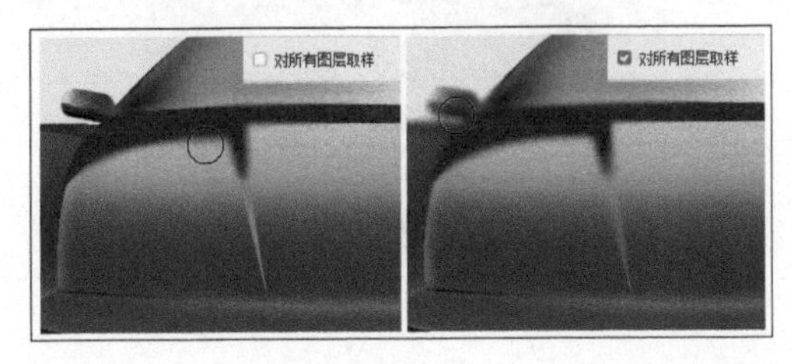

图 7-85

（8）将图像恢复到没有使用“模糊”工具处理时的状态，设置“模糊”工具选项栏，然后在图像上涂抹，为图像添加模糊效果，如图 7-86 所示。

（9）在“图层”调板中显示“图层 2”中的图像，效果如图 7-87 所示。

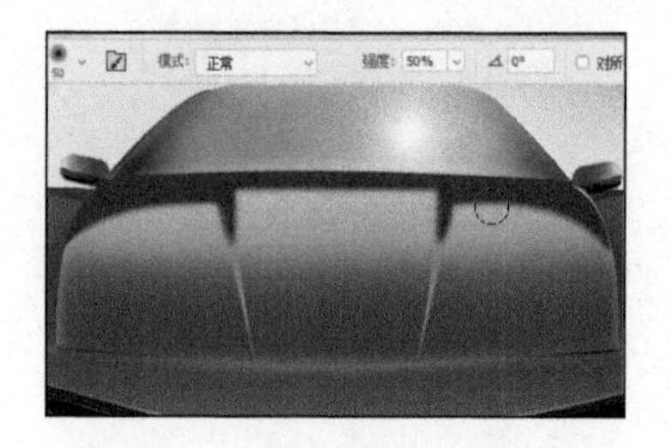

图 7-86

图 7-87

（10）选择“模糊”工具，参照图 7-88 设置“模糊”工具选项栏，然后在黄色图像上涂抹，将其模糊处理。

图 7-88

（11）使用同样的操作方法，在车身的其他部位制作发光线条，至此本实例已经制作完毕，效果如图 7-89 所示。读者可以打开本书附带文件 \Chapter-07\“汽车广告.psd”进行查看。

图 7-89

7.3.2 “锐化”工具

使用“锐化”工具可以增大像素之间的对比度，以提高画面清晰度。

（1）在“图层”调板中选择“车灯”图层，使其为可编辑状态，选择“锐化”工具，其工具选项栏如图 7-90 所示。

（2）“锐化”工具选项栏与“模糊”工具选项栏中的内容相同，使用方法也相同，使用“锐化”工具产生的效果，与使用“模糊”工具产生的效果正好相反。

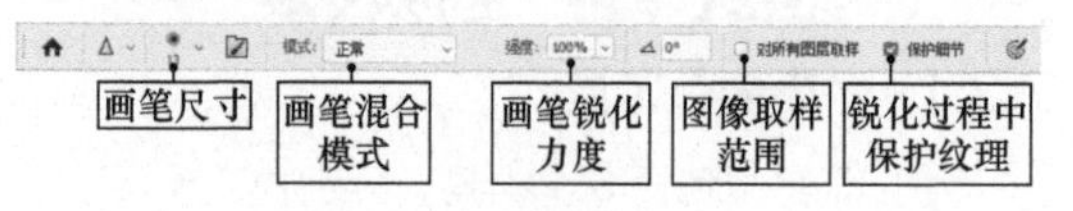

图 7-90

（3）“强度”选项可以指定“锐化”工具应用的描边强度，设置得过高会导致图像出现类似划痕的色斑像素。设置不同的“强度”选项参数值在车灯图像上涂抹，对比效果如图 7-91 所示。

图 7-91

（4）在“锐化”工具选项栏中设置“强度”为 50%，依次在两个车灯上进行涂抹，将图像锐化处理。

7.3.3 “涂抹”工具

使用“涂抹”工具可以模拟手指在湿颜料上涂抹产生的笔触效果。

（1）选择工具箱中的“涂抹”工具，其工具选项栏如图 7-92 所示。

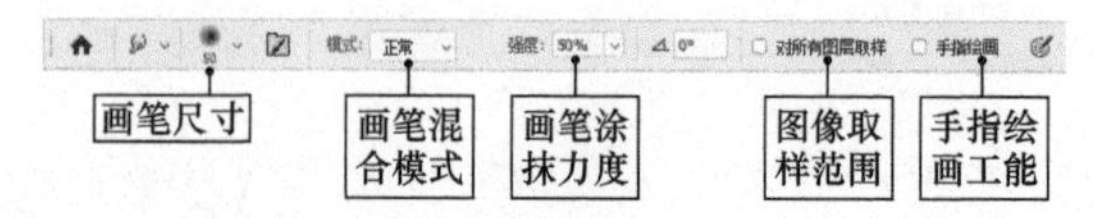

图 7-92

（2）在“图层”调板中显示“线条”图层，并确认“背景”图层为可编辑状态。

（3）在“涂抹”工具选项栏中，设置不同的“强度”值，涂抹出不同的光晕效果，“强度”值越大，涂抹效果越明显，对比效果如图 7-93 和图 7-94 所示。

图 7-93

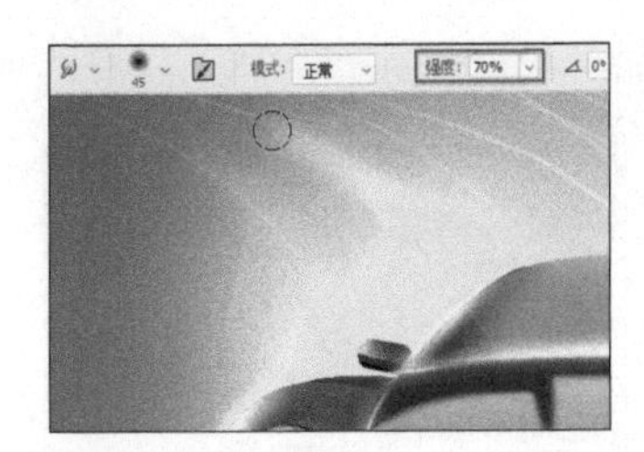

图 7-94

（4）选中“手指绘画”复选框，可以使用前景色从每次操作的起点进行涂抹；取消选中该复选框，可以使用鼠标单击处的像素颜色进行涂抹，对比效果如图 7-95 和图 7-96 所示。

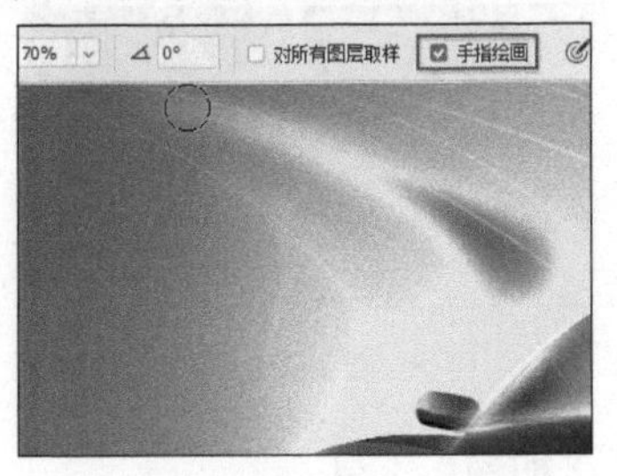

图 7-95

图 7-96

（5）选择“涂抹”工具，参照图 7-97 沿线条方向进行涂抹。

图 7-97

（6）显示“组 1”图层组，完成本实例的制作，效果如图 7-98 所示。读者可以打开本书附带文件 \Chapter-07\“汽车广告.psd”进行查看。

图 7-98

7.3.4 “减淡”工具

减淡工具组中也包括 3 个工具，分别为“减淡”工具、“加深”工具和“海绵”工具，使用该工具组中的工具，可以调整指定区域或图层的图像明暗度，以及更改图像色彩的饱和度，如图 7-99 所示。此工具组中的工具的使用方法较为简单，下面就来认识一下这些工具。

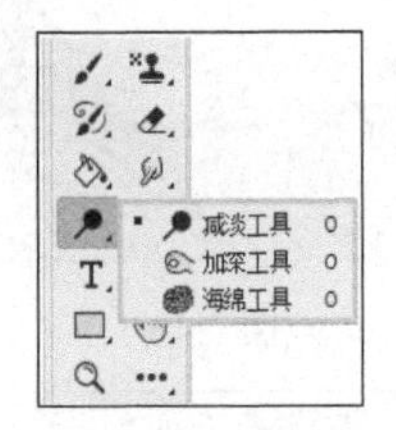

图 7-99

“减淡”工具可通过提高图像的亮度来校正图像的曝光度。下面我们就在具体的操作中学习“减淡”工具的使用方法。

（1）执行“文件”→“打开”命令，打开本书附带文件 \Chapter-07\“人物插画.psd”，如图 7-100 所示。

图 7-100

（2）选择“减淡”工具，其工具选项栏如图 7-101 所示。

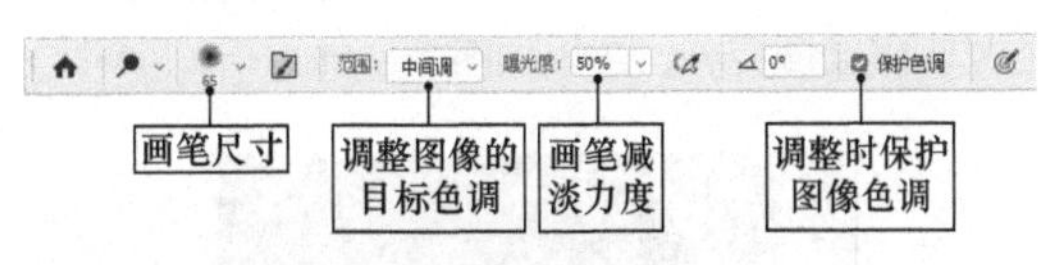

图 7-101

（3）选择“皮肤”图层，保持“减淡”工具选项栏中的“保护色调”复选框为选中状态，然后在人物脸部的高光处涂抹，可使图像保持自然的色调，避免图像过亮，如图 7-102 所示。

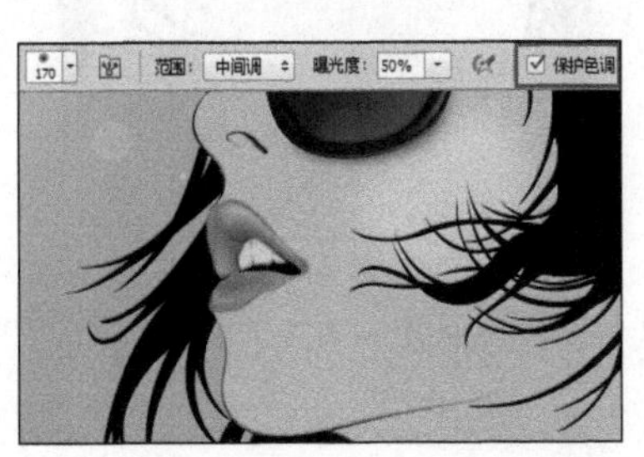

图 7-102

（4）按 <Ctrl+Z> 组合键，取消上一步的操作。设置“曝光度”选项，其值越大，画笔的效果越明显，对比效果如图 7-103 和图 7-104 所示。

图 7-103

图 7-104

（5）单击“范围”选项的倒三角按钮，弹出图 7-105 所示的下拉列表，在其中选择“阴影”选项。

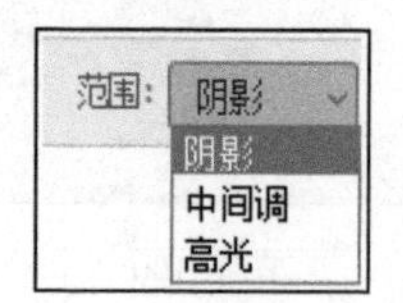

图 7-105

（6）选择“眼镜”图层，在眼镜图像上涂抹，使其阴影区域变亮，效果如图 7-106 所示。

图 7-106

注意

使用“减淡”工具在图像上多次单击并拖动鼠标，减淡效果将累加作用于图像上。

（7）在“范围”选项的下拉列表中选择“中间调”选项，在眼镜图像上涂抹，使整个眼镜均匀地变亮，如图 7-107 所示。

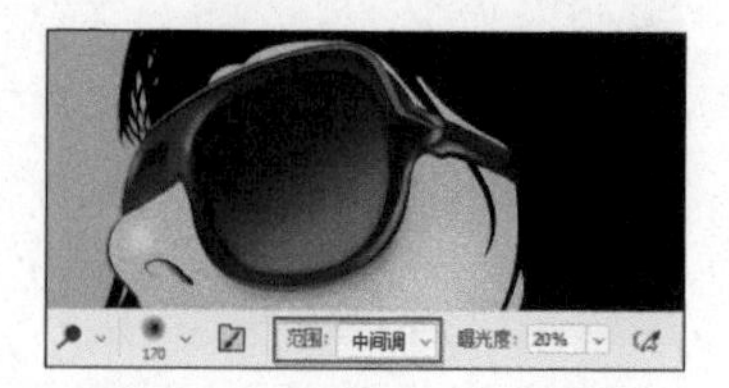

图 7-107

（8）在“范围”选项的下拉列表中选择“高光”选项，在眼镜图像上涂抹，使其较亮的区域变亮，如图 7-108 所示。

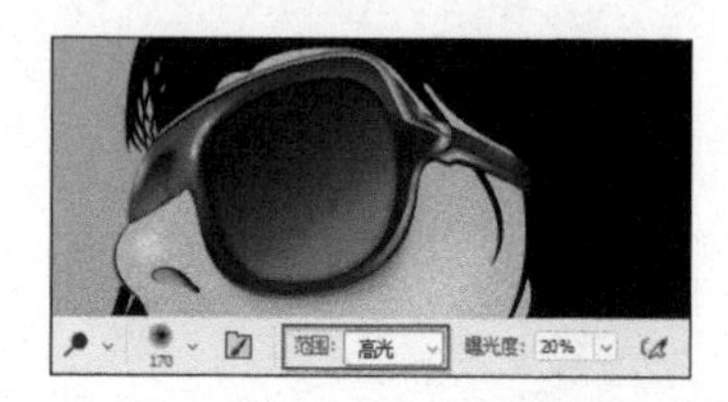

图 7-108

7.3.5 “加深”工具

“加深”工具的功能与“减淡”工具的功能相反，它可以降低图像的亮度，通过加暗来校正图像的曝光度。

（1）选择“加深”工具，设置其工具选项栏如图 7-109 所示。

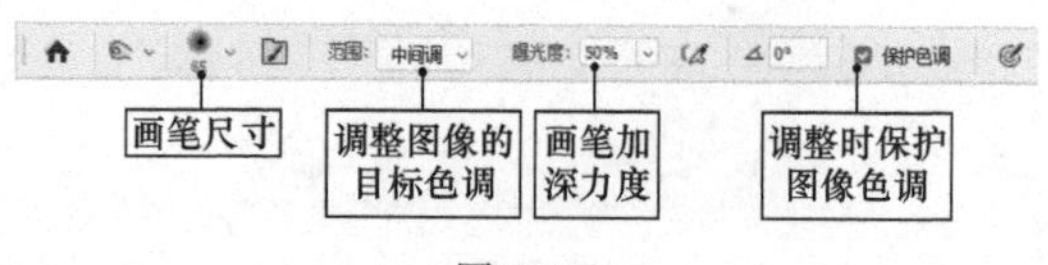

图 7-109

注意

由于“加深”工具与“减淡”工具的设置基本相同，这里不再重复介绍。

（2）选择“皮肤”图层，使用“加深”工具制作出人物皮肤的暗部，效果如图 7-110 所示。

图 7-110

7.3.6 “海绵”工具

“海绵”工具可以精确地更改图像的色彩饱和度，让图像的颜色变得更鲜艳或者更灰暗。如果是在“灰度”模式下，该工具可以增加或降低画面的对比度。

（1）选择“海绵”工具，其工具选项栏如图 7-111 所示。

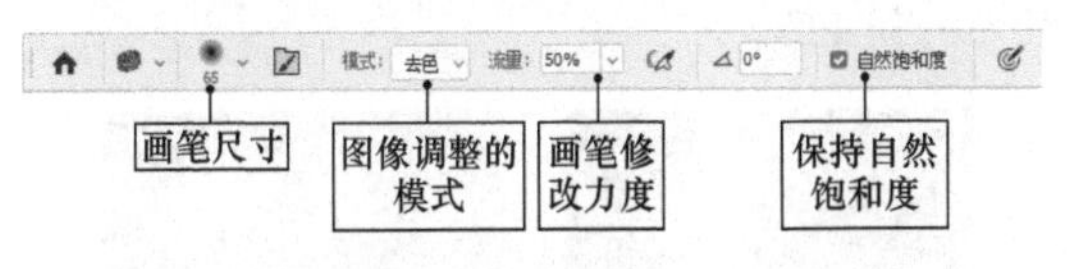

图 7-111

（2）选择“模式”选项中的“去色”选项，在人物皮肤上涂抹，降低其饱和度，图 7-112 和图 7-113 所示为设置不同“流量”参数值的涂抹效果。

图 7-112

图 7-113

提示

设置“流量”选项，可以调整画笔的应用程度，其值越大，绘制的效果越明显。

（3）选择“嘴唇”图层，在“模式”选项中选择“加色”选项，然后在嘴唇图像上涂抹，增强其颜色饱和度，图 7-114 和图 7-115 所示为设置不同“流量”参数值的涂抹效果。

图 7-114

（4）至此本实例已经制作完成，效果如图 7-116 所示。读者可以打开本书附带文件 \Chapter-07\“人物插画完成.psd”进行查看。

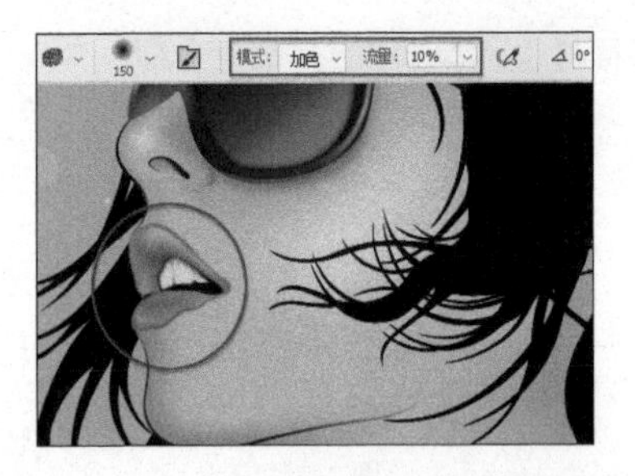

图 7-115

图 7-116

7.4　课时 25：如何制作图像的华丽背景？

在对图像进行美化修饰的过程中，我们常常需要制作装饰性的背景纹理，需要用到填充工具与擦除工具。Photoshop 提供了强大的渐变工具组和橡皮擦工具组，这些工具组包含了渐变工具、“油漆桶”工具填充、“橡皮擦”工具等。使用这些工具可以快速且准确地创建背景纹理。另外，Photoshop 还提供了“填充”命令，使用该命令也可以创建背景纹理。下面我们就开始学习这些内容。

学习指导

本课内容重要性为【必修课】。

本课时的学习时间为 40 ～ 50 分钟。

本课的知识点是掌握渐变工具组和橡皮擦工具组的操作方法。

课前预习

扫描二维码观看教学视频，对本课知识进行预习。

7.4.1　“渐变”工具

在工具箱中单击并按住“渐变”工具图标，展开渐变工具组，如图 7-117 所示。该工具组包含 3 个工具，即“渐变”工具、“油漆桶”工具、“3D 材质拖放”工具。“渐变”工具和“油漆桶”工具都属于颜色填充工具，填充效果有很大的差异，但各有特点和用处，对比效果如图 7-118 所示。“3D 材质拖放”工具主要是为 Photoshop 的 3D 模型设置表面材质，本章不对其进行介绍。

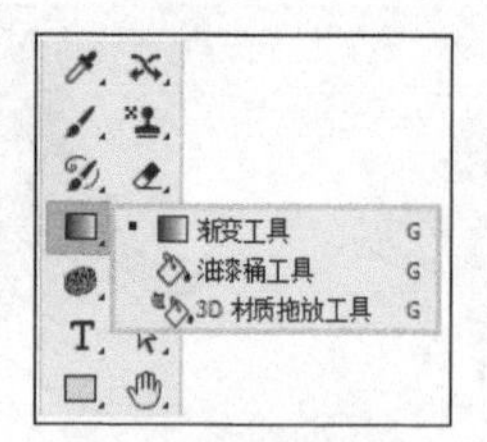

图 7-117

图 7-118

“渐变”工具用于填充图像，填充时可以创建多种颜色渐变混合效果，也可以从预设的渐变填充方式中选取或创建渐变色。

在图像上单击选择起点，然后拖动鼠标定义终点位置，松开鼠标即可在图像上填充渐变色。渐变色的长度和方向是根据拖动的线段的长度和方向来决定的。

（1）执行“文件”→“打开”命令，打开本书附带文件 \Chpater-07\“极限运动背景.psd”，如图 7-119 所示。

图 7-119

（2）确认“前景色”和“背景色”为系统默认的颜色，选择“渐变”工具，然后在视图中单击并拖动鼠标，即可在视图中绘制渐变色，对比效果如图 7-120 和图 7-121 所示。

图 7-120　　图 7-121

（3）“渐变”工具根据鼠标拖动的方向来确认渐变色的方向。从视图的右上角向视图的左下角拖动鼠标，如图 7-122 所示，可以绘制出图 7-123 所示的渐变色。

图 7-122　　图 7-123

1. 渐变填充方式

使用“渐变”工具可以创建多种颜色的混合效果。选择工具箱中的“渐变”工具，其工具选项栏如图 7-124 所示。

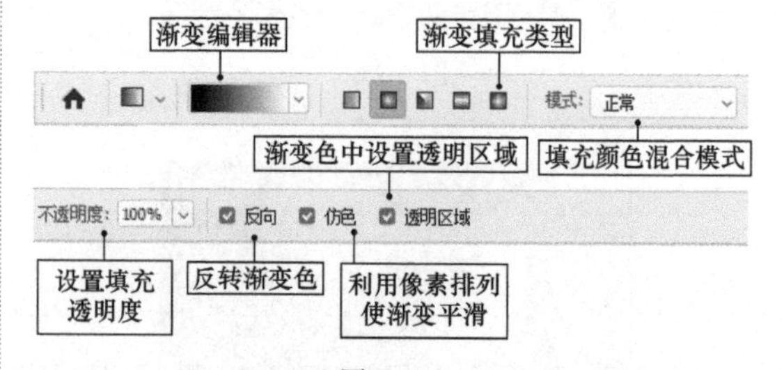

图 7-124

在“渐变”工具选项栏中单击渐变条右侧的倒三角按钮，打开“渐变”拾色器，该拾色器为用户提供了多种预设的渐变填充方式，用户可以直接从中选择需要的渐变填充方式。

（1）参照图 7-125 单击渐变条右侧的倒三角按钮，打开“渐变”拾色器，在该拾色器中可选择预设的渐变填充方式。

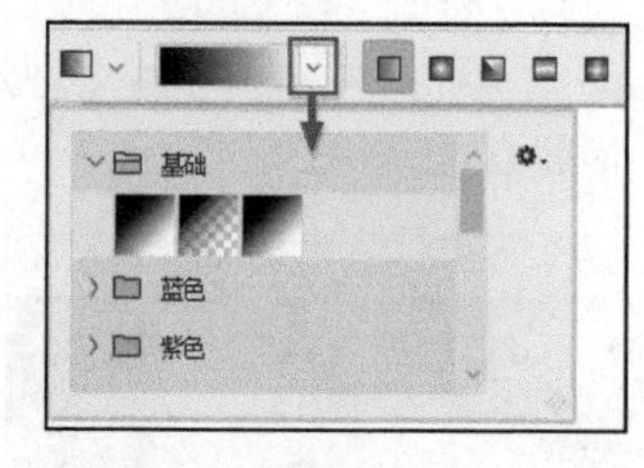

图 7-125

（2）“渐变”拾色器提供了丰富的渐变填充方式，如果这些渐变填充方式还不能满足工作的需要，用户也可以在“渐变”拾色器菜单内执行“导入渐变”命令，导入外部文件，获得更多的渐变填充方式，如图 7-126 所示。

2. 渐变填充类型

“渐变”工具选项栏中有 5 个渐变填充类型按

钮，分别为“线性渐变”“径向渐变”“角度渐变”、“对称渐变”“菱形渐变”按钮，这 5 个按钮代表 5 种渐变形状。下面以黑色、白色渐变色为例，演示这 5 种渐变填充类型。

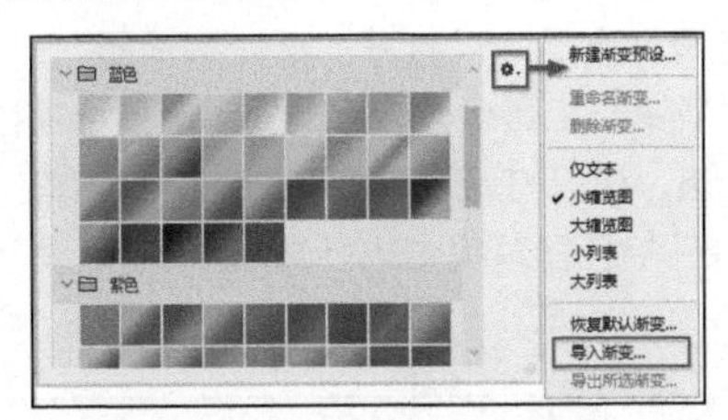

图 7–126

（1）在“渐变”工具选项栏内单击“线性渐变”按钮，单击并拖动鼠标，可创建自鼠标指针落点处至终点处的直线渐变效果，效果如图 7–127 所示。

注意

为清楚地观察填充渐变的效果，这里暂时隐藏了“人物”图层中的图像。

（2）单击“径向渐变”按钮，可创建以鼠标指针落点处为圆心，鼠标指针移动的距离为半径的圆形渐变效果，效果如图 7–128 所示。

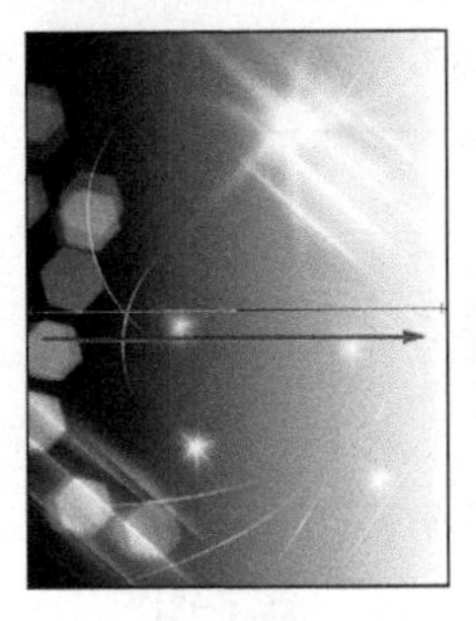

图 7–127

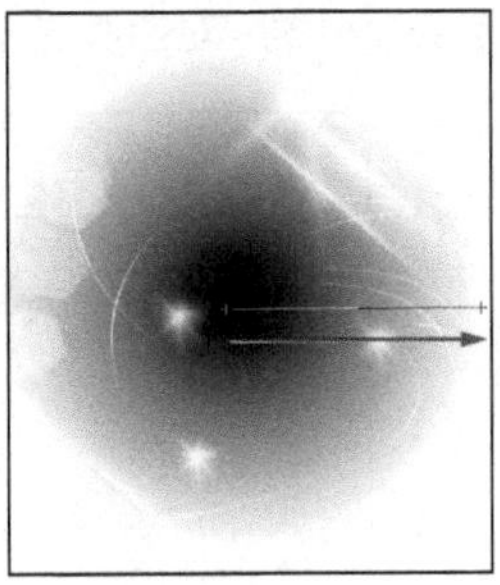

图 7–128

（3）单击“角度渐变”按钮，可创建以鼠标指针落点处为圆心，鼠标指针移动的角度起逆时针旋转 360° 的锥形渐变效果，效果如图 7–129 所示。

（4）单击“对称渐变”按钮，可创建自鼠标指针落点处至终点处的直线渐变效果，并且以鼠标指针落点处与拖动方向相垂直的直线为轴，进行对称渐变，效果如图 7–130 所示。

图 7–129

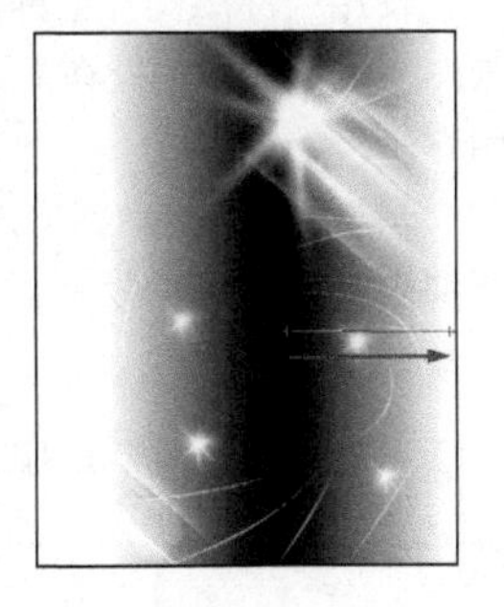

图 7–130

（5）单击“菱形渐变”按钮，可创建以鼠标指针落点处为圆心，鼠标指针移动的距离为半径的菱形渐变效果，效果如图 7–131 所示。

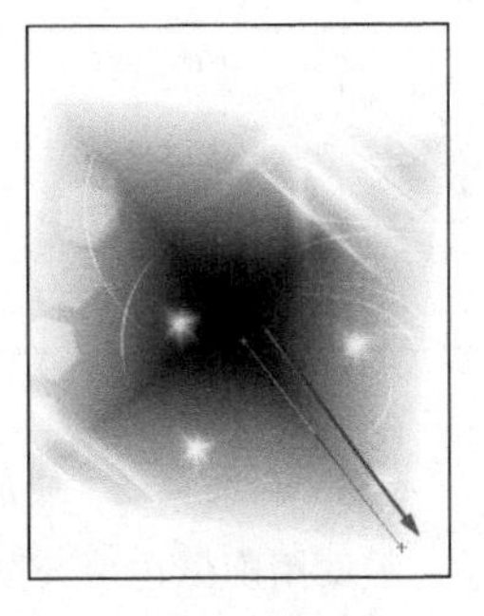

图 7–131

3. “反向”与“透明区域”选项

在“渐变”工具选项栏内选中“反向”复选框，渐变选项的颜色顺序将被颠倒。例如，将渐变色设置为由黑色到白色的渐变，选中“反向”复选框后，设置的渐变色将变为由白色到黑色的渐变，选中“反向”复选框前后的效果如图 7–132 所示。

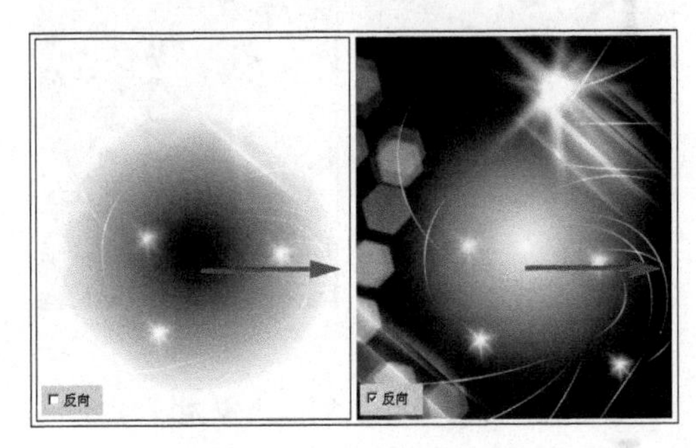

图 7–132

选中“透明区域”复选框，将支持在渐变效果中使用透明效果，取消选中“透明区域”复选框，则渐变效果中的透明效果都变为不透明。

（1）接着上面的操作。单击“人物”图层前的眼睛图标，显示人物图像。

（2）在工具箱中切换前景色和背景色。按 <Ctrl+Delete> 组合键，使用背景色填充“背景”图层，如图 7–133 所示。

图 7–133

（3）在“渐变”拾色器中选择“前景到透明”预设渐变，取消选中“透明区域”复选框，如图 7-134 所示。

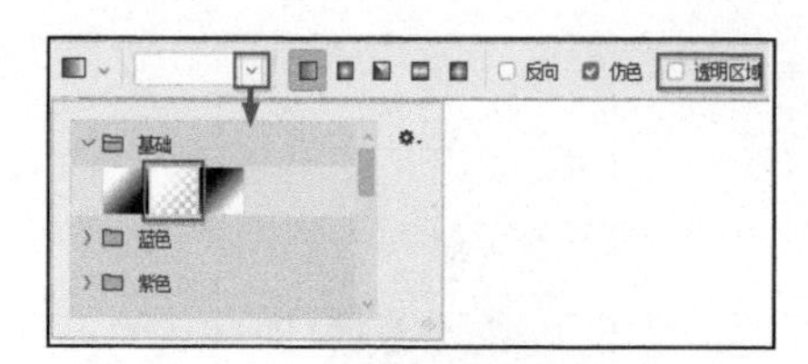

图 7-134

（4）使用“渐变”工具填充人物图像，效果如图 7-135 所示，将使用前景色填充图像，且不保留透明区域。

（5）按 <Ctrl+Z> 组合键，取消上一步的操作。选中“透明区域”复选框，并在视图中绘制渐变色，如图 7-136 所示，可绘制出从前景色到透明的渐变色。

图 7-135

图 7-136

（6）通过以上操作，相信大家对“渐变”工具有一些了解了，案例最终效果如图 7-137 所示。读者可以打开本书附带文件 \Chapter-07\“极限运动宣传页 .psd”进行查看。

图 7-137

4. 自定义渐变填充方式

虽然“渐变”工具已经为我们预设了很多渐变填充方式，但是面对多样的工作需求，这些恐怕还是远远不够用的，这时候我们就需要自定义渐变填充方式。

Photoshop 为我们提供了“渐变编辑器”对话框，从名称就可以看出，该对话框就是专门用来编辑渐变色的，我们所需要的任何渐变填充方式，都可以通过该对话框编辑出来。

有两种方式可以打开“渐变编辑器”对话框，选择“渐变”工具后，在“渐变”工具选项栏内单击渐变条，可以打开“渐变编辑器”对话框；或者在“渐变”拾色器菜单中执行“新建渐变预设”命令，如图 7-138 所示。

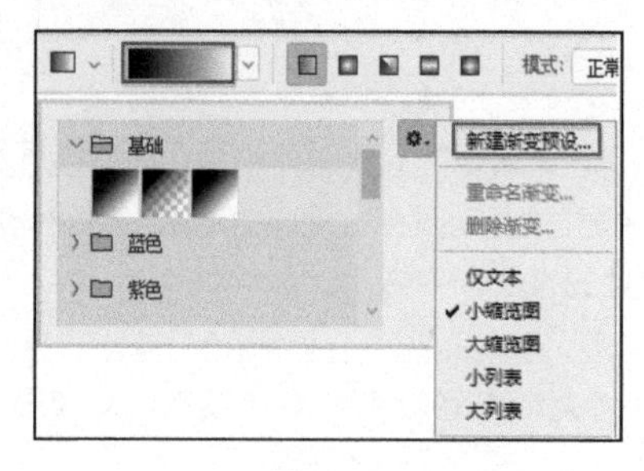

图 7-138

打开“渐变编辑器”对话框后，可以看到对话框中提供了非常丰富的选项，如图 7-139 所示。这些选项看起来非常复杂，但在学习后就会发现“渐变编辑器”对话框的设置非常简单。

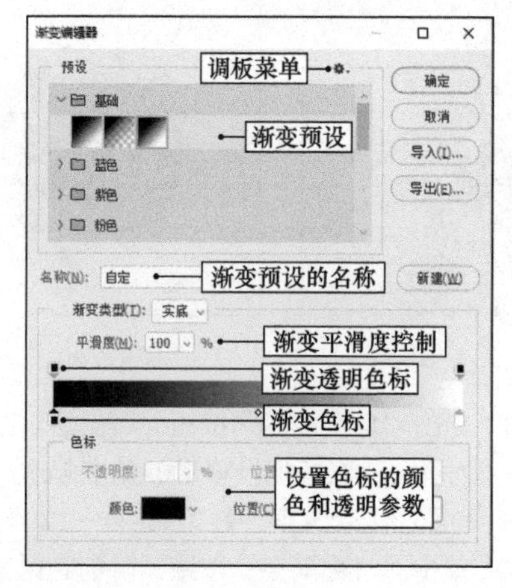

图 7-139

7.4.2 “油漆桶”工具

使用“油漆桶”工具可以对特定区域填充颜色或图案。下面我们就在具体操作中学习该工具的使用方法。

（1）选择工具箱中的“油漆桶”工具，其工具选项栏如图 7-140 所示。

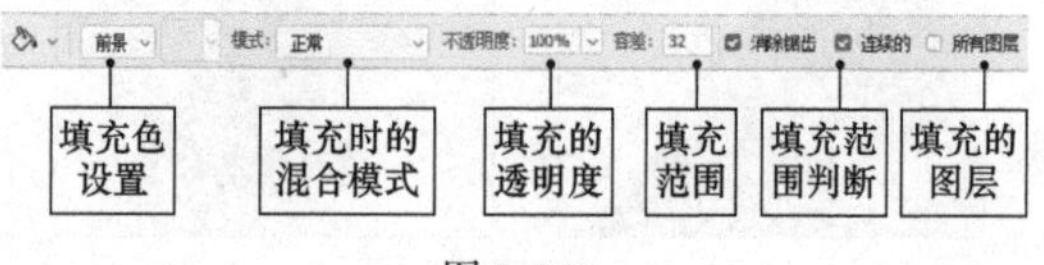

图 7-140

（2）执行“文件”→“打开”命令，打开本书附带文件\Chpater-07\“皮夹产品页.tif”，如图7-141所示。

图7-141

（3）在“油漆桶”工具选项栏中，单击“设置填充区域的源”右侧的倒三角按钮，在弹出的下拉列表中选择“图案”选项，如图7-142所示。

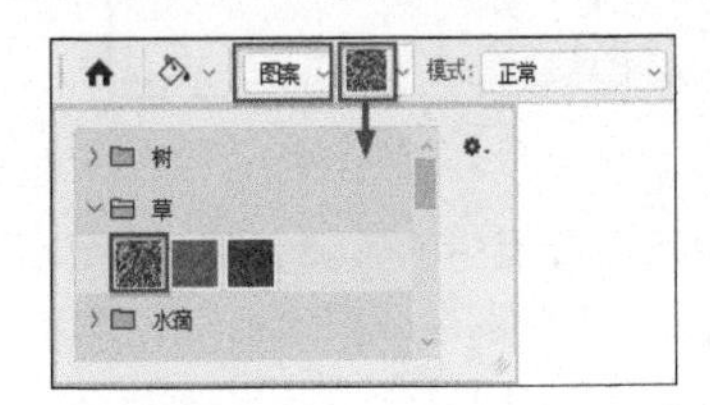

图7-142

（4）在图像上单击，即可使用该图案填充背景区域，效果如图7-143所示。

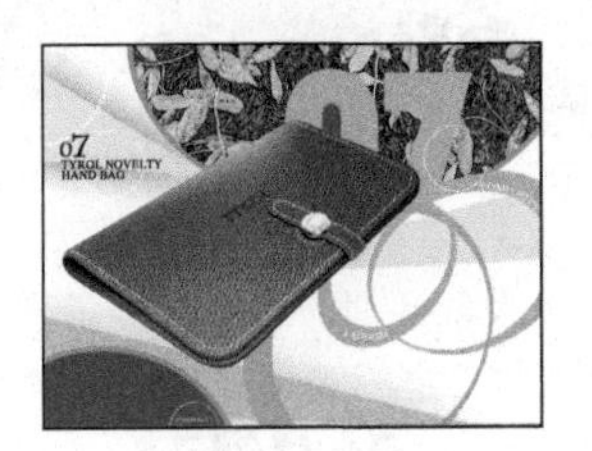

图7-143

（5）按<Ctrl+Z>组合键，取消上一步的操作。在“油漆桶”工具选项栏中选择“前景”，如图7-144所示。

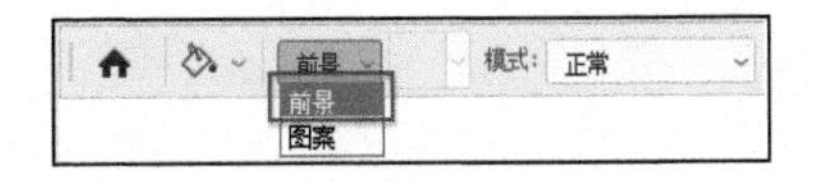

图7-144

（6）设置“前景色”为紫色（R170、G35、B140），选择“油漆桶”工具，在视图中的相应位置单击，使用前景色填充图像，效果如图7-145所示。

（7）默认状态下“油漆桶”工具选项栏中的“连续的”复选框为选中状态，将只填充相同颜色的邻近区域，通过多次单击，填充图像，效果如图7-146所示。

（8）取消选中“连续的”复选框。设置前景色为浅紫色（R255、G120、B240），然后在视图上单击，将会填充整个图像中所有与填充目标颜色相同的区域，效果如图7-147所示。

图7-145

图7-146

（9）设置前景色为淡蓝色（R165、G220、B255），然后在“油漆桶”工具选项栏内设置“模式”与“不透明度”选项，在图像中单击，填充出颜色混合的效果，效果如图7-148所示。

图7-147

图7-148

（10）设置前景色为浅紫色（R220、G170、B210），在“油漆桶”工具选项栏中设置“容差”为50，在视图中单击，填充图像，效果如图7-149所示。该数值越大，选择类似颜色的选区就越大。

（11）取消上一步的操作。将“容差”设置为10，使用“油漆桶”工具填充图像，将缩小填充的选区，如图7-150所示。

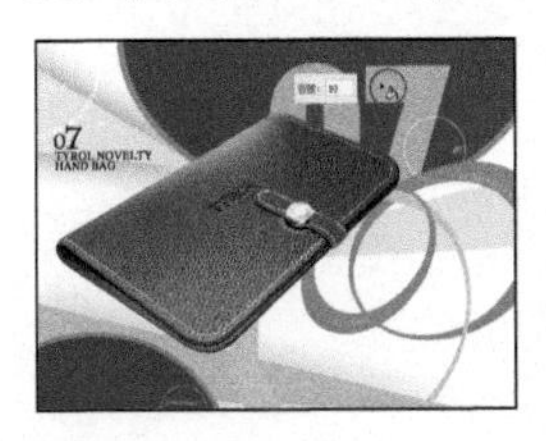

图7-149

图7-150

7.4.3 “填充”命令

除了上面介绍的填充工具，Photoshop还提供了“填充”命令，使用该命令可以为图像填充颜色或者图案纹理。下面我们一起在实际操作中学习该命令的使用方法。

（1）选择工具箱中的“魔棒”工具，在视图中单击，选取环形图像，如图7-151所示。

（2）设置前景色为蓝色（R165、G220、B225），执行“编辑”→“填充”命令，打开“填充”对话框，如图7-152所示。

图 7-151

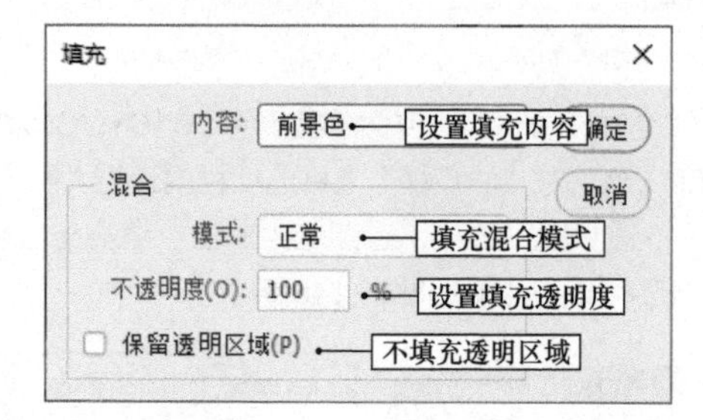

图 7-152

注意

由于“填充”对话框中的各项设置与“油漆桶”工具选项栏中的各项设置相似，这里不再重复介绍。

（3）保持对话框为默认状态，单击“确定”按钮，使用设置的前景色填充选区，效果如图 7-153 所示。

图 7-153

7.4.4 橡皮擦工具组

本节内容将为读者介绍 Photoshop 中的擦皮擦工具组的使用方法与应用技巧。Photoshop 提供的橡皮擦工具组可以用于擦除不需要的图像像素，保留需要的部分，并且在擦除的过程中可以使图像产生特殊的效果。

橡皮擦工具组包括 3 个工具，分别为“橡皮擦”工具、“背景橡皮擦”工具、“魔术橡皮擦”工具，如图 7-154 所示。

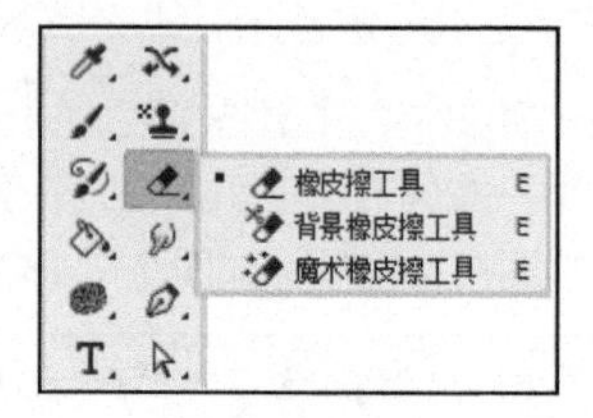

图 7-154

使用该工具组中的工具，可以更改图像的像素，有选择地擦除图像或擦除相似的颜色，效果如图 7-155 所示。

图 7-155

为了便于大家学习，这里安排了教学视频，大家可以扫描下方二维码观看视频进行学习。

08 第8章 绘制矢量图形

矢量图形是设计作品中不可缺少的元素，如文字、标志图案等，都必须使用矢量工具进行绘制，因为矢量图形具有外形准确且不受像素影响的特点。

Photoshop 作为一款设计绘图软件，提供了强大的矢量图形绘制工具，使用这些工具，设计师的创意想法可以被完全展现出来。本章将带领大家详细地学习矢量绘图工具的使用方法。

8.1 课时 26：如何使用 Photoshop 绘制矢量图形？

Photoshop 提供了丰富的矢量绘图工具，最常用的就是规则图形绘制工具，这些工具被放置在工具箱中的形状工具组内。使用这些工具可以快速准确地绘制规则图形，如矩形、正方形、圆形等。下面开始学习这些工具的使用方法。

学习指导

本课内容重要性为【必修课】。

本课时的学习时间为40～50分钟。

本课的知识点是掌握多种形状工具的使用方法，学会绘制规则形状图形。

课前预习

扫描二维码观看教学视频，对本课知识进行预习。

8.1.1 认识矢量图形的类型

在开始学习矢量图形的绘制与创建之前，我们先来了解矢量图形是什么。简单地讲，矢量图形就是一个区域范围，是和选区一样在图像中划定出的范围，但是选区是根据像素的形状和位置来创建的范围，而矢量图形则是根据矢量路径圈定的范围，如图 8-1 所示。

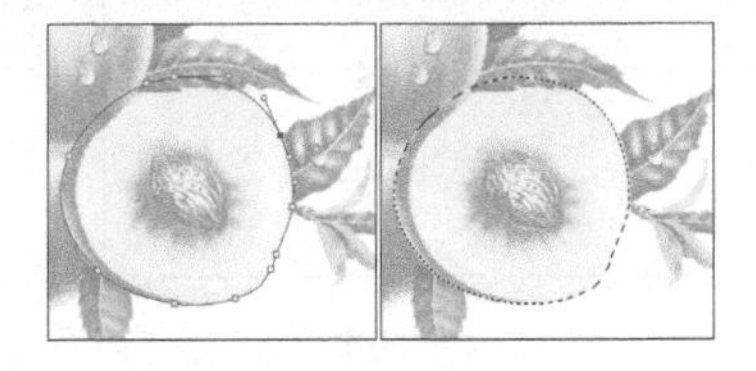

图 8-1

Photoshop 中包含哪些矢量图形呢？整体来讲，Photoshop 中包含的矢量图形可以分为 3 类：第一类是自由形状的路径图形，第二类是参数化的规则图形，第三类是文字内容，如图 8-2 至图 8-4 所示。

图 8-2

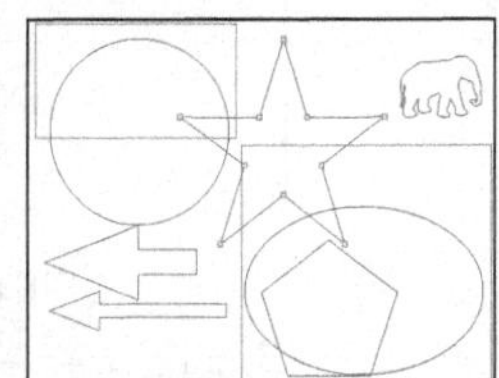

图 8-3

图 8-4

使用"钢笔"工具可以直接在文件中绘制路径图形，我们称这种图形为自由形状图形。选择"钢笔"工具后，单击即可建立路径节点，从而绘制出所需的图形形状，如图 8-5 所示。

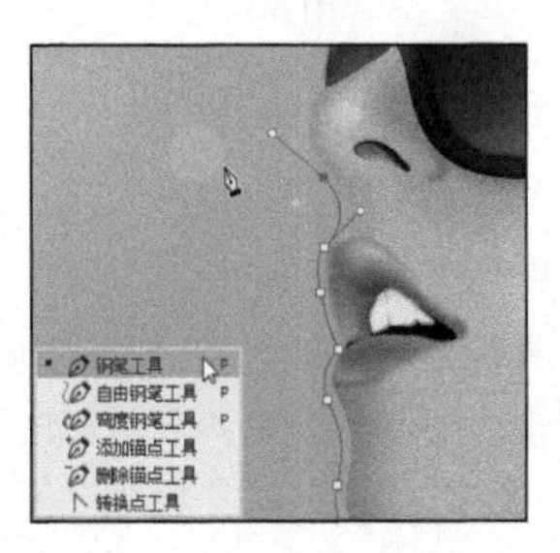

图 8-5

使用"钢笔"工具创建了图形后，可以对矢量图形的节点进行编辑，从而使图形外形符合设计作品的要求，如图 8-6 所示。

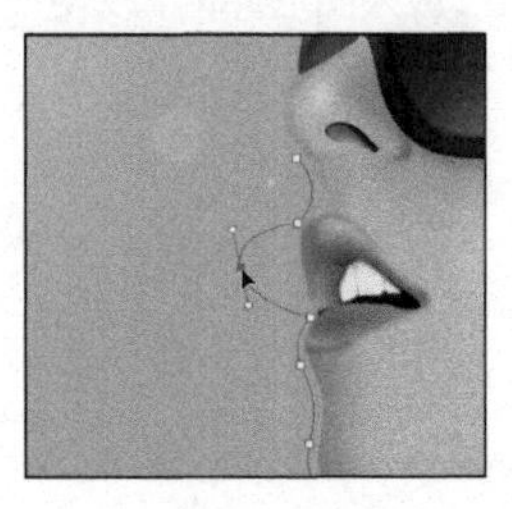

图 8-6

Photoshop 还提供了丰富的规则图形绘制工具，在工具箱中的形状工具组内可以选择这些工具。选择某一工具后，在文件中单击并拖动鼠标即可创建规则图形。创建图形后，还可以通过“属性”调板对图形的外形参数进行修改，如图 8-7 所示。

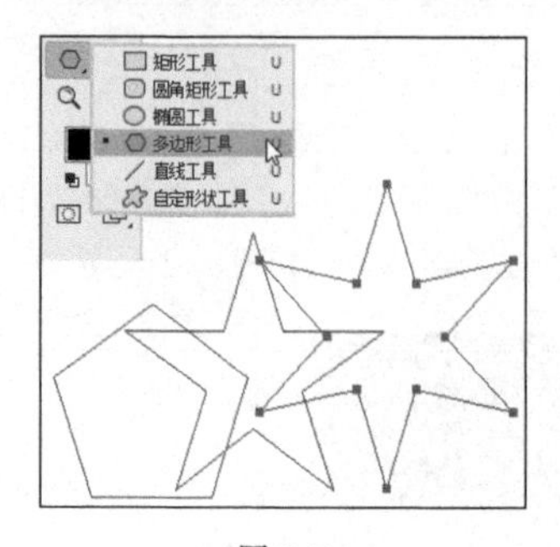

图 8-7

除了上述图形绘制工具以外，利用文字工具也可以创建文字矢量图形，选择文字工具后，即可在文件中输入文字内容，如图 8-8 所示。文字工具的使用方法将在本书第 9 章进行详细介绍。

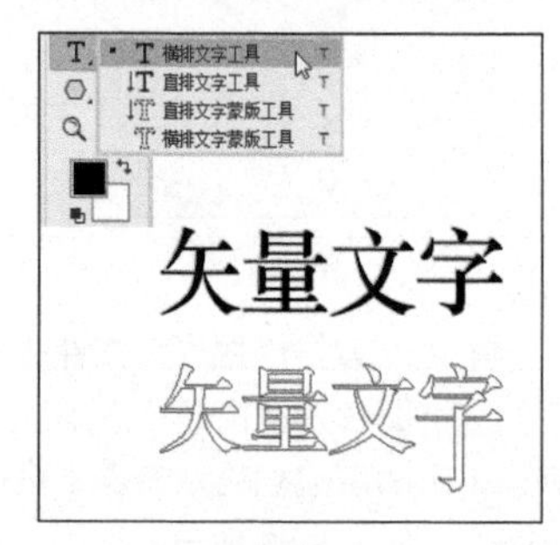

图 8-8

8.1.2 绘制规则图形

在了解了矢量图形的类型后，首先要学习的是较为简单的规则图形的绘制方法。

形状工具组包含了规则图形的绘制工具，该工具组中包含有“矩形”工具、“圆角矩形”工具、“椭圆”工具、“多边形”工具、“直线”工具和“自定形状”工具，如图 8-9 所示。用户还可以指定形状工具的绘制模式，从而直接创建矢量形状、路径或栅格化以后的形状。另外在该工具组中，“自定形状”工具可以直接绘制图形库内的符号图形，也可以将自己创建的图形放入图形库内，以便在绘图时调用，如图 8-10 所示。

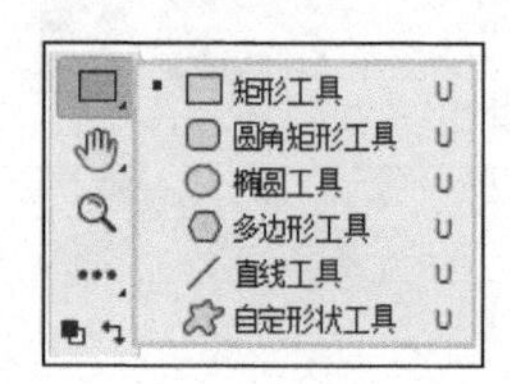

图 8-9

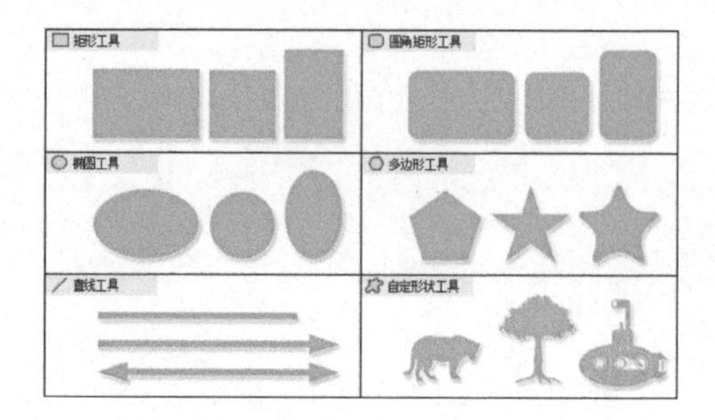

图 8-10

1. 绘制矢量图形

在工具箱中选择了图形绘制工具后，即可开始绘制图形，但是在绘制之前，要先了解绘制的图形类型。使用图形绘制工具可以绘制 3 种类型的图形内容，分别为形状图层、路径图形、像素图案，下面我们一起来学习。

首先我们来绘制一个形状图层。在工具箱中选择“矩形”工具，在“矩形”工具选项栏的“选择工具模式”下拉列表框中可以设置要绘制的图形类型。选择“形状”选项，在文件内单击并拖动鼠标绘制矩形图形，建立了一个由矢量图形管理的图层，如图 8-11 所示。

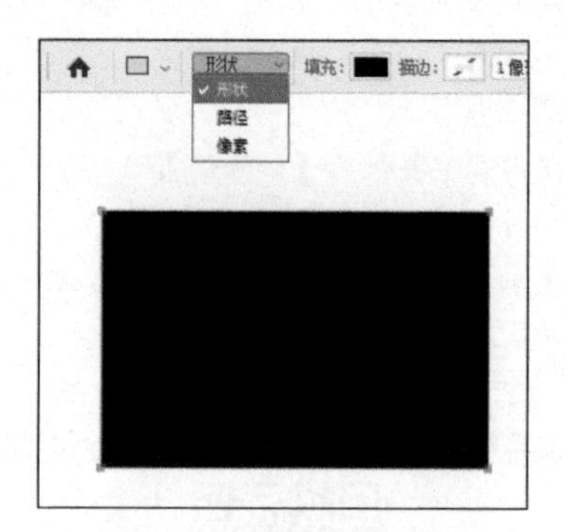

图 8-11

此时，得到了一个由矢量路径管理的填充色块，在“矩形”工具选项栏内对各选项进行设置，可以使当前的填充色块的外观变得更加美观，效果如图 8-12 所示。

图 8-12

实际上，当前的形状图层就是添加了矢量蒙版的填充图层。关于蒙版和填充图层的知识，本书第

11 章会进行更为详细的介绍。

其次来看看创建路径图形的方法。在工具箱中选择“矩形”工具，在“选择工具模式”下拉列表框中选择“路径”选项，在文件内单击并拖动鼠标绘制矩形图形，此时建立了一个路径图形，如图 8-13 所示。

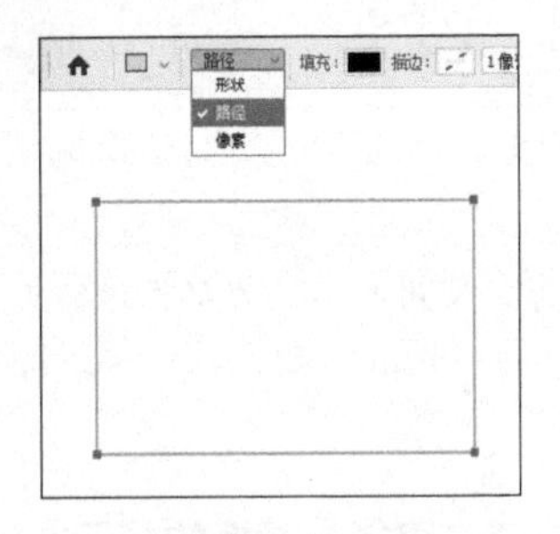

图 8-13

打开“路径”调板，可以看到其中出现了一个“工作路径”层，我们绘制的所有路径图形都会在“路径”调板中进行管理，如图 8-14 所示。单击“路径”调板底部的按钮，可以对路径图形进行填充、描边或者转换为选区等操作。

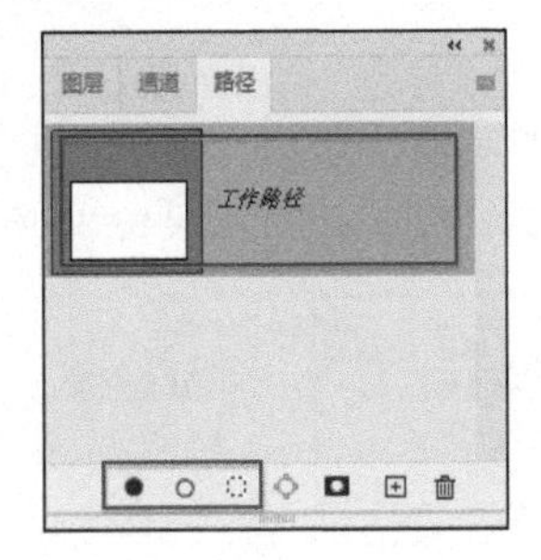

图 8-14

最后，在“选择工具模式”下拉列表框中选择“像素”选项，在文件内单击并拖动鼠标绘制矩形图形，此时根据我们绘制的图形形状，在文件中用前景色填充了一组像素，如图 8-15 所示。

通过上述操作，我们可以看到，利用图形绘制工具可以绘制出 3 种结果，分别为形状图层、路径图形、像素图案，这 3 种结果都是利用图形绘制工具创建出的范围生成的。

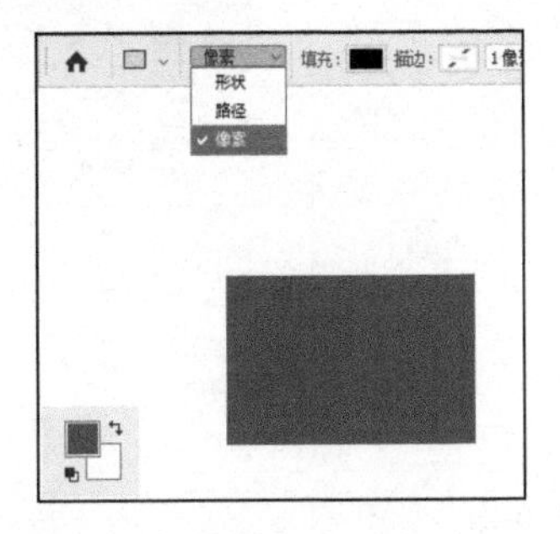

图 8-15

在工作中，我们具体要使用什么类型来创建矢量图形，关键要看我们的工作需要，这一点会在后面的内容中进行深入介绍。

2. 定义图形形状

利用图形工具组内的工具，可以绘制丰富的图形内容。图形工具组虽然只包含 6 个工具，但结合工具的扩展设置可以绘制出任意形状的矢量图形，例如我们可以使用“直线”工具绘制箭头形状。关于规则图形的具体绘制方法，大家可以扫描下方二维码观看视频进行学习。

8.2 课时 27：路径调板如何管理矢量图形？

Photoshop 使用层的模式来管理图层、通道和路径。例如，在图层调板中，像素图像被放在不同的图层中进行管理。同样，路径图形也是使用层进行管理的，在路径调板中，可以建立路径管理层，将相关联的路径图形分别放在不同的路径层中进行保存。

路径调板为用户提供了丰富的功能，用户可以对路径进行各种操作。路径调板是路径管理的重要环境，本课将对路径调板展开讲述。

学习指导

本课内容重要性为【必修课】。

本课时的学习时间为 40 ～ 50 分钟。

本课的知识点是掌握路径调板使用层模式管理矢量图形的方法。

课前预习

扫描二维码观看视频，对本课知识进行预习。

8.2.1 “路径”调板

在学习了路径图形的创建方法后，我们来学习如何管理绘制的路径图形。在 Photoshop 中绘制的所有图形都由“路径”调板进行管理。

执行“窗口”→“路径”命令，即可打开“路径”调板，如图 8-16 所示。“路径”调板列出了存储的每条路径，通过缩览图可以了解各条路径的基本形状。另外，“路径”调板底部提供了对路径进行编辑的功能按钮，可以说是集路径管理和路径应用等功能于一身。下面学习“路径”调板的相关知识。

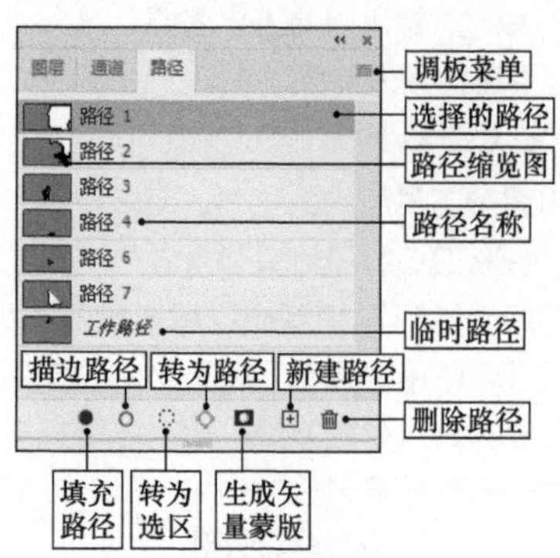

图 8-16

8.2.2 选择和隐藏路径

对路径进行操作前，必须先选择要编辑的路径。为了便于查看文件画面，也可以将显示隐藏的路径。

（1）执行“文件”→“打开”命令，打开本书附带文件 \Chapter-08\“人物插画 .psd”，如图 8-17 所示。

图 8-17

（2）在“路径”调板中单击“路径 1”，该路径将会在视图内显示，如图 8-18 所示，效果如图 8-19 所示。

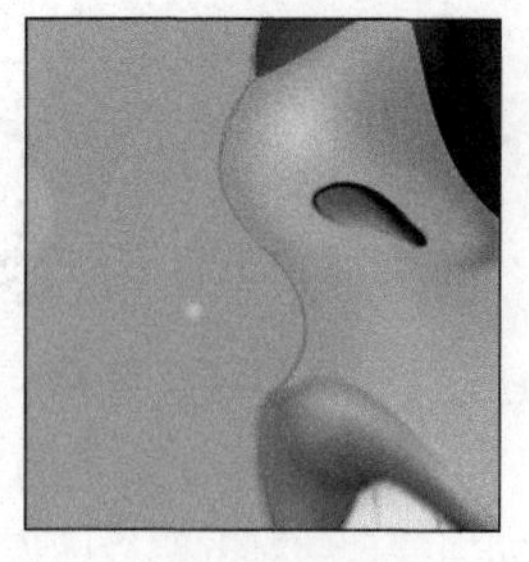

图 8-18 图 8-19

提示

如果在文件中存在多组路径，一次只能选择一组路径。

（3）单击“路径”调板的空白处，即可将显示的路径隐藏，如图 8-20 所示，效果如图 8-21 所示。

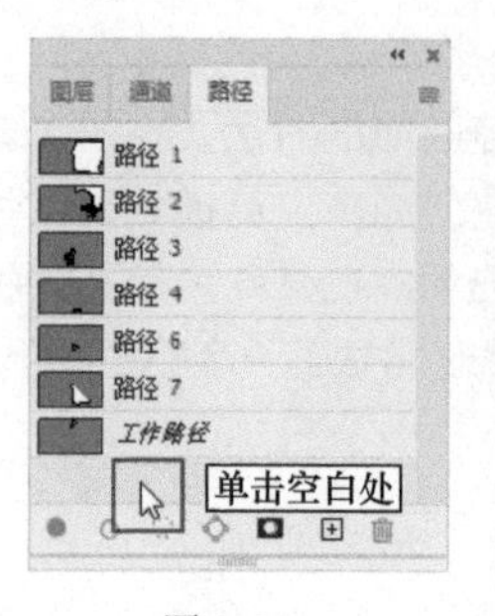

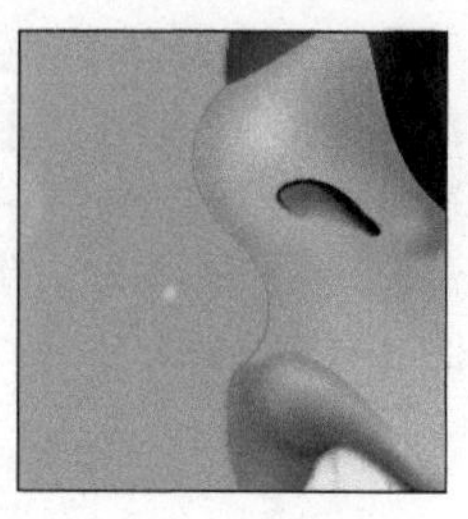

图 8-20 图 8-21

注意

如果当前使用的工具为路径选择工具或路径绘制工具，按<Enter>键或按<Esc>键可以隐藏路径。

8.2.3 改变“路径”调板的显示方式

根据实际工作的需要，用户可以改变“路径”调板的显示外观。

（1）单击“路径”调板右上角的菜单按钮，在弹出的调板菜单中执行“面板选项”命令，打开“路径面板选项”对话框，如图 8-22 和图 8-23 所示。

（2）设置打开的“路径面板选项”对话框，并单击“确定”按钮，关闭对话框，更改“路径”调板的显示方式，如图 8-24 和图 8-25 所示。

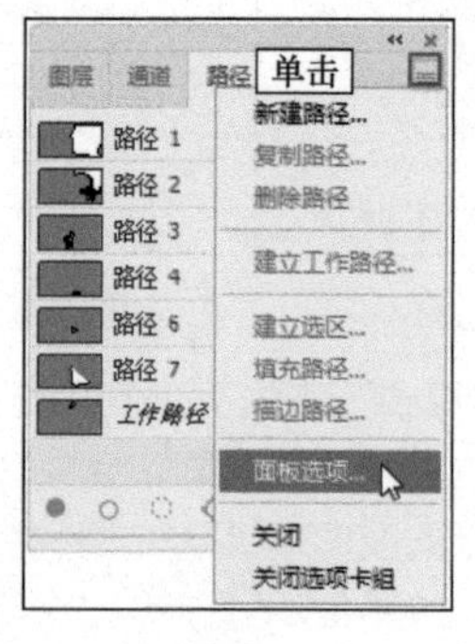

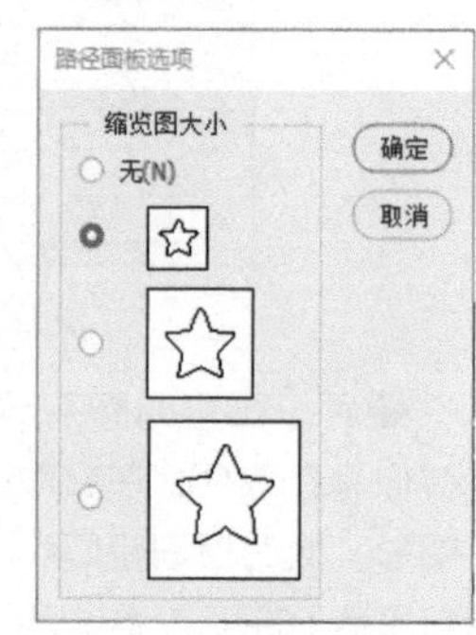

图 8-22 图 8-23

图 8-24 图 8-25

（3）根据以上方法，在“路径面板选项”对话框中设置不同的显示方式，如图 8-26 所示。

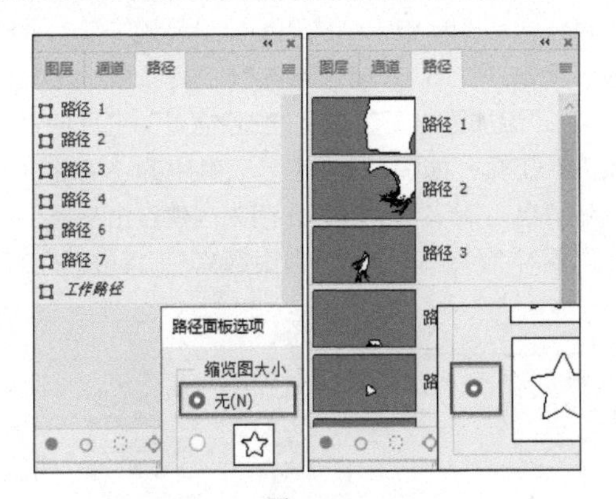

图 8-26

8.2.4 工作路径

在新文件中绘制路径时，“路径”调板内会自动生成“工作路径”。“工作路径”是“路径”调板中的临时路径，“路径”调板中的“工作路径”随时都可以被替换。下面通过具体操作来介绍“工作路径”。

（1）在“路径”调板中单击“工作路径”，这时图像编辑窗口内会显示该路径内容，如图 8-27 所示，效果如图 8-28 所示。

图 8-27

图 8-28

（2）选择“矩形”工具，在视图中绘制路径，此时在“路径”调板中，新绘制的路径已经替换原路径，如图 8-29 和图 8-30 所示。

图 8-29

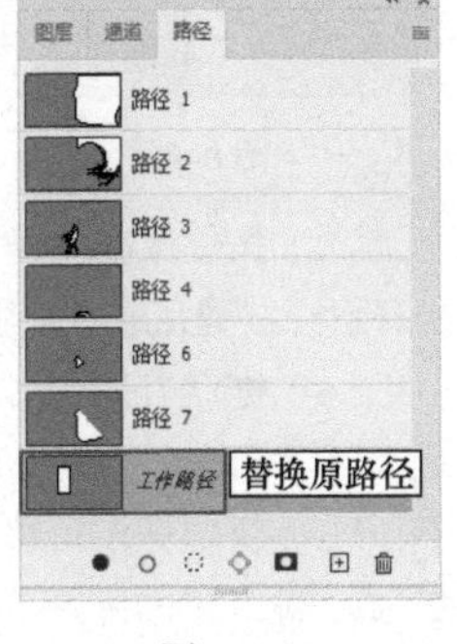

图 8-30

8.3 课时 28：路径调板如何编辑矢量图形？

在简单了解了路径调板的功能后，接下来我们将深入学习路径调板的各项功能。路径调板除了可以保存和管理矢量图形以外，还可以利用矢量图形的轮廓形状进行绘图，例如，沿路径形状描边，或者对路径轮进行填充，如果结合画笔功能，还可以绘制出华丽的笔触效果。路径调板还可以将路径与选区进行相互转换，我们可以根据图像中选区生成一个路径，也可以将一个路径转换为选区。这样为图像扣取提供了灵活便捷的手段。本节课程将对以上功能进行讲述读者可扫描书中二维码进行学习。

学习指导

本课内容重要性为【必修课】。

本课时的学习时间为 40 ～ 50 分钟。

本课的知识点是使用路径调板提供的各种功能，进行绘画、编辑选区、设置蒙版等操作。

课前预习

扫描二维码观看视频，对本课知识进行预习。

8.4 课时 29：如何自由地创建矢量图形？

在 Photoshop 中，除了可以使用形状工具组内的工具绘制规则图形外，还可以使用钢笔工具组自由绘制路径图形。我们可以使用钢笔工具组快速且准确地绘制出任何我们可以想象出的图形形状。结合 Photoshop 的路径绘制工具，还可以对绘制的图形的外形进行修改，使其满足我们绘图的需要。下面我们就开始学习这些内容。

学习指导

本课内容重要性为【必修课】。

本课时的学习时间为 40 ～ 50 分钟。

本课的知识点是掌握多种路径绘制工具的使用方法，学会自由地绘制路径。

课前预习

扫描二维码观看教学视频，对本课知识进行预习。

8.4.1 如何定义路径图形的外观

在 Photoshop 绘制路径的功能是非常强大、灵活的，使用钢笔工具组可以绘制出任何可以想象出的图形形状。在开始学习具体的图形绘制方法之前，我们需要先掌握一些与路径相关的基础知识。

路径的外观是千变万化的，但是归纳来讲路径有两种形态，分别为闭合路径和开放路径。闭合路径指起点和终点重合的路径，一般用于图形和形状的绘制，如图 8-31 所示。开放路径是指有终点和起点的线段路径，一般用于曲线和线段的绘制，如图 8-32 所示。复杂的路径图形往往包含多个相互独立的路径组件，每一个路径组件都是一个子路径，所有的子路径组成一个完整的路径图形，如图 8-33 所示。

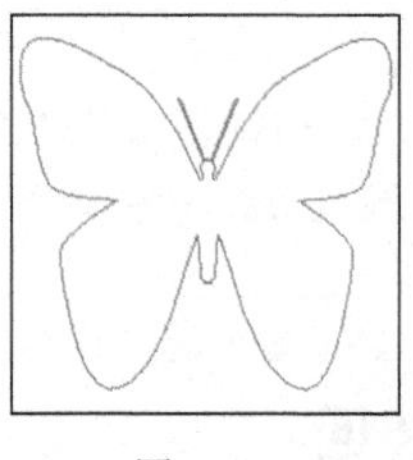

图 8-31

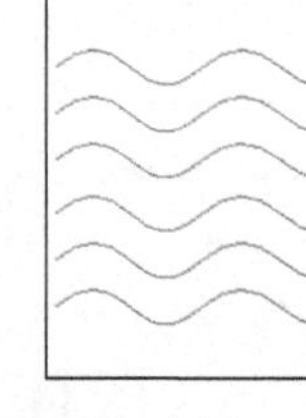

图 8-32

图 8-33

在了解了路径图形的外观形态特征后，我们接下来学习如何控制路径的形状。在 Photoshop 中，我们用节点来控制路径的形状。节点就是路径中的关键点，也被称为锚点。锚点分两种，一种是平滑点，另一种是角点。平滑曲线由平滑点连接，平滑点可以确保两线段间的平滑过渡，如图 8-34 所示。角点连接形成直线，如图 8-35 所示，或者形成转角曲线，如图 8-36 所示。

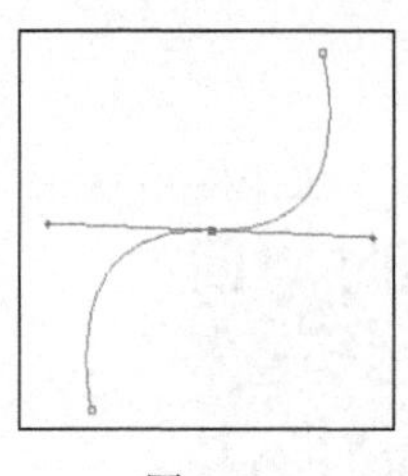

图 8-34

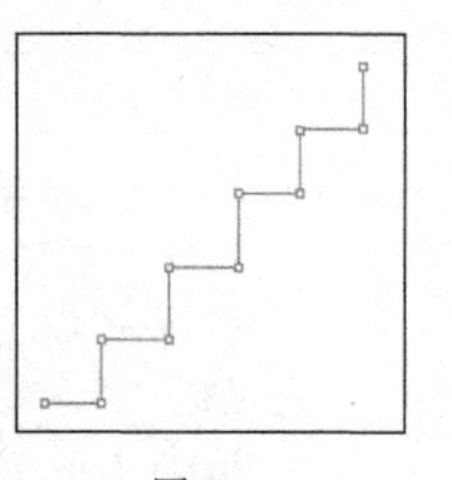

图 8-35

可以使用 Photoshop 中的钢笔工具组来绘制自由路径，钢笔工具组的功能是非常强大的。整个工具组包括 6 种用于创建和编辑路径的工具，分别是“钢笔”工具、“自由钢笔”工具、“弯度钢笔”工具、“添加锚点”工具、“删除锚点”工具和“转换点”工具，如图 8-37 所示。其中的“钢笔”工具和“自由钢笔”工具可以用来创建自由路径。下面主要对“钢笔”工具和“自由钢笔”工具进行介绍。

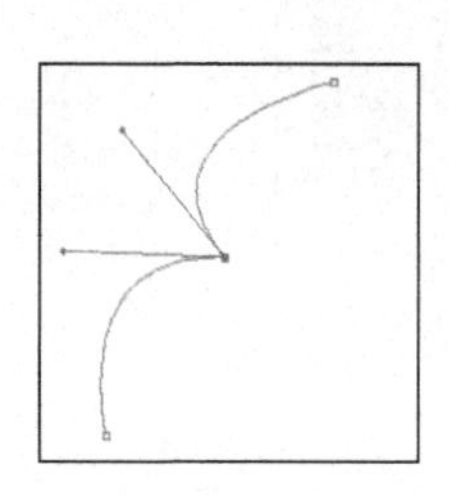

图 8-36

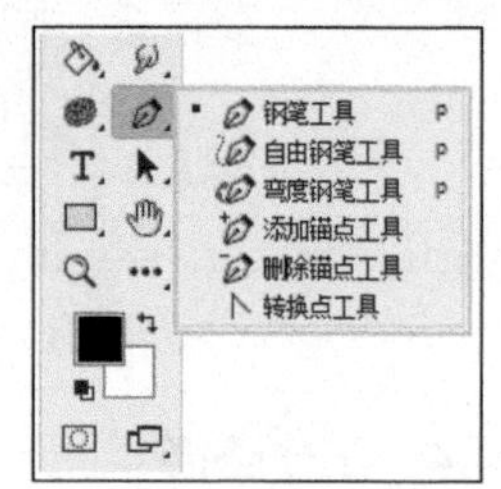

图 8-37

8.4.2 “钢笔”工具

“钢笔”工具通过单击开始点和结束点的方法创建路径。使用“钢笔”工具可以创建或编辑直线、曲线或自由的线条，下面我们通过具体操作来学习“钢笔”工具的使用方法。

1. 绘制直线路径

（1）执行“文件”→“打开”命令，打开本书附带文件 \Chapter-08\“卡片背景 .jpg”，如图 8-38 所示。

（2）选择“钢笔”工具，在文件的底部单击创建起始点，如图 8-39 所示。

图 8-38

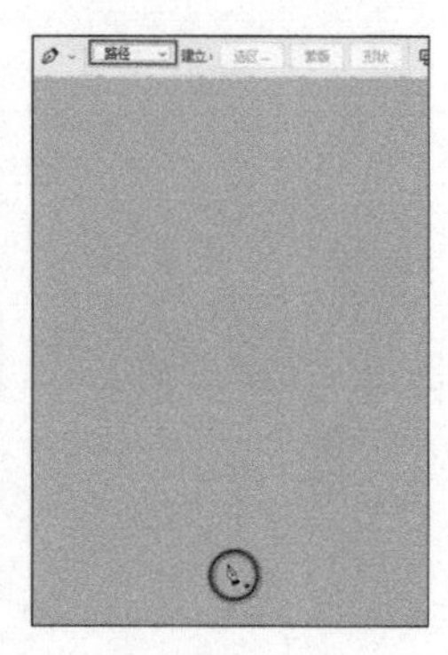

图 8-39

（3）按住鼠标左键并拖动至该线段的结束点处，松开鼠标左键完成一条线段的绘制，如图 8-40 所示。

（4）拖动并单击鼠标可继续绘制直线路径，如图 8-41 所示。

（5）将鼠标指针移动到起始点处，当鼠标指针变为 时，单击即可完成直线段封闭路径的绘制，如图 8-42 所示。

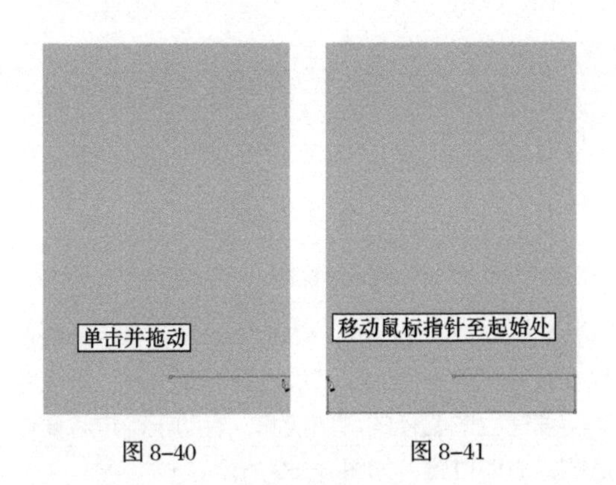

图 8-40　　图 8-41

提示

在绘制直线路径时，按住<Shift>键可将绘制的线段的角度限制为45°角的倍数。

（6）在“图层”调板中单击“创建新图层”按钮，新建“图层 1”，如图 8-43 所示。

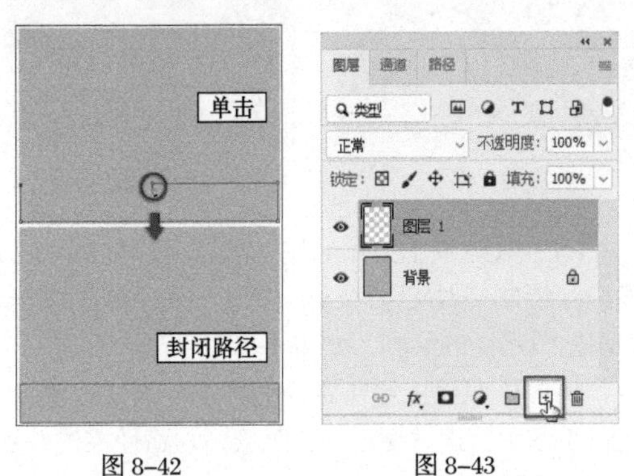

图 8-42　　图 8-43

（7）按 <Ctrl+Enter> 组合键将路径转换为选区，如图 8-44 所示，设置前景色，并按 <Alt+Delete> 组合键填充选区，如图 8-45 所示。

图 8-44　　图 8-45

（8）参照以上的操作方法，在文件的上方绘制直线路径，效果如图 8-46 所示。

2. 绘制曲线路径

在页面中单击并拖动鼠标可以绘制曲线路径，下面我们就通过具体操作来学习绘制曲线路径的方法。

（1）继续上面的操作。选择“钢笔”工具，在页面底部的相应位置单击确定起始点，如图 8-47 所示。

图 8-46　　图 8-47

（2）单击并拖动鼠标可以创建带有方向线的平滑点，如图 8-48 所示。

（3）在放置锚点的位置单击并拖动鼠标创建锚点，同时按住 <Alt> 键拖动鼠标，可以将平滑点变为角点，如图 8-49 和图 8-50 所示。

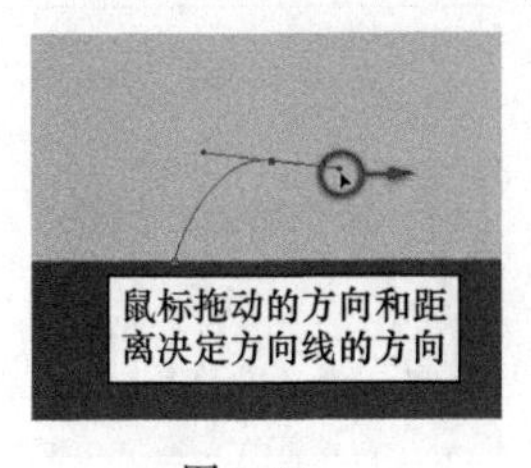

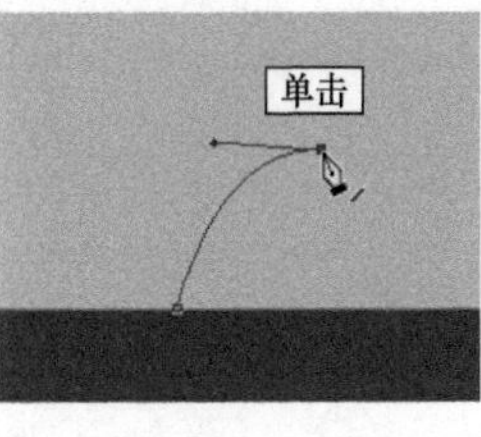

图 8-48　　图 8-49

（4）绘制新的锚点，路径的形状将发生变化，如图 8-51 所示。绘制完毕后，按住 <Ctrl> 键并在视图的空白处单击，即可完成曲线路径的绘制。

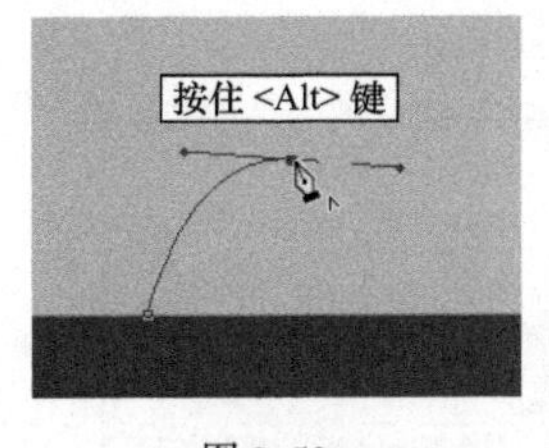

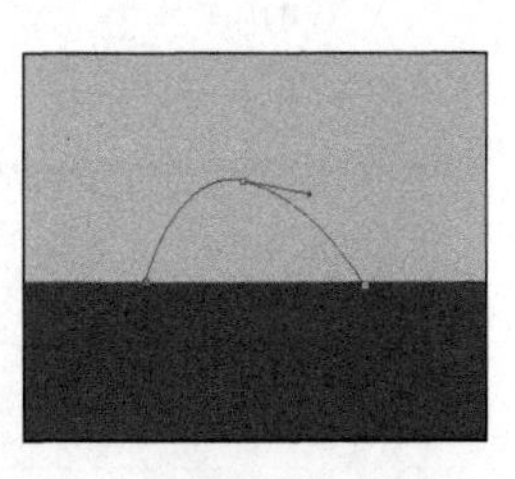

图 8-50　　图 8-51

（5）使用同样的操作方法，绘制出其他曲线路径，效果如图 8-52 所示。

图 8-52

（6）在“图层 1”的下方新建“图层 2”，并设置“画笔”工具选项栏，如图 8-53 和图 8-54 所示。

图 8-53

图 8-54

（7）在“路径”调板中，单击“描边路径”按钮，为路径描边，如图 8-55 所示，效果如图 8-56 所示。

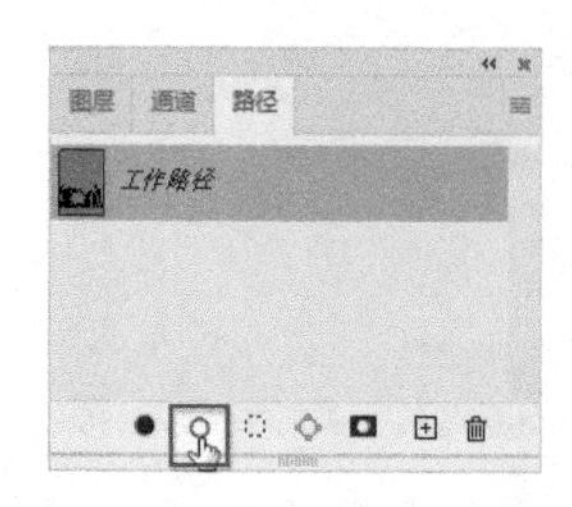

图 8-55　　图 8-56

（8）为了使绘制的图案更加华丽，可以为图像添加图层样式，由于我们还没有学习图层的相关知识，这里就不多做介绍了，大家可以打开本书附带文件 \Chapter-08\“生日卡片 1.psd”进行查看，并进行后续的案例操作，如图 8-57 所示。

图 8-57

3. “橡皮带”选项

使用“钢笔”工具绘制路径时，在其工具选项栏中选中“橡皮带”复选框，就可以在绘图时预览路径段。

（1）选择“钢笔”工具，在其工具选项栏中单击设置其他钢笔和路径选项按钮，并在弹出的面板中选中“橡皮带”复选框，如图 8-58 所示。

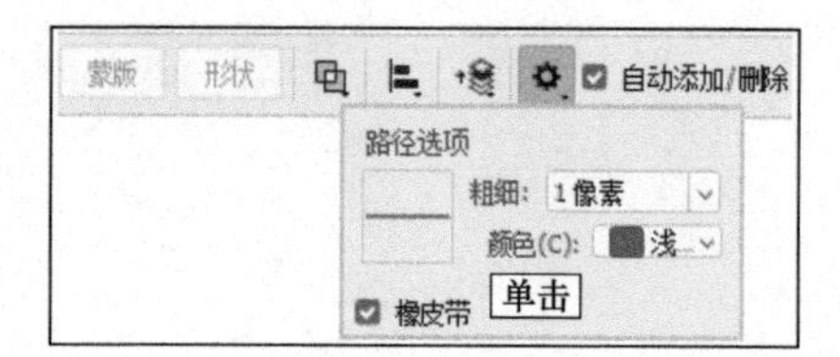

图 8-58

（2）使用设置好的“钢笔”工具，单击鼠标后拖动鼠标，由于选中了“橡皮带”复选框，可以看到将要建立的路径的弯曲情况，有助于确定将要创建的锚点的位置，如图 8-59 所示。

（3）单击并拖动鼠标，创建带有方向线的平滑点，如图 8-60 所示。

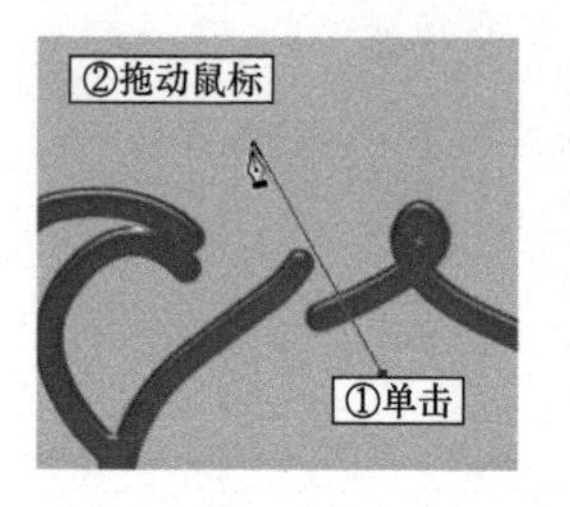

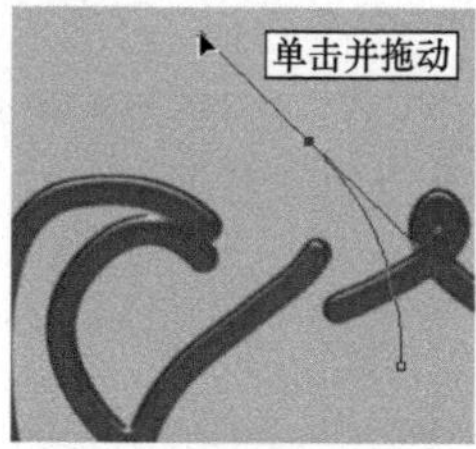

图 8-59　　图 8-60

（4）依照以上方法绘制曲线路径，如图 8-61 所示。绘制完毕后，按住 <Ctrl> 键并单击鼠标，即可完成路径的绘制，如图 8-62 所示。

（5）依照以上绘制路径的方法绘制其他路径，绘制完毕后新建“图层 3”图层，为路径描边并添加样式效果，如图 8-63 和图 8-64 所示。

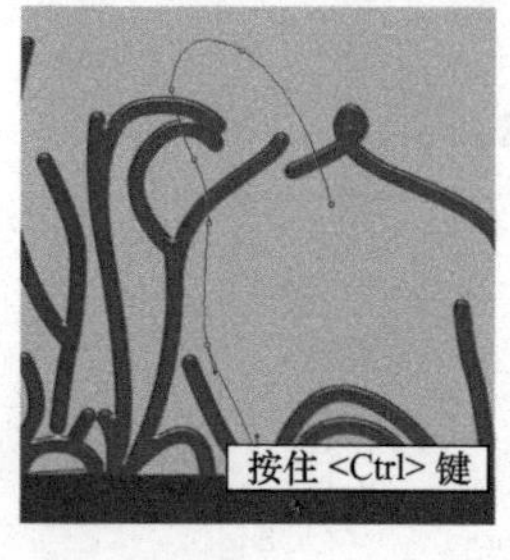

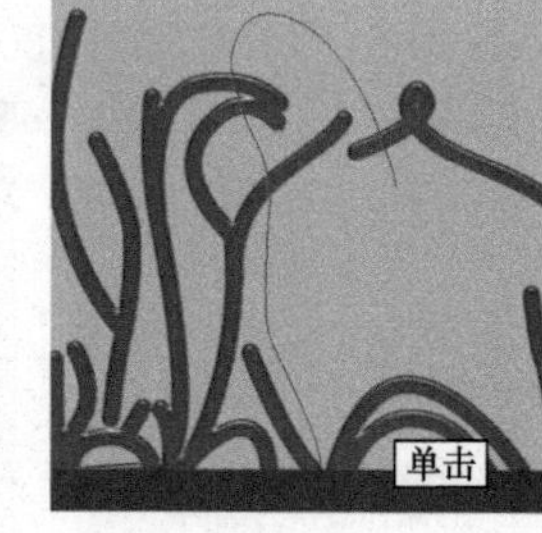

图 8-61　　图 8-62

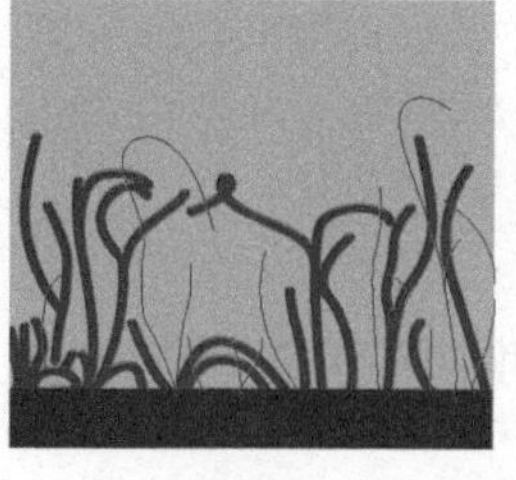

图 8-63　　图 8-64

提示

绘制路径时，按两次 <Esc> 键将隐藏路径。

8.4.3 “自由钢笔”工具

使用“自由钢笔”工具可随意绘制路径，就像用铅笔在纸上绘图一样，绘制路径时将自动添加锚点，无须手动确定锚点的位置，且完成路径后可进一步对其进行调整。

1. 使用“自由钢笔”工具

使用“自由钢笔”工具可以通过拖动鼠标创建路径，一般在快速创建路径时会使用该工具。下面我们来学习如何使用“自由钢笔”工具。

（1）继续上节的操作，选择工具箱中的“自由钢笔”工具，单击选项栏中的设置其他钢笔和路径选项按钮，在弹出的面板中对“曲线拟合”参数进行设置，如图 8-65 所示。

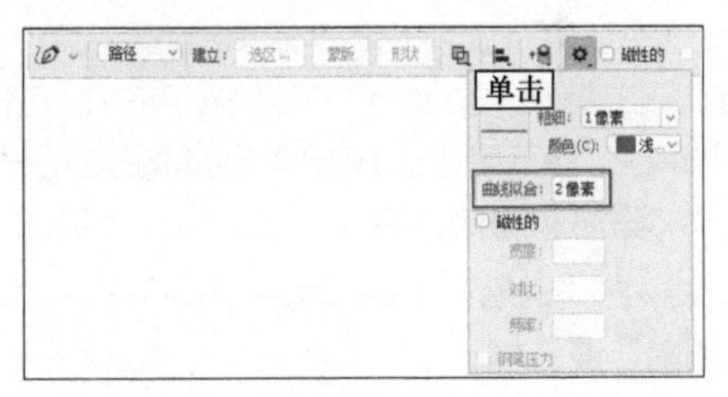

图 8-65

（2）使用设置好的“自由钢笔”工具，在页面中单击并拖动鼠标即可绘制路径，如图 8-66 所示。

（3）如果需要继续绘制路径，移动鼠标指针至路径的一端，当鼠标指针变为，单击并拖动鼠标即可绘制连续的路径，如图 8-67 所示。

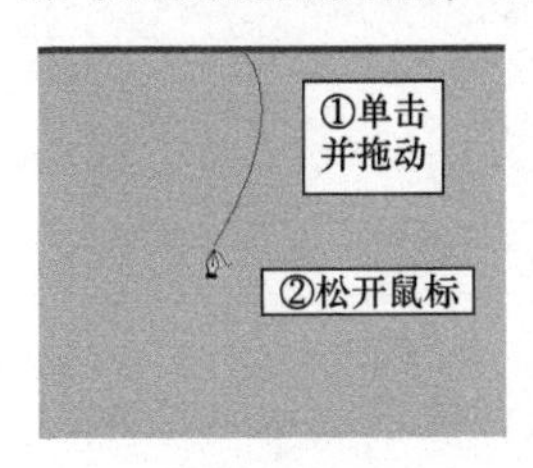

图 8-66

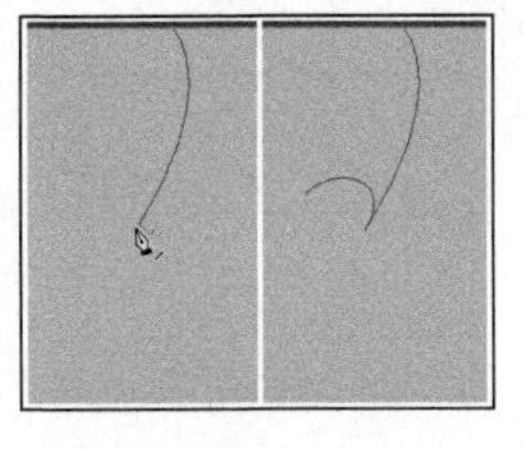

图 8-67

（4）当绘制的路径接近路径的起始点处时，鼠标指针呈，单击即可闭合该路径，如图 8-68 所示。

（5）按 <Ctrl+Z> 组合键撤销闭合路径的操作，绘制图 8-69 所示的路径。

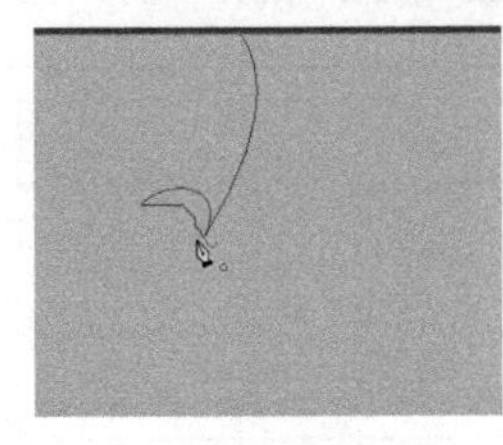

图 8-68

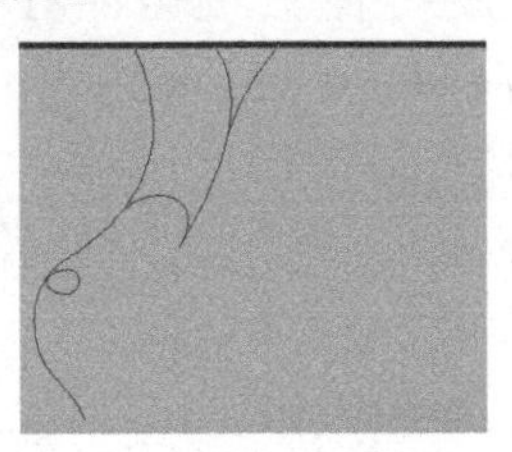

图 8-69

（6）在“图层”调板中新建图层，为路径描边并添加样式效果，效果如图 8-70 所示。

图 8-70

2. “磁性的”选项

“磁性的”是“自由钢笔”工具的选项之一，它可以沿图像颜色的边界创建路径，下面介绍该功能的使用方法。

（1）执行“文件”→“打开”命令，打开本书附带文件 \Chapter-08\“叶子.jpg”“生日卡片2.psd”。

（2）选择“自由钢笔”工具，在其工具选项栏中选中“磁性的”复选框，此时开启“磁性钢笔”功能。单击“自由钢笔”工具选项栏中的设置其他钢笔和路径选项按钮，弹出面板中的选项全部可以使用，如图 8-71 所示。

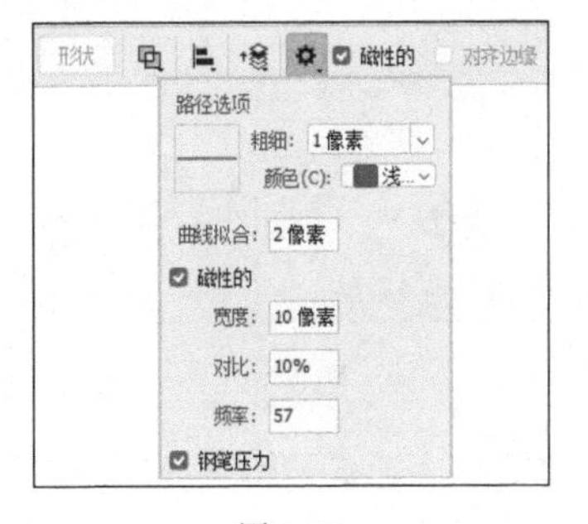

图 8-71

（3）选择“叶子.jpg”文件，对文件中的树叶图案进行勾勒。设置“宽度”选项可以调整路径的选择范围，其数值越大，选择的范围就越大，对比效果如图 8-72 所示。

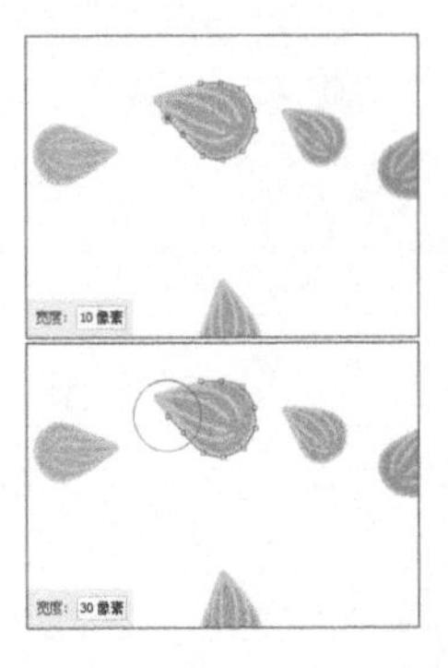

图 8-72

提示

按<Caps Lock>键可以显示路径的选择范围。

（4）设置“对比”选项可控制磁性钢笔工具的灵敏度，使用较高的值只探测与周围有强烈对比的边缘，使用较低的值则探测对比不强烈的边缘，对比效果如图 8-73 所示。

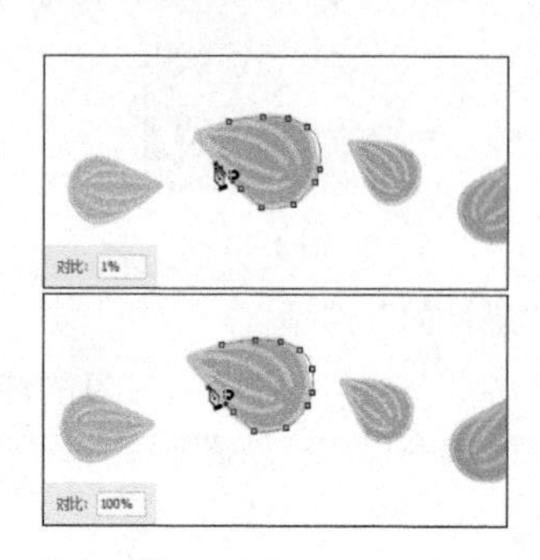

图 8-73

（5）设置“频率”选项可以控制路径上锚点的数量，其数值越大，绘制路径时产生的锚点越多，对比效果如图 8-74 所示。

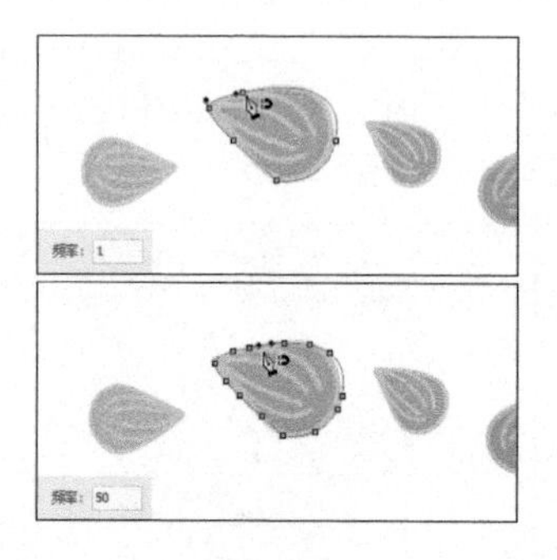

图 8-74

（6）参照以上选取图像的操作方法，依次沿所有叶子图像的边缘绘制路径，并将路径转换为选区，如图 8-75 和图 8-76 所示。

图 8-75

图 8-76

（7）选择“选择”工具，将选区内的叶子图像拖动至“生日卡片 2”文件中，效果如图 8-77 所示。

（8）在视图中添加其他装饰图像和相关的文字，完成本实例的制作，效果如图 8-78 所示。读者可以打开本书附带文件 \Chapter-08\“生日卡片 3.psd”进行查看。

图 8-77

图 8-78

8.4.4 编辑路径

使用“钢笔”工具初步绘制了图形轮廓后，图形的细节部位还需要进一步调整，以使图形外形更准确。使用钢笔工具组内的“添加锚点”工具、“删除锚点”工具和“转换点”工具等，可以对路径做精确的调整。接下来，我们开始学习编辑路径的方法。

1. 添加和删除锚点

如果在“钢笔”工具选项栏中选中了“自动添加 / 删除”复选框，使用“钢笔”工具在路径上单击时，路径上会添加锚点，而在路径上单击现有锚点时，该锚点将被删除。另外，也可以使用钢笔工具组内的“添加锚点”工具和“删除锚点”工具来添加和删除锚点。

（1）打开本书附带文件 \Chapter-08\“路径 .psd”，在“路径”调板中显示路径，如图 8-79 和图 8-80 所示。

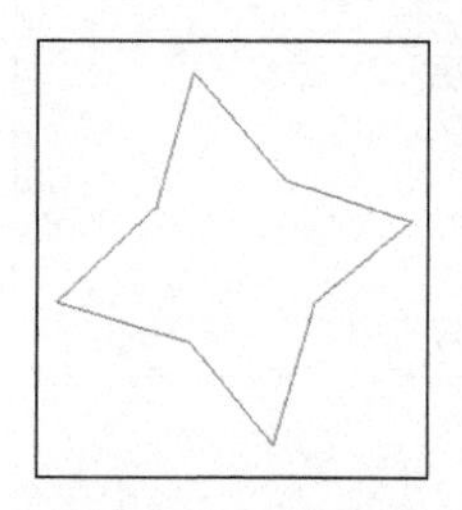

图 8-79

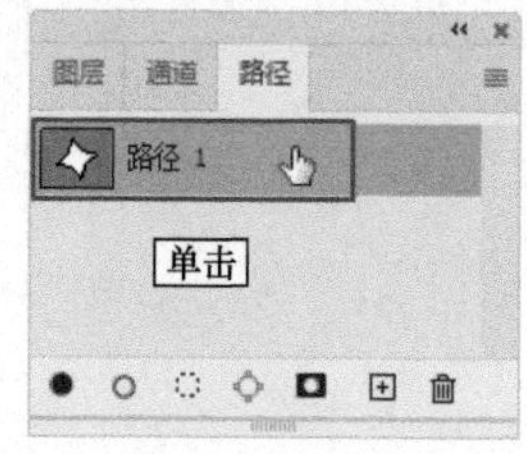

图 8-80

（2）选择“添加锚点”工具，将鼠标指针移动至需要添加锚点处，单击鼠标就可以在该路径上添加一个锚点，如图 8-81 和图 8-82 所示。

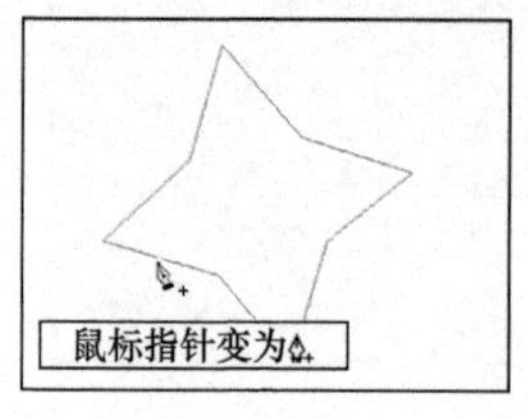

图 8-81

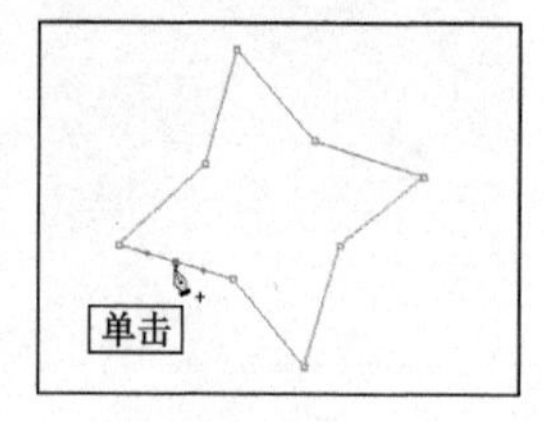

图 8-82

（3）在路径上单击并拖动鼠标，可以创建并调整锚点的方向线，从而改变路径的形状，如图 8-83 所示。

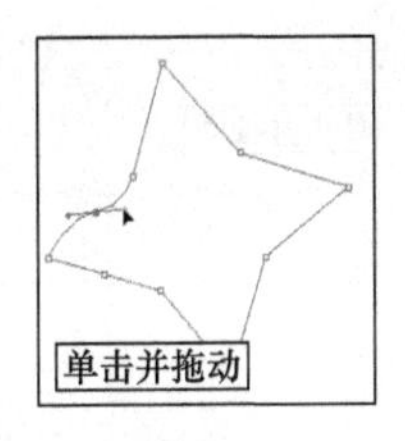

图 8-83

（4）选择“删除锚点”工具，单击要删除的锚点，可将该锚点删除，如图 8-84 和图 8-85 所示。

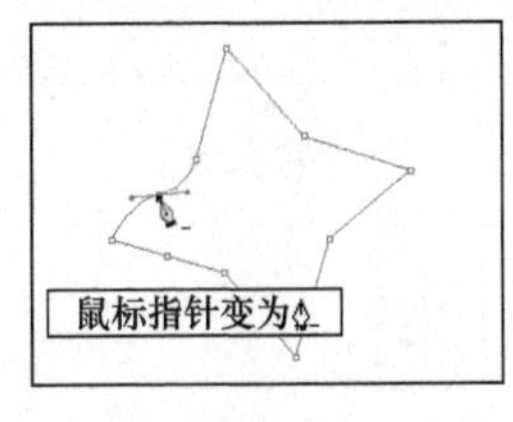

图 8-84

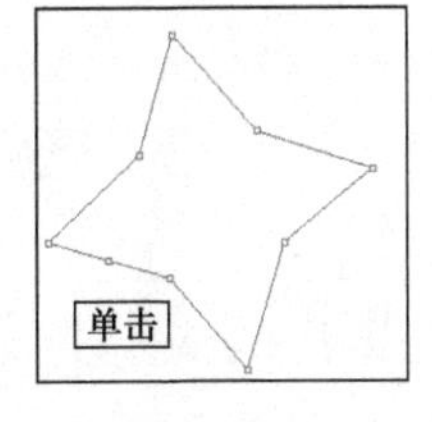

图 8-85

2. 改变锚点性质

钢笔工具组内的“转换点”工具主要用来转换路径上的锚点的类型，可以让锚点在平滑点和角点之间互相转换，也可以使路径在曲线和直线之间互相转换。另外，使用“钢笔”工具时，按 <Alt> 键可以将“钢笔”工具转换为“转换点”工具。

（1）选择“转换点”工具，将鼠标指针移动至要调整的锚点上，单击将角点转换成平滑点，如图 8-86 和图 8-87 所示。

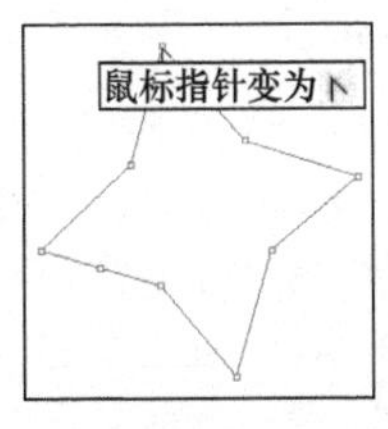

图 8-86

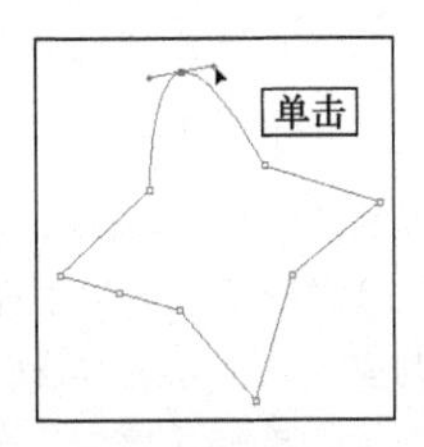

图 8-87

（2）单击并拖动平滑点右侧的方向点，将平滑点转换为带有方向线的角点，从而调整路径的形状，如图 8-88 所示。

（3）当在带有方向线的锚点上单击鼠标时，该锚点会变为没有方向线的角点，如图 8-89 所示。

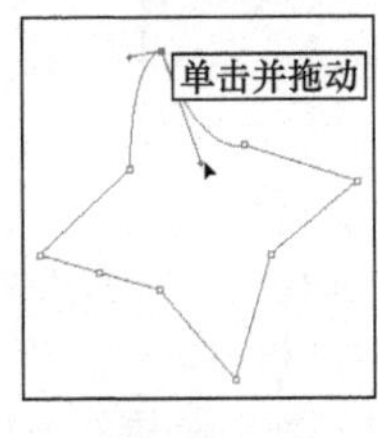

图 8-88

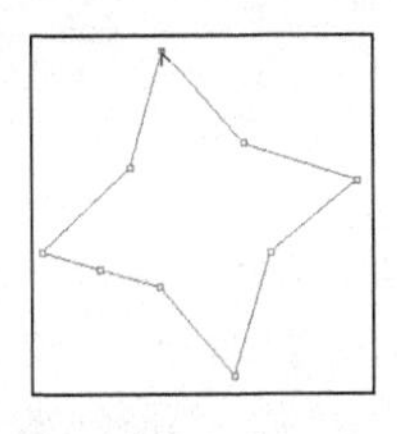

图 8-89

（4）结合以上调整路径形状的方法，对路径的形状进行调整，效果如图 8-90 所示。

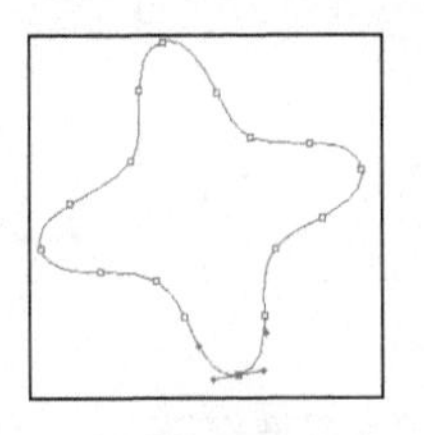

图 8-90

8.5 课时 30：如何快速选择矢量图形？

用户在对于矢量图形进行修改与编辑时，要先选择目标路径。Photoshop 提供了两种选择路径工具，分别是“路径选择”工具和“直接选择”工具。我们可以使用不同的选择工具对路径进行选择和操作。“路径选择”工具可以选取整条路径，通常用于对路径形状整体进行调整。“直接选择”工具可以选择路径的节点，通常用于对路径的细节进行调整。本课将对“路径选择”工具和“直接选择”工具进行详细地讲述。

学习指导

本课内容重要性为【必修课】。

本课时的学习时间为 40 ～ 50 分钟。

本课的知识点是掌握“路径选择”工具和“直接选择”工具的使用方法。

课前预习

扫描二维码观看视频，对本课知识进行预习。

8.5.1 “路径选择”工具

使用“路径选择”工具可以对路径进行选择、移动或调整形状等操作。路径选择工具组包括“路径选择”工具和“直接选择”工具。

1. 选择、移动和复制路径

“路径选择”工具可以选择一个或几个路径图形，并对其进行移动、组合、排列、分布和变换等操作。

（1）选择“路径选择”工具，在需要选择的路径中单击，当该路径上的锚点全部显示为实心时，表示这个路径被选择，如图 8-91 所示。

（2）保持路径的选择状态，按住 <Alt> 键并将鼠标指针移动到路径上，单击并拖动鼠标，即可复制路径，如图 8-92 和图 8-93 所示。

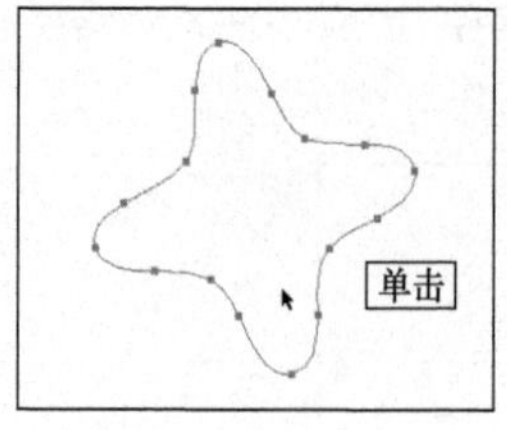

图 8-91

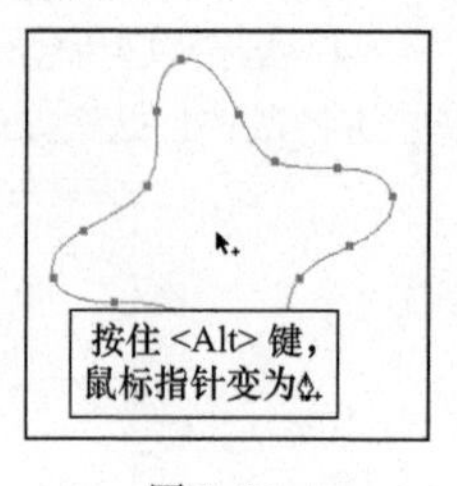

图 8-92

（3）选择“路径选择”工具，按住 <Shift> 键的同时单击路径，可以选择多个路径，如图 8-94 所示。

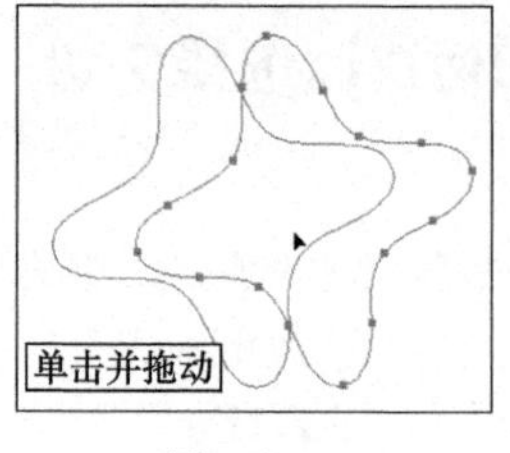

图 8-93

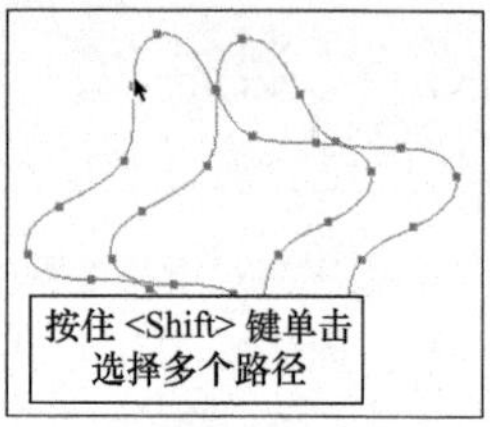

按住 <Shift> 键单击选择多个路径

图 8-94

（4）按住 <Shift> 键的同时单击已选择的路径，可以取消该路径的选择状态，如图 8-95 所示。

（5）在视图中单击并拖动鼠标，将出现一个虚线框，如图 8-96 所示。松开鼠标后虚线框中的路径将被选择，如图 8-97 所示。

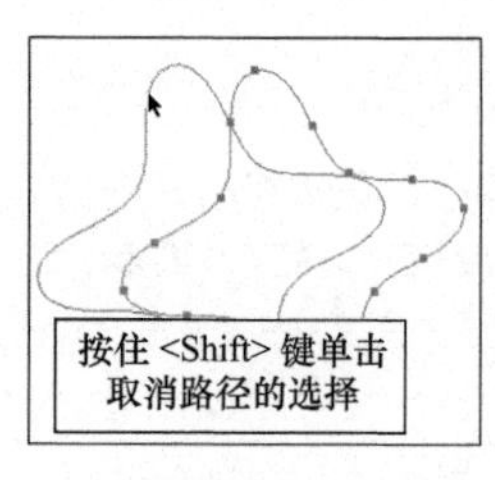

图 8-95

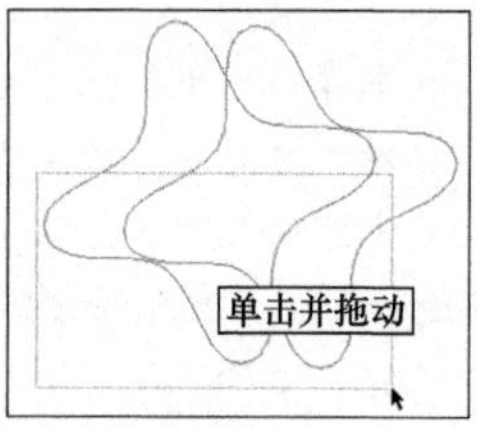

单击并拖动

图 8-96

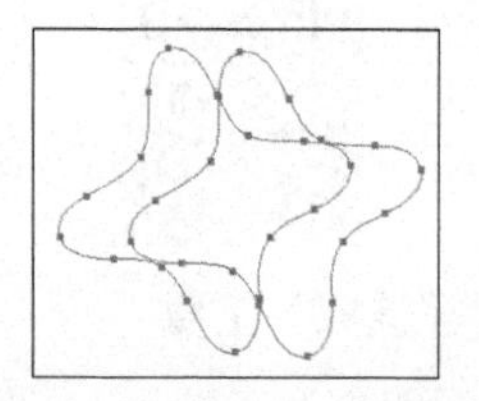

图 8-97

提示

当不需要选择路径时，在页面空白处单击，即可取消路径的选择状态。

（6）使用“路径选择”工具选择左侧的路径，然后单击并拖动鼠标，即可移动被选择的路径，如图 8-98 所示。

2. 变换路径

有时绘制的路径的大小并不符合要求，我们可以通过定界框对路径的大小、角度、方向等进行调整。

（1）接着上面的操作，按 <Ctrl+T> 组合键打开定界框，如图 8-99 所示。

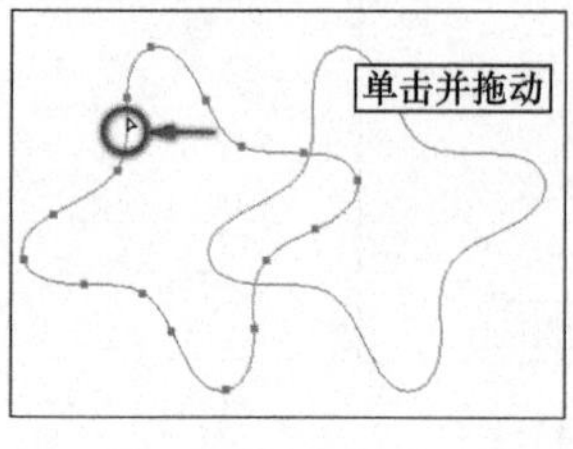

图 8-98

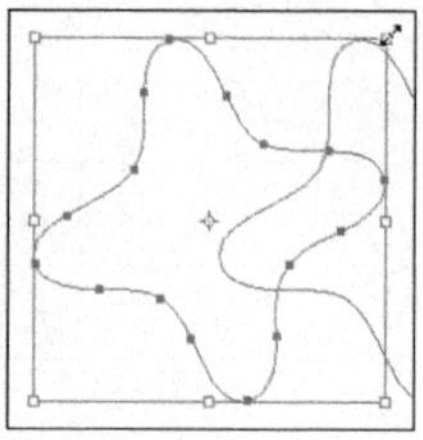

图 8-99

（2）这时“路径选择”工具选项栏转换为“变换”模式，如图 8-100 所示。

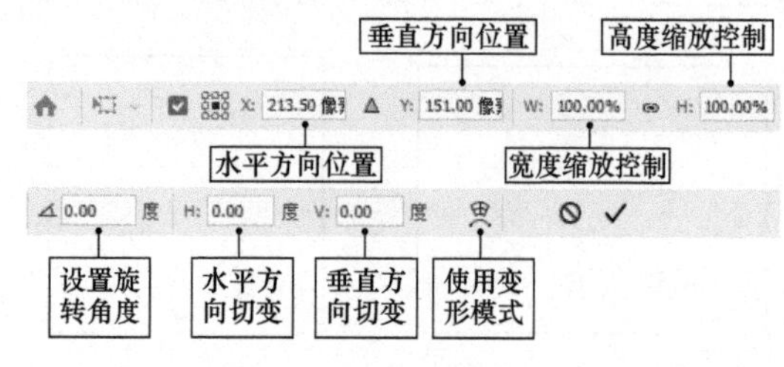

图 8-100

（3）单击并拖动控制点，或在选项栏中的 W 和 H 参数文本框中输入数值，可以调整路径的大小，如图 8-101 所示。

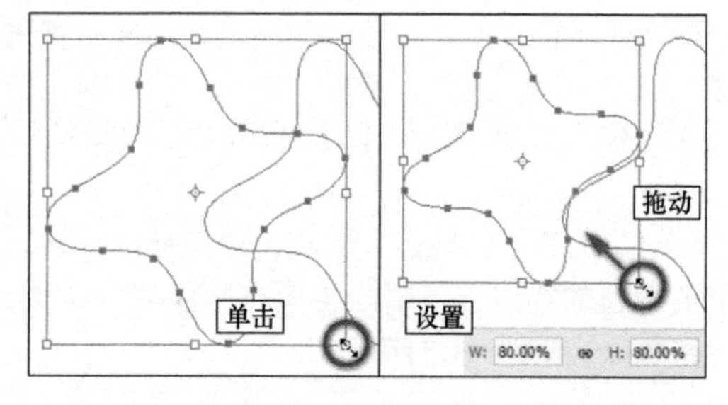

图 8-101

（4）变换完毕后，按 <Enter> 键或在定界框内双击鼠标，即可应用变换，按 <Esc> 键则不应用变换。

（5）按 <Ctrl+Z> 组合键撤销上一步调整路径大小的操作，然后参照图 8-102，在工具选项栏中设置路径的旋转角度参数值。

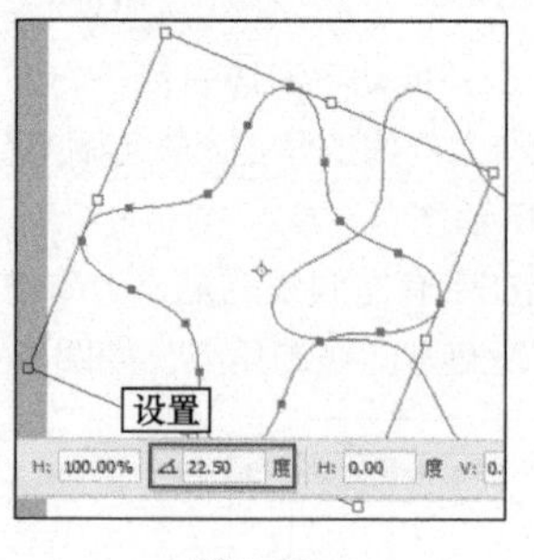

图 8-102

（6）设置完毕后，按 <Enter> 键确认变换操作，然后连续按 3 次 <Ctrl+Shift+Alt+T> 组合键，重复变换操作，将路径旋转复制两次，效果如图 8-103 所示。

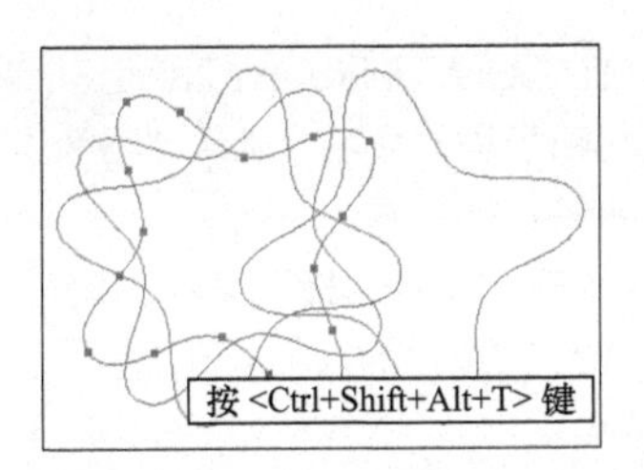

图 8–103

3. 对齐路径和分布路径

在设计过程中，为了美观需要，我们可以对路径进行对齐操作。在“路径选择”工具选项栏中有 6 个对齐选项和 2 个分布选项，我们可以根据需要对齐选择的路径。图 8–104 和图 8–105 所示为选择对应对齐选项后的效果，图 8–106 所示为选择对应分布选项后的效果。

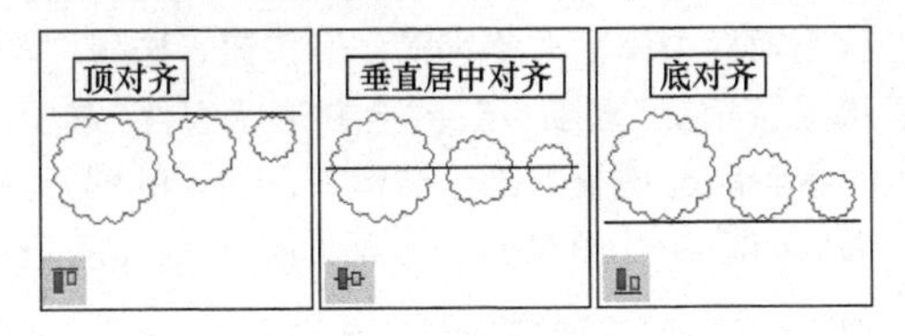

图 8–104

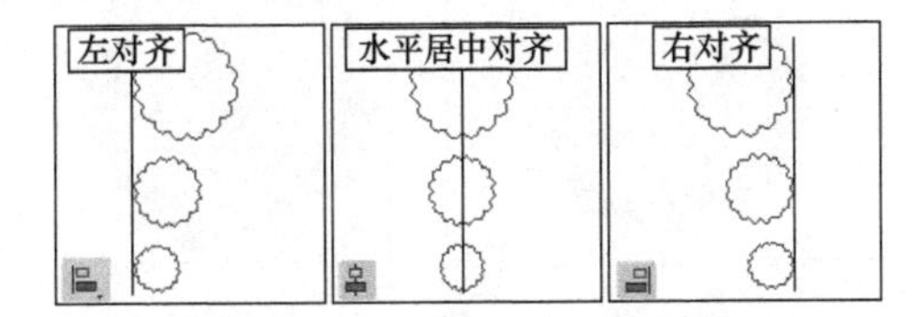

图 8–105

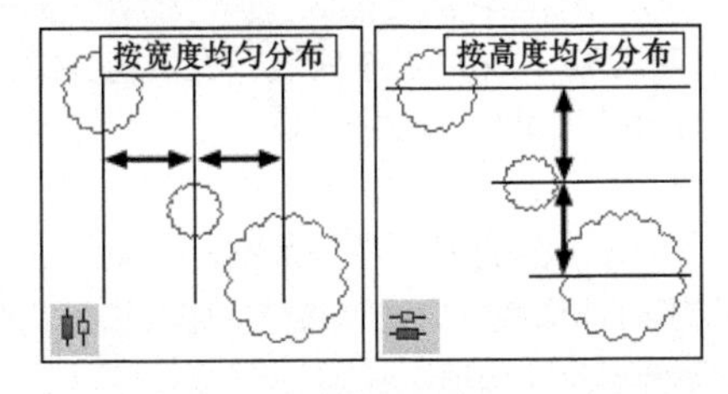

图 8–106

（1）接着上面的操作，选择全部路径。在“路径选择”工具选项栏中，单击“路径对齐方式”按钮，选择“左对齐”选项，使路径的左端对齐，如图 8–107 所示。

（2）选择“水平居中对齐”选项，使路径水平居中对齐，组成规则的花朵图形，如图 8–108 所示。

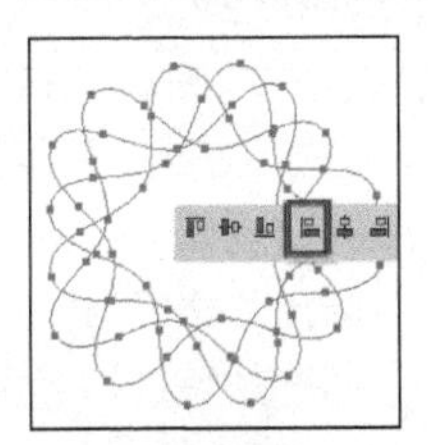

图 8–107

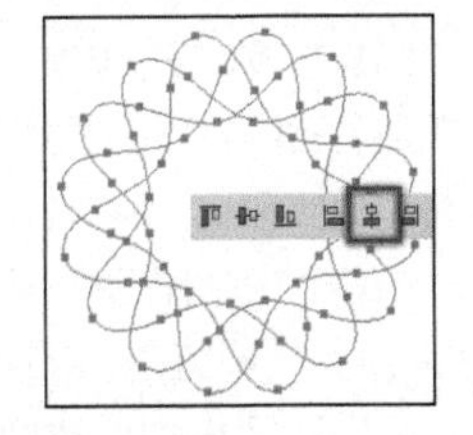

图 8–108

4. 组合路径

当图像中显示多个路径时，“路径操作”按钮处于活动可用状态，选择“合并形状组件”选项可以将路径组合成为一组路径。“合并形状组件”选项上方的 4 个选项可以设置路径组合的方式。

（1）在“路径”调板中复制“路径 1”，确认“路径 1”为可编辑状态，如图 8–109 所示。

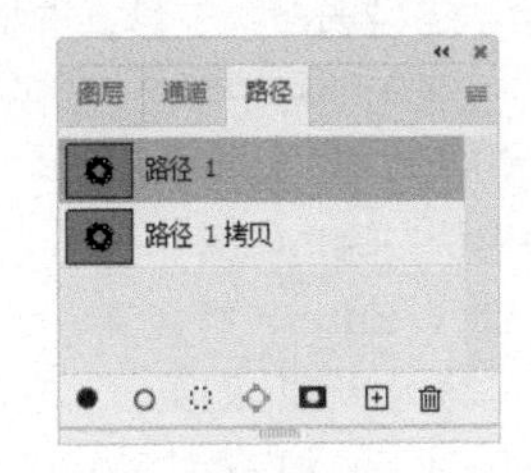

图 8–109

（2）选择“路径选择”工具，框选所有路径，在“路径选择”工具选项栏中单击“路径操作”按钮，选择“合并形状组件”选项，可以将绘制的路径合并，如图 8–110 所示，效果如图 8–111 所示。

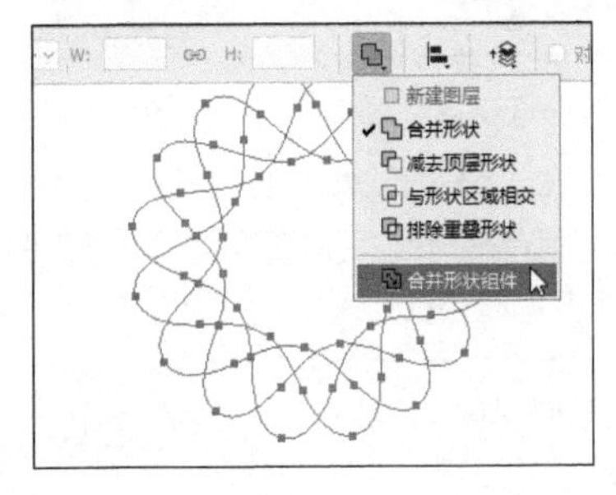

图 8–110

（3）按 <Ctrl+Enter> 组合键，将路径转换为选区，在“图层”调板中新建“图层 1”，将选区填充为红色，效果如图 8–112 所示。填充完毕后取消选择选区。

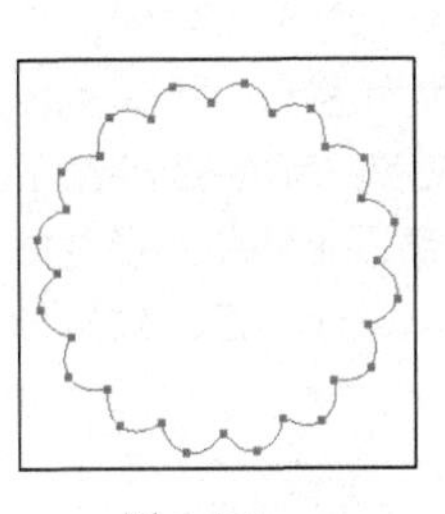

图 8–111

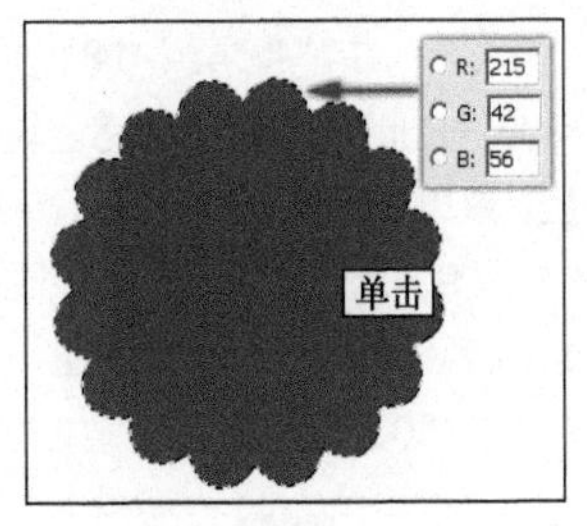

图 8–112

（4）在“路径”调板中复制“路径 1 拷贝”，修改“路径 1 拷贝”和复制的路径的名称，如图 8–113 所示。使用“路径选择”工具，选择图 8–114 所示的路径，然后按 <Delete> 键将其删除。

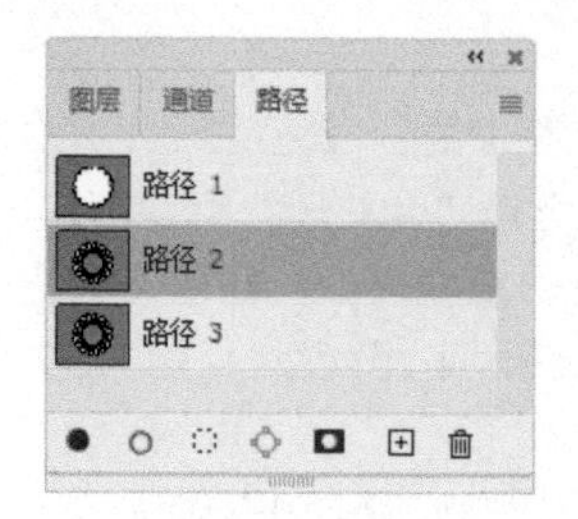

图 8-113

图 8-114

（5）使用“路径选择”工具，选择全部路径。在“路径选择”工具选项栏中单击“路径操作”按钮，选择“排除重叠形状”选项，再选择“合并形状组件”选项，将重叠形状去除，如图 8-115 所示。

（6）按 <Ctrl+Enter> 组合键将路径转换为选区。在“图层”调板中新建“图层 2”，并填充为橙色，效果如图 8-116 所示，填充完毕后取消选择选区。

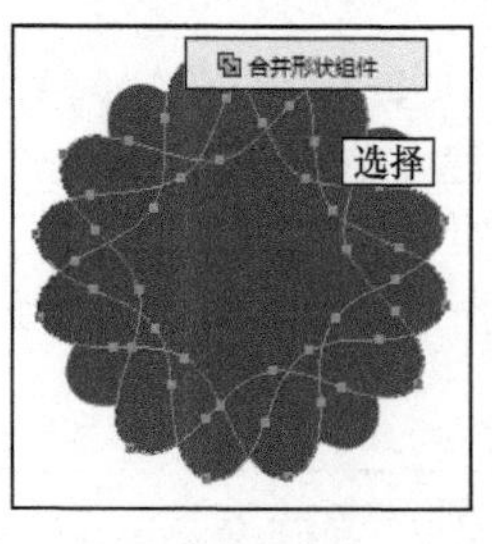

图 8-115

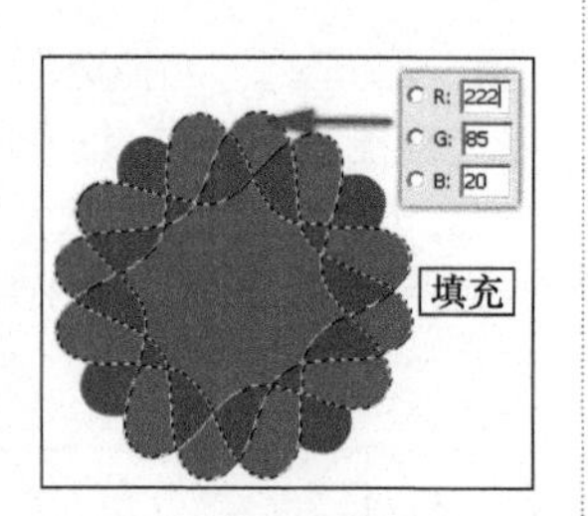

图 8-116

（7）在“路径”调板中选择“路径 1”，按 <Ctrl+T> 组合键执行“自由变换”命令，参照图 8-117 和图 8-118 调整路径的大小。

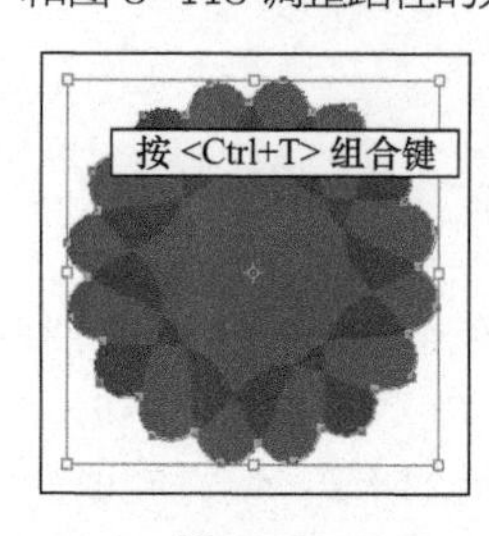

图 8-117

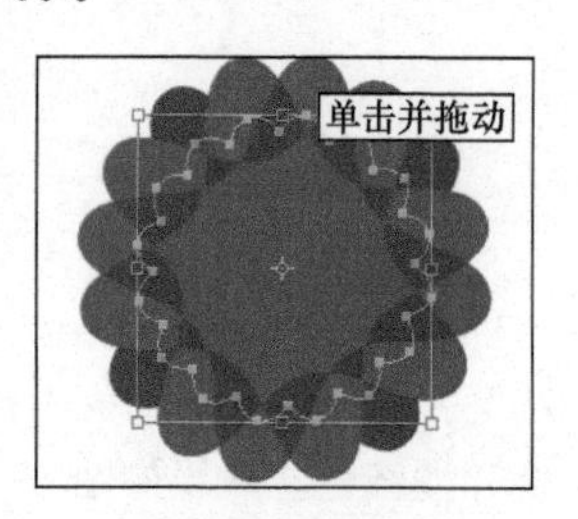

图 8-118

（8）在“图层”调板中新建“图层 3”，按 <Ctrl+Enter> 组合键将路径转换为选区，并填充为白色，效果如图 8-119 所示。填充完毕后取消选择选区。

（9）新建“图层 4”，参照以上调整路径并填充颜色的方法，再次创建一个青色图像，效果如图 8-120 所示。

图 8-119

图 8-120

（10）在“路径”调板中对“路径 3”进行复制，并对复制的路径进行命名。确认“路径 3”为可编辑状态，如图 8-121 所示。

（11）使用“路径选择”工具，框选所有路径，参照图 8-122 对路径的大小进行调整。

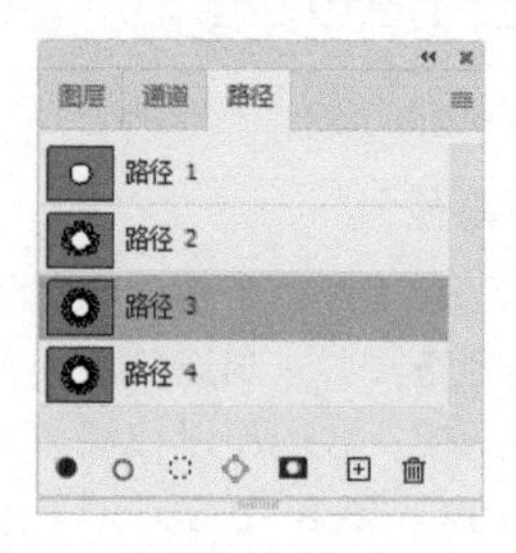

图 8-121

图 8-122

（12）保持路径的选择状态，在“路径选择”工具选项栏中单击“路径操作”按钮，选择“与形状区域相交”选项，选择“合并形状组件”选项，可以看到路径重叠的部分被留下，其余的部分被移去，如图 8-123 所示，效果如图 8-124 所示。

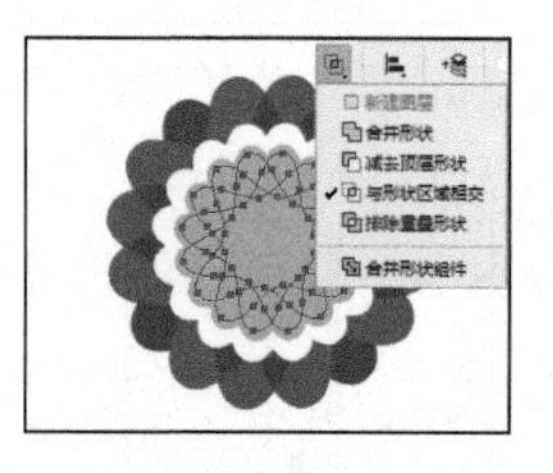

图 8-123

图 8-124

（13）将路径转换为选区，在“图层”调板中新建“图层 5”，然后将选区填充为白色并取消选择选区，效果如图 8-125 所示。

（14）在“路径”调板中选择“路径 4”，参照图 8-126 对路径的大小进行调整，然后在“路径选择”工具选项栏中单击“路径操作”按钮，选择“排除重叠形状”选项。

图 8-125

图 8-126

（15）将路径转换为选区，在“图层”调板中新建“图层 6”，并将选区填充为青色，效果如图 8-127 所示。填充完毕后取消选择选区。

（16）在“路径”调板中选择“路径 4”，参照图 8-128 调整路径的大小。将路径转换为选区，在“图层”调板中新建图层，并填充为橘黄色，效果如图 8–129 所示。

图 8–127

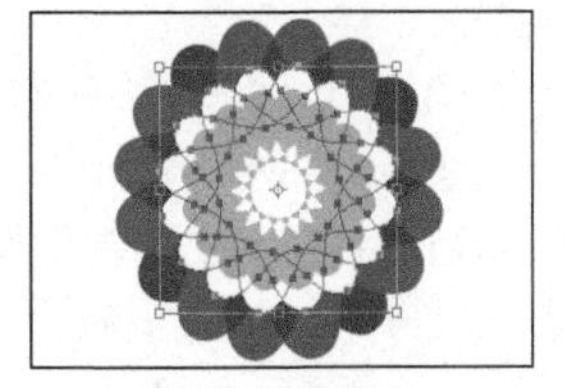

图 8–128

（17）在“图层”调板为填充的图案添加图层样式，使画面更为美观，效果如图 8–130 所示。

图 8–129

图 8–130

（18）依照以上方法，制作出其他颜色的花朵，如图 8–131 所示。读者可以打开本书附带文件 \Chapter–08\ “花朵 .psd” 进行查看。

图 8–131

8.5.2 “直接选择”工具

使用“直接选择”工具可以选择路径、路径段、锚点，移动锚点、方向点，从而达到调整路径的目的。

（1）执行“文件”→“打开”命令，打开本书附带文件 \Chapter–08\ “立体字母 .psd”，如图 8–132 所示。

图 8–132

（2）选择“横排文字”工具，在视图中输入字母，如图 8–133 所示。执行“图层”→“文字”→“创建工作路径”命令，将文字转换成路径，如图 8–134 所示。

图 8–133

图 8–134

（3）在“图层”调板中，删除“S”文本图层。

（4）选择“直接选择”工具，在路径上单击，选择相应的曲线，并且该路径上所有的锚点全部以空心状态显示，表示该路径被选取，如图 8–135 所示。

（5）在锚点上单击并拖动鼠标，可以调整锚点的位置，如图 8–136 所示。

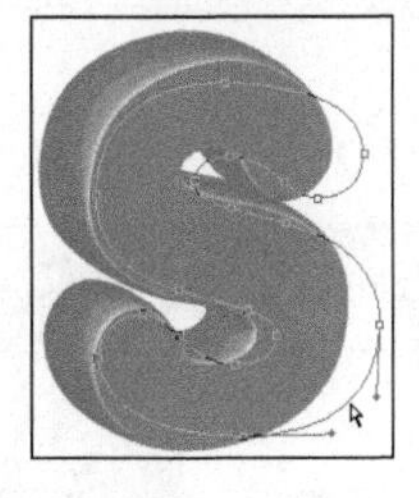

图 8–135

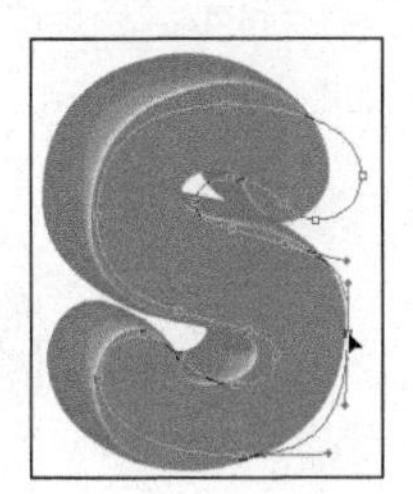

图 8–136

提示

为了便于观察对路径的调整，暂时添加了一个白色背景，并设置了立体字母的透明度。

（6）拖动平滑点的方向控制柄可以对曲线进行调整，如图 8–137 所示。

技巧

按住<Alt>键的同时拖动方向点，另一侧的方向点也会随之调整。按住<Shift>键的同时拖动方向点，则可以沿水平、垂直方向移动方向点，或者按45° 角的倍数旋转方向点。

（7）当需要选择路径上的多个锚点时，可以在按住 <Shift> 键的同时依次单击要选择的锚点，或者框选所有需要选择的锚点，如图 8–138 所示。

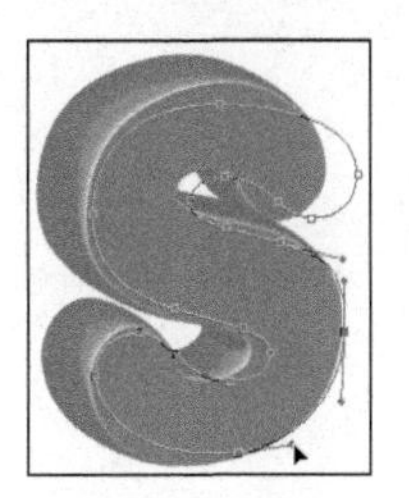

图 8–137

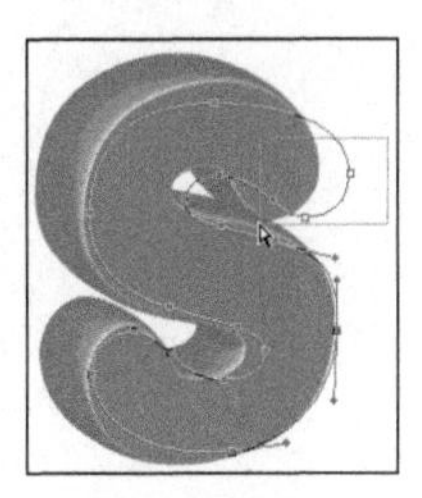

图 8–138

（8）拖动多个被选择的锚点可以调整其位置，被选择锚点间的路径形状不会改变，如图 8–139 所示。

（9）参照以上调整路径形状的方法对路径进行

调整，效果如图 8–140 所示。

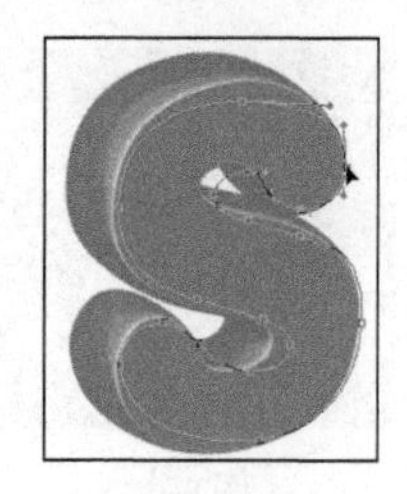

图 8–139

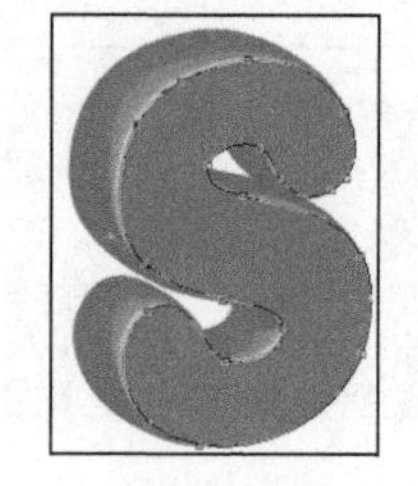

图 8–140

提示

对于无用的路径，可先用“直接选择”工具选中，然后按<Delete>键将其删除。

（10）按 <Ctrl+Enter> 组合键，将路径转换为选区，在“图层”调板中新建图层，更改图层名称为“S”，如图 8–141 所示，然后将选区填充为白色，效果如图 8–142 所示。

图 8–141

图 8–142

（11）按照此方法制作其他文字，如图 8–143 所示。

（12）将在上一节制作的“花朵”图像导入当前图像中，完成案例的制作，效果如图 8–144 所示。读者可以打开本书附带文件 \Chapter–08\“立体花纹字母 .psd”进行查看。

图 8–143

图 8–144

提示

在案例最后的制作中，使用到了图层样式和剪贴蒙版功能，大家可以在之后的章节中学习了相关知识后，再来制作本案例中的花纹效果。

第9章 在作品中设计文字

09

文字在商业设计作品中是非常重要的元素。文字负责信息的传达，产品信息需要用文字准确地进行描述。所以作品中的文字也需要设计与排版。Photoshop 为用户提供了强大的文字输入与编辑功能，利用这些功能，可以对文字进行创建、变形、排版等，打造出华丽的版面效果和艺术字效果。

使用 Photoshop 可以创建两种格式的文字，即点文字和段落文本。点文字用于创建和编辑内容较少的文本信息，如印刷物的标题等，在输入过程中，行的长度随着编辑的文字增加而增加，但不会自动换行；段落文本主要适用于编辑和管理具有段落特征的文本内容，如印刷物的正文。段落文本会在文字定界框中自动换行，以形成块状的区域文字。本章将对这些功能进行详细的介绍。

9.1 课时 31：如何创建和设置文字？

Photoshop 提供了丰富的文字创建方法，我们可以直接创建矢量字体，也可以创建字体外形的选择区域，这取决于需要在文件中打造的文字效果。文字创建工具集中放置在工具箱的文字工具组内，下面我们来详细学习这些工具的使用方法。

学习指导

本课内容重要性为【必修课】。

本课时的学习时间为 40 ～ 50 分钟。

本课的知识点是掌握文字的创建方法。

课前预习

扫描二维码观看教学视频，对本课知识进行预习。

9.1.1 文字的创建

文字工具组主要用于创建文本或文字选区，其中包括 4 个工具，分别是“横排文字”工具、“直排文字”工具、“直排文字蒙版”工具和“横排文字蒙版”工具，如图 9-1 所示，图 9-2 所示为使用各文字工具创建的文字。

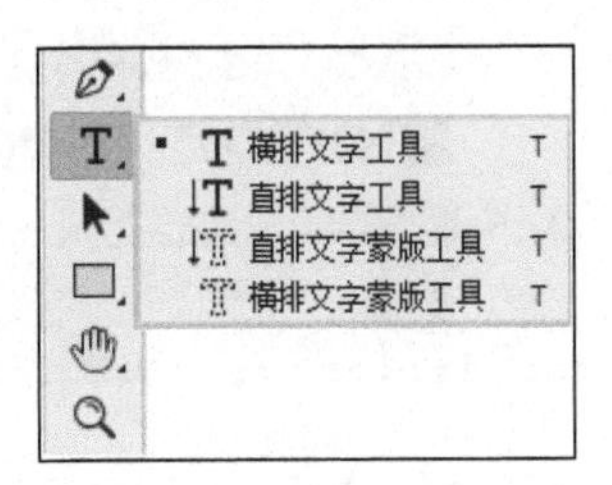

图 9-1

图 9-2

（1）执行“文件”→“打开”命令，打开本书附带文件 \Chapter-09\“蛋糕宣传页背景 .psd”，如图 9-3 所示。

图 9-3

（2）选择工具箱中的“横排文字”工具，在视图的中间位置单击，建立文字插入点，如图 9-4 所示，这时“图层”调板中将自动新建文字图层，如图 9-5 所示。

（3）在视图中输入文字，在默认状态下，系统会根据前景色的颜色来设置字体的颜色，如图 9-6 所示。

图 9-4

图 9-5

图 9-6

（4）单击“横排文字”工具选项栏中的“提交所有当前编辑”按钮，完成字母的创建，此时当前文字图层的名称转换为输入的文字，如图 9-7 和图 9-8 所示。

图 9-7

注意

输入文字后，按主键盘上的<Enter>键，文字会换行，而按主键盘上的<Ctrl+Enter>组合键或是小键盘上的<Enter>键，将完成当前文本的创建。

图 9-8

9.1.2 文字的选择

对文字进行设置之前，必须先选择文字。我们可以根据需要，在文字图层中选择单个字符、一定范围内的字符或者所有字符。下面通过具体操作来介绍如何选择字符。

（1）选择“横排文字”工具，在文本中单击则自动选择文字图层，并进入文字编辑模式，如图 9-9 所示。

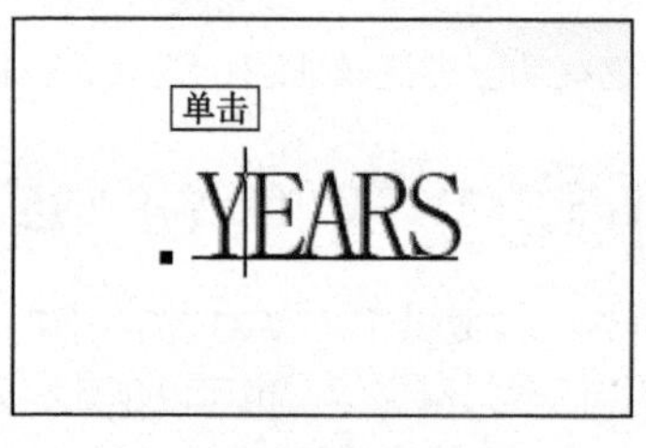

图 9-9

（2）在文本中单击并横向拖动鼠标，可以选择一个或多个字符，如图 9-10 所示。

图 9-10

（3）在文本中单击，取消字符选择状态，如图 9-11 所示。按住 <Shift> 键并单击，可以将从置入点到单击处之间的所有字符选中，如图 9-12 所示。

图 9-11

图 9-12

（4）选择“横排文字”工具，在文本中的任意位置单击，如图 9-13 所示。执行“选择”→“全部”命令，可将当前文字图层中的所有字符选中，如图 9-14 所示。

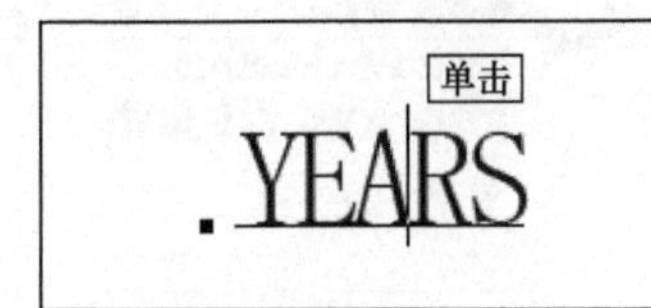

图 9-13

图 9-14

（5）如果要快速选择图层中的所有字符，可以在“图层”调板中双击“指示文字图层”缩览图，如图 9-15 所示，效果如图 9-16 所示。

图 9-15

图 9-16

提示

当文本处于选择状态时，可按 <Esc> 键取消文本的选择状态。

9.1.3 应用文本属性

我们可以对已经输入的文字的属性，如文字的字体、字形、大小、颜色和消除锯齿等，做相应的更改，图 9-17 所示为“横排文字”工具选项栏。

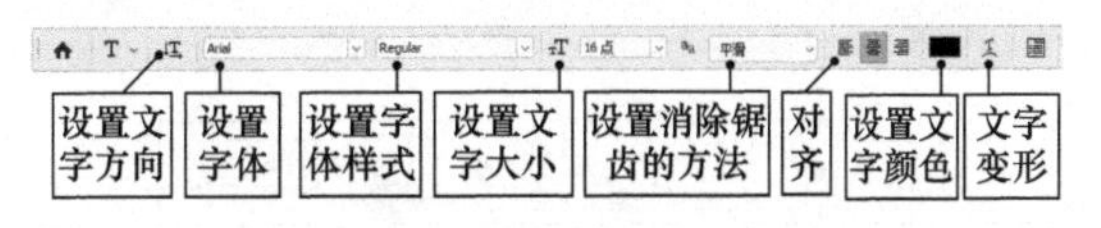

图 9-17

（1）保持文字的选择状态，在“横排文字”工具选项栏的“设置字体”下拉列表中选择一种字体，如图 9-18 所示，文字的字体将被改变，效果如图 9-19 所示。

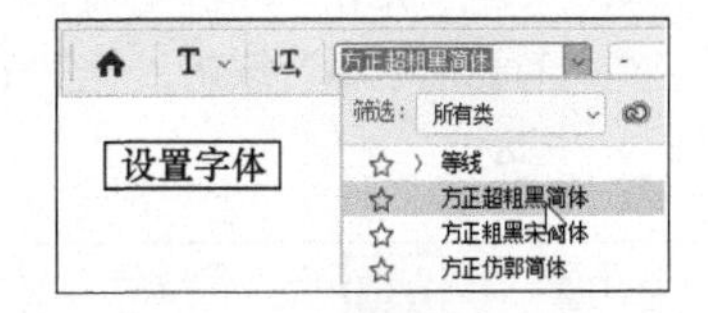

图 9-18

图 9-19

（2）单击“横排文字”工具选项栏中的“切换文本取向”按钮，横排文字将更改为直排文字，如图 9-20 所示。

图 9-20

（3）按 <Ctrl+Z> 组合键撤销上一步的操作。在“横排文字”工具选项栏的“设置字体大小”文本框中输入参数，按 <Enter> 键调整文本的大小，如图 9-21 所示。

图 9-21

（4）将文字全选，单击“设置文本颜色”图标，打开“拾色器”对话框，如图 9-22 所示，选择字体的颜色。

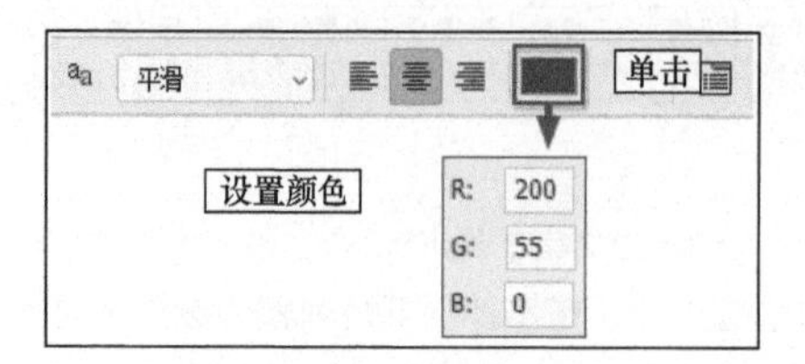

图 9-22

（5）设置完毕后，单击“横排文字”工具选项栏中的“提交所有当前编辑”按钮，更改文字的颜色，如图 9-23 所示。

图 9-23

（6）按 <Ctrl+Z> 组合键撤销上一步的操作。参照以上的操作方法，再设置其他文字，效果如图 9-24 所示。

图 9-24

（7）在“图层”调板中显示隐藏的“渐变图像”图层，完成本实例的制作，效果如图 9-25 所示。读者可以打开本书附带文件 \Chapter-09\“蛋糕宣传页 .psd”进行查看。

图 9-25

9.1.4 使用“字符”调板

选择工具箱中的“横排文字”工具，单击其工具选项栏中的“切换字符和段落面板”按钮，打开“字符”调板，如图 9-26 所示，“字符”调板提供了更多的字体设置选项。

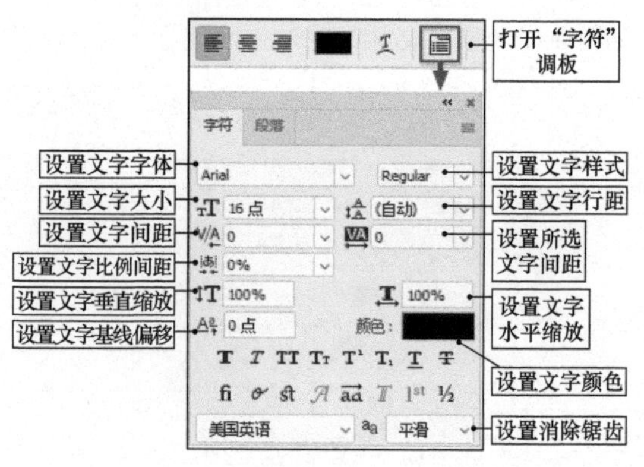

图 9-26

（1）打开本书附带文件 \Chapter-09\“金属字背景 .psd”，使用“移动”工具选择文字，或者在“图层”调板中选择“BUYO”图层，如图 9-27 所示。

图 9-27

（2）在“字符”调板中，打开“设置字体样式”下拉列表，可以看到选择文字使用的是默认的文字样式，如图 9–28 所示。

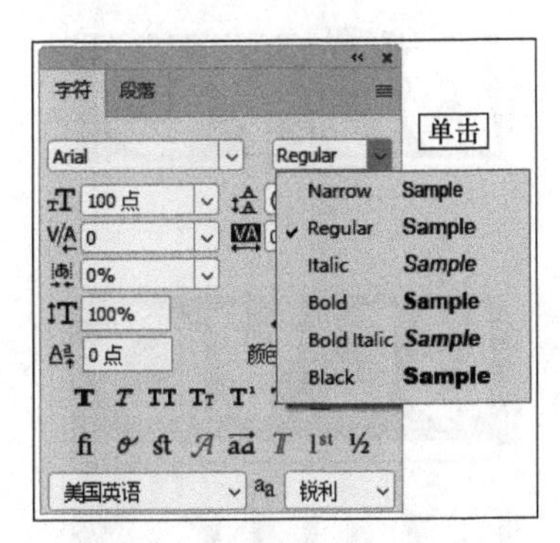

图 9–28

（3）文字样式是各种字体的变异版本，在其下拉列表中可选择不同的文字样式，如图 9–29 所示。

图 9–29

（4）在“字符”调板中的“搜索和选择字体”下拉列表中选择一种字体，设置字体，如图 9–30 所示，效果如图 9–31 所示。

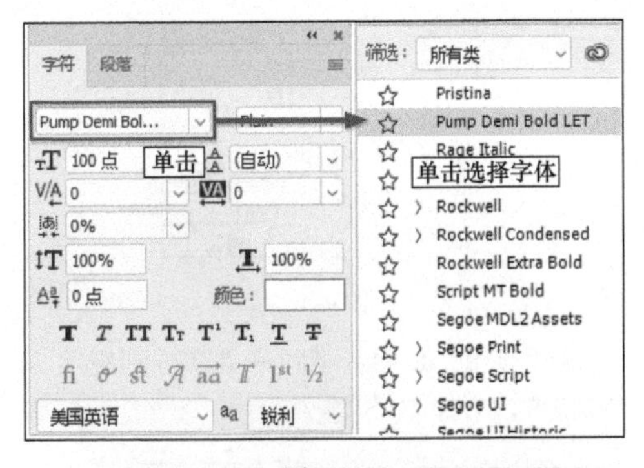

图 9–30

图 9–31

（5）在“设置字体大小”文本框中输入数值，按 <Enter> 键可调整文字的大小，如图 9–32 所示，效果如图 9–33 所示。

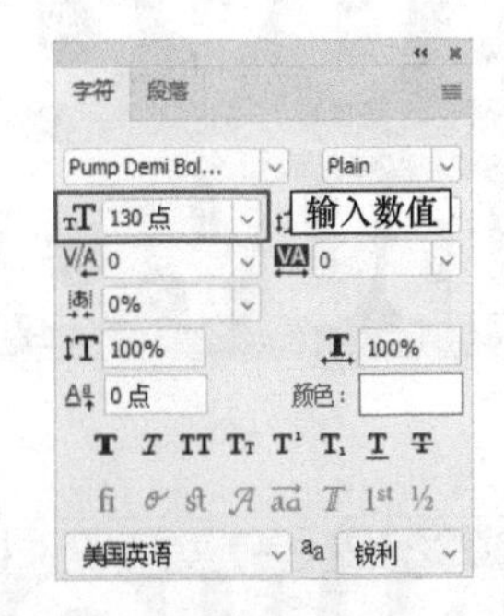

图 9–32

图 9–33

（6）设置“垂直缩放”和“水平缩放”的百分比，调整文字的“高度”和“宽度”比例，对比效果如图 9–34 和图 9–35 所示。

图 9–34

图 9–35

（7）在“设置所选字符的字距调整”文本框中输入不同的数值，调整文字的间距，其数值越大，文字的间距就越大，对比效果如图 9–36 所示。

（8）在文字中间单击，“设置两个字符间的字距微调”选项呈可用状态，其值越大，文字的间距就越大，效果如图 9–37 所示。

图 9-36

图 9-37

（9）按 <Ctrl+Z> 组合键，撤销上一步的操作。使用“横排文字”工具在“O”字母后输入“@”，并设置其字体和大小，如图 9-38 所示。

图 9-38

（10）选择文本中的“@”，设置“字符”调板中的“设置基线偏移”选项，效果如图 9-39 所示。

图 9-39

（11）“字符”调板的底部列出了一系列的仿样式，单击某一按钮，即可应用相对应的仿样式，如图 9-40 和图 9-41 所示。

图 9-40

图 9-41

提示

再次单击应用的仿样式按钮，即可取消应用该仿样式。

（12）在“字符”调板中，展开“设置消除锯齿的方法”下拉列表，在其中可设置消除锯齿，如图 9-42 所示。

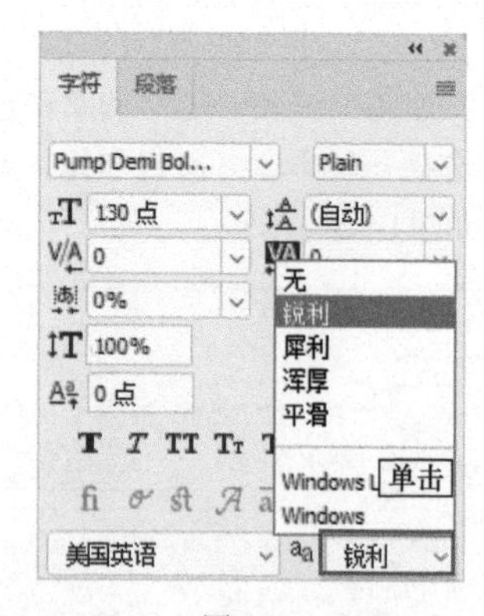

图 9-42

（13）图 9-43 展示了同一文字分别应用 5 种消除锯齿的方法后的不同效果。

图 9-43

9.1.5 为文字添加图层样式

为文字添加图层样式，可以使文字产生更为丰富的变化，可以轻松地制作出绚丽的文字特效。

（1）执行“窗口”→“样式”命令，打开“样式”调板，在调板菜单中执行“导入样式”命令，如图 9-44 所示。

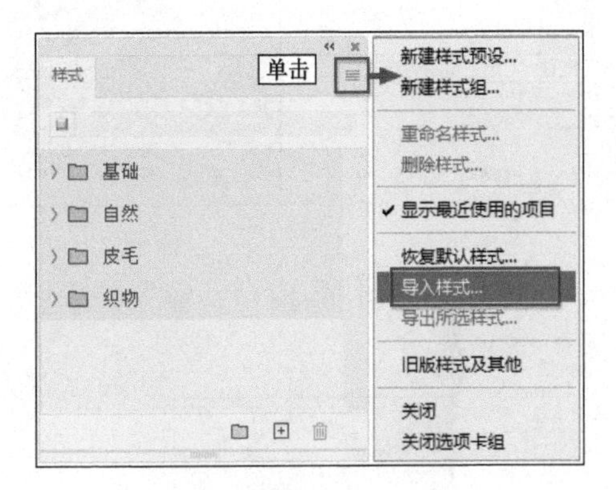

图 9-44

（2）在弹出的“载入”对话框内，选择本书附带文件 \Chapter-09\“金属立体 .asl”，单击“载入”按钮，如图 9-45 所示。

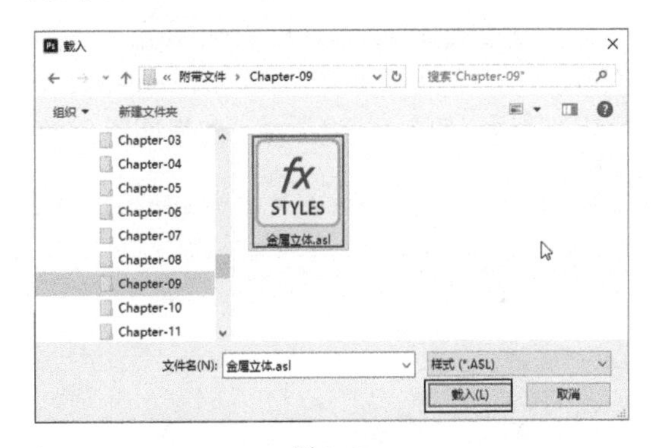

图 9-45

（3）“样式”调板增加了“金属立体”样式，选择该样式，如图 9-46 所示，即可将该样式应用到所选的文字上，效果如图 9-47 所示。

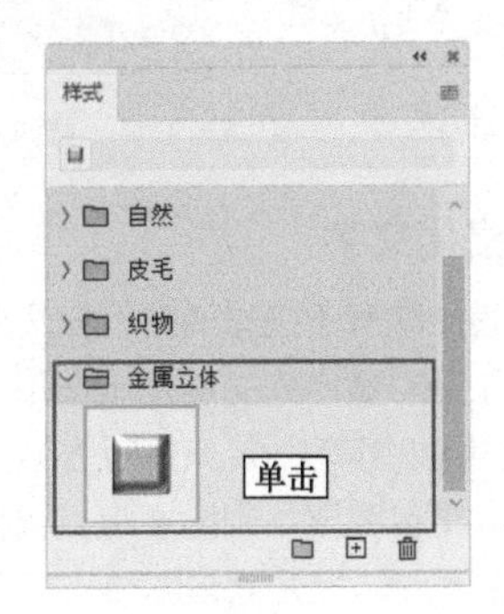

图 9-46

（4）在“图层”调板内显示隐藏的图层，完成案例的制作，效果如图 9-48 所示。读者可以打开本书附带文件 \Chapter-09\“金属字 .psd”进行查看。

图 9-47

图 9-48

9.2 课时 32：如何变换文字的外形？

在设计版面的工作中，我们常常需要对文字的外形进行各种调整，使文字的外形与方向符合设计作品的需求。Photoshop 提供了多种对文字进行调整的方法，使我们可以对文字的外形进行设置，精确地控制文字的排列方式。本课将带领大家学习这些功能，从而增强我们对文字的排版能力。

学习指导

本课内容重要性为【必修课】。

本课时的学习时间为 40 ～ 50 分钟。

本课的知识点是掌握文字排列与变形方法。

课前预习

扫描二维码观看教学视频，对本课知识进行预习。

9.2.1 旋转文字

文本图层中的文字可以像普通图像一样进行“自由变换”等编辑操作，接下来就学习旋转文字的操作方法。

（1）打开本书附带文件 \Chapter-09\“彩虹 .psd”，如图 9-49 所示。

（2）选择“Goodliness”文字图层，按 <Ctrl+ T> 组合键执行“自由变换”命令，这时文本的四周将出现定界框，如图 9-50 所示。

图 9-49

图 9-50

（3）将鼠标指针移动至定界框外，当鼠标指针变为↻时，如图 9-51 所示，单击并拖动鼠标即可旋转文本，如图 9-52 所示。

图 9-51

图 9-52

（4）旋转完毕后，按 <Enter> 键应用变换操作。

（5）选择“横排文字”工具，在文本上单击进入文字编辑模式，如图 9-53 所示，按住 <Ctrl> 键，这时文本的四周将出现定界框，如图 9-54 所示。

图 9-53

图 9-54

（6）保持按住 <Ctrl> 键，单击并拖动鼠标，也可以调整文本的旋转角度，如图 9-55 所示。

图 9-55

（7）调整完毕后，单击“横排文字”工具选项栏中的“提交所有当前编辑”按钮，应用变换操作。

9.2.2 为文本图层添加蒙版

蒙版功能可以隐藏图层的部分区域，为文字图层添加蒙版，可以使文字产生更为丰富的外形变化，制作出更加丰富多彩的文字效果。关于蒙版的详细知识，本书将在第 11 章进行介绍。

（1）按住 <Ctrl> 键的同时，单击“图层”调板中“彩虹”图层的缩览图，如图 9-56 所示，此图层中的图像会载入选区，如图 9-57 所示。

图 9-56

图 9-57

（2）按 <Ctrl+Shift+I> 组合键，反选选区，如图 9-58 所示。

图 9-58

（3）保持文字图层的选择状态，单击“图层”调板底部的“添加图层蒙版”按钮，为该图层添加图层蒙版，如图 9-59 所示，效果如图 9-60 所示。

图 9-59

图 9-60

9.2.3 栅格化文字

我们知道文字属于矢量图形，所以 Photoshop 中很多编辑位图的操作和功能是不适用于文字图层的，如无法应用滤镜等命令，也无法应用绘画工具。如果需要编辑文字图层，则需要将其栅格化，栅格化就是将矢量图形转换为像素图像。

（1）继续上节的操作，在“图层”调板中确认文字图层为当前选择图层，如图 9-61 所示。

（2）执行“图层”→“栅格化”→“图层”

命令，将文字图层转换为普通图层，如图 9-62 所示。

（3）在文字图层上右击，在弹出的菜单中执行“栅格化文字”命令，也可以将文字图层转换为普通图层，如图 9-63 所示。

图 9-61 　　图 9-62

图 9-63

（4）执行“编辑”→“描边”命令，打开并设置“描边”对话框，如图 9-64 所示。单击“确定”按钮关闭对话框，为图像添加描边效果，如图 9-65 所示。

图 9-64

图 9-65

9.2.4 沿指定的路径创建文字

在 Photoshop 中还可以创建路径文字，将文字沿路径放置，可以使文字产生特殊的排列效果，下面介绍如何沿路径创建文字。

（1）选择工具箱中的“钢笔”工具，沿彩虹的边缘绘制路径，如图 9-66 所示。

（2）选择工具箱中的“横排文字”工具，将鼠标指针移动至路径上，当鼠标指针变为 时单击，如图 9-67 所示，创建文字插入点，如图 9-68 所示。

图 9-66

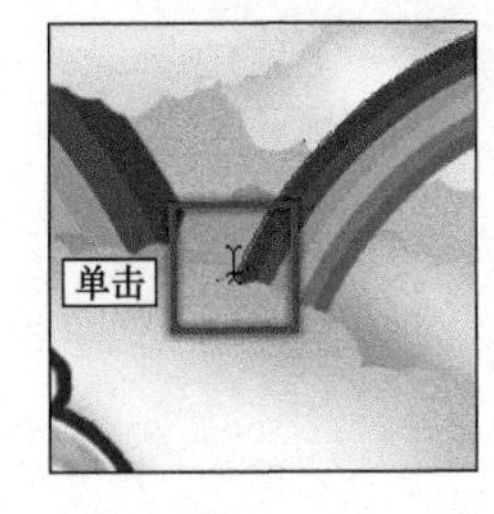

图 9-67

图 9-68

（3）在“字符”调板中对文字的属性进行设置，如图 9-69 所示，设置完毕后输入文字，效果如图 9-70 所示。

图 9-69

图 9-70

（4）参照以上方法创建其他沿路径指定的文字，并添加其他文字信息，完成本实例的制作，效果如图 9-71 所示。读者可以打开本书附带文件 \Chapter-09\“彩虹字 .psd”进行查看。

图 9-71

9.2.5 创建变形文字

Photoshop 还为用户提供了变形文字功能，该功能可以将文字扭曲成扇形、波浪形等形状，从而创造出丰富的文字扭曲效果。变形效果将应用于文字图层中的所有字符，对特意选择的字符无效。另外，如果文字包含“仿粗体”样式，将无法应用变形效果。

在“横排文字”工具选项栏内单击“文字变形”按钮，打开“变形文字”对话框，如图 9-72 所示。“样式”下拉列表中包含了 16 种变形样式，效果如图 9-73 所示。

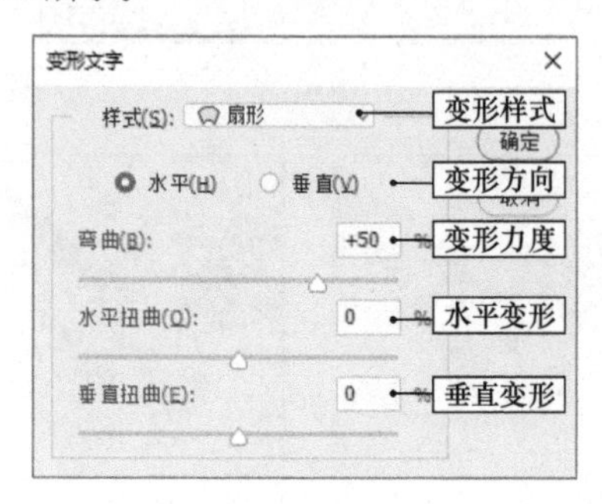

图 9-72

图 9-73

（1）打开本书附带文件 \Chapter-09\“文字.psd”，选择工具箱中的“横排文字”工具，在文字的任意部位单击，使其成为可编辑状态，如图 9-74 所示。

图 9-74

（2）在“横排文字”工具选项栏中，单击“文字变形”按钮，打开“变形文字”对话框，如图 9-75 和图 9-76 所示。

图 9-75

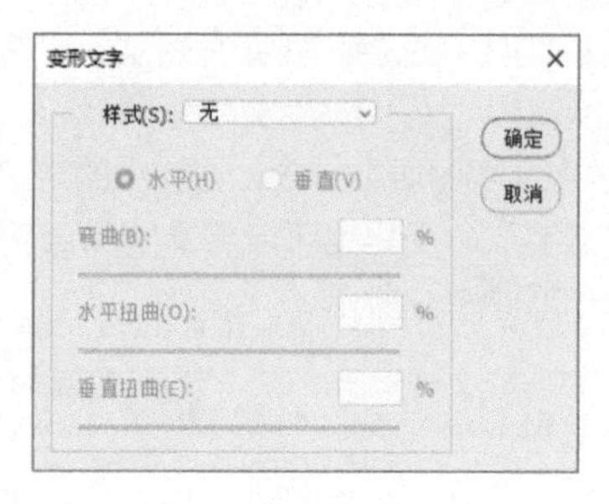

图 9-76

（3）在“变形文字”对话框中，单击“样式”下拉列表框的倒三角按钮，在“样式”下拉列表中选择“下弧”选项，此时对话框中的选项变为可设置状态，如图 9-77 所示。

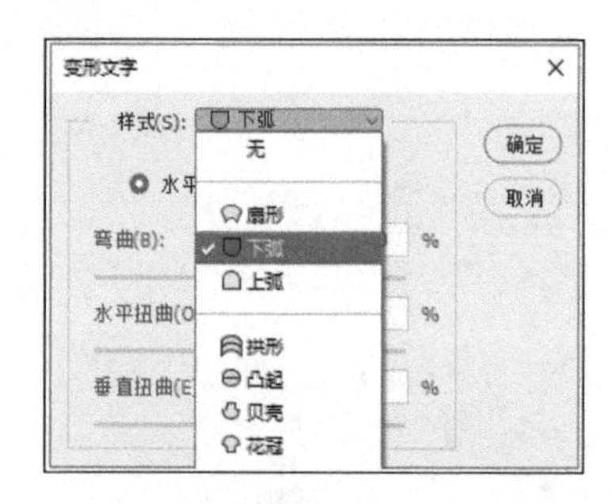

图 9-77

（4）参照图 9-78 设置“变形文字”对话框中的参数，设置完毕后单击“确定”按钮，关闭对话框，对文字应用变形效果，如图 9-79 所示。

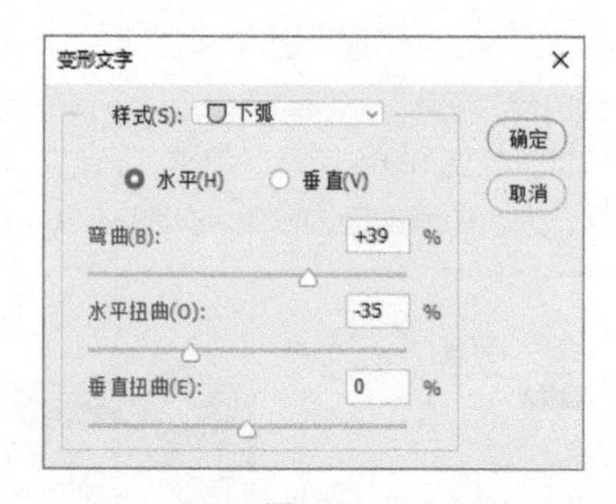

图 9-78

图 9-79

9.2.6 将文字转换为形状

文字在创建后，我们可以将其转变为形状图形，这样我们就可以使用路径编辑工具，对文字的外形进行修改了。

（1）保持文字的选择状态，执行“图层”→“文字”→“转换为形状”命令，将文字转换为形状，如图 9–80 所示。

图 9–80

（2）在“图层”调板中可以看到，文字图层转换成了形状图层，转换前后如图 9–81 和图 9–82 所示。

图 9–81　　图 9–82

（3）选择“路径选择”工具，框选相应的文字路径，如图 9–83 和图 9–84 所示。

图 9–83　　图 9–84

（4）按 <Ctrl+T> 组合键执行“自由变换”命令，对所选文字形状的大小进行调整，如图 9–85 和图 9–86 所示。调整完毕后按 <Enter> 键，应用变换效果。

图 9–85　　图 9–86

（5）选择“直接选择”工具，选择节点并对其形状进行调整，如图 9–87 和图 9–88 所示。

图 9–87　　图 9–88

（6）依照以上方法调整文字底部的节点，效果如图 9–89 所示。

图 9–89

9.2.7　改变文字方向

对于创建完毕的横排或直排文字，执行菜单命令或“字符”调板菜单中的命令可以改变其原有的文字方向。

（1）选择“横排文字”工具，在视图中输入文字，如图 9–90 和图 9–91 所示。

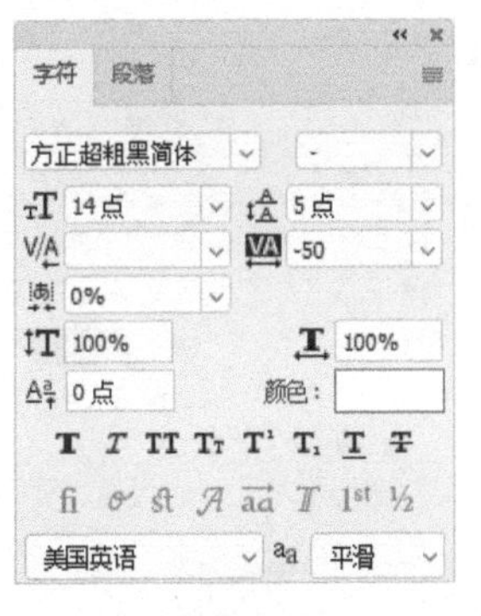

图 9–90　　图 9–91

（2）单击“字符”调板右上角的调板菜单图标，在弹出的菜单中选择“更改文本方向”命令，如图 9–92 所示，调整文字的排列方向，效果如图 9–93 所示。

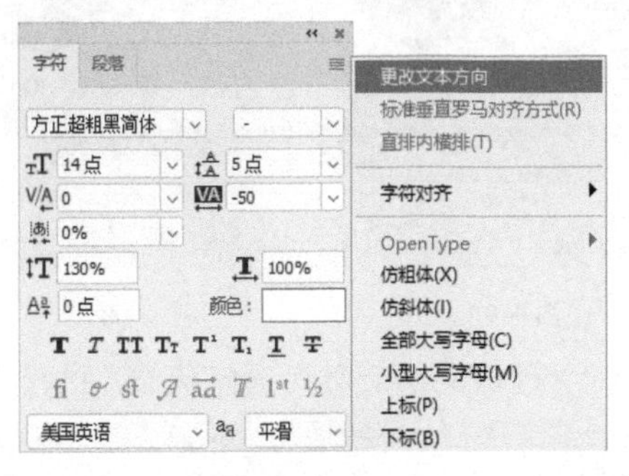

图 9–92

（3）按 <Ctrl+Z> 组合键撤销上一步的操作。执行“图层”→“文字”→“垂直”命令，同样也可调整文字的方向，效果如图 9–94 所示。

图 9–93

图 9–94

9.2.8 点文字与段落文字的转换

创建文字后，该文字的类型可以自由转换，例如可以将点文字转换为段落文字，在定界框中调整文字的排列；或者将段落文字转换成点文字，使文本行彼此独立排列。下面来学习点文字与段落文字的相互转换。

（1）选择“横排文字”工具，在视图的白色圆形图像上单击并拖动鼠标，绘制文本定界框，如图 9–95 所示。

（2）在“字符”调板中对文字的属性进行设置，如图 9–96 所示，输入文字，如图 9–97 所示。

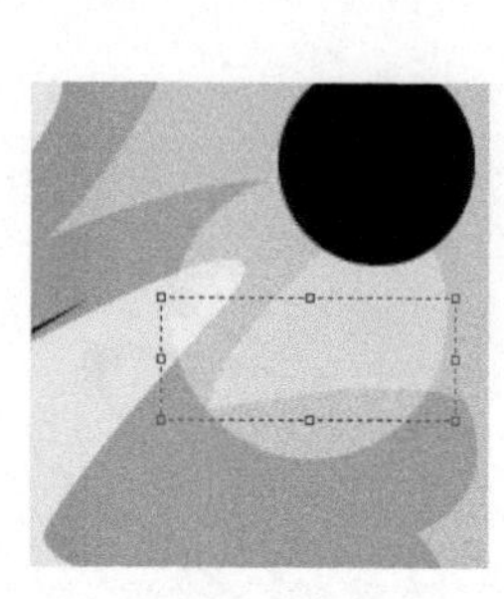
图 9–95

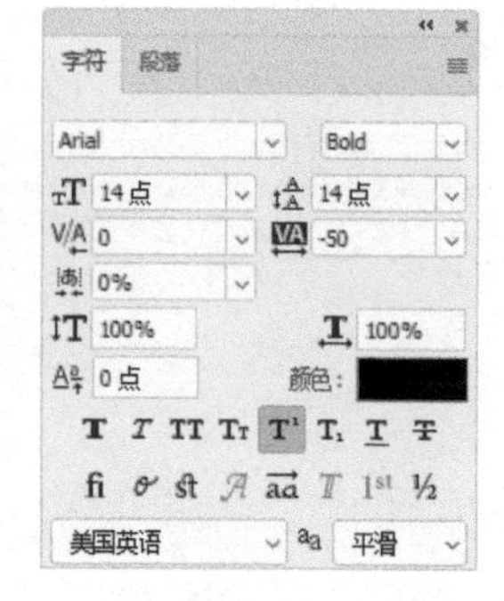

图 9–96

（3）输入完毕后，按小键盘上的 <Enter> 键确认所输入的文字，如图 9–98 所示。

图 9–97

图 9–98

（4）确认文字图层为选择状态，执行“图层”→“文字”→“转换为点文本”命令，将段落文本转换为点文字，如图 9–99 和图 9–100 所示。

图 9–99

图 9–100

（5）添加文字及装饰图像，完成本实例的制作，效果如图 9–101 所示。读者可以打开本书附带文件 \Chapter–09\“变形文字 .psd”进行查看。

图 9–101

9.3 课时 33：如何对段落文字排版？

在前面的内容中，创建的都是点文字，点文字的特点是编辑灵活，不能自动换行，适合制作作品中的标题文字。但是，如果作品中包含内容繁杂的成段文字时，就不太适合用点文字方式进行创建与管理了，此时需要建立段落文字。

在 Photoshop 中，段落文字被约束在文本框内，文字段落的外形由外部的文字框定义，文字在文字框内可以自动换行、整体对齐等。下面就开始学习段落文字的相关功能。

学习指导

本课内容重要性为【必修课】。

本课时的学习时间为 40 ～ 50 分钟。

本课的知识点是掌握段落文字的排版方法。

课前预习

扫描二维码观看教学视频，对本课知识进行预习。

9.3.1 创建段落文字

在 Photoshop 中可以在文字定界框内创建段落文字。文字定界框是在图像中划出的一个矩形范围，调整文字定界框的大小、角度、缩放和斜切可以调整段落文字的外观效果。本小节主要介绍段落文字的创建与设置。

1. 创建文字定界框

选择了文字工具后，单击拖动鼠标即可创建文字定界框。

（1）执行“文件”→“打开”命令，打开本书附带文件 \Chapter-09\“背景.jpg”，如图 9-102 所示。

（2）选择“横排文字”工具，在视图中单击并沿对角方向拖动鼠标，如图 9-103 所示，当出现文字定界框后松开鼠标，如图 9-104 所示。

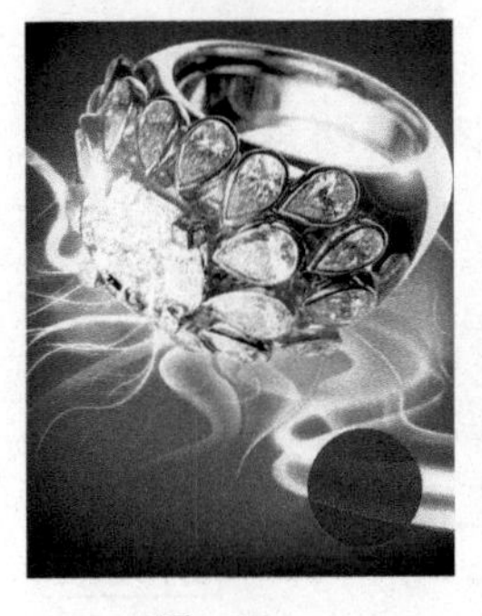

图 9-102

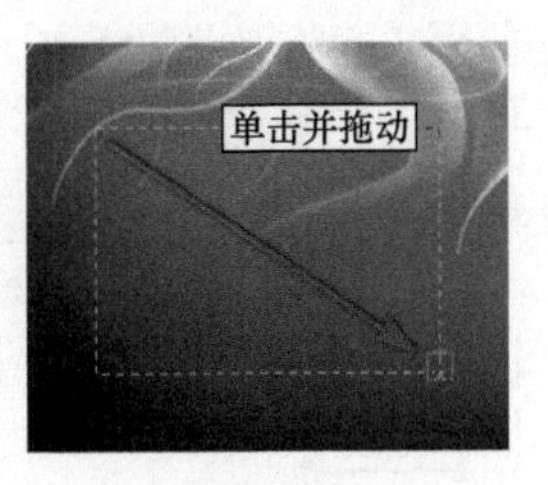

图 9-103

（3）按 <Esc> 键即可关闭文字定界框。按住 <Alt> 键，单击并拖动鼠标绘制文字定界框，如图 9-105 所示，松开鼠标后，会弹出“段落文字大小”对话框，如图 9-106 所示。

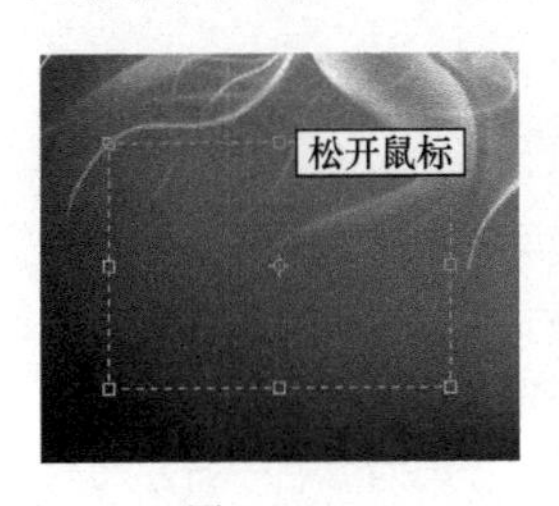

图 9-104

图 9-105

（4）在文本框中输入“宽度”和“高度”参数值，如图 9-107 所示，单击“确定”按钮关闭对话框，创建出自定义大小的文字定界框，如图 9-108 所示。

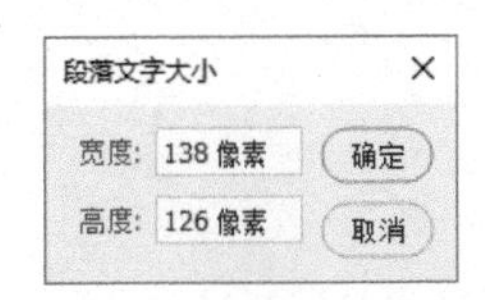

图 9-106

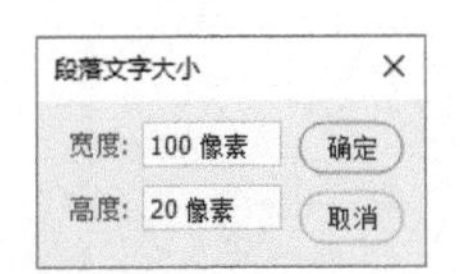

图 9-107

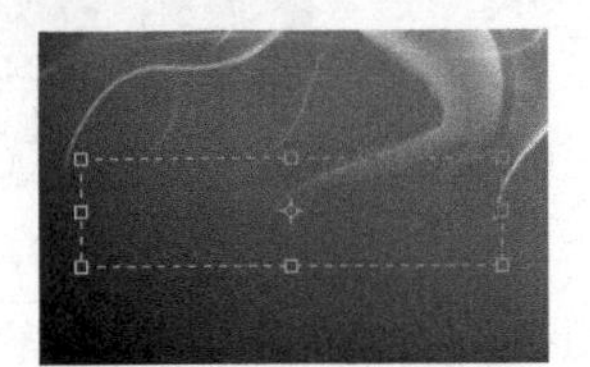

图 9-108

（5）将鼠标指针移动至文字定界框上，当鼠标指针变为↔时，如图 9-109 所示，单击并拖动控制柄，即可调整文字定界框的大小，如图 9-110 所示。

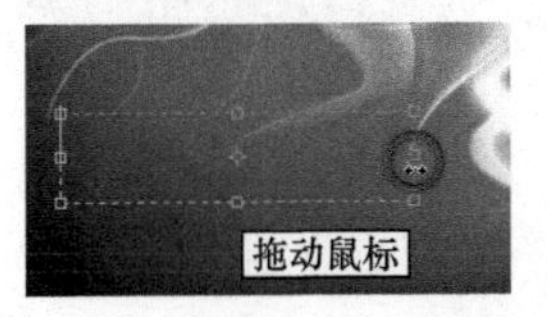

图 9-109

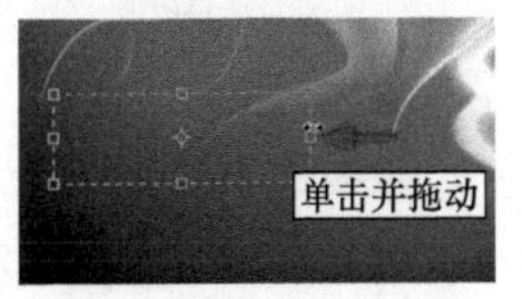

图 9-110

（6）在“字符”调板中进行设置，如图 9-111 所示，输入文字，当文字接触到文字定界框的边缘时，将自动换行，如图 9-112 所示。

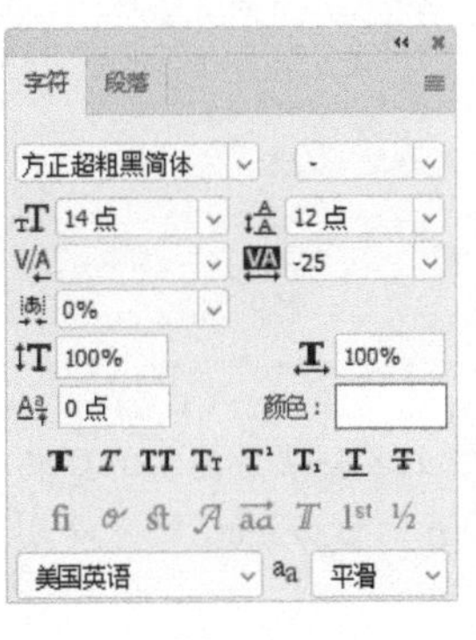

图 9-111

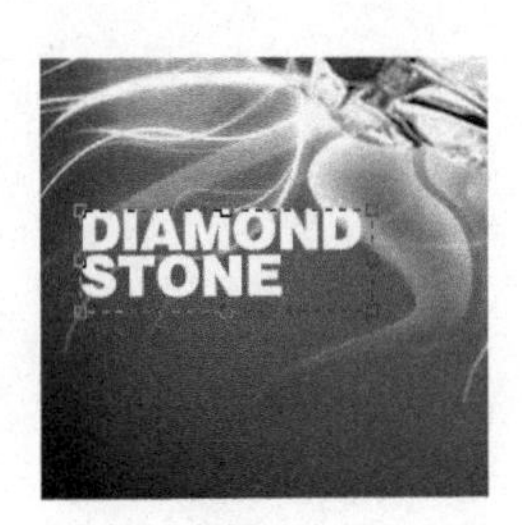

图 9-112

（7）单击“横排文字”工具选项栏中的“提交所有当前编辑”按钮，提交输入的内容，并对文字的位置进行调整，效果如图 9-113 所示。

2. 创建不规则外形文字定界框

除了使用文字工具创建文字定界框以外，我们还可以借助矢量图形创建文字定界框。

（1）选择“椭圆”工具，按住 <Shift> 键，在视图的右下角处绘制圆形轮廓路径，如图 9-114 所示，定义段落文字的输入范围。

图 9-113

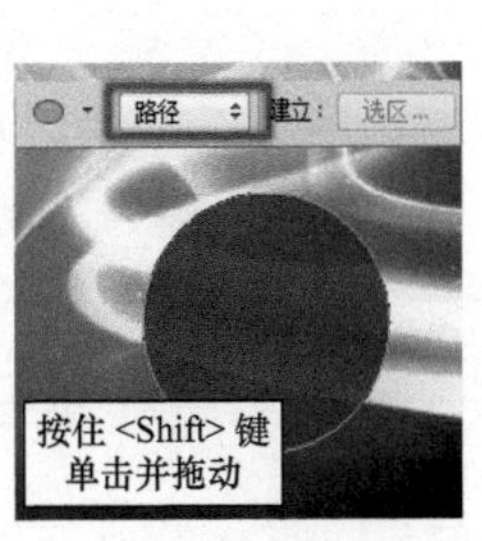

图 9-114

（2）选择工具箱中的“横排文字”工具，将鼠标指针放置在路径内，当鼠标指针变成时，如图 9-115 所示，单击鼠标，这时会把路径作为段落文字的文字定界框，如图 9-116 所示。

（3）分别在“字符”调板和“段落”调板对文字进行设置，如图 9-117 和图 9-118 所示。

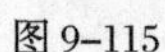

图 9-115

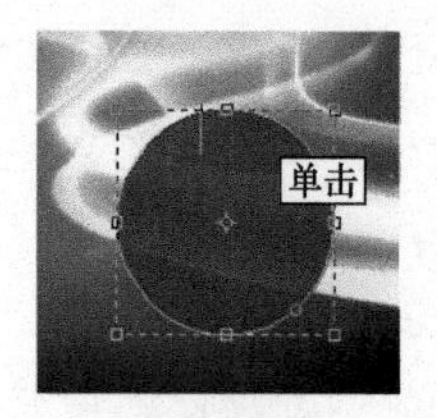

图 9-116

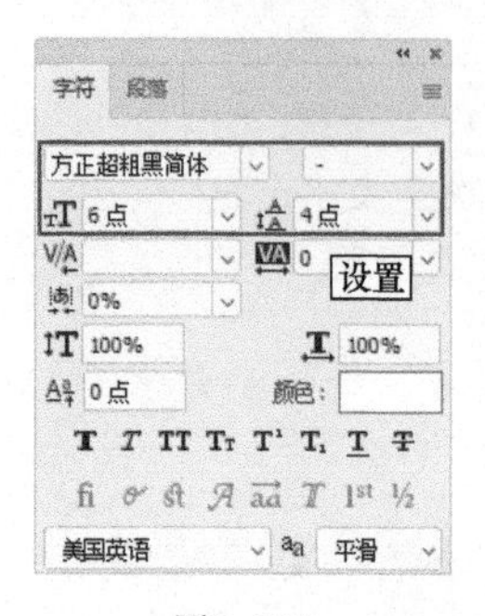

图 9-117

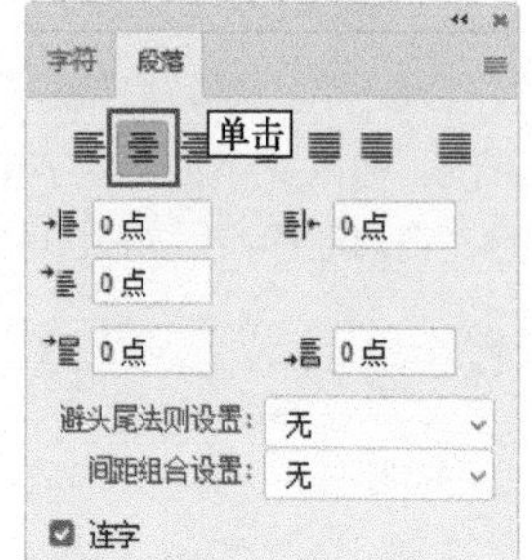

图 9-118

提示

在输入过程中，段落文字会根据文字定界框的形状自动换行，按主键盘上的<Enter>键可以另起一段输入文字。

（4）设置完毕后在文字定界框中输入文字，如图 9–119 和图 9–120 所示。

图 9–119

图 9–120

（5）在“字符”调板中重新设置文字，按键盘上的 <Enter> 键将文字换行，输入文字，如图 9–121 和图 9–122 所示。

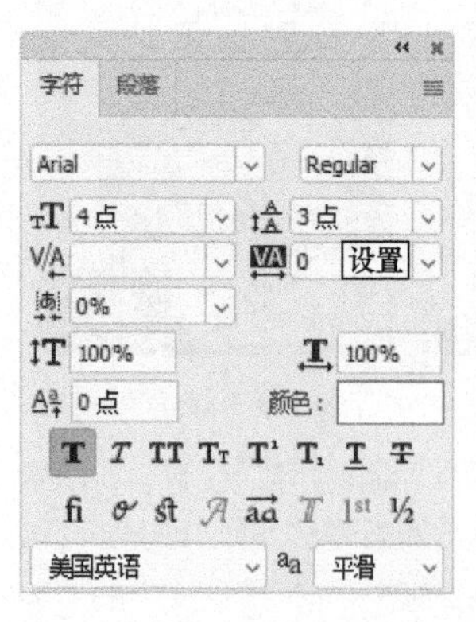

图 9–121

图 9–122

（6）在文字的起始处单击，并按 3 次 <Enter> 键，调整文字的位置，调整完毕后单击“横排文字”工具选项栏中的“提交所有当前编辑”按钮，提交编辑的文字，效果如图 9–123 所示。

图 9–123

9.3.2 设置段落样式

使用“段落”调板，我们可以很轻松地对选定的段落进行各种设置，图 9–124 展示了“段落”调板中的各项设置选项。下面我们来学习“段落”调板中的各项功能。

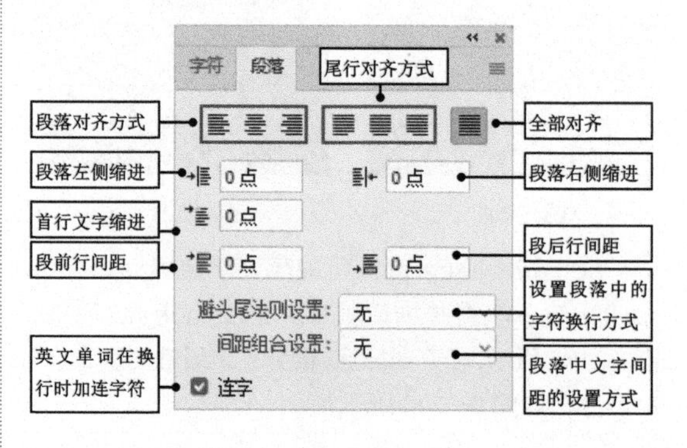

图 9–124

1. 指定对齐选项

“段落”调板中有 3 种文本对齐方式，分别为左对齐文本、居中对齐文本和右对齐文本；在对齐选项区域右侧，是指定段落对齐方式的控制选项，有 4 种指定段落对齐方式，分别为最后一行左边对齐、最后一行居中对齐、最后一行右边对齐和全部对齐。

（1）参照上节绘制段落文本的操作方法，在视图中绘制段落文本，如图 9–125 和图 9–126 所示。

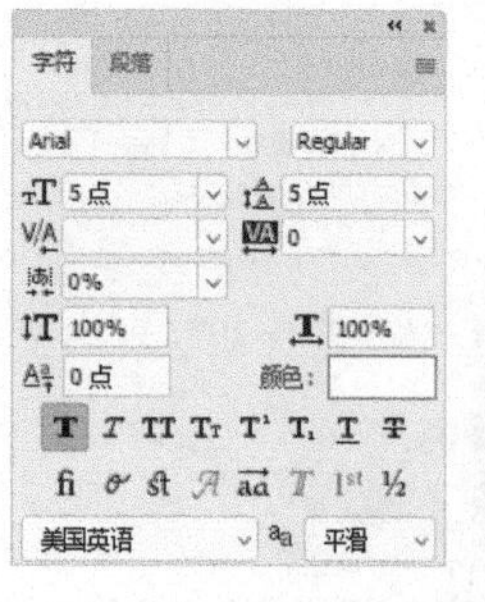

图 9–125

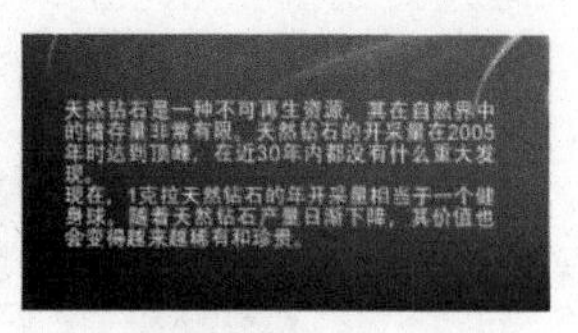

图 9–126

（2）选择段落文本图层，在“段落”调板中单击“居中对齐文本”按钮，如图 9–127 所示，调整段落文本的指定段落的对齐方式，如图 9–128 所示。

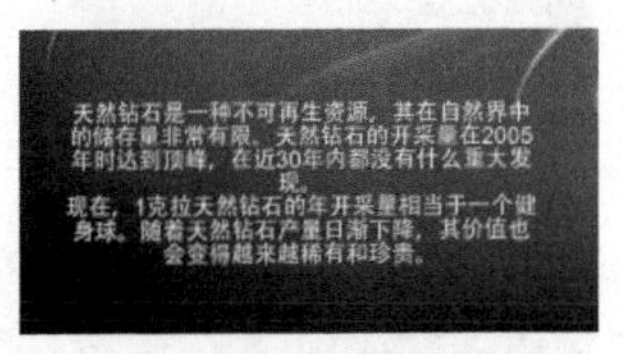

图 9-127　　图 9-128

（3）单击“右对齐文本”按钮，使段落文字右端对齐，左端不对齐，如图 9-129 所示。

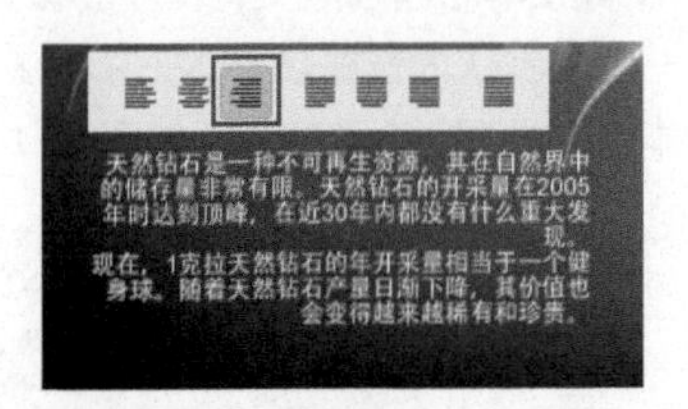

图 9-129

（4）分别单击“段落”调板的指定段落对齐按钮，效果如图 9-130 至图 9-133 所示。

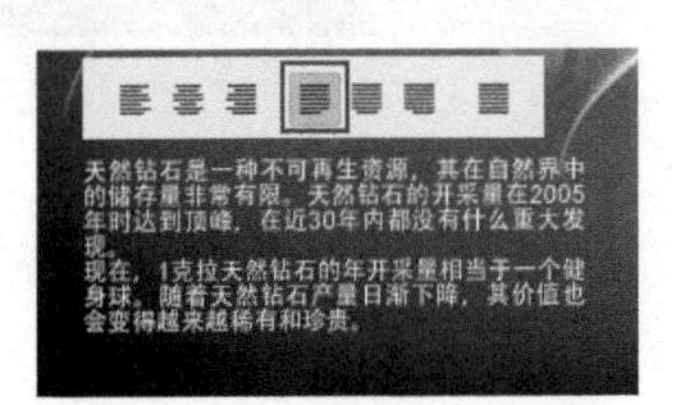

图 9-130

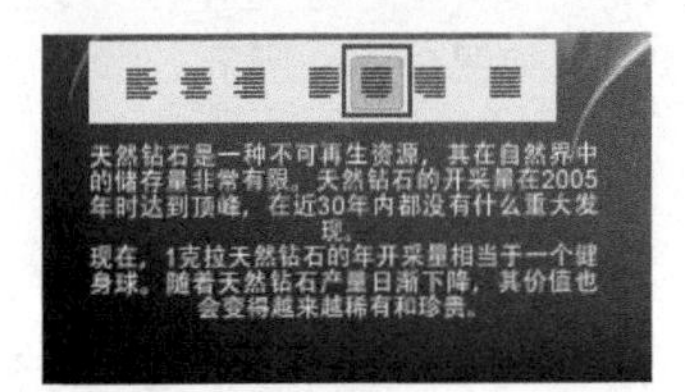

图 9-131

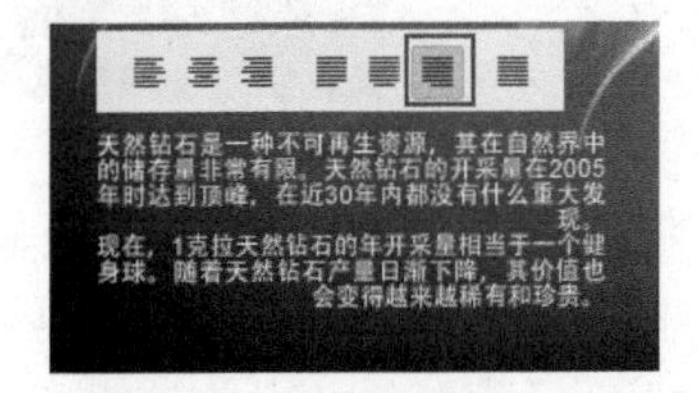

图 9-132

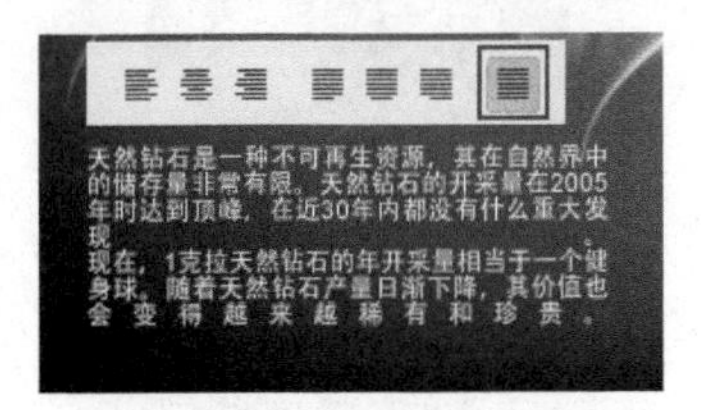

图 9-133

（5）选择“横排文字”工具，在段落文本中单击并拖动鼠标，选择图 9-134 所示的文本。

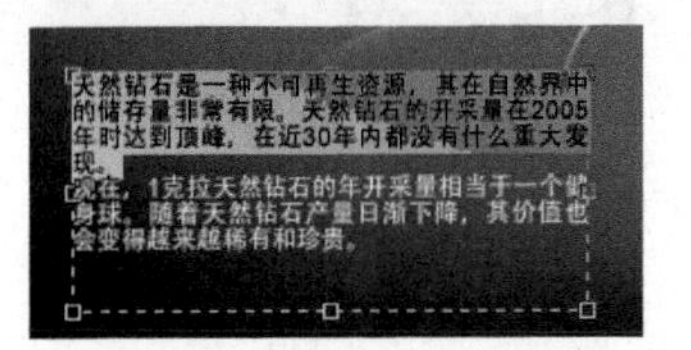

图 9-134

（6）在“段落”调板中单击“居中对齐文本”按钮，如图 9-135 所示，当前文本对齐方式只针对选定的文本，效果如图 9-136 所示。

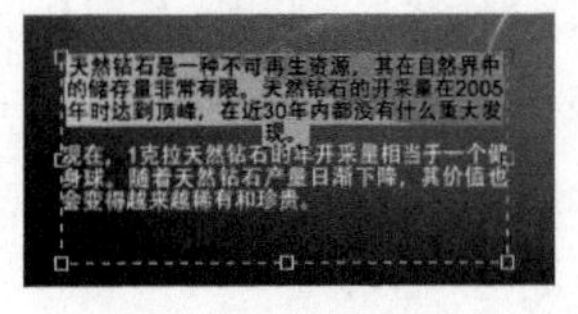

图 9-135　　图 9-136

2. 缩进段落

在对段落进行设置时，往往最先考虑的是设置段落的缩进和间距。段落缩进可以指定文字与定界框之间或与包含该文字的行之间的间距量。设置段落缩进要先选择段落文本，因为缩进只作用于选择的段落文本。“段落”调板为用户提供了左缩进、右缩进和首行缩进 3 个设置选项。

（1）确认段落文本所在图层为选择状态，在“段落”调板中的“左缩进”文本框中输入参数值，如图 9-137 所示，按 <Enter> 键，段落文本的缩进方式就会发生变化，效果如图 9-138 所示。

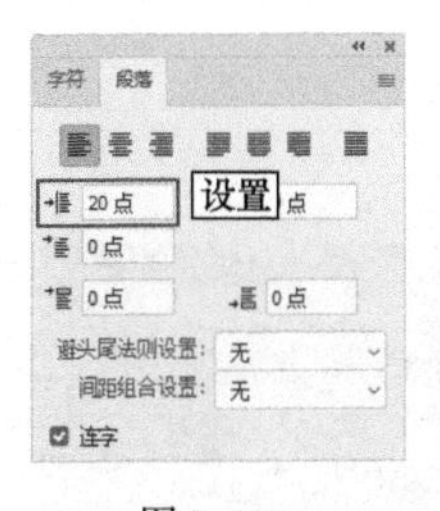

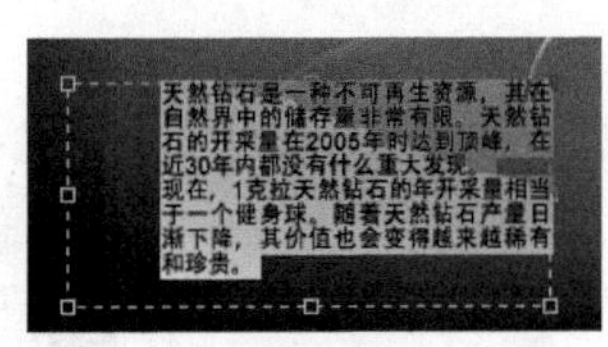

图 9-137　　图 9-138

（2）分别设置“右缩进”和“首行缩进”参数，段落文本的缩进方式会发生不同的变化，如图 9-139 和图 9-140 所示。

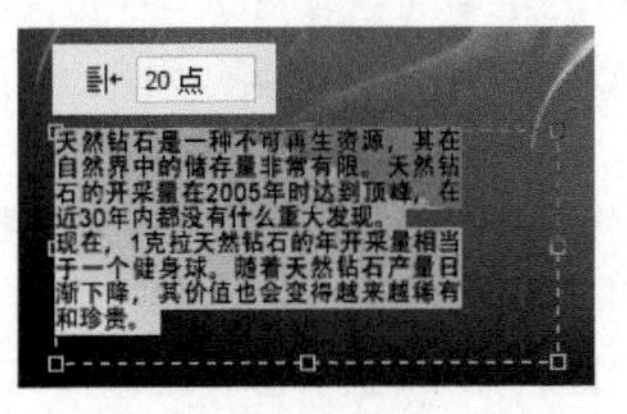

图 9-139

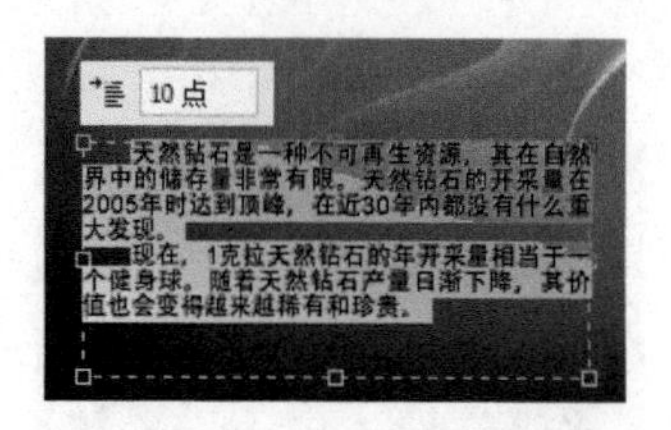

图 9-140

3. 设置段间距

在 Photoshop 中，用户除了可以精确调整文字间距和行间距外，还可以使用“段落”调板提供的“段前添加空格”和“段后添加空格”选项，精确设置段间距。

（1）在“段落”调板中设置“段前添加空格”参数，段间距将发生变化，如图 9-141 和图 9-142 所示。

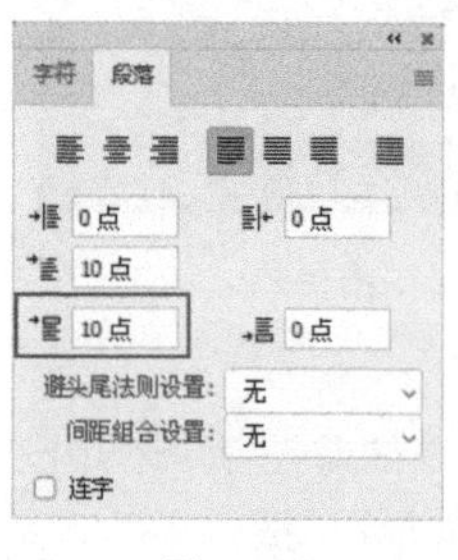

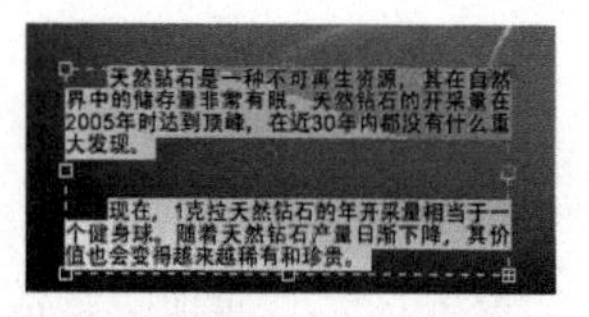

图 9-141　　图 9-142

（2）设置“段后添加空格”参数也可以调整段间距，如图 9-143 和图 9-144 所示。

> **提示**
>
> 与设置段落缩进一样，当段落文本中有部分文本被选中时，段间距将只作用于选择的段落文本，其他未被选择的段落文本的段间距保持不变。

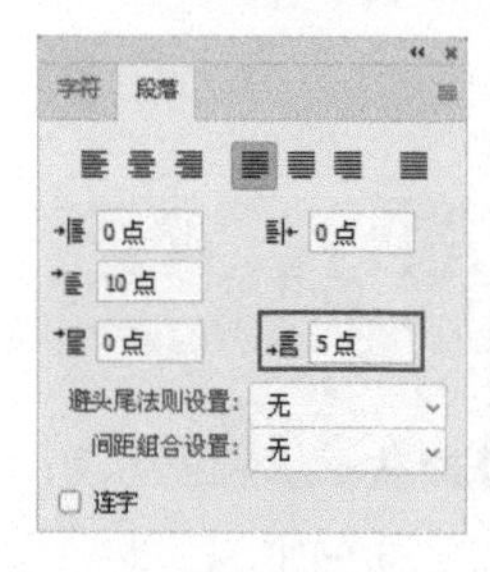

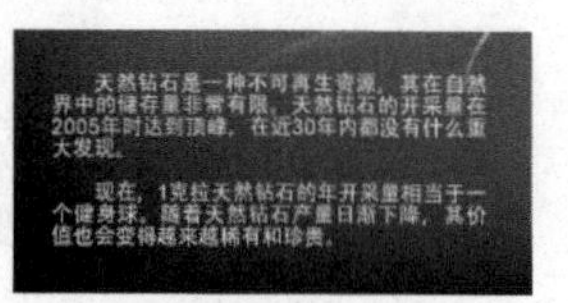

图 9-143　　图 9-144

4. 调整连字

在图像中输入成段的英文时，对连字的设置将影响各行的水平间距以及文字在页面上的美感。Photoshop 可自动调整连字，用户也可以手动调整连字。

（1）选择“横排文字”工具，在视图的相应位置单击并拖动鼠标绘制文字界定框，并在“字符”调板中，对文字的属性进行设置，如图 9-145 和图 9-146 所示。

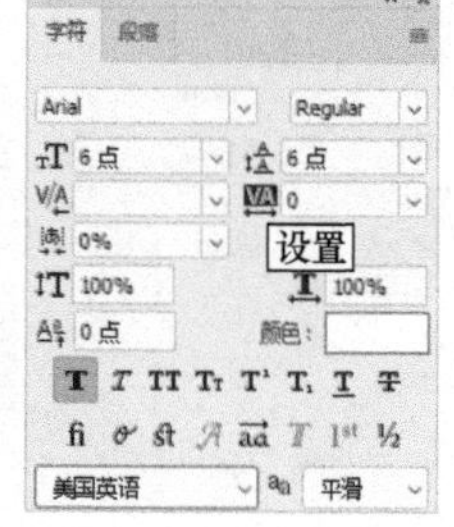

图 9-145　　图 9-146

（2）设置完毕后输入英文，由于“段落”调板的“连字”选项默认为选择状态，如图 9-147 所示，在段落文本行尾处显示有连字符，如图 9-148 所示。

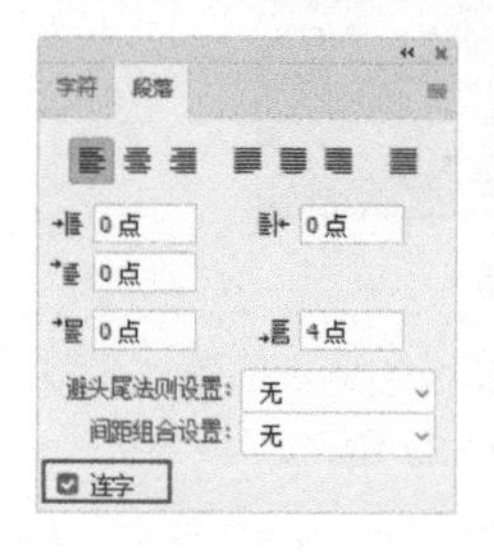

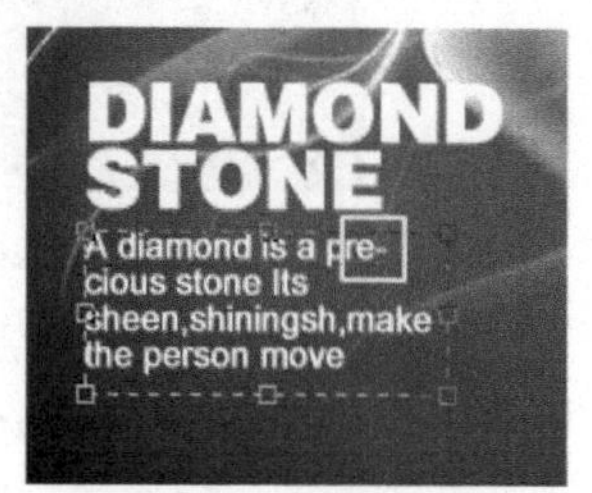

图 9-147　　图 9-148

> **提示**
>
> 为了便于观察，暂时将其他文字隐藏。

（3）单击“段落”调板底部的“连字”选项，取消其选择状态，如图 9-149 所示，观察段落文本效果，段落文本行尾的连字符消失，段落文本的编排发生变化，如图 9-150 所示。

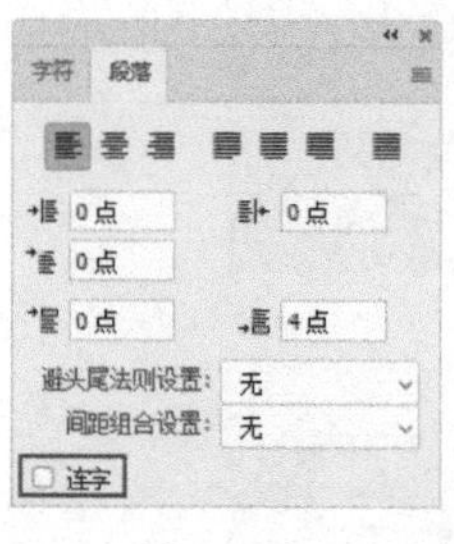

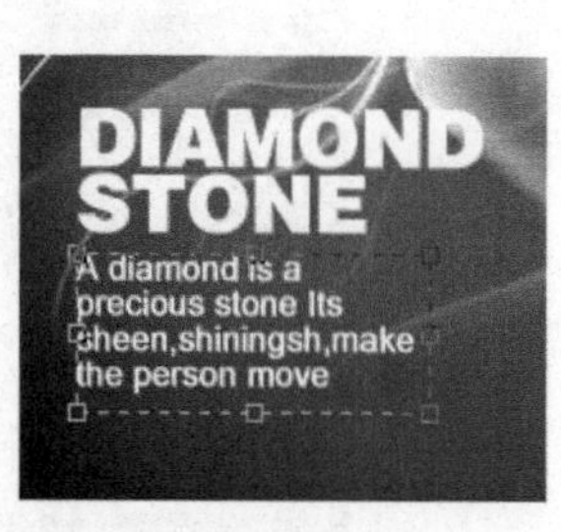

图 9-149　　图 9-150

（4）调整文字的位置，完成本实例的制作，效果如图 9-151 所示。读者可以打开本书附带文件\“戒指广告 .psd”进行查看。

图 9-151

第 10 章 图层的操作与管理

图层是 Photoshop 中重要的核心功能之一。图层是像素的载体，所有图像内容都放置在对应的图层中。每个图层都是独立的，这就为图像的复制、移动、删除等多种编辑功能提供了灵活的控制方式。在设计创作时，合理地使用图层功能，可以大大提升工作的灵活性，制作出丰富多变的画面效果。

在理解图层的工作模式时，我们可以把每个图层想象成透明的玻璃纸，一层一层地叠放在一起，由于玻璃纸的透明特征，上一层图层上没有绘制图像的区域会透出下一层图层的内容，这就形成了图层的混合效果。在 Photoshop 中，这种层层堆放的图层关系称为堆叠。

由于每个图层都是独立可编辑的，所以对图层的操作非常灵活多样。结合图层的独立性这一特点，Photoshop 还提供了丰富的图层类型，用于管理不同的工作对象。本章将向读者详细介绍图层的基本原理及应用技巧。

10.1 课时 34：如何拼合图像素材？

因为图层功能在设计工作中非常重要，所以与图层相关的功能操作非常丰富。图层是像素的载体，将图像复制至文件时，可以创建新的图层。在对图像内容进行编辑时，需要对图层进行复制、移动、删除等操作。在对作品版面进行排版时，我们还需要对图层进行对齐和分布，使图像的位置规则有序。掌握好图层操作知识，将提高工作效率。本课将和大家一起学习图层功能。

学习指导

本课内容重要性为【必修课】。

本课时的学习时间为 40 ～ 50 分钟。

本课的知识点是掌握图层的操作方法。

课前预习

扫描二维码观看教学视频，对本课知识进行预习。

10.1.1 图层的创建

图层在 Photoshop 中的应用非常重要，它的灵活性是其重要的优势之一，用户可以方便地对图层进行创建、复制、删除等操作。创建图层的方法有很多种，可以将选区转换成图层，或者使用文字工具创建新的文字图层等。下面我们来学习如何创建新图层。

1. 创建普通图层

根据绘图的需要，“图层”调板提供了多种创建新图层的方法。

（1）执行“文件”→“打开”命令，打开本书附带文件 \Chapter-10\“果酒海报 .psd”，如图 10-1 所示。

（2）单击“图层”调板底部的“创建新图层”按钮，新建“图层 1”，如图 10-2 所示。

图 10-1

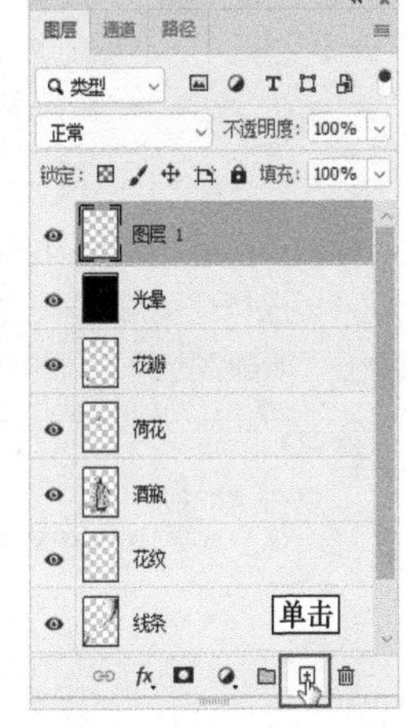

图 10-2

（3）选择“椭圆选框”工具，在视图中绘制选区，如图 10-3 所示。

（4）执行“选择”→“修改”→“羽化”命令，打开并设置“羽化选区”对话框，如图 10-4 所示。

图 10-3

图 10-4

（5）确定背景色为白色，按 <Ctrl+Delete> 组合键为选区填充颜色，填充完毕后取消选择选区，如图 10-5 所示。

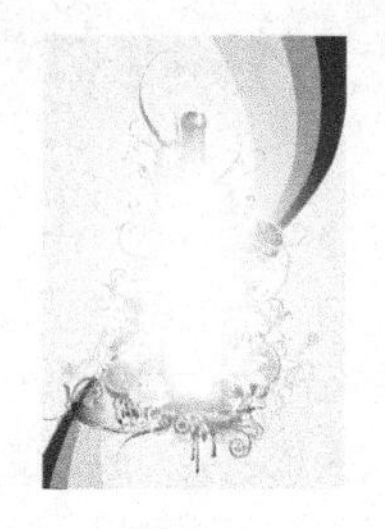

图 10-5

（6）将“图层 1”放置到“背景”图层的上方，如图 10-6 所示。

图 10-6

我们还可以用其他几种方法来建立普通图层。

（1）执行“图层”→“新建”→“图层”命令，会弹出“新建图层”对话框，如图 10-7 所示。

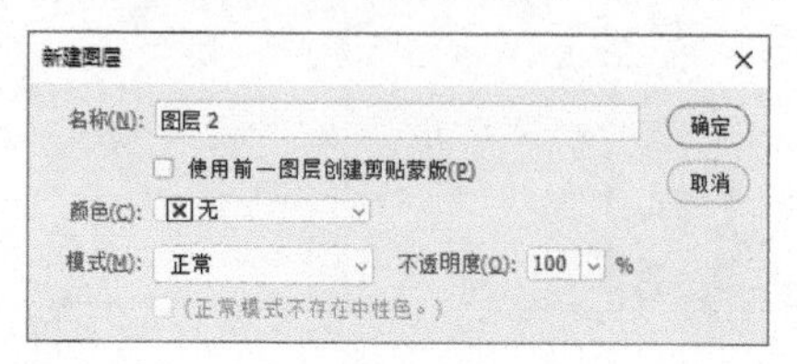

图 10-7

（2）按 <Ctrl+Shift+N> 组合键，或者按住 <Alt> 键的同时单击“创建新图层”按钮，都可以弹出“新建图层”对话框。

（3）参照图 10-8 设置对话框参数，设置完毕后单击“确定”按钮，创建新的图层。

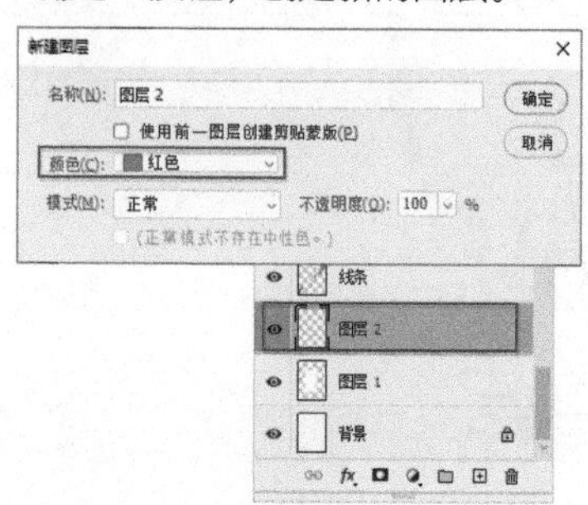

图 10-8

（4）按住 <Ctrl> 键的同时单击“图层”调板底部的“创建新图层”按钮，会在当前选择图层的下方创建新图层，如图 10-9 所示。

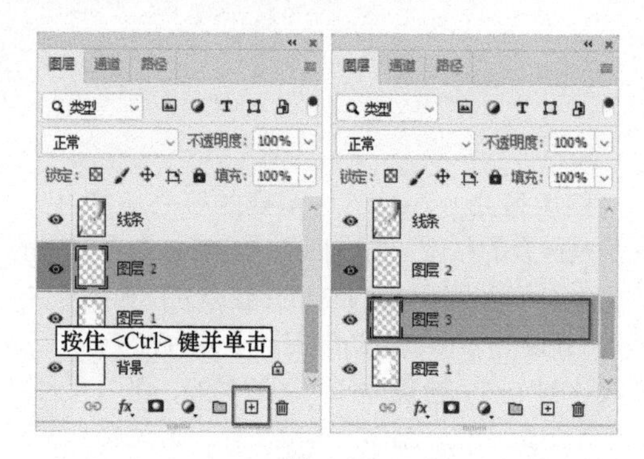

图 10-9

2. 创建其他类型的图层

图层有很多种类型，如包含路径的矢量图层、文字图层，可以调整画面色调的调整图层，附加纹理的填充图层等。当在文件中使用这些功能时，“图层”调板内会自动创建相关的图层。

（1）选择“钢笔”工具，参照图 10-10 设置其工具选项栏。

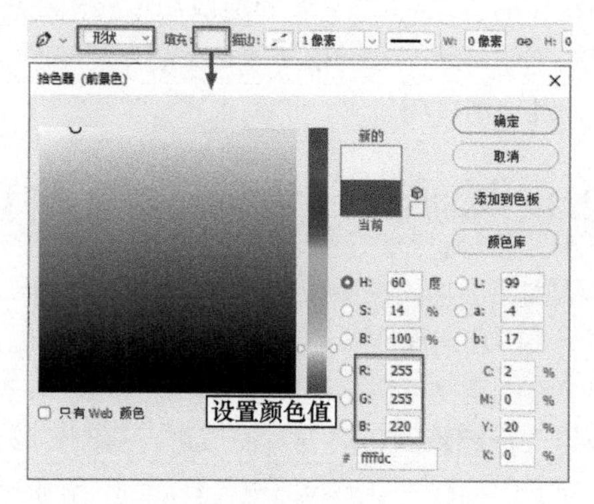

图 10-10

（2）选择“线条”图层，再选择“钢笔”工具在视图中绘制矢量图形，如图 10-11 所示。这时“线条”图层的上方会自动生成“形状 1”图层。

图 10-11

（3）设置前景色为黑色，选择“直线”工具，并设置其工具选项栏，如图 10-12 所示。

图 10-12

（4）使用设置好的“直线”工具在视图中绘制矢量图形，如图 10-13 所示。绘制完毕后，“图层”调板中会自动生成“形状 2”图层。

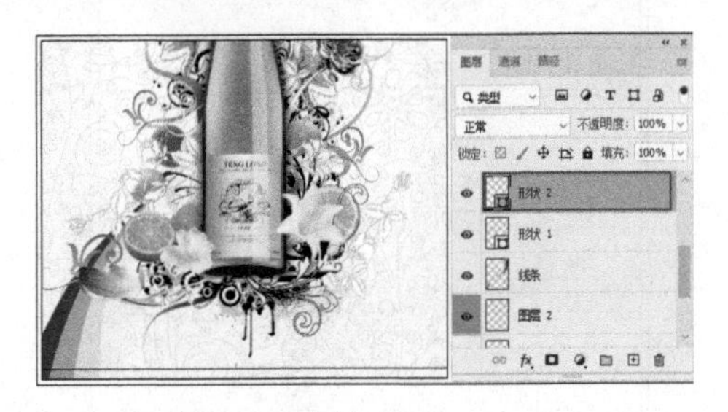

图 10-13

（5）选择“横排文字”工具，并设置其工具选项栏，如图 10-14 所示。

图 10-14

（6）在视图中单击并输入文字，创建文本图层，如图 10-15 和图 10-16 所示。

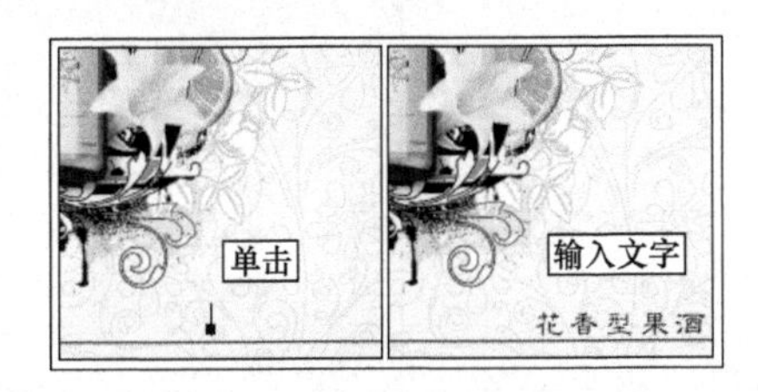

图 10-15

（7）按住 <Ctrl> 键并单击“图层 1”缩览图，载入该图层的选区，然后选择“光晕”图层。

图 10-16

（8）单击“图层”调板底部的“创建新的填充或调整图层”按钮，在弹出的菜单中选择“色相 / 饱和度”命令，打开并设置“属性”调板，如图 10-17 所示。

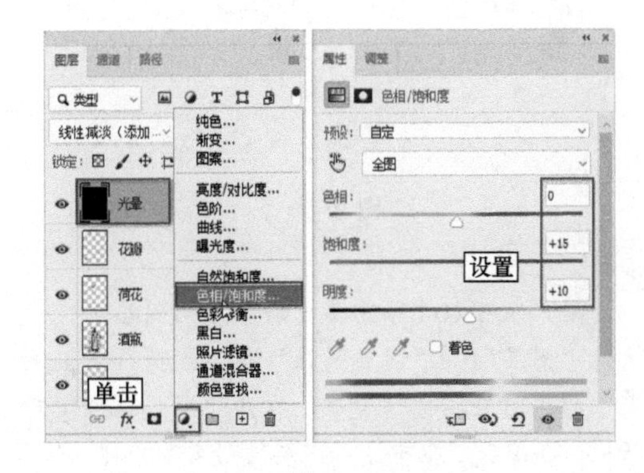

图 10-17

（9）调整完毕图像的色调后，“图层”调板中会自动创建“色相 / 饱和度 1”调整图层，如图 10-18 所示。

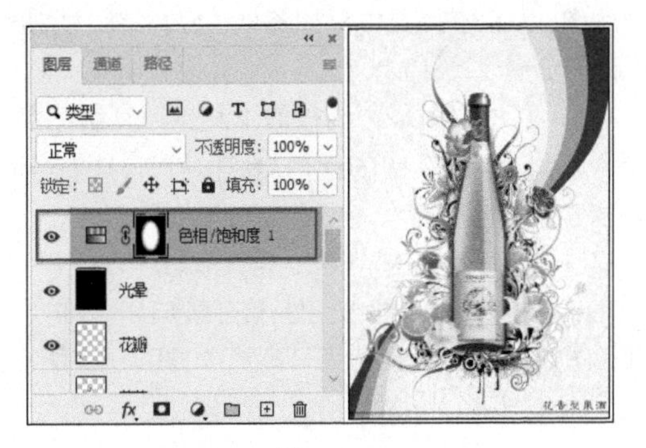

图 10-18

3. 重命名图层

在创建了多个图层后，用户可以根据图层内容重新为其命名，使用描述性的图层名称，就可以在“图层”调板中轻松地识别图层，在后期操作时方便管理图层。

（1）选择“色相 / 饱和度 1”图层，在该图层名称上双击，如图 10-19 所示。

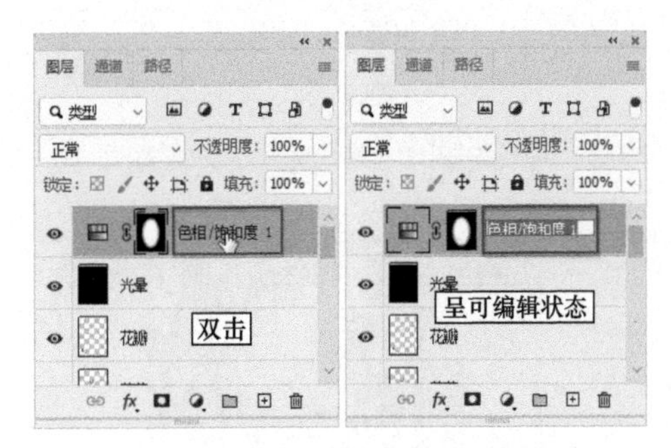

图 10-19

（2）输入新名称，按 <Enter> 键即可重命名该图层，如图 10-20 所示。

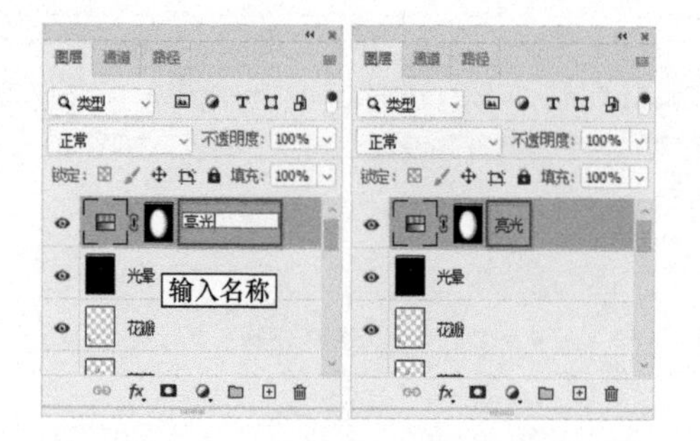

图 10-20

提示

用户还可以选择需要重新命名的图层，然后执行“图层”→“图层属性”命令或执行调板菜单中的“图层属性”命令，打开“图层属性”对话框，在该对话框中输入图层的新名称即可。

10.1.2 复制图层

我们可以在同一图像中复制包括背景在内的任何图层，还可以将任何图层从一个图像复制到另一个图像，从而在图像中添加多个图层。常用复制图层的方法有以下 4 种。

1. 利用“图层”调板的工具按钮复制图层

利用“图层”调板的工具按钮可以快速准确地复制目标图层。

（1）选择“荷花”图层，将其拖动到“图层”调板底部的“创建新图层”按钮处，松开鼠标即可复制“荷花”图层，得到“荷花拷贝”图层，如图 10-21 所示。

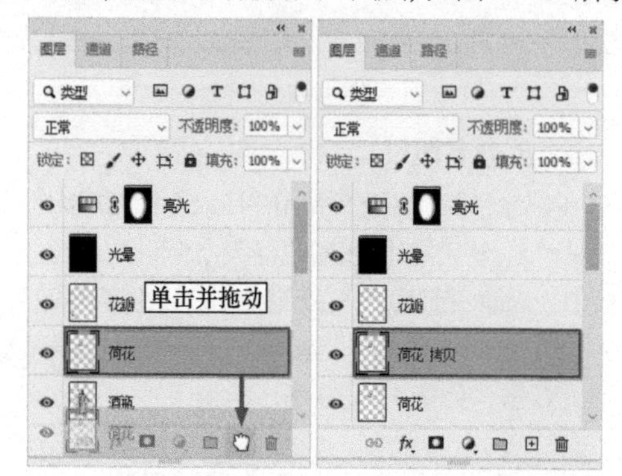

图 10-21

（2）调整图像的位置和大小，效果如图 10-22 所示。

图 10-22

2. 快速复制图层

使用键盘组合键可以在绘图的过程中快速复制图层，这样可以提高工作效率。

（1）选择“荷花 拷贝”图层，选择“移动”工具，按住 <Alt> 键，在视图中直接拖动图像，如图 10-23 所示。

图 10-23

（2）调整完毕后，“图层”调板中会自动生成“荷花 拷贝 2”图层，将该图层中的图像旋转，如图 10-24 所示。

图 10-24

3. 利用菜单命令复制图层

菜单命令提供了多种复制途经，可以在当前工作文件内复制图层，也可以将目标图层复制到其他文件中。

（1）选择“花瓣”图层，在该图层的空白处右击，在弹出的快捷菜单中选择“复制图层”命令，打开“复制图层”对话框，如图 10-25 所示。

（2）单击“确定”按钮关闭对话框，“图层”调板中会生成“花瓣 拷贝”图层，如图 10-26 所示。

（3）调整复制的花瓣图像的位置、大小以及旋转角度，效果如图 10-27 所示。

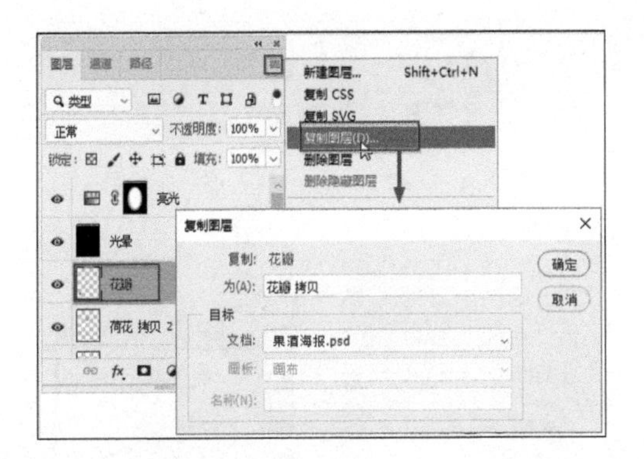

图 10-25

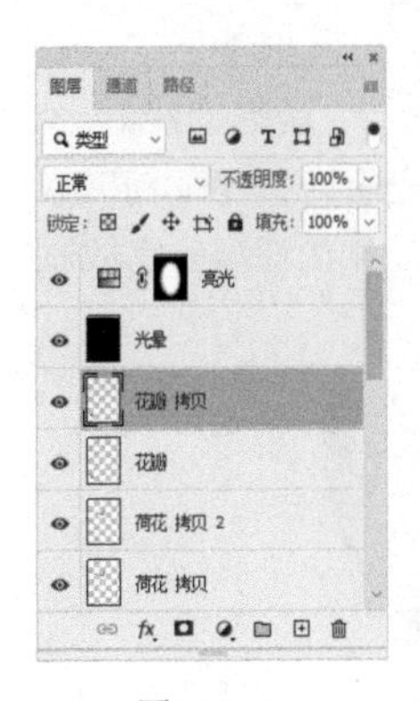

图 10-26

图 10-27

（4）参照以上方法复制其他花瓣图像，并分别调整复制的花瓣图像的大小、位置以及旋转角度，效果如图 10-28 所示。

（5）将所有的花瓣图像合并，并将图层命名为“花瓣”，如图 10-29 所示。

图 10-28

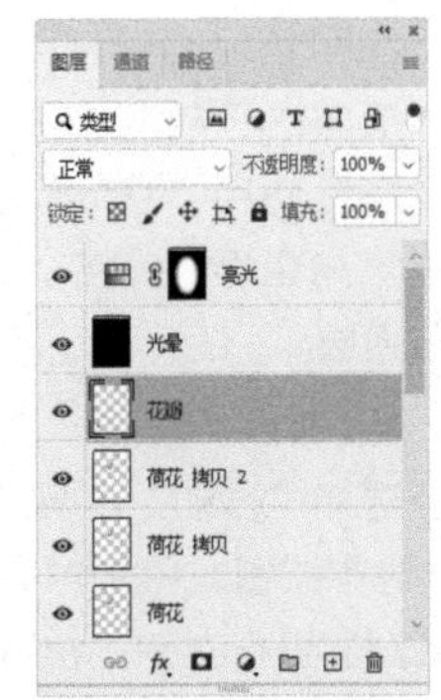

图 10-29

4. 在图像之间复制图层

利用鼠标的拖动操作，可以在多个文件之间复制图像内容。

（1）打开本书附带文件 \Chapter-10\“橘子.psd”，选择“移动”工具将该文件中的图像拖到“果酒海报.psd”文件中，如图 10-30 所示。

（2）将选区拖动到“果酒海报.psd”文件窗口后，该窗口显示出一个黑色边框，表示可以将选区放入该窗口。松开鼠标即可将橘子图像复制到“果酒海报.psd”文件中，得到“橘子”图层，如图 10-31 所示。

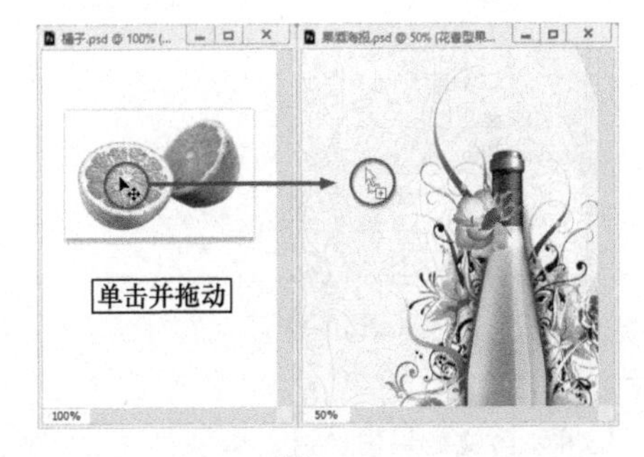

图 10-30

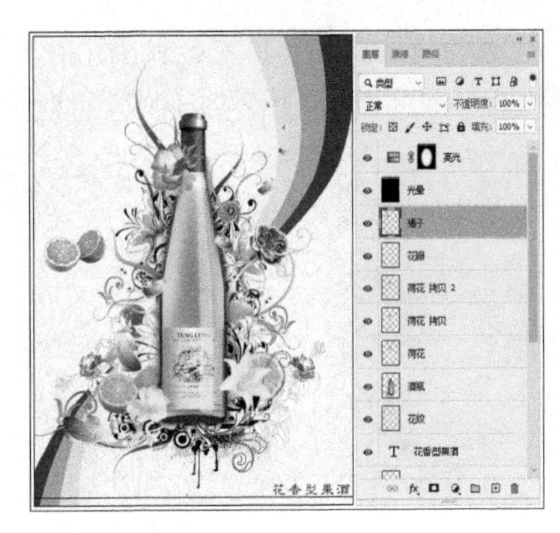

图 10-31

> **注意**
>
> 如果将图层复制到分辨率不同的文件中，图层的内容将随分辨率的不同而显得更大或更小。

10.1.3 调整图像位置

Photoshop 提供了多种调整图像位置的方法，根据绘图的需要，用户可以选择快速移动图像的方法，或者使用精确移动图像的方法。

（1）选择“移动”工具，在图像上单击并向右下方调整橘子图像的位置，如图 10-32 所示。

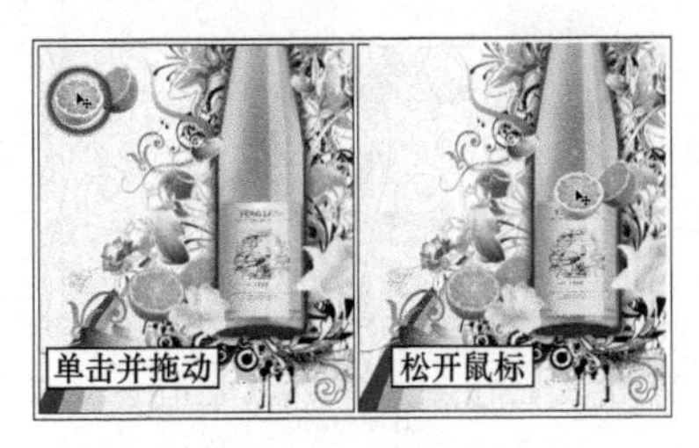

图 10-32

（2）按住 <Shift> 键，使用“移动”工具向下调整橘子图像的位置，该图像将以沿 45° 增量方向来移动，如图 10-33 所示。

（3）保持“橘子”图层为当前选择图层，按

<→>键10次，橘子图像将按1像素增量向右移动，效果如图10-34所示。

图10-33

提示

使用方向键微调图像时，必须保证当前所选择的工具为"移动"工具。

（4）按住<Shift>键，再按<↓>键10次，橘子图像将按10像素增量向下移动，如图10-35所示。

图10-34

图10-35

10.1.4 删除图层

当图层没有用处时，我们可以将其删除，以减小图像文件的信息量。

（1）选择"图层2"，单击"图层"调板底部的"删除图层"按钮，这时会弹出提示对话框，提示用户是否删除图层，如图10-36所示。

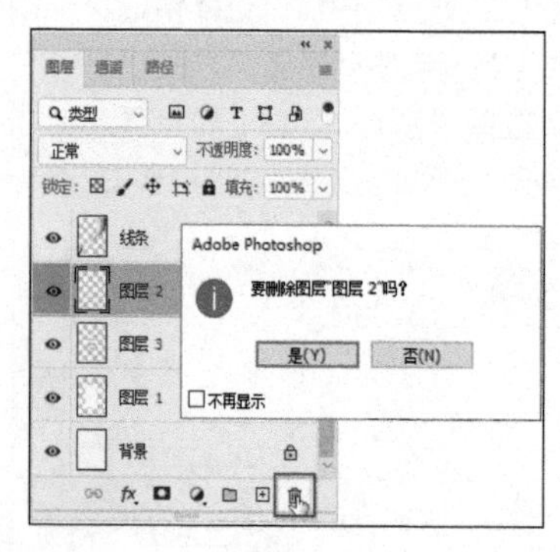

图10-36

（2）单击"是"按钮关闭对话框，删除图层，如图10-37所示。

（3）拖动"图层3"到"图层"调板底部的"删除图层"按钮处，松开鼠标即可将其删除，如图10-38所示。

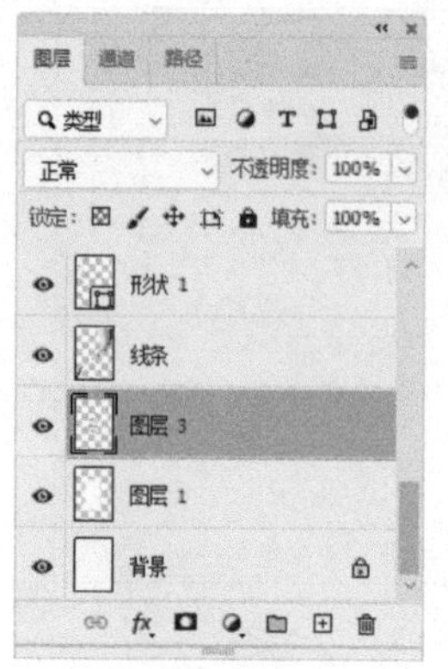

图10-37

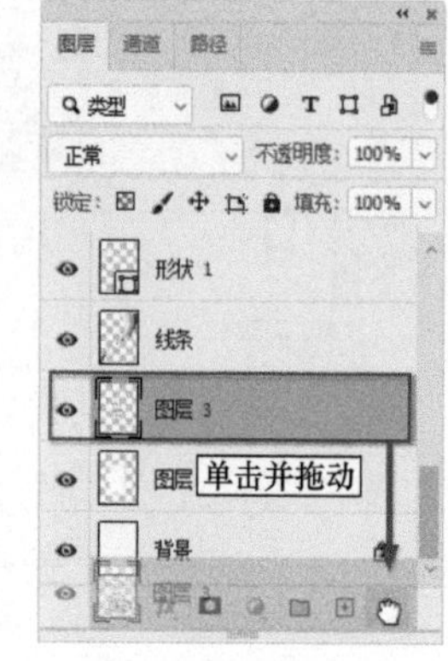

图10-38

（4）至此，完成本实例的制作，效果如图10-39所示。读者在制作过程中如果遇到什么问题，可以打开本书附带文件\Chapter-10\"果酒海报-完成效果.psd"进行查看。

图10-39

10.1.5 对齐与分布图层

在图像绘制过程中，有时需要将多个图层以某种形式进行对齐或分布，以使画面显得更加整齐有序。使用"移动"工具，可以将图层或图层的内容与图层组对齐。下面就来学习如何对齐与分布图层。

1. 对齐图层

选择"移动"工具后，其工具选项栏中提供了6种对齐按钮，单击对齐按钮即可将选定的图层或链接图层进行对齐。执行菜单栏中的"图层"→"对齐"命令下的子菜单命令，也可实现相同的操作，如图10-40所示。

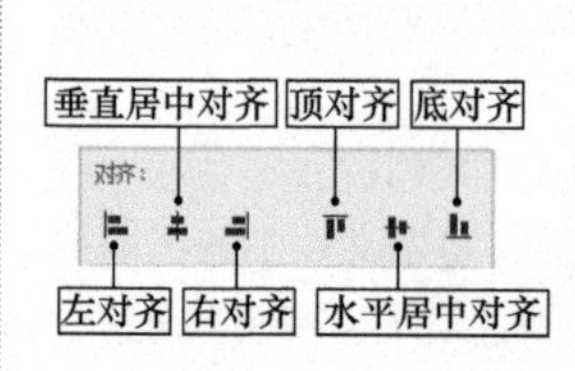

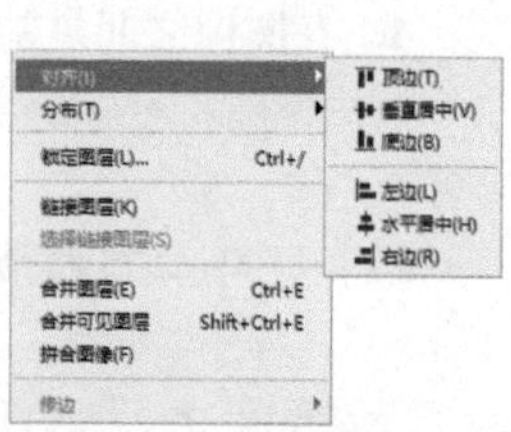

图10-40

选择需要进行对齐操作的全部图层，然后在"移动”工具选项栏内单击对齐按钮，即可执行对齐操作。

（1）打开本书附带文件 \Chapter-10\“水果网页 .psd”，如图 10-41 所示。

（2）选择“柠檬”图层，按住 <Shift> 键的同时单击“橘子 4”图层，如图 10-42 所示。

图 10-41　　图 10-42

提示

选择图层后，所有被选择图层中的所有图像将被视为一个整体来对待。

（3）执行“图层”→“对齐”→“垂直居中”命令，所有被选择图层的垂直中心将会被对齐，如图 10-43 所示。

图 10-43

（4）图 10-44 展示了分别执行“图像”→“对齐”子菜单命令后的图像效果，可以看出使用这种方法进行对齐时，图像不是向哪一层进行对齐，而是所有选择图层中的图像作为一个整体进行对齐。

图 10-44

2. 对齐链接图层

对于拥有联系的图层，我们可以将其链接在一起，这样更加易于管理。

（1）执行“文件”→“恢复”命令，将“水果网页 .psd”文件恢复为打开时的状态，接着将“橘子 1”至“橘子 4”之间的图层全部选中，如图 10-45 所示。

（2）单击“图层”调板底部的“链接图层”按钮，将选择的图层链接起来，如图 10-46 所示。

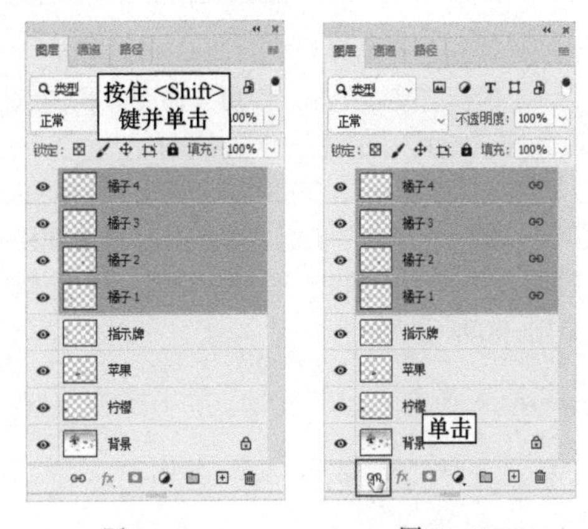

图 10-45　　图 10-46

（3）选择“橘子 1”图层，接着执行“图层”→“对齐”→“顶边”命令，其他链接图层中的图像都以该图像的顶部为基准调整位置，如图 10-47 所示。

图 10-47

提示

将所有要对齐的图层链接后，在“图层”调板中选择这一组链接图层中的一个图层，被选择的图层即为当前对齐操作的基准，也就是说在这一组链接图层中的其他图层都会向该图层对齐。

3. 分布图层

在对作品版面进行排版时，我们需要将图像有序地进行摆放，此时，图层分布功能就显得尤为重要。

Photoshop 提供了平均分布图层的命令。“图层”→“分布”命令的子菜单中有 8 种分布方式，“移动”工具选项栏中提供了 8 种分布按钮，如图 10-48 所示。

分布操作只能针对 3 个或 3 个以上的图层进行，在进行分布前，我们需要确定分布的起点和终点的位置。为使读者对“分布”命令有一个更直观地认识，下面将重点介绍子菜单中的“垂直居中分布”命令。

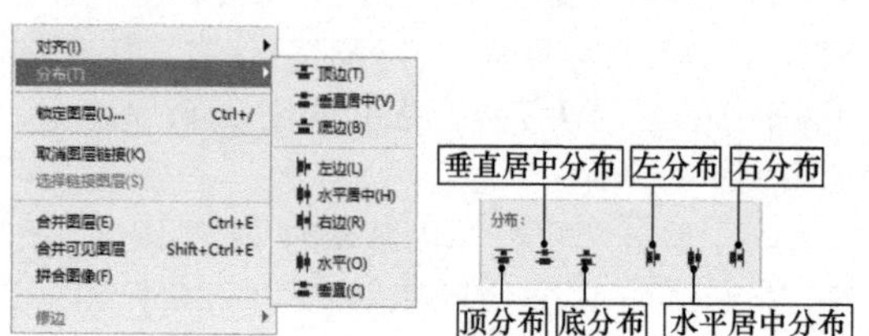

图 10-48

（1）执行“文件”→“恢复”命令，将“水果网页.psd”文件恢复为打开时的状态。

（2）参照图 10-49,在“图层”调板中选择图层。

（3）选择“移动”工具，单击其工具选项栏中的“顶对齐”按钮，使所选图像的顶部对齐，效果如图 10-50 所示。

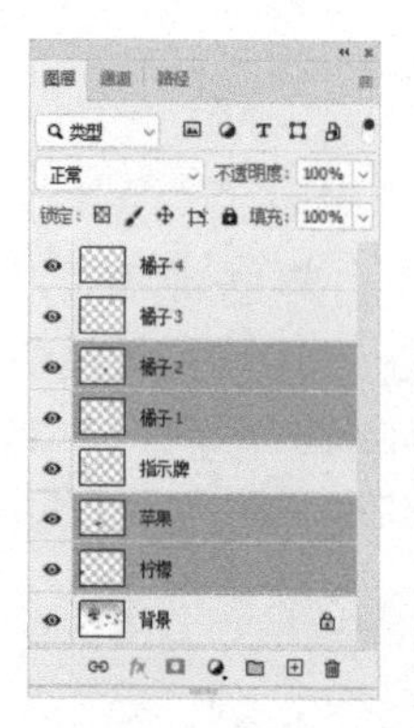

图 10-49　　图 10-50

（4）单击“移动”工具选项栏中的“右分布”按钮，使所选图像在视图中均匀摆放，效果如图 10-51 所示。

这时，执行分布操作的图像好像并没有均匀摆放在画面中，这是因为所选择的图像宽度差别很大，而图像宽度又决定了图像在水平分布操作所参考的位置，如果在图像中画出辅助线，我们就很容易看明白这一点，效果如图 10-52 所示。

图 10-51　　图 10-52

（5）图 10-53 和图 10-54 展示了图像水平居中分布和左分布的效果。

提示

使用“图层”→“分布”命令的子菜单命令也可以分布图层。

图 10-53　　图 10-54

4. 等距分布图层

在执行分布操作时，细心的读者会发现，虽然执行了分布对齐，但是图像看起来分布得并不均匀，这是因为执行分布的图像尺寸差异比较大。为了解决这一问题,Photoshop 提供了等距分布功能，下面我们来学习该功能。

（1）打开本书附带文件 \Chapter-10\“水果网页.psd”。在“图层”调板内选择所有的橘子图层，并隐藏其他图层，如图 10-55 所示。

图 10-55

（2）在工具箱中选择“移动”工具，在其工具选项栏内单击“底对齐”按钮，将 4 个橘子图像沿底部对齐，如图 10-56 所示。

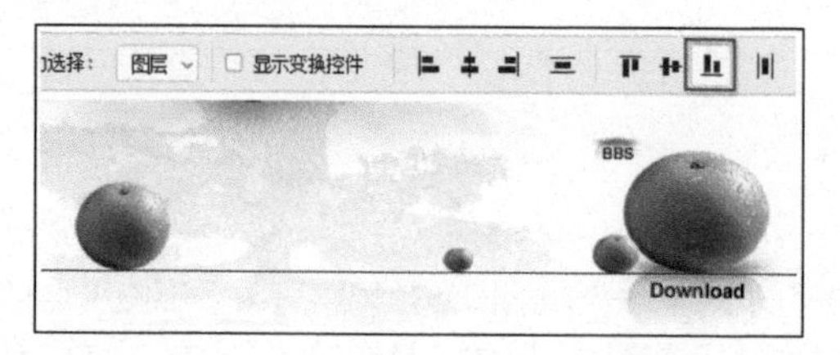

图 10-56

（3）在“移动”工具栏单击“对齐并分布”按钮，在弹出的调板内单击分布按钮，对橘子图像进行不同方式的分布操作，如图 10-57 所示。

图 10-57

（4）可以看到此时无论使用哪种分布方式，橘

子图像的间距都不是相等的，如图 10-58 所示。

提示

图 10-58 中，红色辅助线为对齐参考线，蓝色参考线为间距参考线，无论在哪种分布方式下，橘子图像的间距都不是相等的。

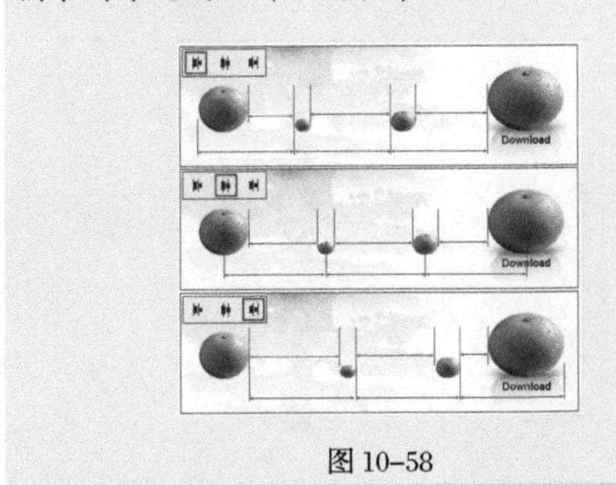

图 10-58

（5）在“移动”工具选项栏内单击“对齐并分布”按钮，在弹出的调板内单击“水平分布”按钮，使橘子图像进行水平等距分布，如图 10-59 所示。

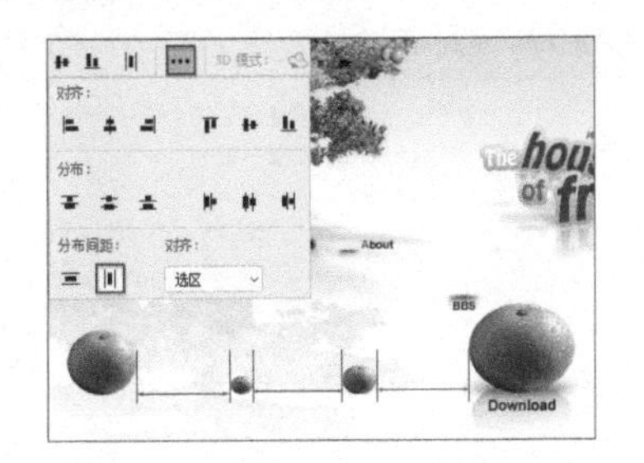

图 10-59

在工作中具体使用什么对齐方式，要看设计内容的要求，大家可以自行判断。由于垂直方向的等距分布与刚刚进行的操作相同，此处不再赘述。

5. 选区和画布的对齐操作

除了图层间相互对齐外，还可以将图层与选区画布进行对齐。将选区与画布进行对齐的目的，是将图像内容精确地放置在目标位置。

（1）按 <F12> 组合键，将“水果网页 .psd”文件恢复至刚打开时的状态，在“图层”调板内选择“苹果”图层，如图 10-60 所示。

图 10-60

（2）在工具箱中选择“矩形”工具，然后在文件右上角绘制矩形选区，如图 10-61 所示。

（3）选择“移动”工具，在其工具选项栏内单击“对齐并分布”按钮，然后在弹出的调板内将“对齐”选项设置为“选区”选项，然后执行“顶对齐”和“右对齐”操作，将苹果图像与选区对齐，如图 10-62 所示。

图 10-61

图 10-62

（4）按 <Ctrl+D> 组合键，取消选择文件中的选区。

（5）在“对齐”调板内设置“对齐”选项为“画布”选项，然后执行“左对齐”和“底对齐”操作，将苹果与画布的左下角对齐，如图 10-63 所示。

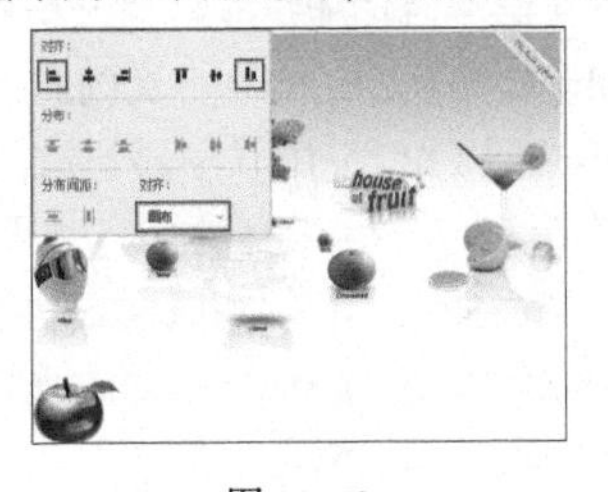

图 10-63

10.2 课时 35：如何高效地管理图层？

在学习了图层基础操作后，接下来需要掌握图层的组织与管理方法。一份专业严谨的工作文件，常常会拥有几十个或上百个图层，这么多的图层，如果没有一种科学高效的管理方法，就会给我们的工作带来巨大的麻烦。

Photoshop 有高效的图层管理功能，我们可以对图层进行分组、链接、锁定，或直接进行合并。为了便于各种功能的展开，Photoshop 还提供了丰富的图层种类，包括绘图用的普通图层、管理图形的矢量图层、调整图像色彩的复合图层等。本节课将带领大家详细学习相关功能。

学习指导

本课内容重要性为【选修课】。

本课时的学习时间为 40 ～ 50 分钟。

本课的知识点是掌握不同类型图层的工作原理，学习图层的管理方法。

课前预习

本课内容操作性较强，大家可以扫描下方二维码观看视频进行学习。

10.3 课时 36：如何设置华丽的图层特效？

我们已经学习了图层的操作，其内容相对有些枯燥，其实图层还有强大的视觉特效创建功能。这一部分功能主要包含两方面内容，分别是图层混合模式功能和图层样式功能。我们在网页上看到的华丽的按钮，都是用这两项功能制作的。

我们知道图层是叠加摆放的，当上一层图层与下一层图层叠加重合时，就涉及了图层混合功能。最常用的图层混合模式就是图层的透明度控制，上一层图层通过增加透明度与下一层图层融合在一起。当然，图层混合功能是非常强大与复杂的，掌握了这些知识会让我们的作品更具创造力。

图层样式是 Photoshop 中最具悠久历史的功能之一，随着 Photoshop 版本的不断提升，图层样式功能也越发强大。利用图层样式功能，可以轻松地制作出立体按钮，模拟出华丽的光效。这些华丽的效果能为设计网页增色不少。

本节将带领大家详细学习与图层相关的特效制作功能。

学习指导

本课内容重要性为【必修课】。

本课时的学习时间为 40 ～ 50 分钟。

本课的知识点是学习图层混合模式功能，掌握图层样式的设置方法。

课前预习

扫描二维码观看教学视频，对本课知识进行预习。

10.3.1 图层混合基础设置

图层混合模式功能是 Photoshop 中重要的功能之一，图层与图层相叠加的过程称为图层混合。使用图层混合模式功能可以创建各种特殊的视觉效果。Photoshop 提供了多种图层混合控制命令。

图层混合的设置方法非常灵活，用户可以在“图层”调板和“图层样式”对话框中对图层混合模式进行设置。

（1）执行“文件”→“打开”命令，打开本书附带文件 \Chapter-10\“葡萄酒海报 .psd”，如图 10-64 所示。

（2）在“图层”调板中选择“葡萄”图层，如图 10-65 所示。

图 10-64

图 10-65

（3）执行“图层”→“图层样式”→“外发光”命令，即可打开“图层样式”对话框，按照图 10-66 设置该对话框，效果如图 10-67 所示。

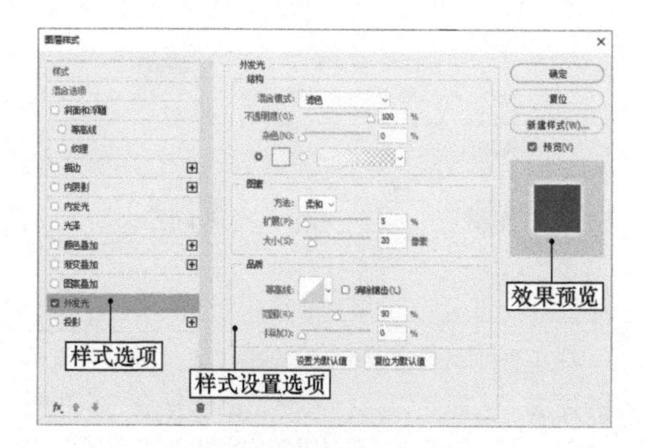

图 10-66

图 10-67

用户可以利用“图层样式”对话框中的“混合选项”调板更改图层的不透明度，以及与下一层图层的混合方式。

（1）选择“图层样式”对话框左侧的“混合样式：默认”选项，如图 10-68 所示，对话框的中间区域提供了“常规混合”和“高级混合”选项组。

（2）设置“混合选项”调板中的“混合模式”“不透明度”“填充不透明度”选项，也可以在“图层”调板中进行设置调整，如图 10-69 所示。

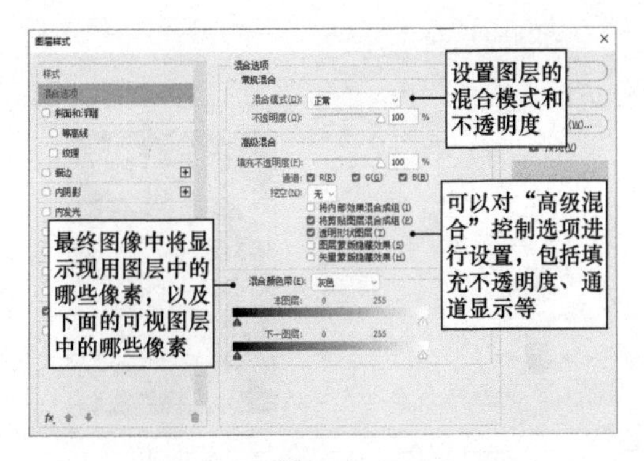

图 10-68

图 10-69

提示

这里的“填充”选项与“图层样式”对话框中“混合选项：默认”中的“填充不透明度”选项的意义完全一样，并且设置是关联的。

“混合选项”内主要包含两部分内容，分别为“常规混合”“高级混合”。下面逐一介绍利用它们控制图层混合的方法。

1. 设置“不透明度”选项

设置图层的“不透明度”选项，可以将图层调整为透明或者不透明的状态，以显示或遮盖下一层图层中的图像。“不透明度”为 0 的图层显示为完全透明，而“不透明度”为 100% 的图层则显示为完全不透明。

（1）在“图层”调板双击“葡萄”图层右侧的图层样式图标，可以快速打开“图层样式”对话框。

（2）设置对话框参数，如图 10-70 所示，“葡萄”图层中的图像呈半透明状态，显示出“背景”图层中的图像，如图 10-71 所示。

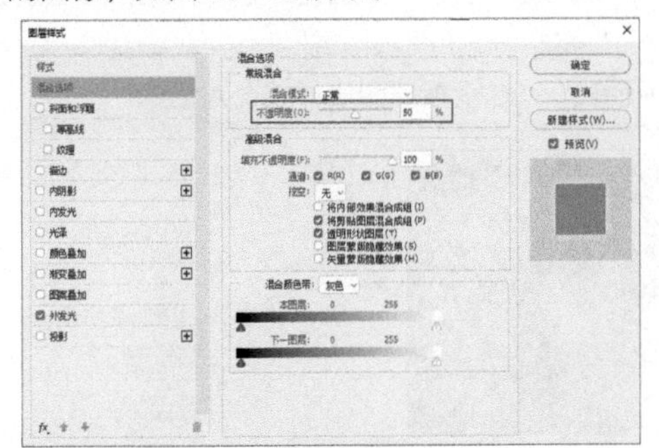

图 10-70

图 10-71

（3）单击“取消”按钮，关闭“图层样式”对话框。在“图层”调板中同样可以设置当前选择图层的“不透明度”参数。

（4）如图 10-72 所示，移动“不透明度”选项滑块，可以发现“不透明度”选项参数值越低，图像的透明度越高，效果如图 10-73 所示。

图 10-72

图 10-73

2. 设置“填充不透明度”选项

除了设置图层的“不透明度”外，还可以设置图层的“填充不透明度”选项。“填充不透明度”会影响图层中绘制的像素或图层上绘制的形状，但不影响已应用于图层的效果的“不透明度”。

（1）将“葡萄”图层的“不透明度”参数还原为 100%。

（2）在“图层”调板中设置“填充”参数，“填充”选项只影响图层中已存在的像素，不影响已应用于图层的效果，如图 10-74 所示。

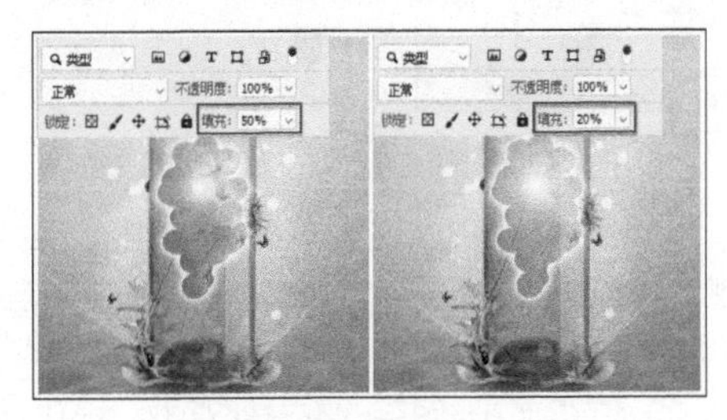

图 10-74

（3）更改“不透明度”参数，图层整体将产生透明效果，对比效果如图 10-75 所示。

（4）执行“图层”→“图层样式”→“混合选项”命令，在打开的“图层样式”对话框中设置“填充不透明度”选项，如图 10-76 所示，效果如图 10-77 所示。

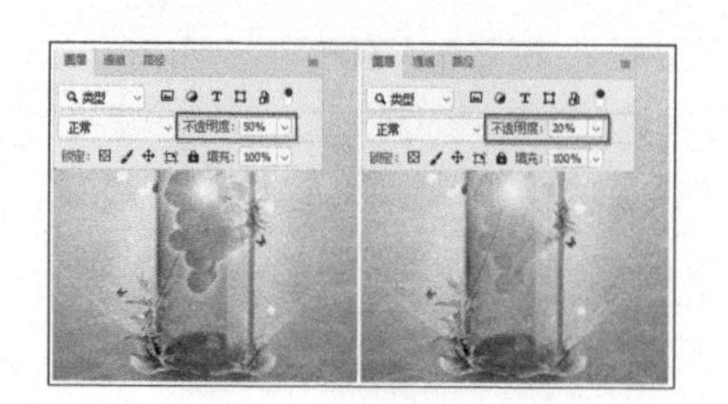

图 10-75

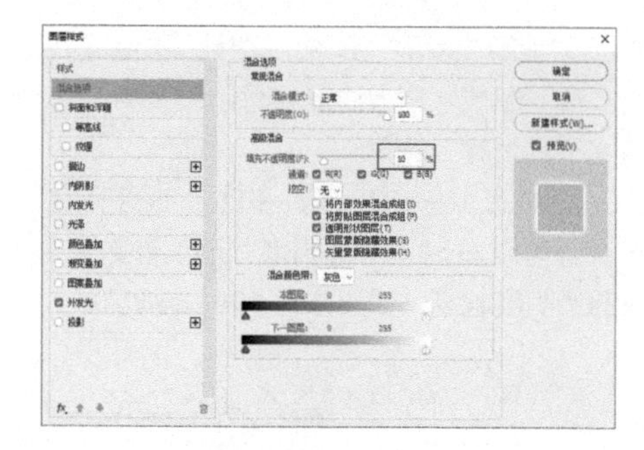

图 10-76

（5）单击“取消”按钮关闭“图层样式”对话框，在“图层”调板中将“不透明度”和“填充”参数设置为默认的 100%。

3. 设置“挖空”选项

“挖空”选项可以设置图层是不是“穿透”的，以使下一层图层中的内容显示出来。

（1）在“图层”调板中暂时隐藏“葡萄”图层，显示“流光”图层，并选择“装饰”图层，使其成为可编辑状态，如图 10-78 所示。

图 10-77

图 10-78

（2）参照图 10-79 设置“装饰”图层的“填充”参数，白色图像呈完全透明状态，显示出下一层图层中的图像，效果如图 10-80 所示。

（3）在“装饰”图层的空白处双击，打开“图层样式”对话框。

（4）参照图 10-81 设置对话框参数，图像被挖空，显现出“图层”调板最底层的“背景”图层的图像，效果如图 10-82 所示。

提示

由此可见，“流光”图层被穿透，“背景”图层中的图像显现了出来。

图 10-79

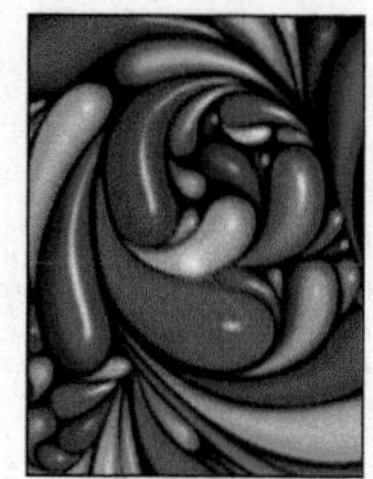

图 10-80

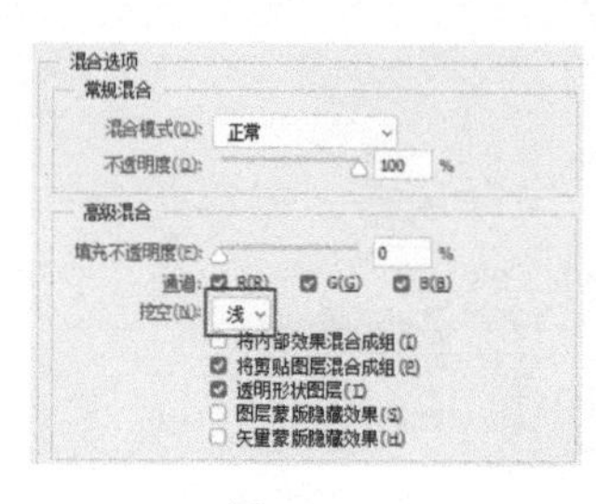

图 10-81

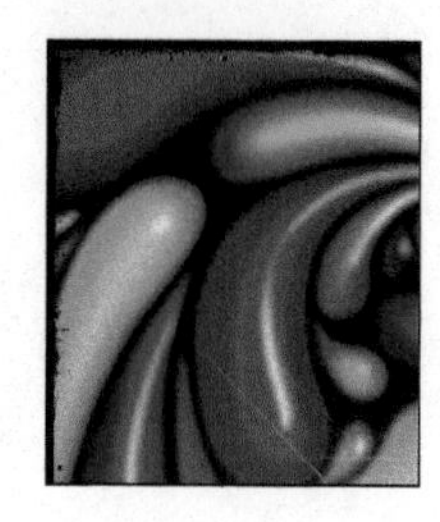

图 10-82

（5）如果要显示背景层以外的图像，将要使用的图层放在图层组中即可。按住 <Ctrl> 键，同时选择“装饰”图层和“流光”图层，如图 10-83 所示。

（6）按 <Ctrl+G> 组合键，将其编组，如图 10-84 所示。

图 10-83

图 10-84

（7）编组后，挖空图像显示出该图层组底部“海报”图层中的图像，效果如图 10-85 所示。

（8）在“组 1”图层组中选择“装饰”图层，执行“图层”→“图层样式”→“混合选项”命令，参照图 10-86 设置“图层样式”对话框。

图 10-85

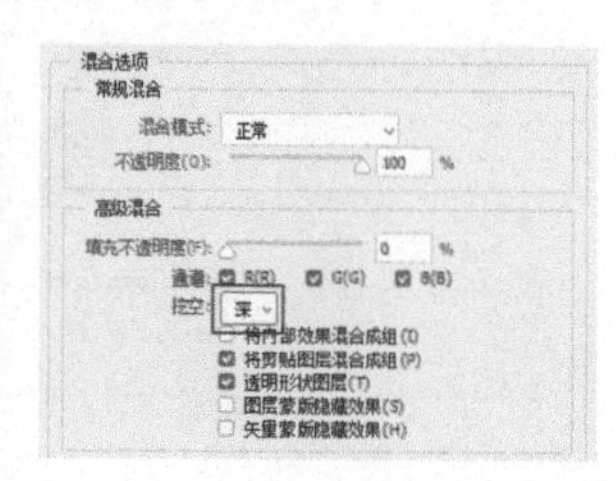

图 10-86

（9）当前图层将挖空到“背景”图层，效果如图 10-87 所示。

（10）在“背景”图层上双击，打开“新建图层”对话框，单击“确定”按钮，将“背景”图层转换为普通图层，并隐藏“光晕”图层，如图 10-88 所示。

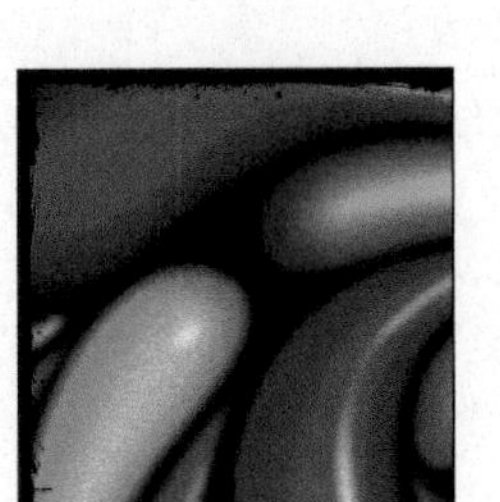

图 10-87　　图 10-88

（11）“装饰”图层将挖空到透明区域，效果如图 10-89 所示。

（12）按 <F12> 快捷键，将文件恢复至最初的打开状态，在“图层”调板中将“流光”图层显示，如图 10-90 所示。

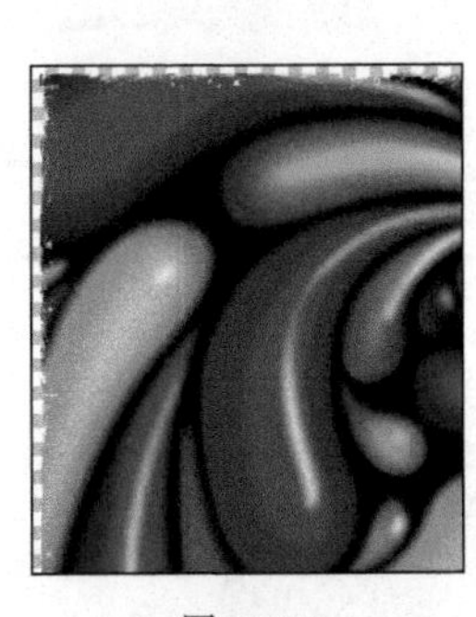

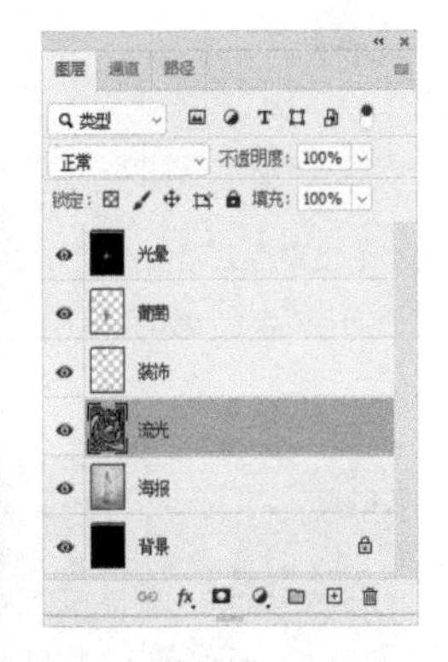

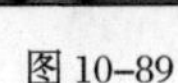

图 10-89　　图 10-90

4. 限制混合通道

在混合图层或图层组时，可以将混合效果限制在指定的通道内。默认情况下，混合图层或图层组时包括所有通道。例如，我们可以选取从混合中排除蓝色通道，如此在混合图像中，将只有包含在红色通道和绿色通道中的信息受影响。

（1）选择“流光”图层，执行“图层”→“图层样式”→“混合选项”命令，打开“图层样式”对话框，设置混合模式为“浅色”模式，并取消选中“R”通道，如图 10-91 所示。

（2）在图像中，就只有包含在“G”通道和“B”通道中的信息受“混合模式”设置的影响，效果如图 10-92 所示。

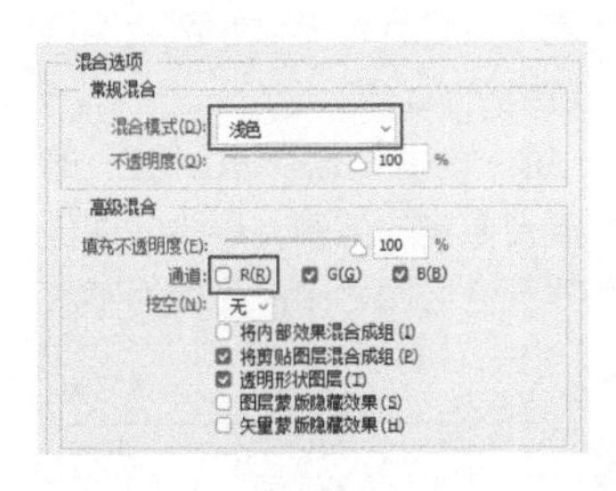

图 10-91　　图 10-92

提示

通道选择因所编辑的图像类型而异。例如，如果编辑RGB图像，则通道选项为R、G和B；如果编辑CMYK图像，则通道选项为C、M、Y和K。

（3）图 10-93 展示了分别在取消选中“G”通道、“B”通道时，图层的混合效果。

图 10-93

5. 指定混合图层的范围

“混合颜色带”选项组中的滑块可以控制最终图像中将显示现用图层中的哪些像素，以及下面的可视图层中的哪些像素，例如可以去除现用图层中的暗像素，或强制下一层图层中的亮像素显示出来。它还可以定义部分混合像素的范围，在混合区域和非混合区域之间产生一种平滑的过渡。

（1）在“图层样式”对话框中，确认“通道”选项组的“R”“G”“B”为选中状态，然后在“混合颜色带”下拉列表中选择“绿”通道，如图 10-94 所示。

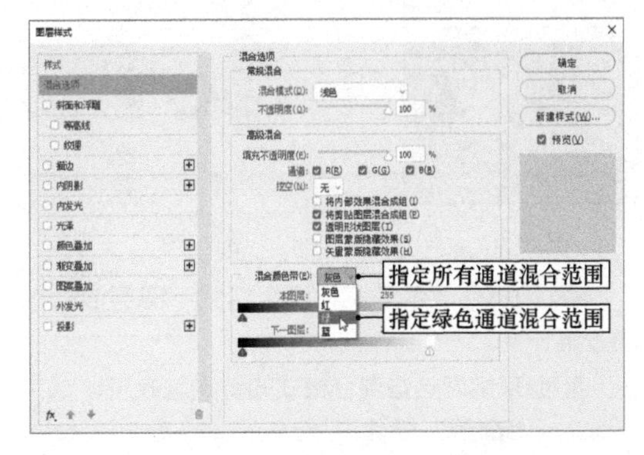

图 10-94

（2）参照图 10-95，将“本图层”的白色滑块向左拖动，则绿通道中亮度值大于 185 像素保持不混合，并且排除在最终图像之外。

（3）按住 <Alt> 键，向右拖动“本图层”的白色滑块，调整部分混合像素的范围，最终的图像效果将在混合区域和非混合区域之间产生较为平滑的过渡，如图 10-96 所示。

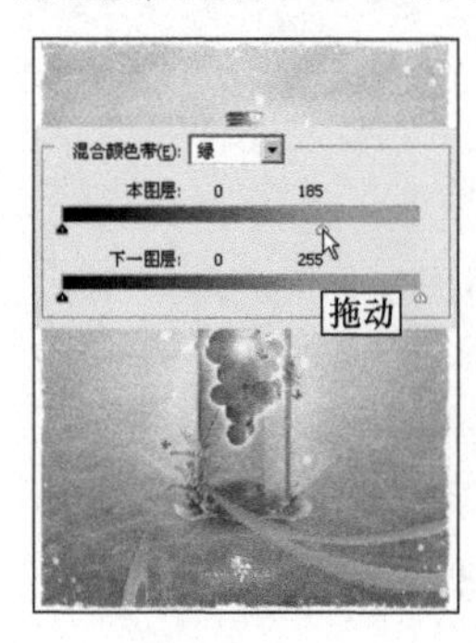

图 10-95

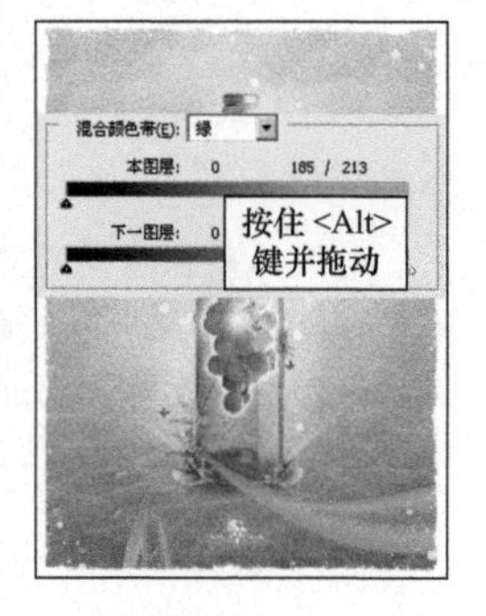

图 10-96

> **提示**
>
> 使用“下一图层”滑块将指定在最终图像中混合的下层可视图层的像素范围。

10.3.2 图层混合模式效果

图层的混合模式决定了当前图层的像素如何与下一层像素进行混合。使用的混合模式不同，图层混合出的颜色效果也会有很大区别。

（1）执行“文件”→“打开”命令，打开本书附带文件 \Chapter-10\“网页按钮.psd”，如图 10-97 所示。

（2）在“图层”调板内选择“色块”图层，单击“图层”调板上“混合模式”右侧的倒三角按钮，展开下拉列表，如图 10-98 所示。

图 10-97

图 10-98

图 10-99 展示了不同混合模式下图层混合出的效果。

下面来学习这些混合模式的特点与效果。

1. “溶解”模式

“溶解”模式可以让图层根据透明度产生颜色溶解的斑点效果。

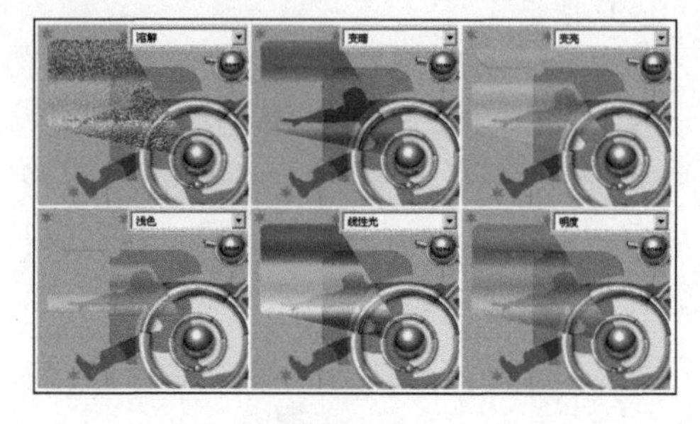

图 10-99

（1）打开本书附带文件 \Chapter-10\“葡萄酒海报.psd”。

（2）参照图 10-100 在“图层”调板中选择“流光”图层，设置“不透明度”为 50%，“混合模式”为“溶解”，效果如图 10-101 所示。

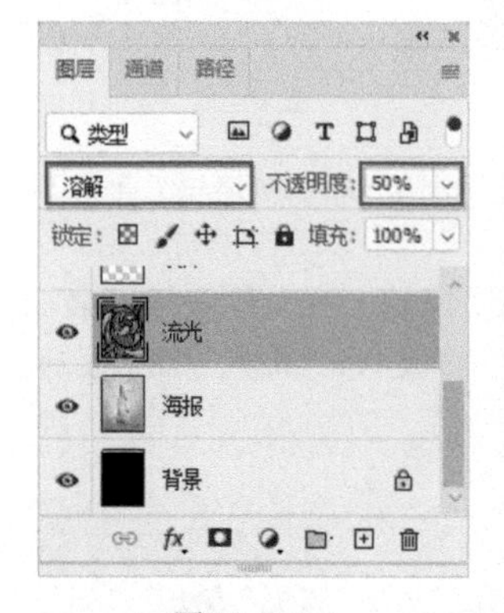

图 10-100

图 10-101

（3）在不同的“不透明度”状态下，“溶解”模式所产生的效果不相同，对比效果如图 10-102 所示。

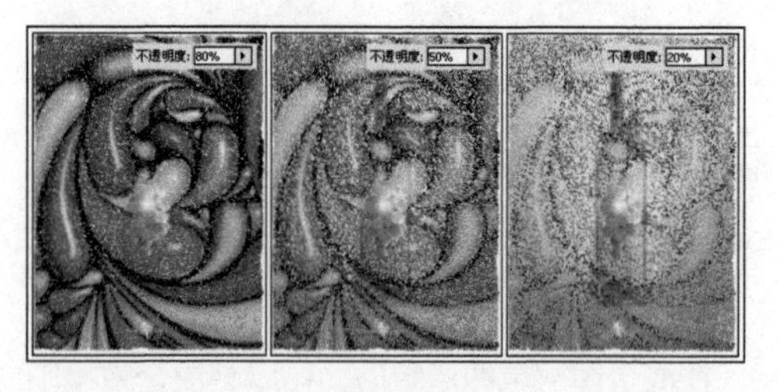

图 10-102

> **提示**
>
> 由上图可见，当“混合模式”为“溶解”时，图层的“不透明度”选项设置越低，消失的像素越多。

2. “变暗”模式

“变暗”模式是通过比较每个通道，用两个图层中颜色较深的像素覆盖颜色较浅的像素，从而使图像产生变暗的混合效果。

恢复“流光”图层的“不透明度”为 100%，设置“混合模式”为“变暗”，效果如图 10-103 所示。

3. “正片叠底”模式

“正片叠底”模式可以产生比当前图层和背景图层的颜色都暗的颜色。黑色和任何颜色混合之后还是黑色，而任何颜色与白色叠加颜色不变。使用该模式后，图像整体效果总是相对较暗，效果如图10-104所示。

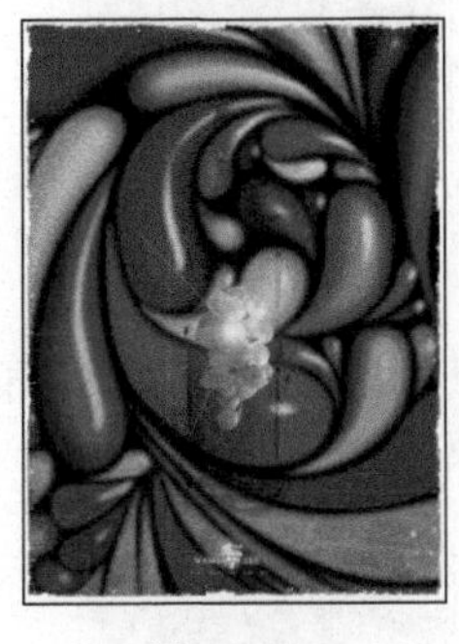

图10-103

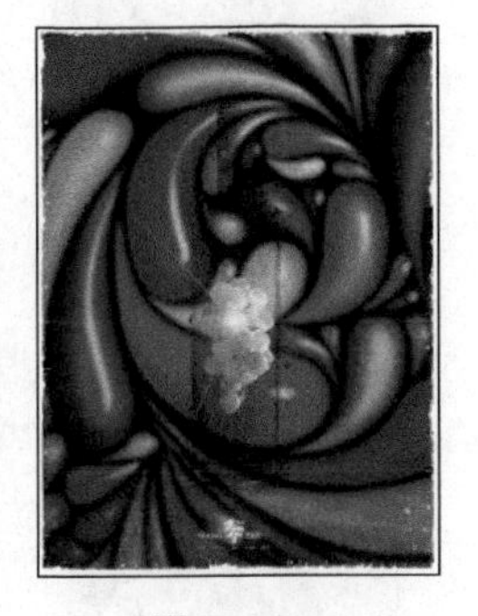

图10-104

4. “颜色加深”模式

“颜色加深”模式可以使混合后的最终图像的亮度减低、色彩加深，效果如图10-105所示。

5. “线性加深”模式

设置“线性加深”模式后，系统会查看当前选择图层每个通道中的颜色信息，并通过减小亮度使背景图层中的图像颜色变暗，效果如图10-106所示。在“线性加深”模式下，背景层中的图像颜色与白色混合后不产生变化。

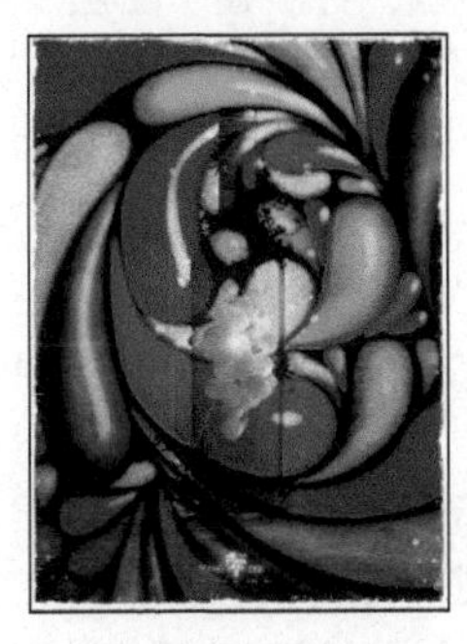

图10-105

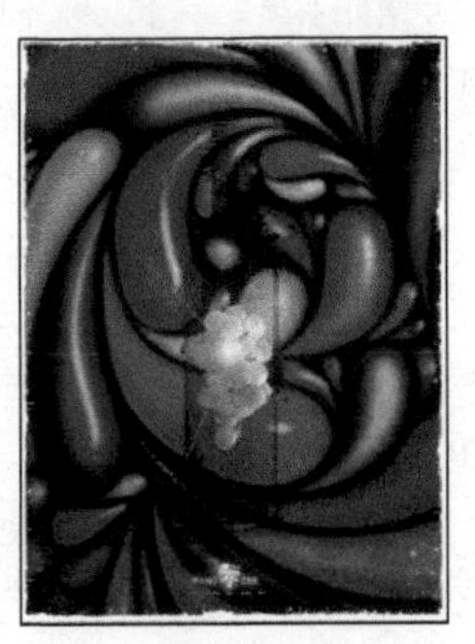

图10-106

6. “深色”模式

“深色”模式可以将混合色和基色的所有通道值的总和进行比较，然后在画面中显示值较小的颜色，效果如图10-107所示。

7. “变亮”模式

在“变亮”模式下，图层中较亮的颜色会替换底层图层较暗的颜色，而较暗的颜色则会被底层图层较亮的颜色所替换，所以图层在混合后整体色调会变亮，效果如图10-108所示。

8. “滤色”模式

在“滤色”模式下，系统会查看每个通道的颜色信息，并将混合色的互补色与基色进行正片叠底，结果色总是较亮的颜色。用黑色过滤时，颜色保持不变；用白色过滤时，结果色为白色。此效果类似于多个摄影幻灯片在彼此之上投影，效果如图10-109所示。

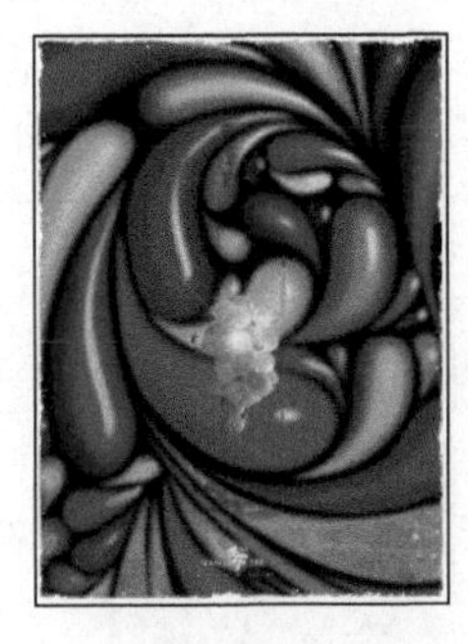

图10-107

图10-108

9. “颜色减淡”模式

“颜色减淡”模式可以使图层颜色的对比度减小，亮度增加，并提高颜色的饱和度，效果比“滤色”模式更加明显，如图10-110所示。

图10-109

图10-110

10. “线性减淡（添加）”模式

选择“线性减淡（添加）”模式，系统会进行和“线性加深”模式相反的操作，通过增加亮度来减淡颜色，效果如图10-111所示。

11. “浅色”模式

“浅色”模式将比较混合色和基色的所有通道值的总和并显示值较大的颜色。“浅色”模式不会生成第三种颜色，效果如图10-112所示。

图10-111

图10-112

12. “叠加”模式

“叠加”模式的效果相当于图层同时使用“正

片叠底”模式和“滤色”模式。使用该模式的图层，将与下一层图层的颜色产生混合，但保留其亮度和暗度，效果如图 10-113 所示。

13. “柔光”模式

“柔光”模式类似于将点光源发出的漫射光照到图像上，能产生柔和的混合色调，效果如图 10-114 所示。

图 10-113

图 10-114

14. “强光”模式

“强光”模式的效果类似于将聚光灯照射到图像上，效果如图 10-115 所示。图像的最终效果取决于图层上颜色的亮度。如果当前图层中图像的颜色比 50% 灰色亮，则图像变亮，反之则图像变暗。

15. “亮光”模式

“亮光”模式通过增加或减小图像对比度来加深或减淡颜色。如果当前图层颜色比 50% 灰色亮，则通过减小对比度使图像变亮，效果如图 10-116 所示。

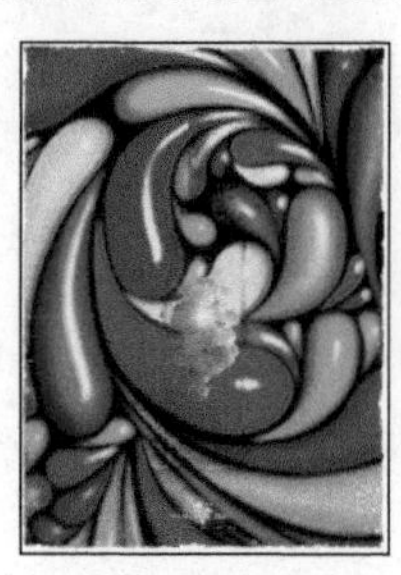
图 10-115

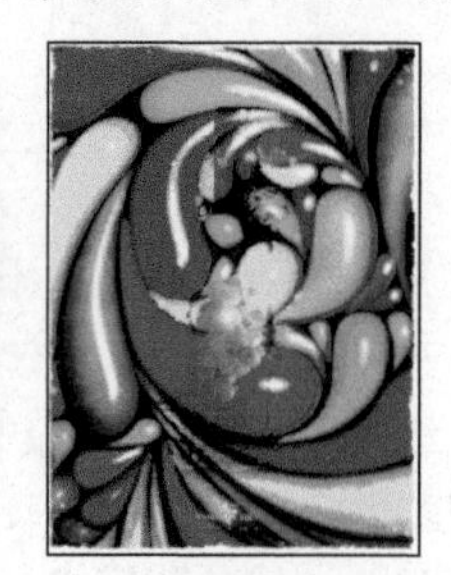
图 10-116

16. “线性光”模式

“线性光”模式通过减少或增加亮度来加深或减淡颜色。如果当前图层的颜色比 50% 灰色亮，则通过增加亮度使图像变亮，效果如图 10-117 所示。

17. “点光”模式

“点光”模式可以根据当前图层颜色的不同而产生不同的替换颜色的效果。如果当前图层的颜色比 50% 灰色亮，则替换比当前图层颜色暗的像素，而不改变比当前图层颜色亮的像素，效果如图 10-118 所示。

18. “实色混合”模式

“实色混合”模式将当前图层和下一层图层的颜色混合，并通过色相和饱和度来强化混合颜色，使画面呈现一种高反差效果，效果如图 10-119 所示。当前图层的颜色与白色混合则显示为白色。

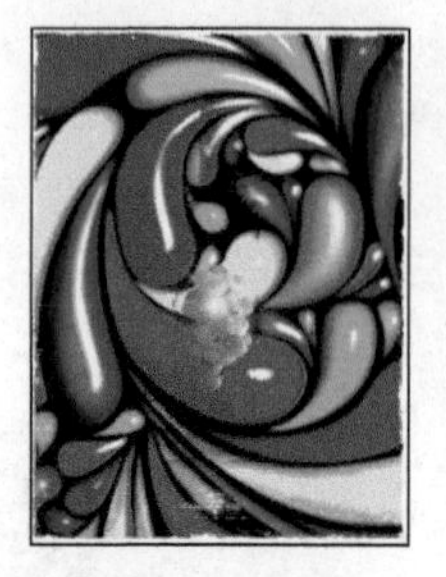
图 10-117

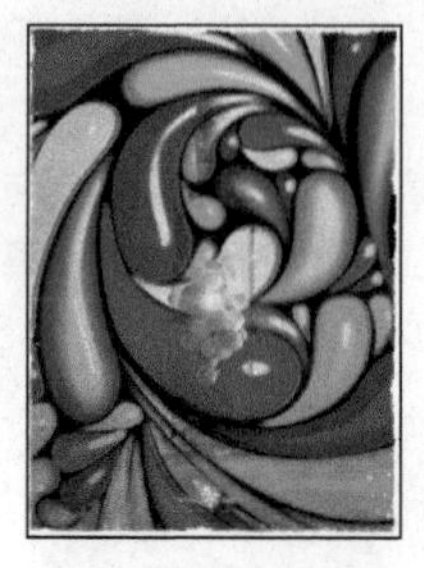
图 10-118

19. “差值”模式

“差值”模式将当前图层和背景图层的颜色相互抵消，以产生一种新的颜色效果，效果如图 10-120 所示。

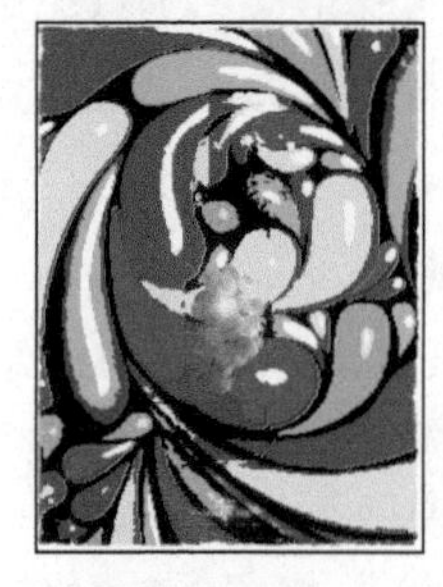
图 10-119

图 10-120

如果像素之间没有差别则比较结果是黑色，黑色是“差值”模式中的中性色。当前图层的颜色与黑色混合不发生变化，与白色混合将产生反相效果。

暂时隐藏“流光”图层，并新建“图层 1”，填充白色，接着设置其“混合模式”为“差值”，效果如图 10-121 所示。

20. “排除”模式

“排除”模式更像是“差值”模式柔和且具有灰色背景的版本，其产生的效果与“差值”模式相似但对比度较低。

删除“图层 1”，显示并选择“流光”图层，设置其“混合模式”为“排除”，效果如图 10-122 所示。当前图层的颜色与白色混合会产生反相效果。

图 10-121

图 10-122

21. “色相”模式

“色相”模式将下一层图层颜色的亮度和饱和

度与当前图层颜色的色相混合，创建的图像效果如图 10-123 所示。

22. “饱和度”模式

“饱和度”模式将底层图层的颜色亮度和色相与当前图层颜色的饱和度混合，创建的图像效果如图 10-124 所示。

图 10-123

图 10-124

23. “颜色”模式

“颜色”模式将当前图层的色相和饱和度与底层图层中图像的亮度混合，创建的图像可以将灰阶保留下来，效果如图 10-125 所示。

24. “明度”模式

“明度”模式是用当前图层的亮度与底层图层的色相和饱和度混合，创建的图像效果如图 10-126 所示。此模式创建的效果与“颜色”模式相反。

图 10-125

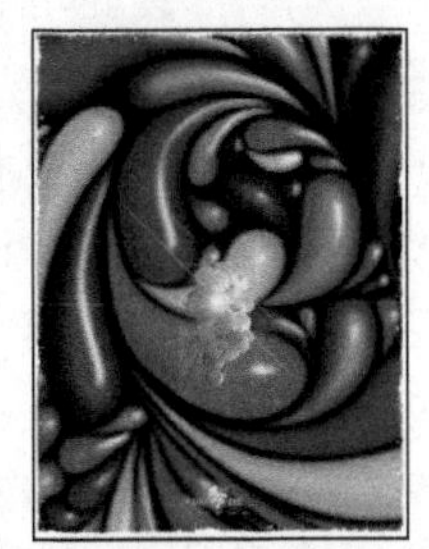

图 10-126

> **提示**
>
> “变暗”“颜色加深”“变亮”“颜色减淡”“差值”“排除”模式不可用于Lab图像。

10.3.3 图层样式

Photoshop 提供了各种各样的图层样式效果，如投影、发光、浮雕和描边等。图层样式可以对图层内容快速应用效果，仅通过单击鼠标即可应用图层样式，也可以通过对图层应用多种效果创建自定义样式。当图层具有样式时，我们可以对该样式进行复制与删除等基本操作。图 10-127 展示的这些华丽的网页按钮就是使用图层样式制作出来的。

图 10-127

对图层应用图层样式的方法非常简单和直接。

（1）执行“文件”→“打开”命令，打开本书附带文件 \Chapter-10\“播放器 .psd”，如图 10-128 所示。

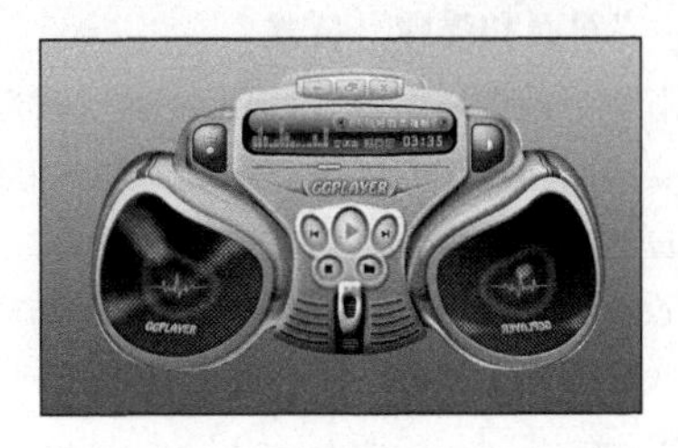

图 10-128

（2）在菜单栏中执行“图层”→“图层样式”的子菜单命令，或者单击“图层”调板底部的“添加图层样式”按钮。

（3）在弹出的菜单中选择“阴影”命令，弹出“图层样式”对话框，参照图 10-129 在该对话框中选择并设置相应的样式，效果如图 10-130 所示。

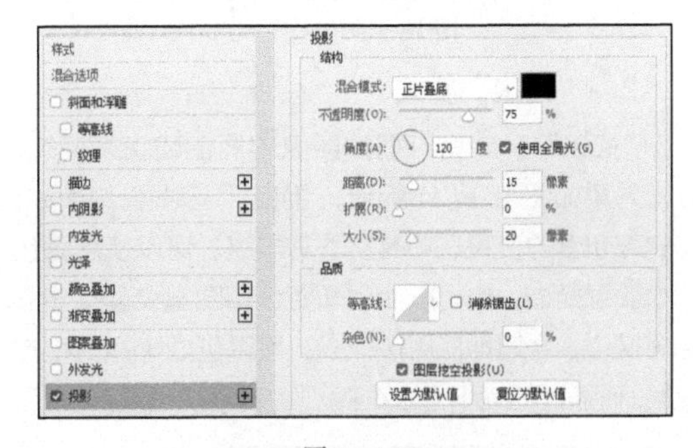

图 10-129

图 10-130

（4）设置完毕后单击“确定”按钮，关闭对话框，“图层”调板内出现投影样式，如图 10-131 所示。

（5）拖动投影样式到“图层”调板底部的“删除图层”按钮上，即可清除样式，如图 10-132 所示。

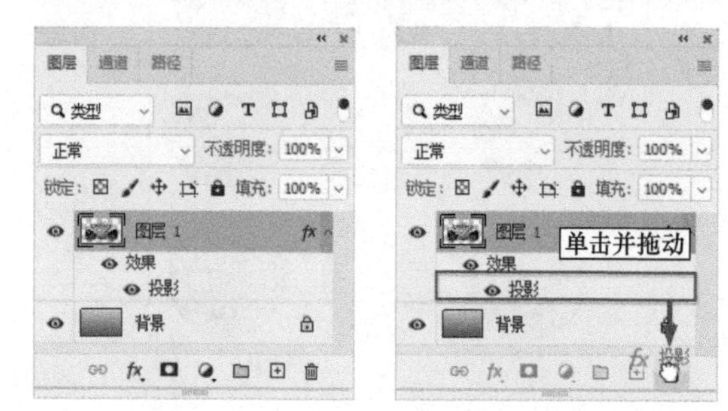

图 10-131　　图 10-132

通过上述操作，我们可以看出图层样式的添加和编辑方式非常简单。下面对“图层样式”命令的子菜单包含的各种效果逐一进行介绍。

1. “斜面和浮雕”样式

“斜面和浮雕”样式可以模拟形体结构和光影，在图像表面创建受光面和阴影图像，使平面的图像产生逼真的立体化效果，对比效果如图 10-133 所示。“斜面和浮雕”样式中包含的设置选项非常丰富，这里为大家提供了教学视频，可以扫描下方二维码观看视频进行学习。

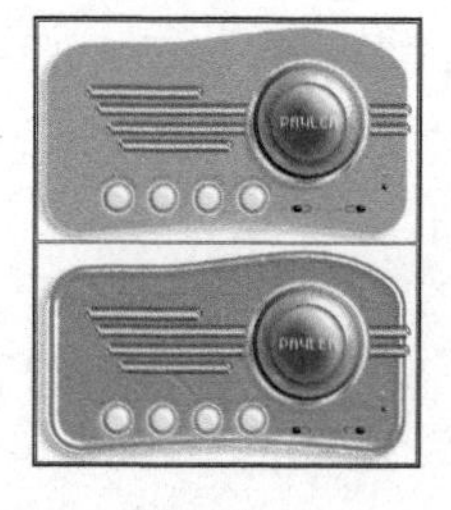

图 10-133

2. “描边”样式

“描边”样式可以根据图像边界创建轮廓描边，对比效果如图 10-134 所示。“描边”选项看似简单，其内部包含的设置选项其实非常丰富，可以使用颜色建立轮廓描边，也可以使用渐变色和图案纹理来建立轮廓描边。合理地使用该样式，可以创建丰富的视觉效果。可通过扫描下方二维码观看教学视频进行学习。

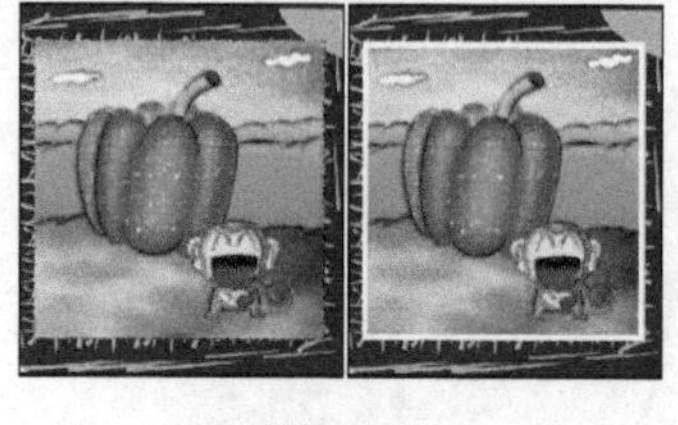

图 10-134

3. “投影”和“内阴影”样式

“投影”样式是根据图像的外形模拟生成阴影效果，添加“投影”样式后，图像会产生浮动在画布上的效果。而“内阴影”样式则是在图像边缘的内侧生成阴影效果，图像可以获得镂空的图形效果，对比效果如图 10-135 所示。“内阴影”样式与“投影”样式拥有完全相同的设置选项，不同是它们产生的阴影的位置不同。可通过扫描下方二维码观看教学视频进行学习。

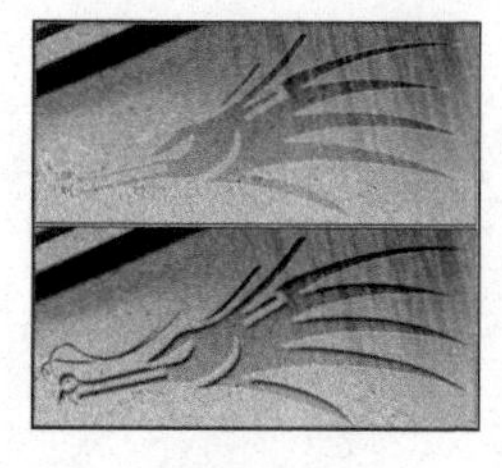

图 10-135

4. “外发光”和“内发光”样式

“外发光”和“内发光”样式可以为图像添加从图层内容的外边缘或内边缘发光的效果，如图 10-136 所示。利用这两个样式，可以模拟出形体发光的效果。可通过扫描下方二维码观看教学视频进行学习。

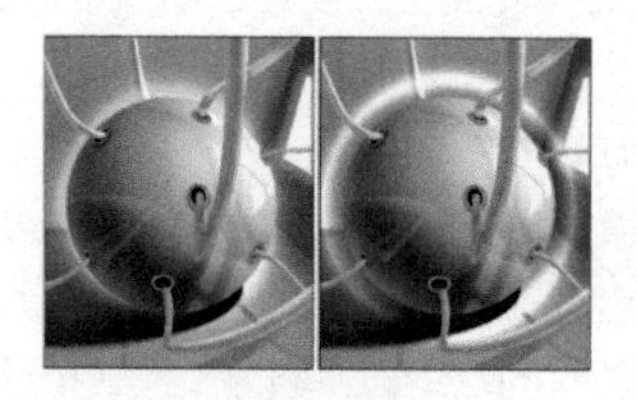

图 10-136

5. “光泽”样式

“光泽”样式可以模拟光线在物体表面产生的反光效果，效果如图 10-137 所示。添加“光泽”样式可以使图像表面产生像丝绸或金属一样的光滑质感。可通过扫描下方二维码观看教学视频进行学习。

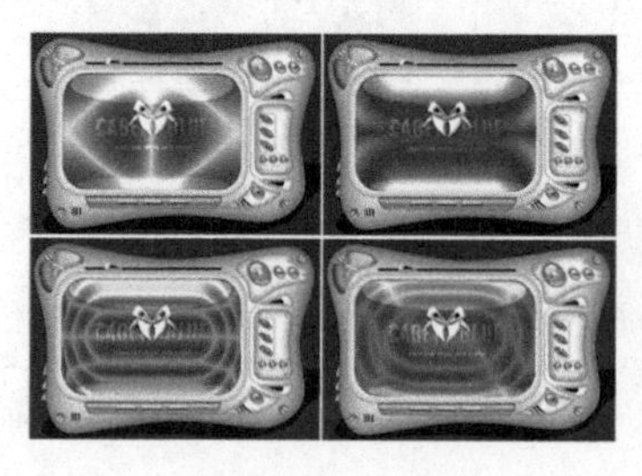

图 10-137

6. “颜色叠加”“渐变叠加”和“图案叠加”样式

“颜色叠加”“渐变叠加”和“图案叠加”3 个样式分别使用颜色、渐变色与图案来填充选定的图层内容。

为图像添加这 3 种样式效果，犹如在图像上新添加了一个设置了“混合模式”和“不透明度”的图层，可以轻松地制造出绚丽的视觉效果，对比效果如图 10-138 所示。可通过扫描下方二维码观看教学视频进行学习。

图 10-138

10.3.4 管理图层样式

Photoshop 提供了丰富的图层样式命令，一些精美华丽的画面常常需要应用多种图层样式命令。在“图层”调板内，我们可以方便地对图层样式进行编辑和管理，如添加、复制和删除样式等。另外，“样式”调板还可以将设置好的图层样式记录下来，在下次工作中如果需要相同的效果，可以直接调用。本节将介绍图层样式的编辑与管理方法。

1. 修改图层样式

在“图层”调板中，我们可以很清楚地区分带有图层样式的图层，因为它们的图层名称右侧都有一个“fx”图标。对于图层样式，可以像编辑图层一样对其进行编辑和管理，如在图像或“图层”调板中显示或隐藏样式效果，对图层样式进行复制或删除等。另外，还可以将某些应用了图层样式的图层转换为普通图层，并可重新在该图层上添加新的图层样式。下面通过实际操作来演示图层样式的一些编辑操作。

（1）执行“文件”→“打开”命令，打开本书附带文件 \Chapter-10\“镜头按钮 .psd”，如图 10-139 所示。

（2）选择“按钮”图层，单击“fx”图标右侧的倒三角按钮，如图 10-140 所示，展开应用于该图层的图层样式列表，如图 10-141 所示。

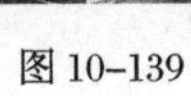

图 10-139

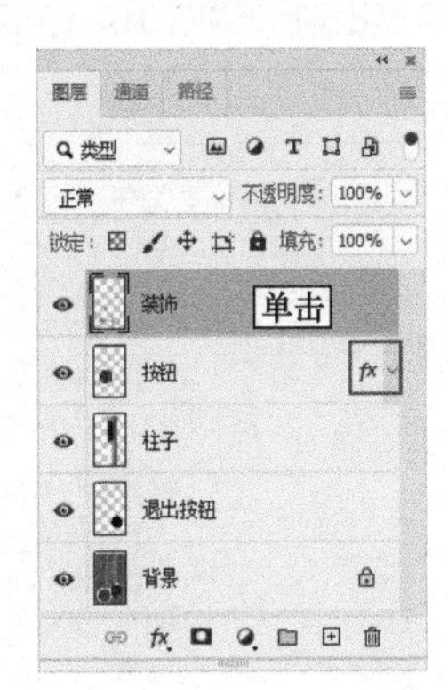

图 10-140

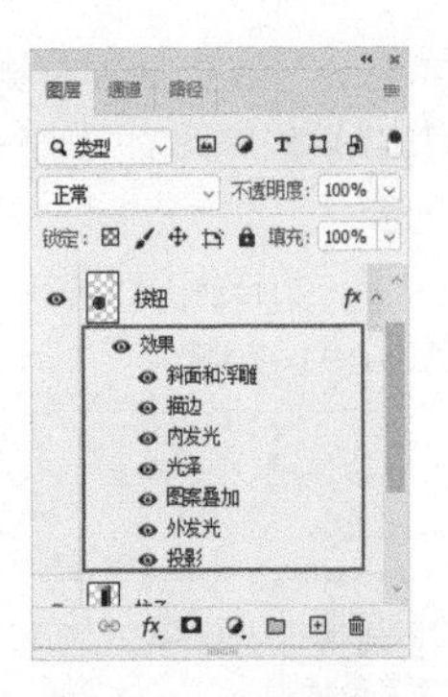

图 10-141

提示

再次单击该倒三角按钮，即可将应用于该图层的图层样式列表折叠。

（3）单击“斜面和浮雕”样式前的眼睛图标将其隐藏，如图 10-142 所示。这时图像中的“斜面和浮雕”样式也随之隐藏，效果如图 10-143 所示。

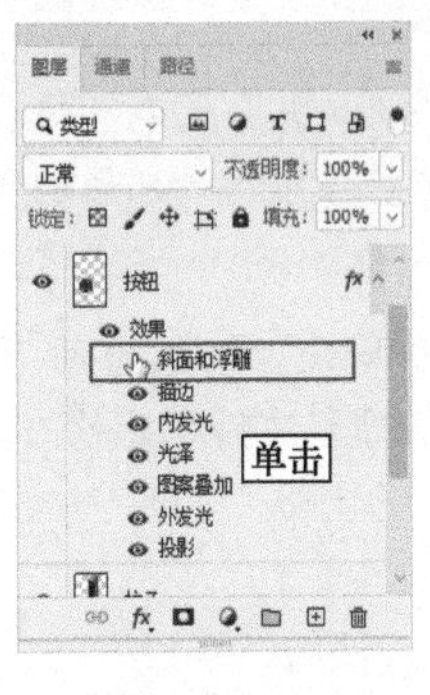

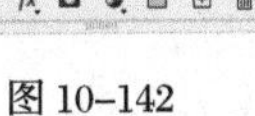

图 10-142

图 10-143

提示

也可以选择“图层”→“图层样式”→“显示所有图层样式”命令或“隐藏所有图层样式”命令，隐藏或显示所有图层上的图层样式。

如果添加的图层样式效果不好，可以从图层样式列表中将该样式删除。

（4）单击并拖动“光泽”样式至“删除图层”按钮上，松开鼠标，该图层样式被删除，如图 10-144 所示，效果如图 10-145 所示。

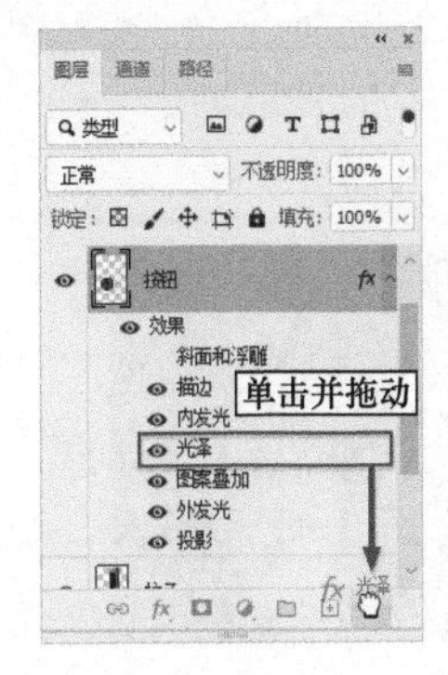

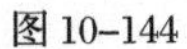

图 10-144

图 10-145

（5）单击并拖动“按钮”图层右侧的“fx”图标，将其拖动到“图层”调板底部的“删除图层”按钮处，如图 10-146 所示。

（6）松开鼠标，将该图层上应用的所有的图层样式删除，如图 10-147 所示。

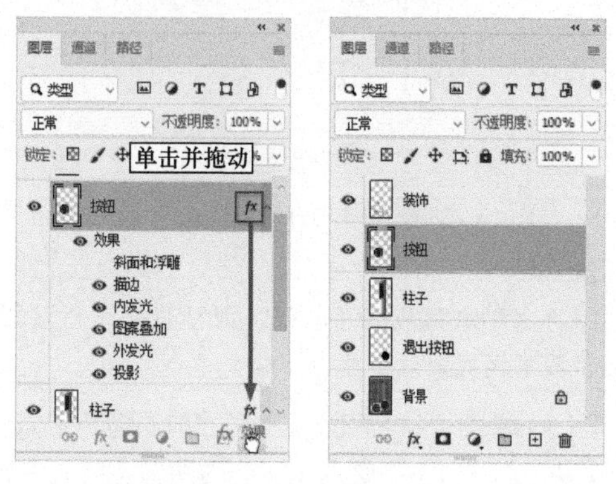

图 10-146　　图 10-147

提示

在“fx”图标上右击，弹出快捷菜单，执行“清除图层样式”命令，也可将该图层上应用的所有的图层样式清除。

（7）执行“窗口”→“历史记录”命令,打开“历史记录”调板，单击调板顶部显示文件初始状态的快照，将文件还原为刚打开时的状态，如图 10-148 所示。

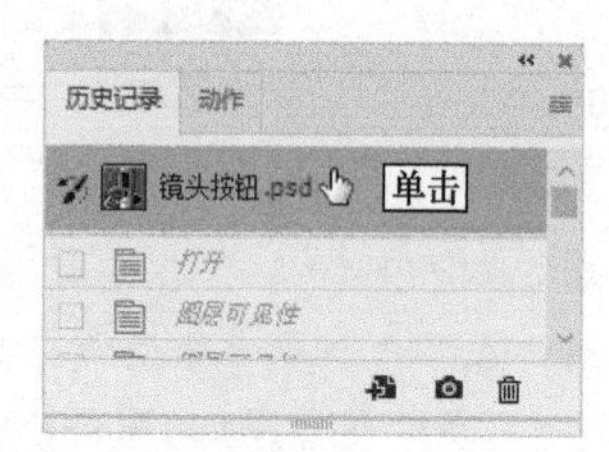

图 10-148

（8）选择“按钮”图层，执行“图层”→“图层样式”→“拷贝图层样式”命令。

（9）选择“退出按钮”图层,执行“图层”→“图层样式”→“粘贴图层样式”命令。

（10）将“按钮”图层中应用的图层样式粘贴到“退出按钮”图层中，粘贴前后对比效果如图 10-149 所示。

图 10-149

（11）确认“退出按钮”图层为当前选择图层，如图 10-150 所示。执行“图层”→“图层样式”→“创建图层”命令，即可将该图层转换为普通图层，如图 10-151 所示。

图 10-150　　图 10-151

提示

将应用了图层样式的图层转换为普通图层时，某些效果（如“内发光”等）将自动转换为剪贴蒙版中的图层，且在更改原图层中的图像时，转换为图层的样式效果将不再更新。

（12）执行“图层”→“图层样式”→“内发光”命令，打开“图层样式”对话框。

（13）参照图 10-152 设置参数，为“退出按钮”图层中的图像添加“内发光”样式效果，效果如图 10-153 所示。

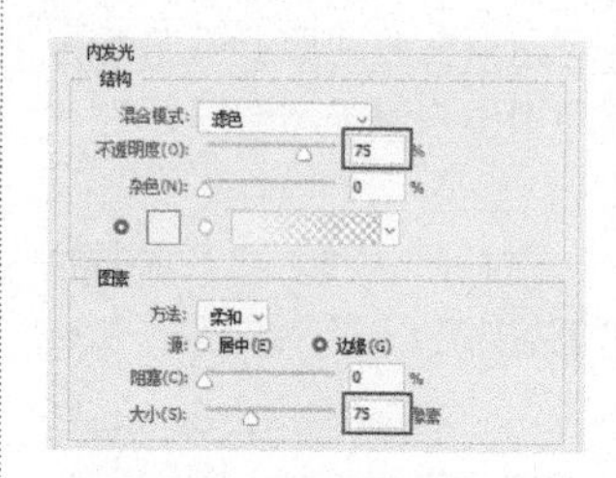

图 10-152　　图 10-153

（14）可以看到转换为普通图层的样式效果将不再更新，如图 10-154 所示。

图 10-154

（15）执行“图层”→“图层样式”→“内发光”命令，打开“图层样式”对话框。

（16）单击“图层样式”对话框右侧的“新建样式”按钮，弹出“新建样式”对话框，如图 10-155 所示。

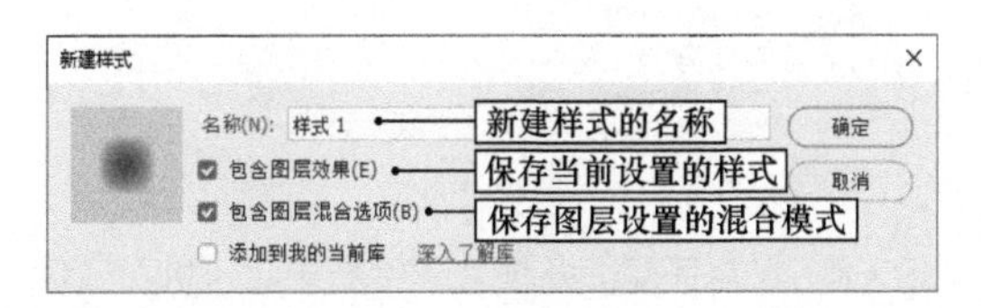

图 10-155

（17）保持“新建样式”对话框为默认设置，单击“确定”按钮，即可将当前设置的样式效果保存为新样式。

（18）如图 10-156 所示，选择“图层样式”对话框左侧的“样式”选项，即可看到刚刚保存的新样式。

（19）右击新建立的“样式 1”样式，在弹出的菜单内执行“删除样式”命令，即可将其删除，如图 10-157 所示。

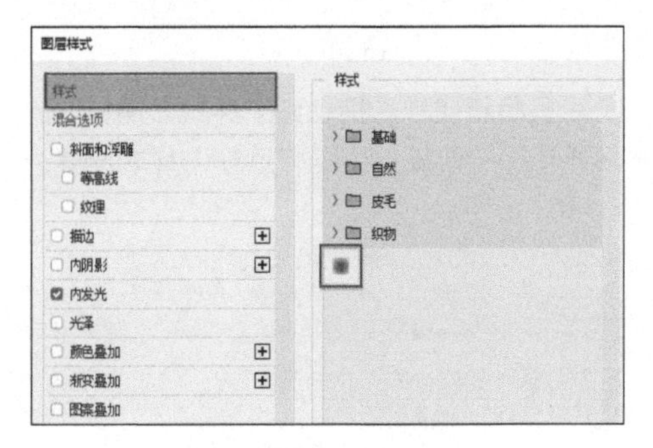

图 10-156

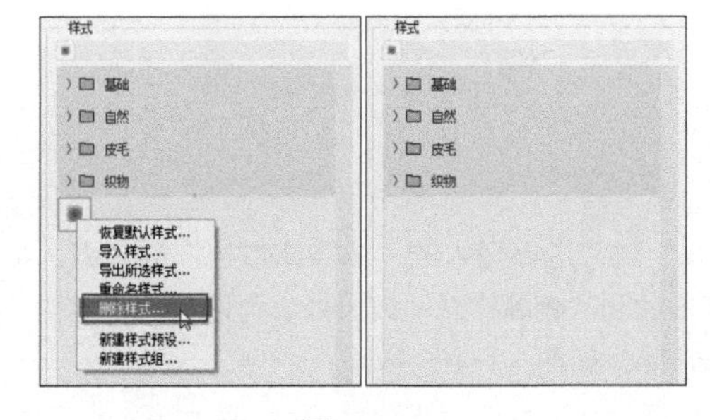

图 10-157

2. 使用“样式”调板

Photoshop 为用户提供了很多预设样式，用户单击鼠标即可为图像应用样式。通过“样式”调板或“图层样式”对话框，用户可以查看、选择应用或管理预设的图层样式。另外，用户也可以在“样式”调板中自定义样式。下面来学习如何使用“样式”调板。

（1）按 <F12> 快捷键，将文件恢复到打开时的状态。

（2）执行“窗口”→“样式”命令，打开“样式”调板，如图 10-158 所示。

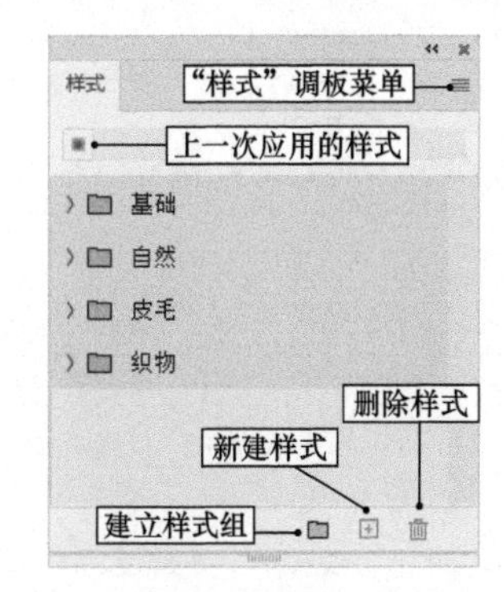

图 10-158

（3）在“图层”调板中选择“按钮”图层，接着在“样式”调板内单击“自然”样式组中的“大海”样式，即可用预设样式替换当前图层样式，如图 10-159 所示。

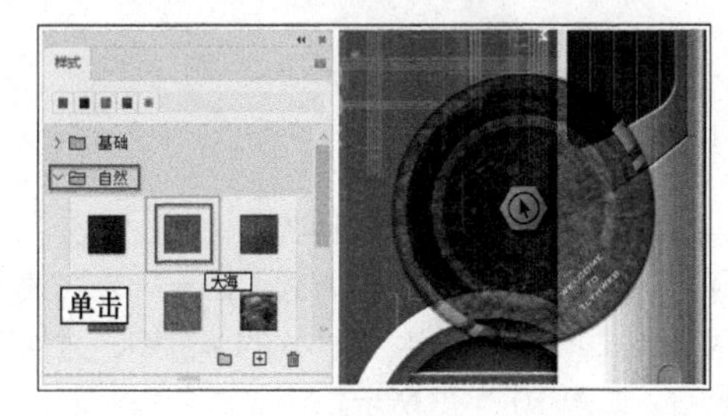

图 10-159

提示

将样式从“样式”调板中拖动到视图中需要添加样式的图像上松开鼠标，也可为该图像添加预设样式。将样式直接从“样式”调板拖移到“图层”调板中的相应图层上，也可以为图像添加预设样式。

（4）单击“样式”调板右上角的菜单按钮，打开“样式”调板菜单，执行“导入样式”命令，如图 10-160 所示。

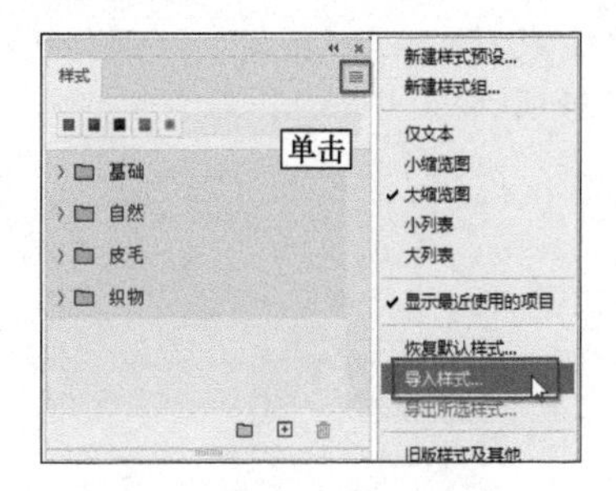

图 10-160

（5）在弹出的“载入”对话框内，打开本书附带文件 \Chapter-11\“沐浴露广告 .asl”，如图 10-161 所示。此时新的样式会导入“样式”调板内，如图 10-162 所示。

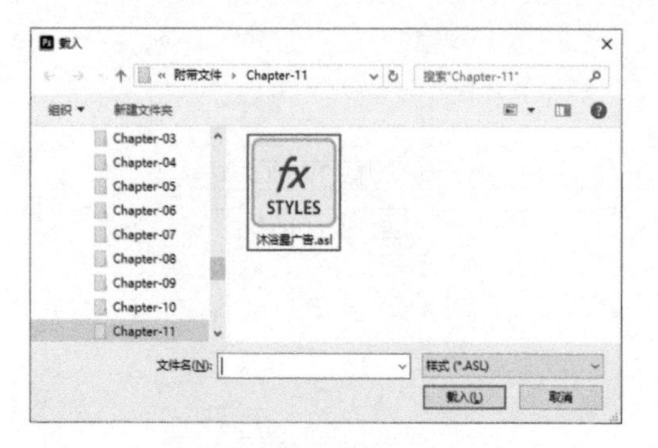

图 10-161

图 10-162

（6）打开“样式”调板菜单，执行“大列表”命令，更改预设样式的显示方式，以大列表形式查看图层样式，同时显示图层样式的缩览图，方便用户查看，如图 10-163 所示。

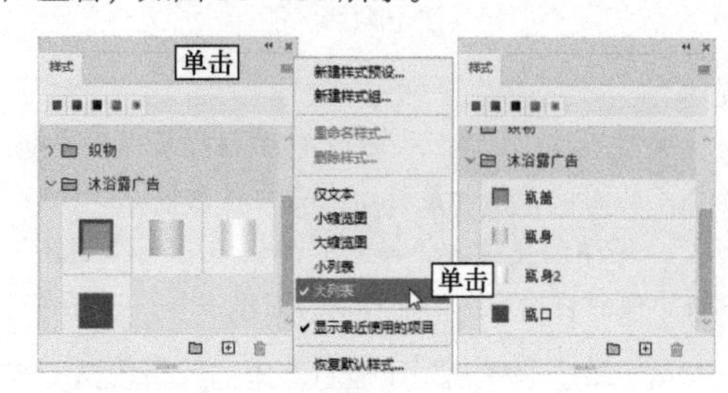

图 10-163

（7）打开“样式”调板菜单，执行“小缩览图”命令，将其显示方式更改为小缩览图形式，如图 10-164 所示。

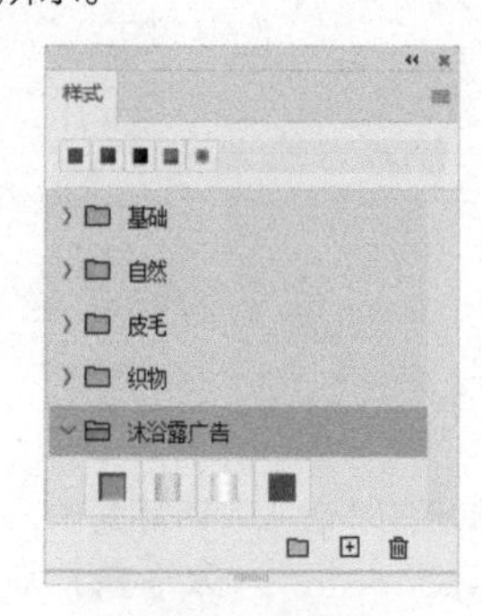

图 10-164

（8）保持“按钮”图层的选择状态，单击“样式”调板底部的“新建样式”按钮，弹出“新建样式”对话框，如图 10-165 所示。

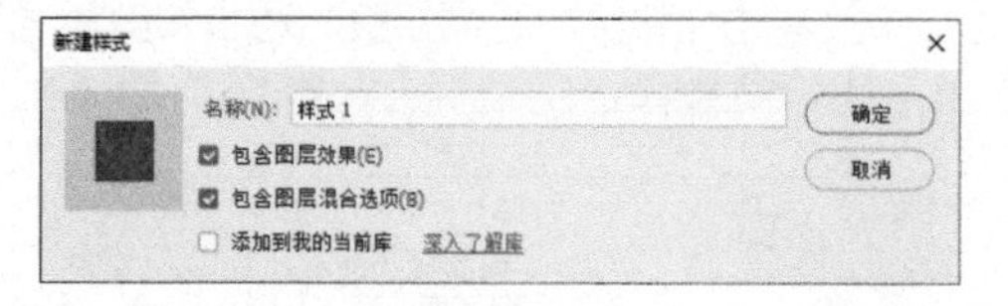

图 10-165

（9）设置样式的名称，完毕后单击“确定”按钮，将“按钮”图层中的图层样式存储为预设样式，如图 10-166 所示。

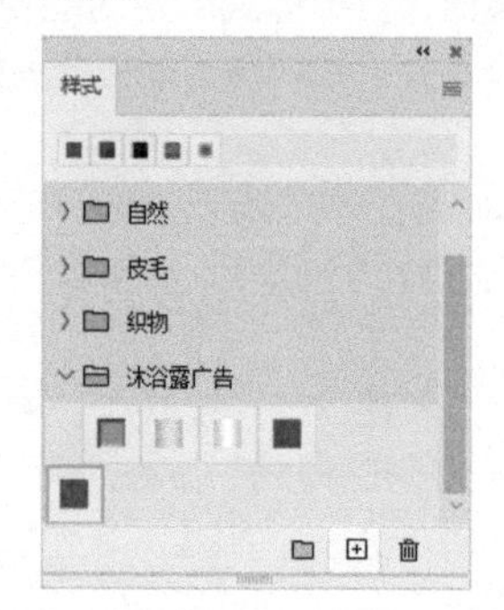

图 10-166

（10）将新建样式拖动到“样式”调板底部的“删除样式”按钮处，可以将选择的样式删除，如图 10-167 所示。

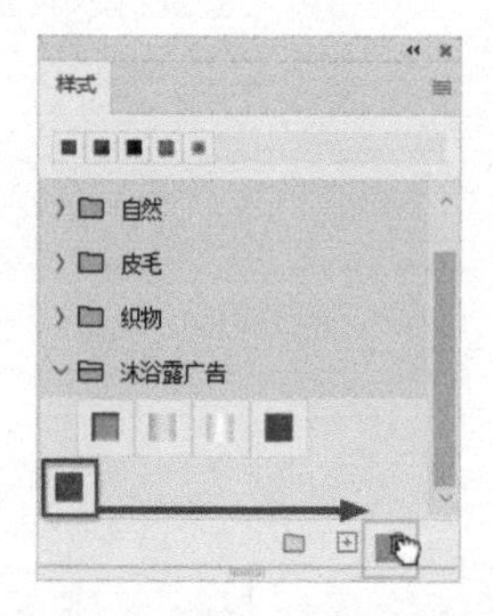

图 10-167

（11）选择导入的“沐浴露广告”样式组，将其拖动到“删除样式”按钮处，可以将选择的样式组删除，如图 10-168 所示。

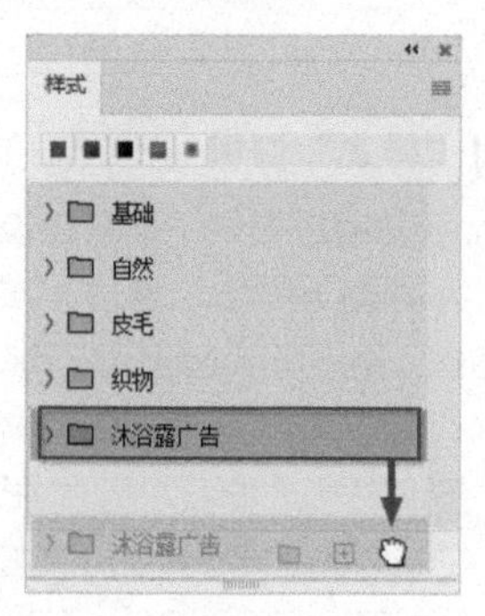

图 10-168

第11章 使用通道与蒙版

对于初学者来说，Photoshop 的通道功能是一个难点，因为通道功能非常丰富，并且其操作不是很直观。简单地讲，通道管理了一个区域，这个区域可以是颜色分布区域，也可以是一个图像选择区域。这些内容都会在本章详细介绍。

通道管理了一个区域，而蒙版则可以利用通道管理的区域，隐藏或显示图像内容。蒙版功能和通道功能的关联性很强，所以将蒙版和通道放在一起介绍。下面就开始本章的学习。

11.1　课时 37：通道有多少种类型？

在 Photoshop 的“通道”调板中观察通道时可以看到，通道实际上就是一幅黑白灰图像，通道就是利用这幅图像来管理图像的区域范围。当前通道所管理的这个区域范围的用处不同，那么通道的类型就不同，如果这个区域用来管理颜色分布，那么这个通道被称为颜色通道，如果通道内的区域记录了一个图像选择区域，那么这个通道被称为 Alpha 通道。本课将带领大家学习通道的类型，从而深入了解通道的工作原理。

学习指导

本课内容重要性为【必修课】。

本课时的学习时间为 40 ～ 50 分钟。

本课的知识点是掌握各种通道的工作原理和使用技巧。

课前预习

扫描二维码观看教学视频，对本课知识进行预习。

11.1.1　颜色通道

颜色通道用于管理图像中的颜色信息，调整图像色彩实际上就是在编辑颜色通道。颜色通道的数量取决于图像的颜色模式。

（1）执行“文件”→“打开”命令，打开本书附带文件\Chapter-11\“细胞骷髅.jpg”。如图 11-1 所示。

（2）执行“窗口”→“通道”命令，打开“通道”调板，其中有 4 个通道，如图 11-2 所示。其中 RGB 通道为复合通道，“红”通道、“绿”通道和“蓝”通道为原色通道。

图 11-1

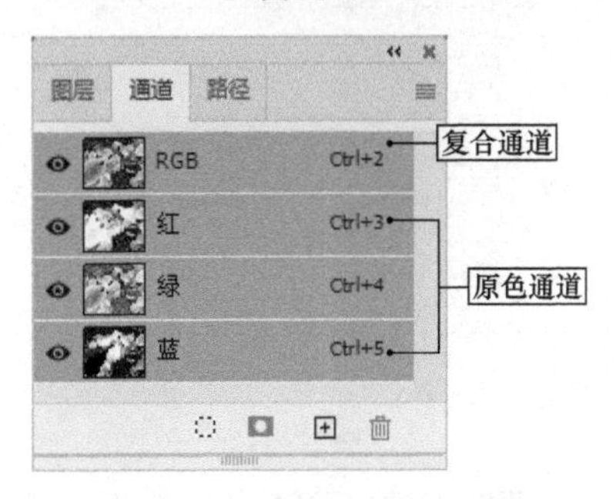

图 11-2

（3）分别单击“红”通道、“绿”通道和“蓝”通道对这些通道进行观察，会看到有的区域暗，有的区域亮，如图 11-3 所示。暗色区域表示该色缺失，亮色区域表示该色存在。

图 11-3

（4）执行“图像”→“模式”→“CMYK 颜色”命令，更改图像的颜色模式。

（5）在“通道”调板中观察颜色通道，会发现亮色通道表示该色缺失，暗色通道表示该色存在，如图 11-4 所示。

提示

CMYK 模式与 RGB 模式的成像原理有区别，CMYK 模式是减色模式，RGB 模式是加色模式。因此，如果要在 CMYK 模式图像内增加一个通道的颜色，就要减暗该通道，如果要减少该颜色，可以加亮该通道。

图 11-4

颜色通道用于储存和管理图像的颜色信息，所以对图像的色彩进行调整也就是对颜色通道进行调整。

（1）按 <Ctrl+Z> 组合键取消上一步的操作。在“通道”调板中选择“红”通道，如图 11-5 和图 11-6 所示。

图 11-5

图 11-6

技巧

将RGB通道前面的眼睛图标打开，可以更直观地预览处理后的效果。

（2）打开 RGB 通道前的眼睛图标，可以显示图像的全部通道，这样在调整图像时，可以更方便地观察图像，如图 11-7 和图 11-8 所示。

图 11-7

图 11-8

（3）执行“图像”→“调整”→“色阶”命令，在“色阶”对话框中进行设置，如图 11-9 所示，此时图像就变成暖色了，效果如图 11-10 所示。

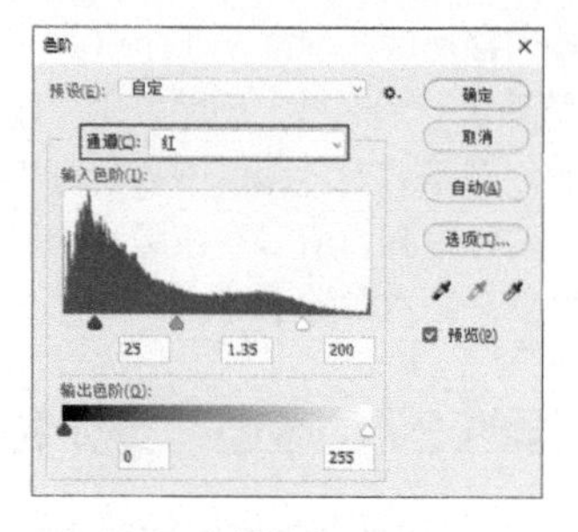

图 11-9

图 11-10

（4）单击“确定”按钮关闭“色阶”对话框，在“通道”调板中观察“红”通道，可以看到其颜色发生了变化，对比效果如图 11-11 所示。

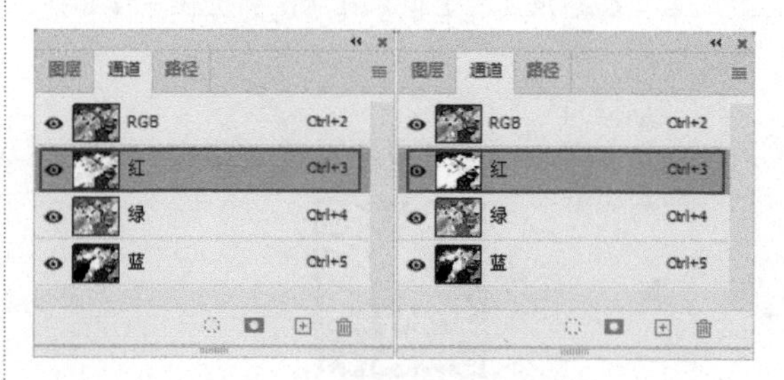

图 11-11

11.1.2 Alpha 通道

Alpha 通道是计算机图形学中的术语，指的是特别的通道，意思是“非彩色”通道。Alpha 通道最直接的功能就是储存选区，但是在 Alpha 通道中还可以编辑选区。使用 Photoshop 制作各种视觉特效常常需要使用 Alpha 通道。下面通过一组操作来展示 Alpha 通道如何进行工作。

（1）打开本书附带文件 \Chapter-11\“童话插画背景 .psd”，如图 11-12 所示。

图 11-12

（2）在按住 <Ctrl> 键的同时，单击“图层”调板中的“大树”图层的缩览图，将其选区载入，如图 11-13 所示，效果如图 11-14 所示。

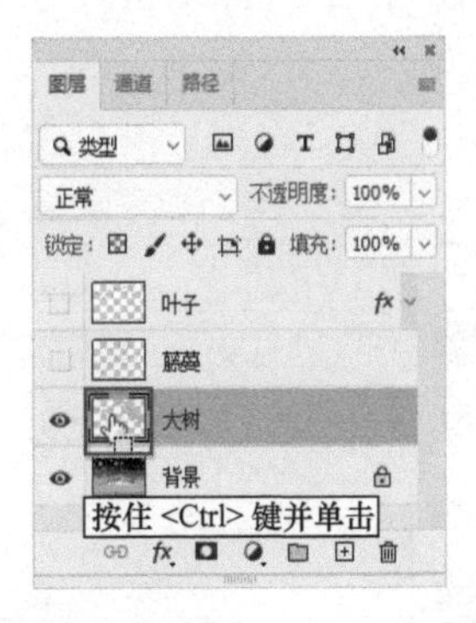

图 11-13

图 11-14

（3）在“通道”调板中，单击“将选区存储为通道”按钮，生成“Alpha 1”通道，选择“Alpha 1”通道将其显示，如图 11-15 所示，效果如图 11-16 所示。

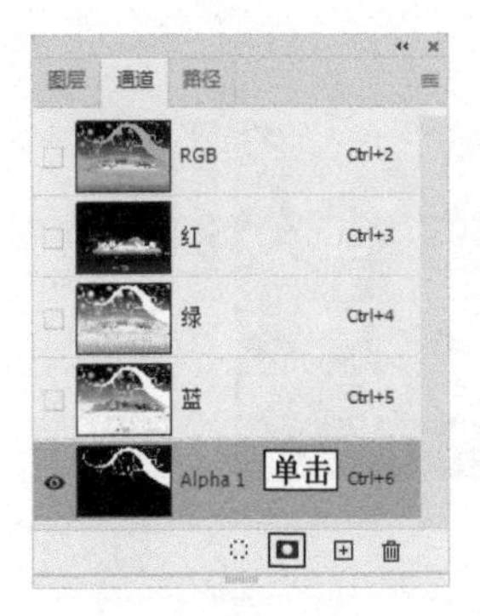

图 11-15

图 11-16

（4）执行“滤镜”→“模糊”→“高斯模糊”命令，为通道添加模糊效果，如图 11-17 所示，效果如图 11-18 所示。

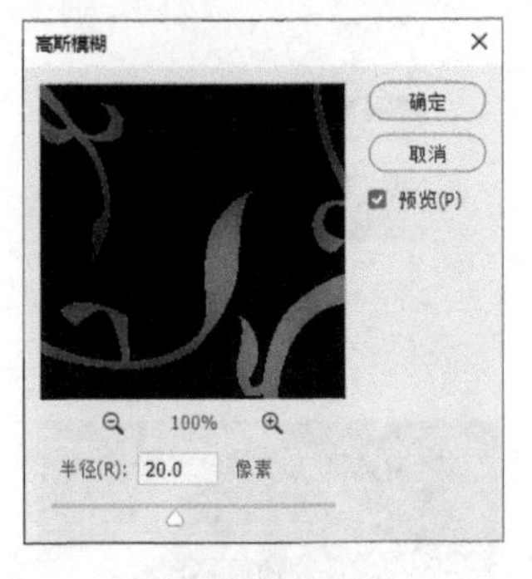

图 11-17

图 11-18

（5）执行“图像”→“调整”→“色阶”命令，按照图 11-19 设置打开的“色阶”对话框。设置完毕后关闭“色阶”对话框，增强图像的对比，效果如图 11-20 所示。

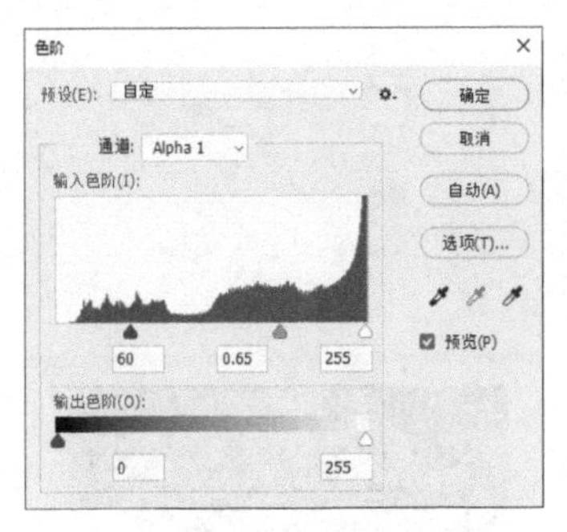

图 11-19

（6）在“通道”调板中，单击“将通道作为选区载入”按钮，将“Alpha 1”载入选区，如图 11-21 所示，效果如图 11-22 所示。

图 11-20

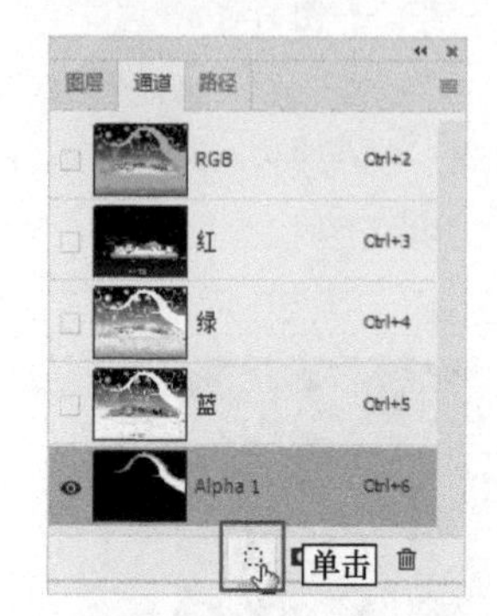

图 11-21

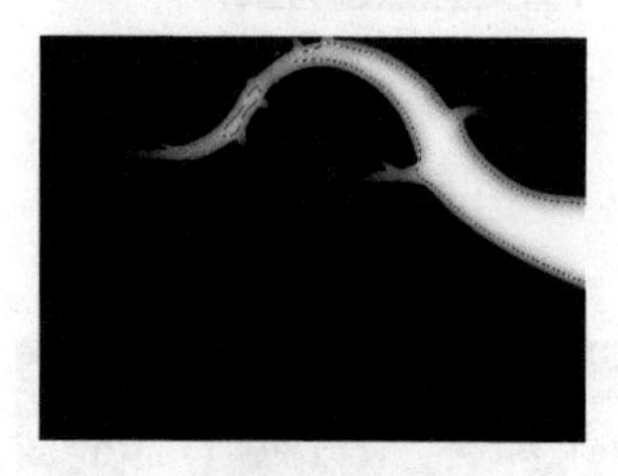

图 11-22

（7）切换到“图层”调板，新建“图层 1”。设置前景色为深蓝色（R0、G110、B170），按住 <Alt+Delete> 组合键，使用前景色填充选区，如图 11-23 所示，效果如图 11-24 所示。填充完毕后按住 <Ctrl+D> 组合键取消选择选区。

图 11-23

图 11-24

11.1.3 专色通道

有些华丽的印刷物需要用到特殊印刷工艺，如印刷中常见的烫金、压膜、银光等。使用专色通道可以在印刷物中标明进行特殊印刷的区域。接下来以一个例子演示如何制作专色通道。

（1）接着上一节的操作。在“通道”调板中，执行调板菜单中的“新建专色通道”命令，如图 11-25 所示。

提示

按住 <Ctrl> 键的同时单击“通道”调板底部的“创建新通道”按钮，也可以打开“新建专色通道”对话框。

（2）这时会打开“新建专色通道”对话框，如图 11-26 所示。

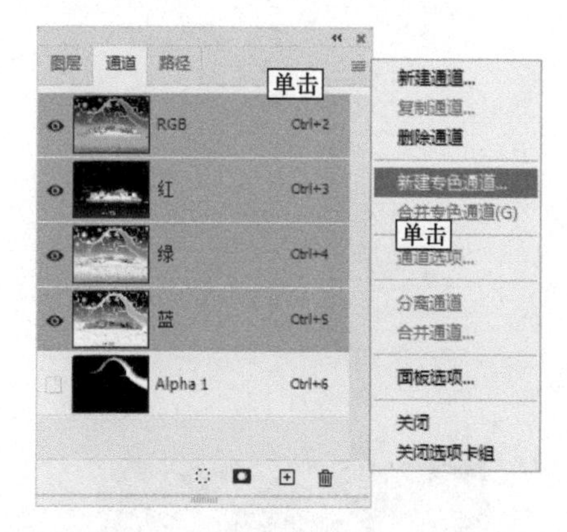

图 11-25

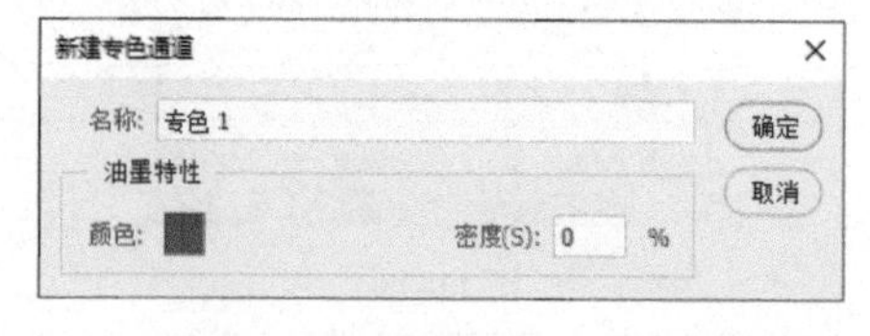

图 11-26

（3）“新建专色通道”对话框中的油墨特性默认的颜色是红色，单击红色色块后会弹出“拾色器”对话框，参照图 11-27 设置颜色。

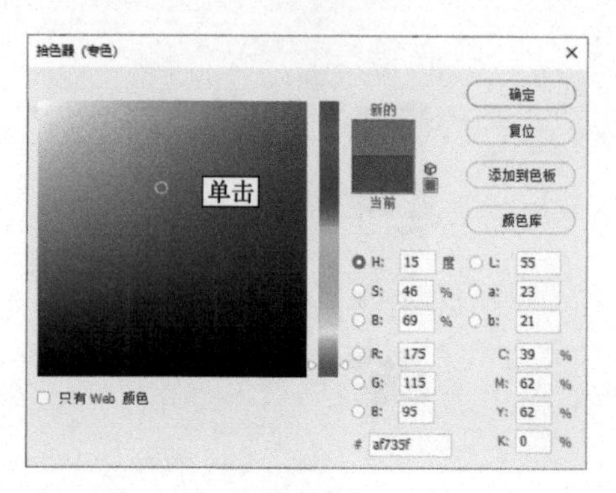

图 11-27

（4）单击“颜色库”按钮，弹出“颜色库”对话框，在“色库”下拉列表中选择“PANTONE+ CMYK Coated”选项，再根据需要选择一个金属专色，如图 11–28 所示。

提示

在切换至“颜色库”对话框时，系统会根据当前设置的目标色，自动匹配颜色库中最为接近的专色色卡。

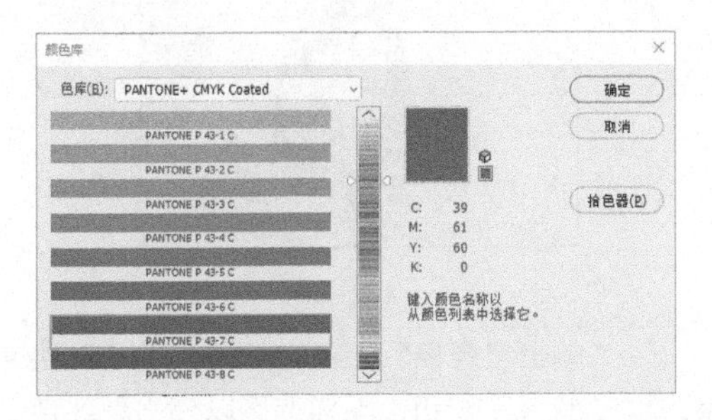

图 11–28

（5）单击“确定”按钮回到“新建专色通道”对话框，将“密度”设置为合适的数值，如图 11–29 所示。

提示

“密度”选项可以在屏幕上模拟印刷后专色的密度，可以输入 0～100% 的任意一个值。如果数值为 100% 则模拟完全覆盖下层油墨的油墨，而设置为 0 则模拟完全显示下层油墨的透明油墨。

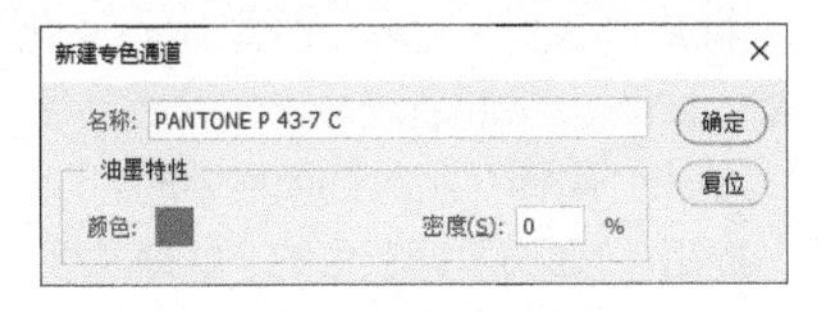

图 11–29

（6）单击“确定”按钮，“通道”调板上会出现一个“PANTONE P 43–7 C”通道，这个就是刚才创建的金属专色通道，如图 11–30 所示。

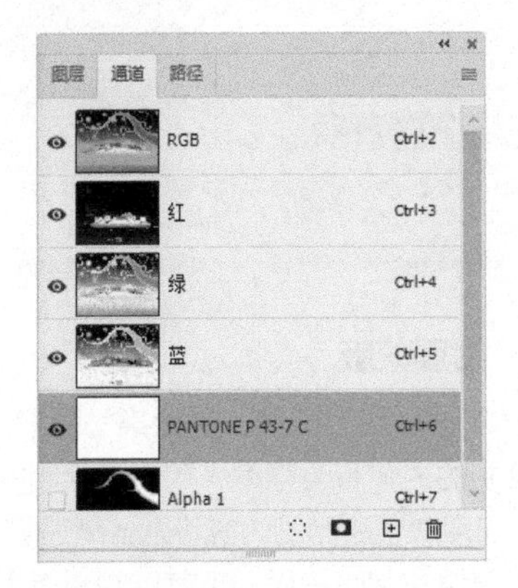

图 11–30

注意

为了使其他应用程序能够更好地识别、打印，请不要随意更改自动生成的通道名称。

（7）在金属专色通道上添加文字，然后在“图层”调板中显示隐藏的图层，效果如图 11–31 所示。读者可以打开本书附带文件 \Chapter–11\“童画插画 .psd”进行查看。

注意

若要输出专色通道，在 Photoshop 中需要将文件以 DCS 2.0 格式或 PDF 格式存储。

图 11–31

11.2 课时 38：蒙版在图像合成中有何作用?

在设计工作中，我们常常需要将大量的素材拼合在一幅作品内，为了使图像合成真实自然，需要对图像设置图层叠加效果和透明效果，此时就需要使用蒙版功能来进行操作了。Photoshop 的蒙版可以对图层设置多种显示与隐藏效果，不同的蒙版也可以创建不同的图层合成方式。Photoshop 中共包含 4 种蒙版，分别为快速蒙版、图层蒙版、矢量蒙版以及剪贴蒙版。本课将和大家一起详细学习各种蒙版功能的操作方法。

学习指导

本课内容重要性为【必修课】。

本课时的学习时间为 40 ～ 50 分钟。

本课的知识点是掌握多种蒙版的工作原理及使用方法。

课前预习

扫描二维码观看教学视频，对本课知识进行预习。

11.2.1 使用快速蒙版创建选区

快速蒙版虽然被称为蒙版，实际上是根据蒙版的工作原理来创建和编辑选区，可以辅助用户创建选区。默认情况下在快速蒙版模式中，无色区域表示选区以内的区域，半透明的红色区域表示选区以外的区域。当关闭快速蒙板模式时，无色区域成为当前选择区域。

（1）执行“文件”→“打开”命令，打开本书附带文件 \Chapter-11\“儿童.tif”，在“图层”调板中选择“人物”图层，如图 11-32 所示。

图 11-32

（2）选择“魔棒”工具，在白色的背景处单击，选择背景图像，如图 11-33 所示。

图 11-33

（3）在“魔棒”工具选项栏中单击“以快速蒙版模式编辑”按钮，进入快速蒙版编辑模式，此时选区以外的图像出现红色蒙版，如图 11-34 所示。

图 11-34

（4）单击“魔棒”工具选项栏中的“以标准模式编辑”按钮，退出快速蒙版模式，此时未受遮盖的区域成为选区，如图 11-35 所示。

（5）按 <Ctrl+Shift+I> 组合键反选选区，如图 11-36 所示。

图 11-35

图 11-36

（6）单击“魔棒”工具选项栏中的“以快速蒙版模式编辑”按钮，同样选区以外出现红色蒙板，由此可看出快速蒙版可以用来编辑选区，如图 11-37 所示。

图 11-37

（7）打开“通道”调板，在其中创建“快速蒙版”通道，如图 11-38 所示。

（8）单击“魔棒”工具选项栏中的“以标准模式编辑”按钮，“通道”调板中的“快速蒙板”会消失，如图 11-39 所示，由此可知快速蒙版是一个临时的通道。

图 11-38

图 11-39

11.2.2 图层蒙版

图层蒙版是灰度图像，其效果与分辨率相关，用黑色绘制的内容将会隐藏，用白色绘制的内容将会显示，而用灰色绘制的内容将以各级透明度显示。图层蒙板同快速蒙版一样，也可以在通道中显现和编辑。

1. 创建图层蒙版

“图层”调板底端提供了创建图层蒙版的功能按钮，单击“添加图层蒙版”按钮即可创建图层蒙版。

（1）打开本书附带文件 \Chapter-11\“人物 .psd”，如图 11-40 所示。

图 11-40

（2）在“图层”调板中显示并选择“光 01”图层，单击“添加图层蒙版”按钮，以为此图层添加图层蒙版，如图 11-41 所示。

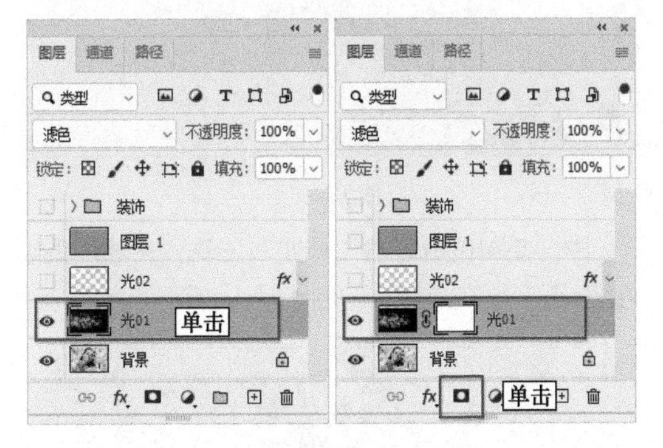

图 11-41

> **提示**
>
> 在“蒙版”调板中，单击“添加像素蒙版”按钮，也可为图层添加图层蒙版。为图层添加蒙版时，要先确定当前图像中没有任何选区存在。

（3）在“图层”调板中选择并显示“光 02”图层。

（4）执行“图层”→“图层蒙版”→“显示全部”命令，该蒙版将以白色填充，即显示该图层的所有内容，如图 11-42 所示，效果如图 11-43 所示。

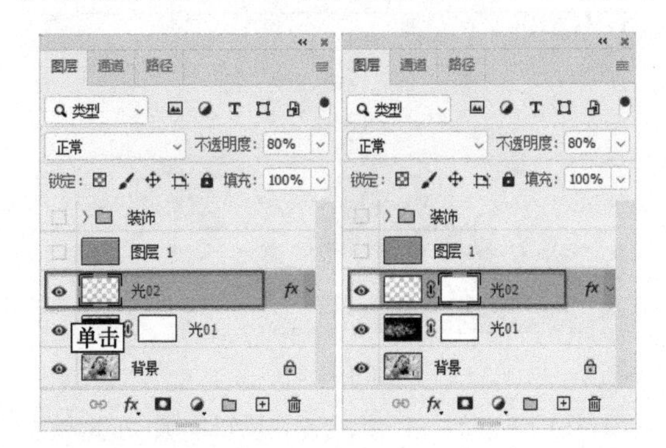

图 11-42

图 11-43

> **提示**
>
> 以上这两种方法创建的都是显示整个图层图像的蒙版，即蒙版中默认填充白色，图层中的图像为全部显示状态。

（5）选择“光 03”图层，执行“图层”→“图层蒙版”→“隐藏全部”命令，该蒙版将以黑色填充，即隐藏该图层的所有内容，如图 11-44 所示，效果如图 11-45 所示。

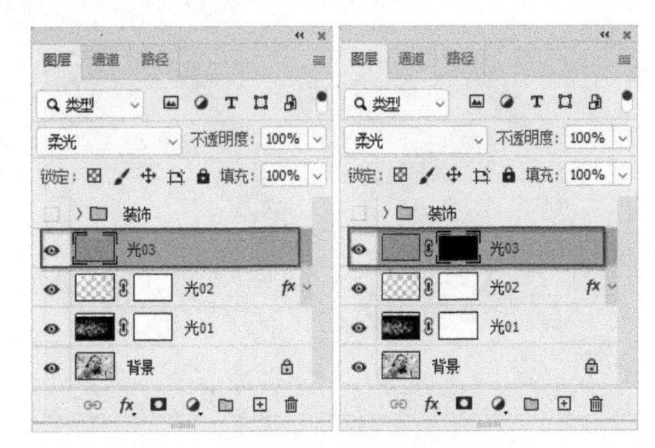

图 11-44

图 11-45

> **注意**
>
> 按住<Alt>键，单击“图层”调板中的“添加图层蒙版”按钮，也可创建隐藏整个图层的隐藏蒙版。

2. 编辑图层蒙版

由于图层蒙版是灰度图像，可以在图层蒙版中执行绘图工具和滤镜等命令来对其进行编辑，也可以根据画面需要，调整图层蒙版在视图中的位置。另外，图层蒙版中的白色部分为当前选择内容，可以将其转换为选区使用。

（1）选择并设置“画笔”工具，设置前景色为黑色，并在“图层”调板中单击“光 01”图层的图层蒙版，如图 11–46 所示。

图 11–46

（2）使用设置好的“画笔”工具，在人物脸部区域的光晕处涂抹，应用图层蒙版隐藏涂抹区域的图像，如图 11–47 所示。

图 11–47

（3）在“图层”调板中，按住 <Alt> 键并单击“光 01”的图层蒙版，显示图层蒙版中的图像，可以发现图层蒙版中的灰度图像可使图像显示为半透明状态，如图 11–48 所示。

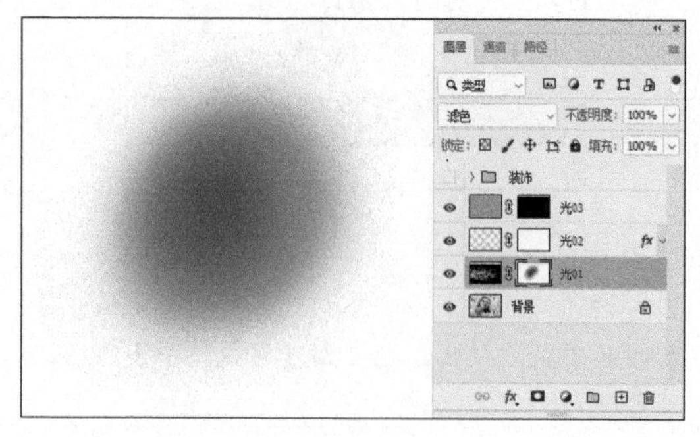

图 11–48

（4）按住 <Alt> 键并单击“光 01”的图层蒙版，显示图像。

（5）依照以上方法，使用画笔在人物脸部区域的光晕处涂抹，隐藏脸部的光晕效果，效果如图 11–49 所示。

图 11–49

（6）选择并设置“渐变”工具，在“图层”调板中选择“光 02”图层蒙版，如图 11–50 所示。

图 11–50

（7）使用设置好的“渐变”工具，在图层蒙版中由上至下填充渐变，如图 11–51 所示。

图 11–51

（8）“图层”调板中的“光 02”图层蒙版中会出现填充的渐变图像，蒙版中的黑色区域隐藏图像，白色区域显示图像，灰色区域显示为不同程度的半透明状态，如图 11–52 所示。

图 11–52

（9）按 <Ctrl+I> 组合键，反转蒙版中的颜色，效果如图 11–53 所示。

图 11-53

（10）设置前景色为白色，选择“光 03”图层蒙版，使用“画笔”工具在人物颈部涂抹，显示该区域的图像，如图 11-54 所示。

图 11-54

（11）在“图层”调板中双击“光 03”图层蒙版，打开“属性”调板，在此调板中可以编辑蒙版，如图 11-55 所示。

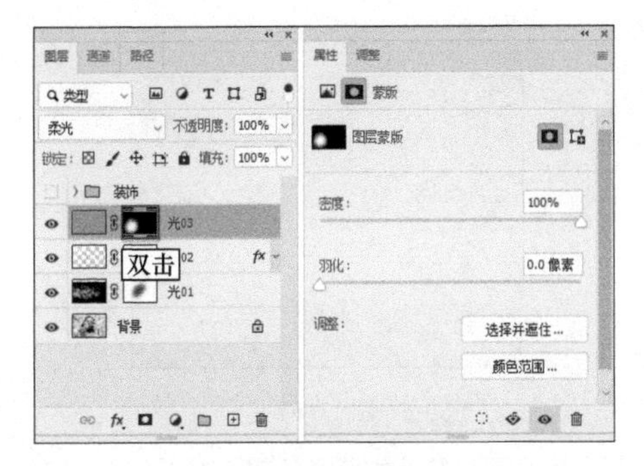

图 11-55

（12）在“属性”调板中，设置“浓度”和“羽化”选项，使蒙版图像显示得更加柔和，如图 11-56 所示。

图 11-56

3. 停用与应用图层蒙版

添加图层蒙版后，如果暂时不想应用蒙版效果，可以将图层蒙版停用。另外，也可以应用蒙版效果，而不使用图层蒙版，这样图层蒙版将被删除，但是效果被保留。

（1）接着上面的操作，在“图层”调板中右击“光 03”图层蒙版，在弹出的菜单中执行“停用图层蒙版”命令，停用图层蒙版，如图 11-57 所示，效果如图 11-58 所示。

图 11-57

图 11-58

提示

选择要停用图层蒙版的图层，执行“图层”→“图层蒙版”→“停用”命令，也可以将图层蒙版停用。停用图层蒙版时，“图层”调板中的蒙版缩览图上会出现一个红色的“×”，并且视图中会显示出不带蒙版效果的图层内容。

（2）在“图层”调板中单击“光 03”图层蒙版，即可重新启用图层蒙版，如图 11-59 所示。

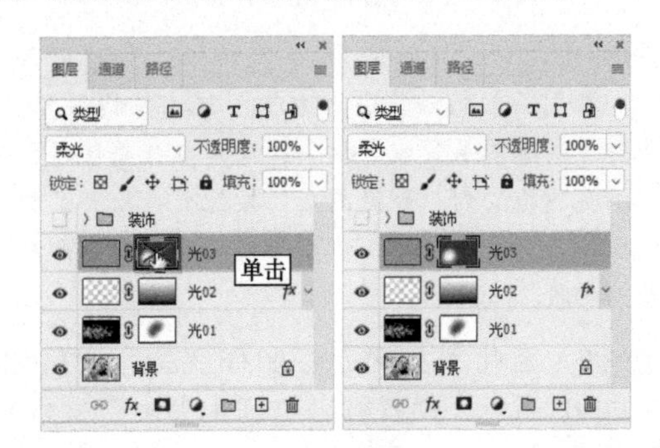

图 11-59

提示

按住<Shift>键并单击蒙版缩览图，即可在停用蒙版和启用蒙版状态之间转换。

（3）执行“图层”→“图层蒙版”→“应用”命令，蒙版效果被应用到“光 03”图层的图像中。应用后蒙版缩览图消失，图层转换为普通图层，如图 11-60 所示。

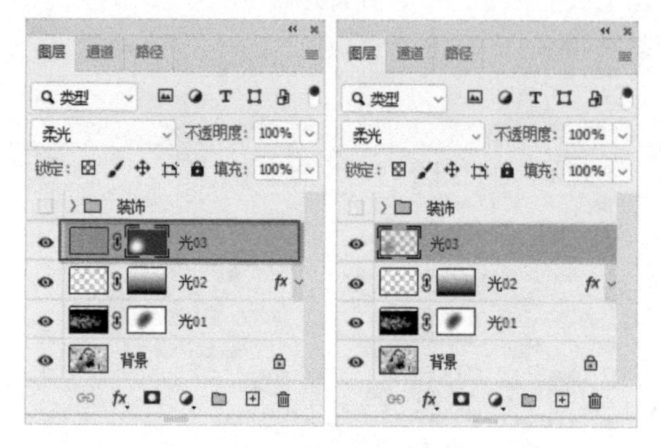

图 11-60

提示

在应用图层蒙版以前，它并不会对该图层中的像素做任何实际性的修改，而应用图层蒙版后，图像将永久改变。

（4）在“图层”调板中选择“光 02”图层蒙版，执行“图层”→“图层蒙版”→“删除”命令，即可将“光 02”图层蒙版删除，如图 11-61 所示。

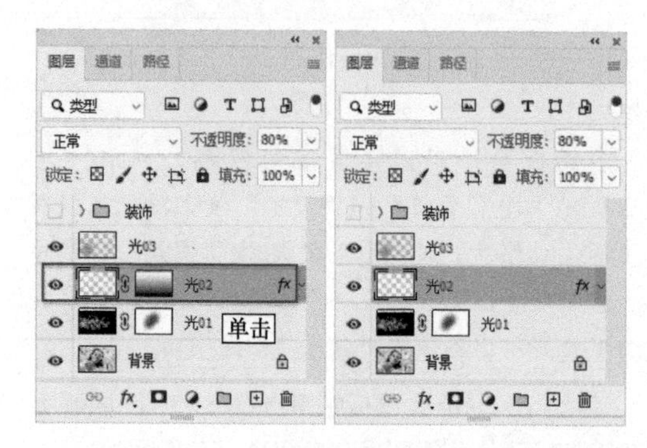

图 11-61

提示

在图层蒙版缩览图上右击，弹出快捷菜单，执行“删除图层蒙版”命令；或者直接将图层蒙版缩览图拖动到“删除图层”按钮处，松开鼠标弹出提示对话框，单击“删除”按钮，即可删除图层蒙版。

（5）至此本实例已经制作完毕，效果如图 11-62 所示。读者可以打开本书附带文件 \Chapter-11\“人物照片美化.tif”进行查看。

图 11-62

11.2.3 矢量蒙版

矢量蒙版依靠路径图形来定义图层中图像的显示区域。它与分辨率无关，是由钢笔工具组或形状工具组创建的。使用矢量蒙版可以在图层上创建锐化、无锯齿的边缘形状。

（1）打开本书附带文件 \Chapter-11\“渐变背景.tif”，如图 11-63 所示。

图 11-63

（2）在“图层”调板中新建“图层 1”,选择“矩形”工具绘制选区，效果如图 11-64 所示。

图 11-64

（3）设置前景色为紫色（R200、G190、B210），按 <Alt+Delete> 组合键使用前景色填充选区，效果如图 11-65 所示。填充完毕后按 <Ctrl+D> 组合键取消选择选区。

图 11-65

（4）打开“路径”调板，单击“路径 1”显示路径。选择“路径选择”工具并单击显示的路径以选择路径，如图 11–66 所示。

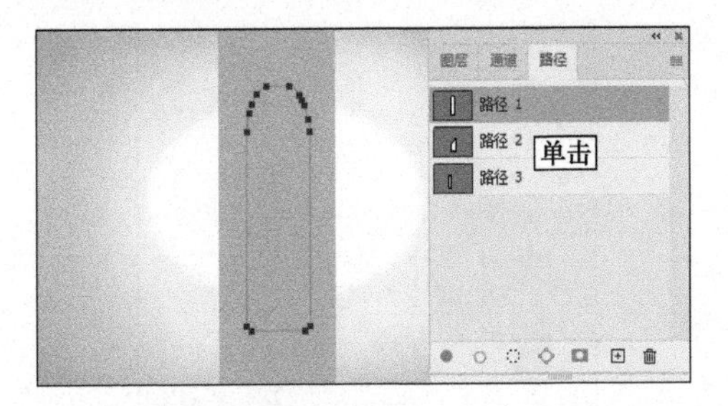

图 11–66

（5）按住 <Ctrl> 键的同时，单击“图层”调板中的“添加矢量蒙版”按钮，以路径区域创建矢量蒙版，如图 11–67 所示。

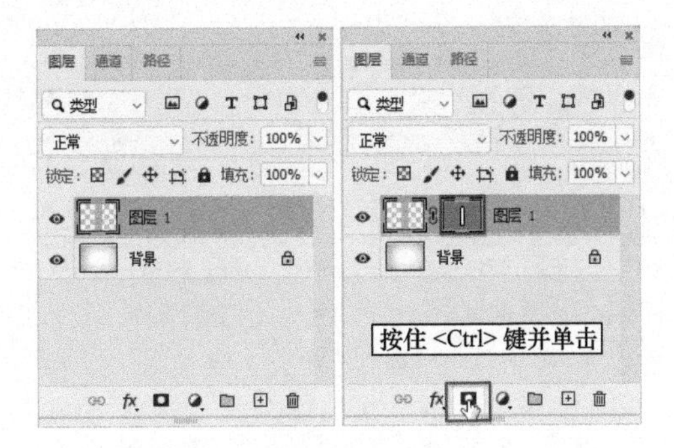

图 11–67

（6）在矢量蒙版中，路径以内的图像被显示，路径以外的图像被隐藏，效果如图 11–68 所示。

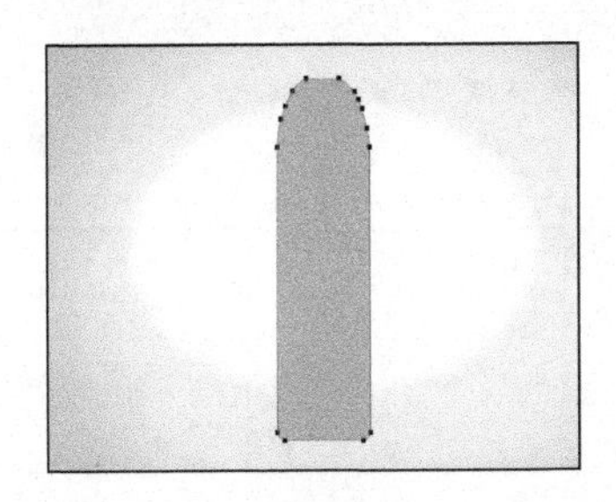

图 11–68

（7）在“图层”调板中，将“图层 1”拖动到“新建图层”按钮处，复制该图层，如图 11–69 所示。

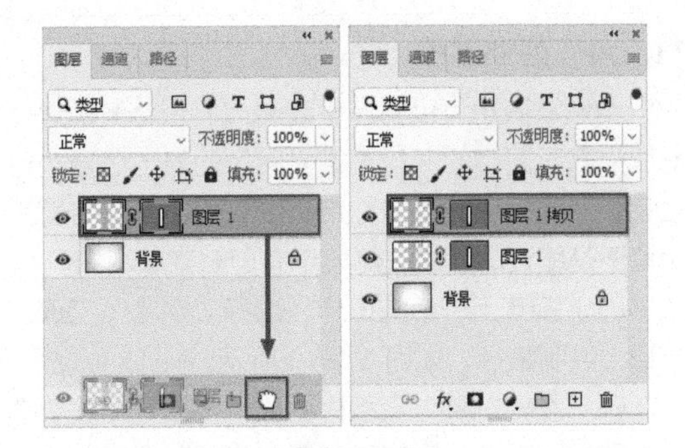

图 11–69

（8）选择并设置“椭圆”工具，在“图层 1 拷贝”图层的矢量蒙版中绘制椭圆形，只显示路径相互交叠的区域，如图 11–70 所示。

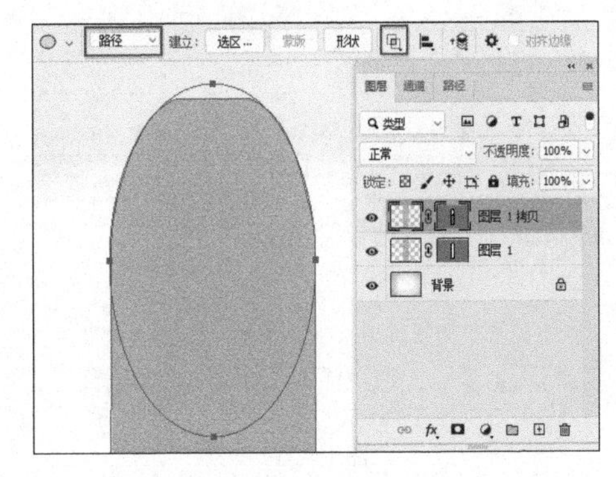

图 11–70

（9）在菜单栏中执行“窗口”→“样式”命令，打开“样式”调板。在“样式”调板菜单中执行“导入样式”命令，导入附带文件 \Chapter-11\“沐浴露广告 .asl”，将本案例需要的样式导入调板，如图 11–71 所示。

（10）在“样式”调板中，单击第一个样式图标，为瓶盖区域添加样式，制作出瓶盖的体积感，如图 11–72 所示。

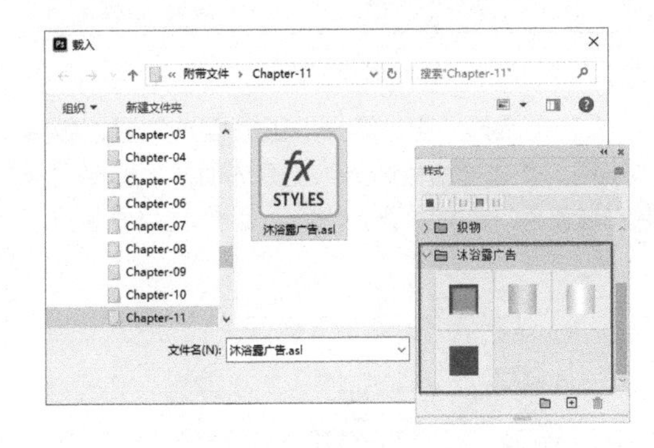

图 11–71

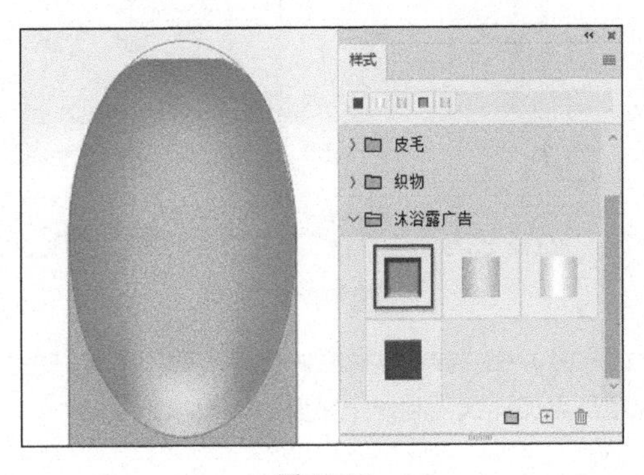

图 11–72

（11）在“图层”调板中再次复制“图层 1”，并将复制的图层调整至图层最上方，如图 11–73 所示。

（12）选择并设置“矩形”工具，在“图层 1 拷贝 2”图层的矢量蒙版中绘制矩形，将瓶盖区域从路径中减去，如图 11-74 所示。

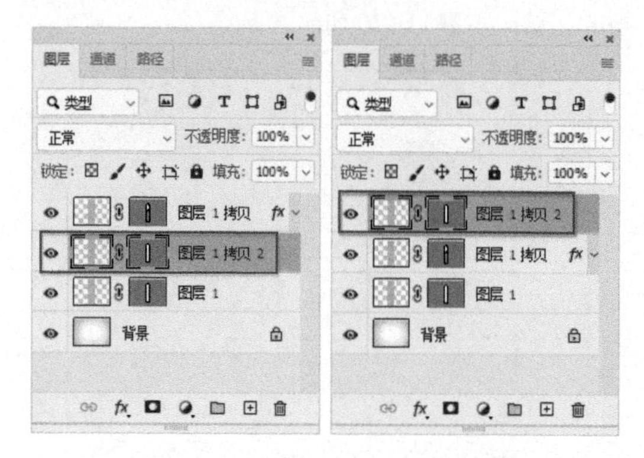

图 11-73

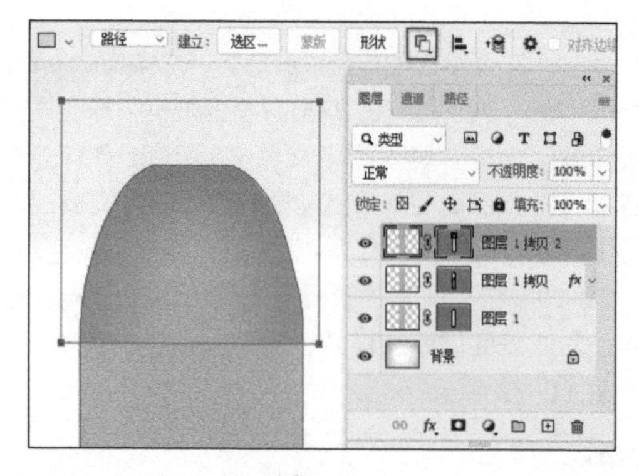

图 11-74

（13）选择“路径选择”工具框选矢量蒙版中的路径，并在“路径选择”工具选项栏中选择“合并形状组件”选项，合并路径，如图 11-75 所示。

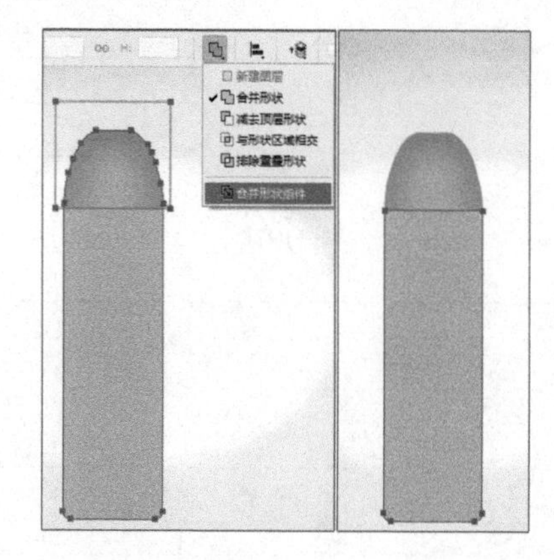

图 11-75

（14）在“样式”调板中，单击第二个样式图标为瓶身添加样式，制作出瓶身的体积感，如图 11-76 所示。

（15）执行“图层”→“栅格化”→“矢量蒙版”命令，将矢量蒙版转换为图层蒙版，如图 11-77 所示。

（16）执行“图层”→“栅格化”→“图层样式”命令，将应用的图层样式栅格化为普通图层，如图 11-78 所示。

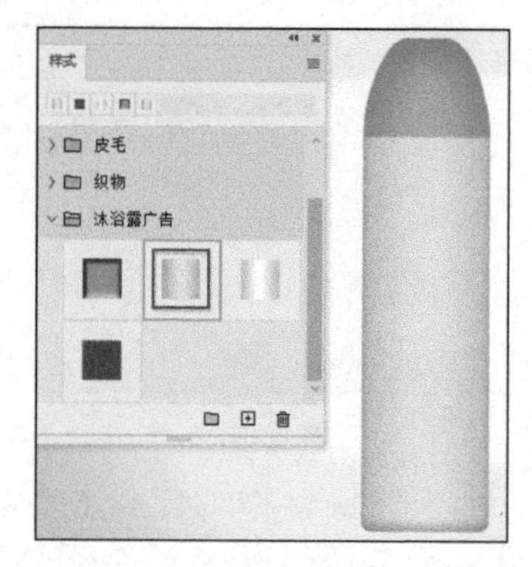

图 11-76

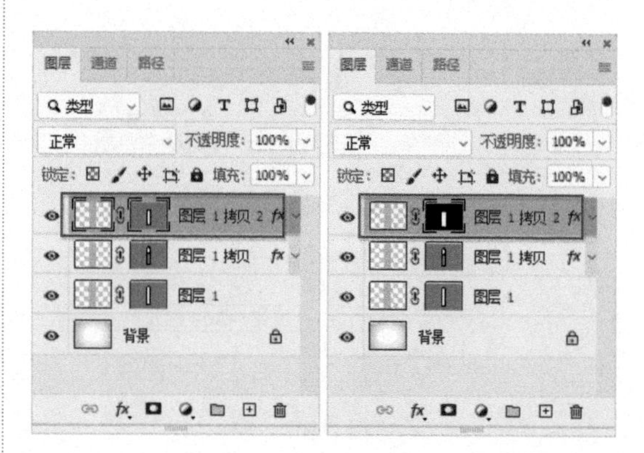

图 11-77

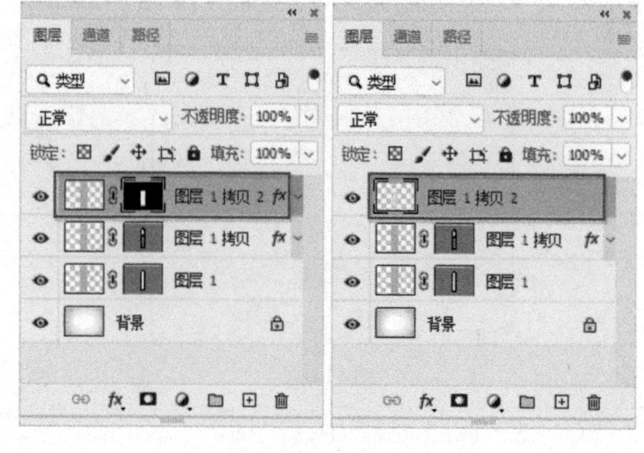

图 11-78

11.2.4 剪贴蒙版

剪贴蒙版也可以将图像隐藏或显示，但是它只能依靠底层图层的形状来定义图像的显示区域。剪贴蒙版中的底层图层名称带有下画线，当前图层的缩览图是缩进的且其左侧显示有剪贴蒙版图标。

（1）接着上一节的操作，选择“钢笔”工具在瓶身上绘制路径，如图 11-79 所示。

（2）在“图层”调板中新建“图层 2”，在“路径”调板中单击“用前景色填充路径”按钮，使用白色填充路径，如图 11-80 所示。

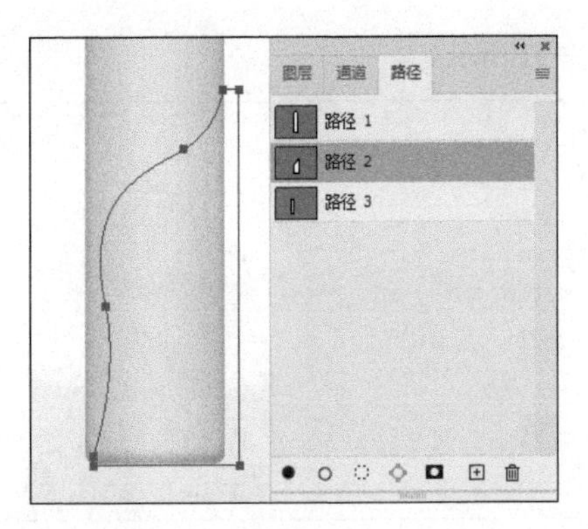

图 11-79

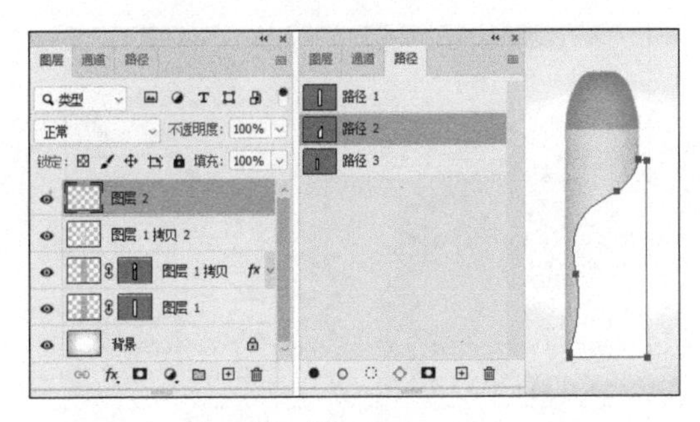

图 11-80

（3）执行“图层”→“创建剪贴蒙版”命令，当前图层的左侧显示有剪贴蒙版图标，处于当前图层下方的图层为底层图层，其图层名称带有下画线，如图 11-81 所示。

（4）剪贴蒙版应用底层图层的范围区域，控制当前图层中图像的显示或隐藏，如图 11-82 所示。

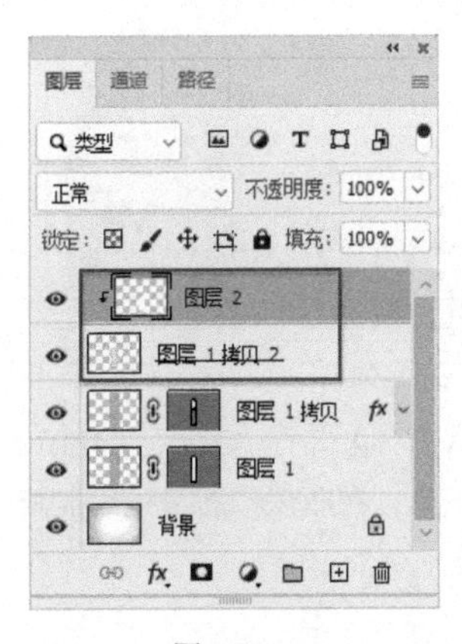

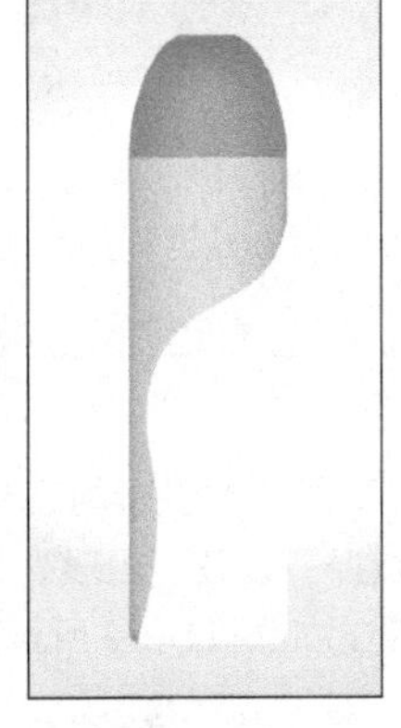

图 11-81　　图 11-82

（5）在“图层”调板中单击“添加图层样式”按钮，依次执行“斜面和浮雕”“渐变叠加”命令，制作出瓶身的体积感，如图 11-83 所示，效果如图 11-84 所示。

（6）在“路径”调板内选择“路径 3”，新建“图层 3”，并填充颜色为深紫色（R160、G160、B200），如图 11-85 所示。

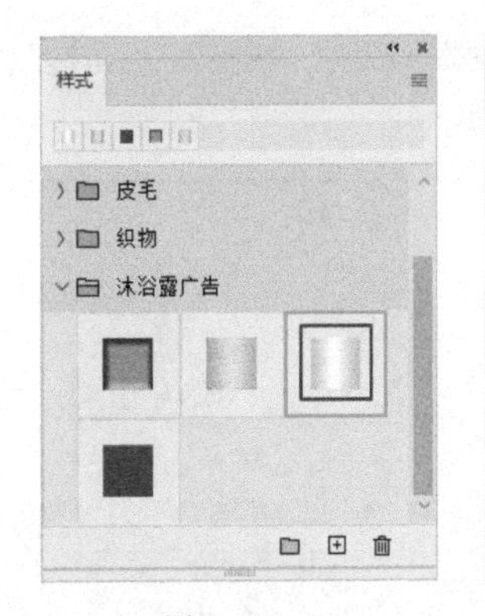

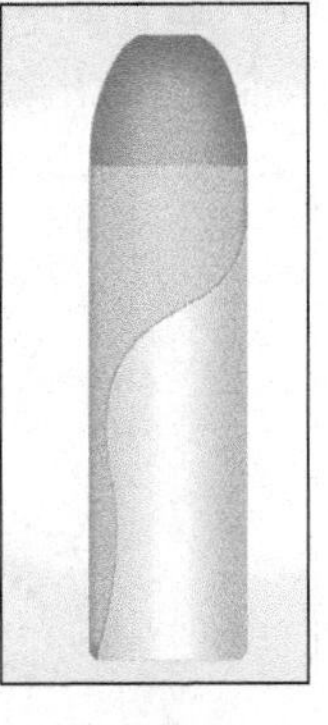

图 11-83　　图 11-84

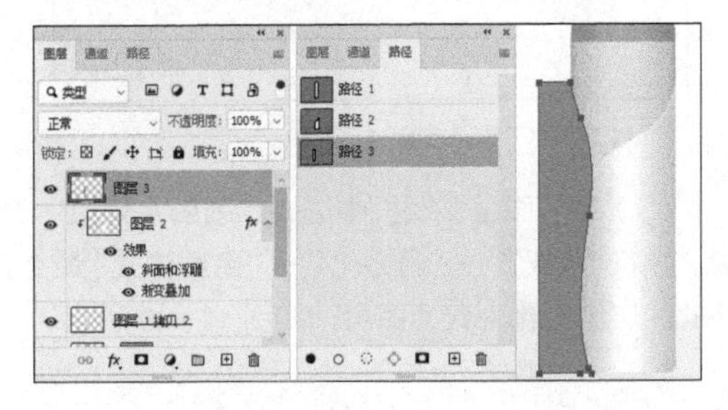

图 11-85

（7）在“图层”调板中，将“图层 3”拖动至“图层 2”的下方，出现剪贴蒙版图标，设置图层“混合模式”为“颜色加深”，如图 11-86 所示，效果如图 11-87 所示。

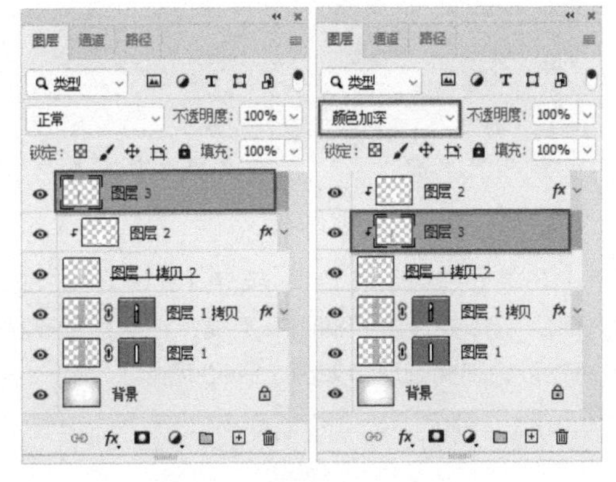

图 11-86

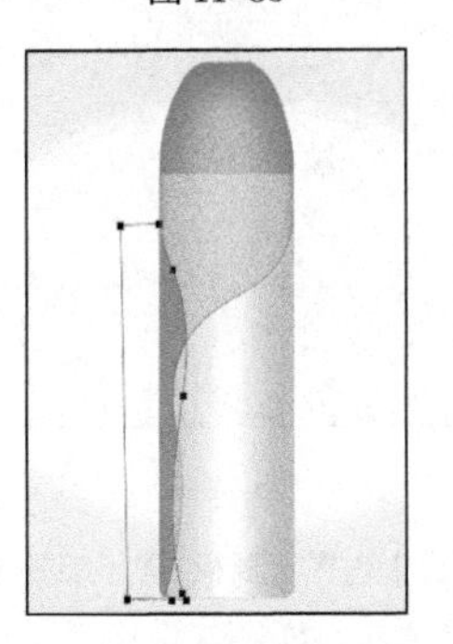

图 11-87

（8）打开本书附带文件 \Chapter-11\“商

标.tif”，将其添加到本实例中，调整图层顺序及位置，如图 11-88 所示。

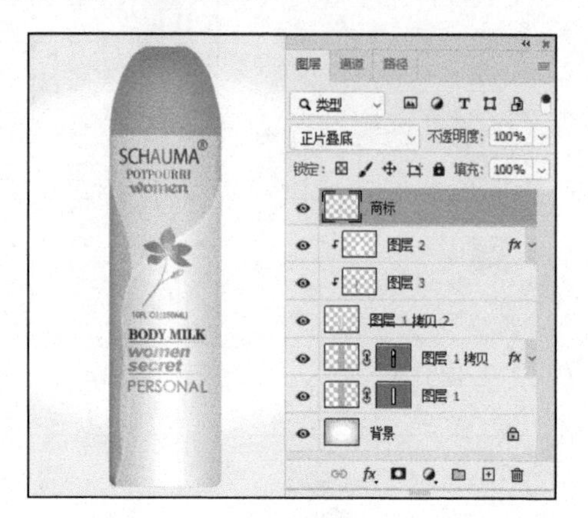

图 11-88

（9）在“图层”调板中选择“图层 1 拷贝”图层。执行“图层”→“栅格化”→“图层样式”命令，将此图层栅格化为普通图层，如图 11-89 所示。

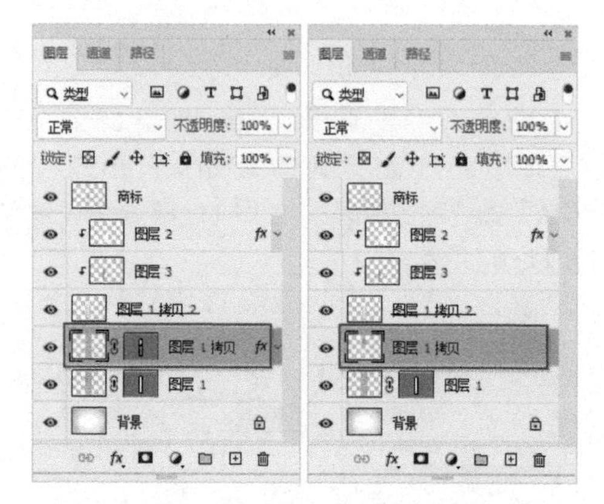

图 11-89

（10）设置前景色为灰色（R180、G180、B180），选择并设置“椭圆”工具，在瓶盖顶部的中间位置绘制椭圆形，如图 11-90 所示。

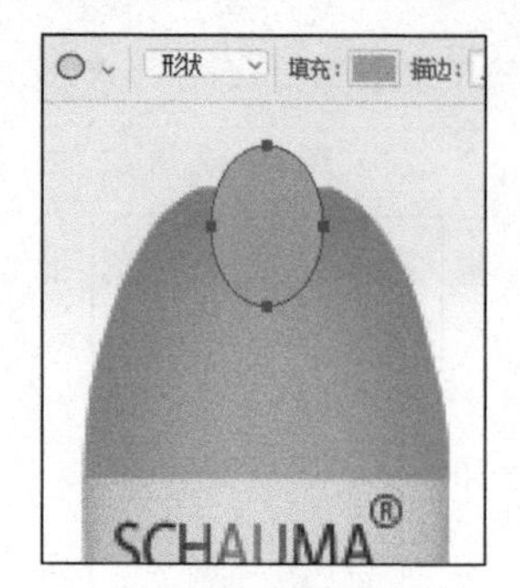

图 11-90

（11）在“样式”调板中，单击样式图标为绘制的图形添加样式，如图 11-91 所示。

（12）在“图层”调板中设置“填充”值为 0，并为图形应用该图层样式，呈现出环状效果，如图 11-92 所示。

图 11-91

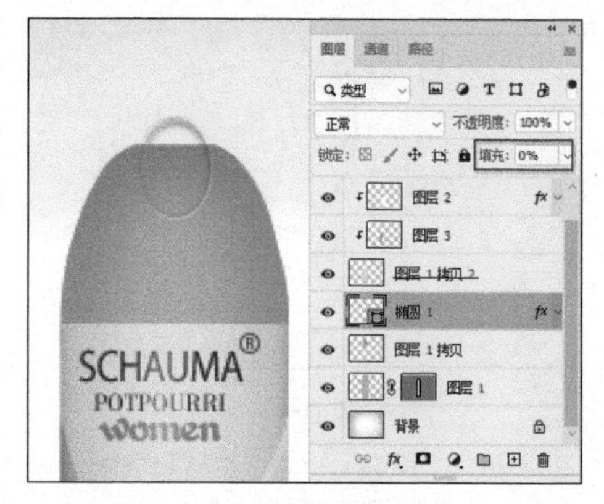

图 11-92

（13）在“图层”调板中，按住 <Alt> 键，当鼠标指针移动至当前选择图层与底层图层之间，鼠标指针变为剪贴图标时，单击便可创建剪贴蒙版，如图 11-93 所示。

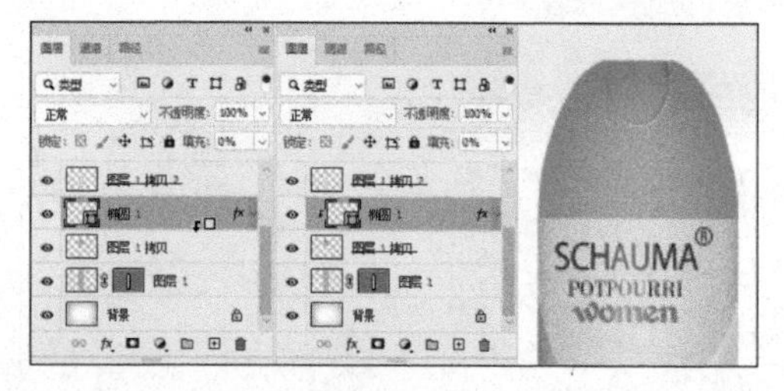

图 11-93

（14）设置前景色为（R140、G130、B150），选择并设置“矩形”工具，在瓶盖和瓶身处绘制矩形，如图 11-94 所示。

图 11-94

（15）在“图层”调板中，将“矩形 1”图层拖动至剪贴组中，使用剪贴蒙版隐藏多余的图形，完毕后设置其图层“混合模式”为“深色”，如图 11–95 所示，效果如图 11–96 所示。

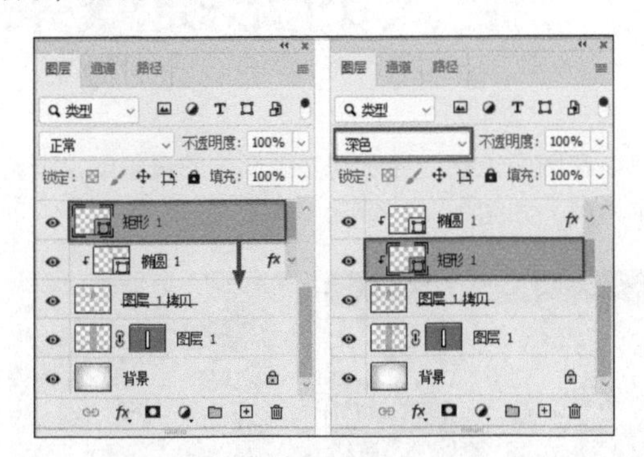

图 11–95

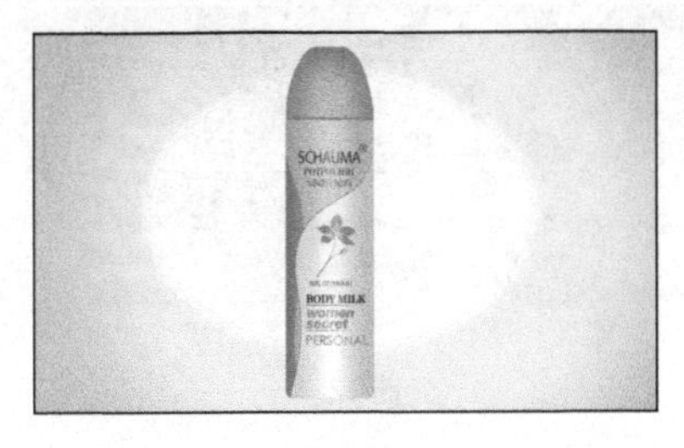

图 11–96

（16）在“图层”调板中，在“图层 2”的上方新建图层，选择“矩形选框”工具创建选区，并填充由黑色到透明的渐变，如图 11–97 所示。

图 11–97

（17）创建剪贴蒙版以隐藏多余的图像，设置图层的透明度，制作出底部暗的效果，如图 11–98 所示。

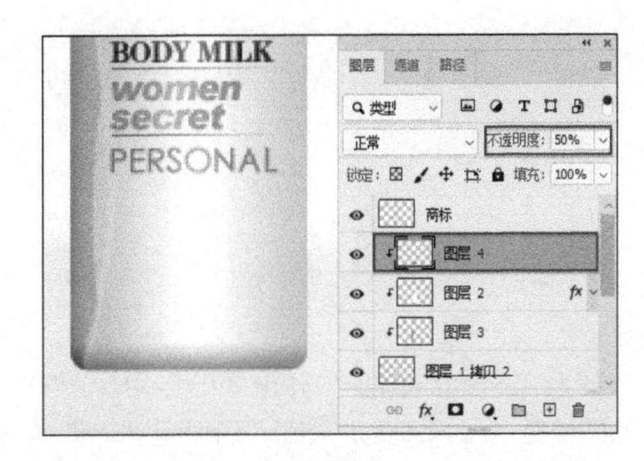

图 11–98

（18）在“图层”调板中，将所有制作瓶子的图层选择并合并，将其重命名为“大瓶”。复制大瓶图像，并调整其大小，如图 11–99 所示。

图 11–99

（19）打开本书附带文件 \Chapter–11\“沐浴露广告 – 装饰.tif”中的图像添加到当前文件中，完成本实例的制作，效果如图 11–100 所示。读者可以打开本书附带文件 \Chapter–11\“沐浴露广告.tif”进行查看。

图 11–100

第12章 强大的滤镜效果

滤镜在 Photoshop 中有重要的作用。一幅简单的图像经过滤镜命令的处理，可以呈现出许多意想不到的视觉艺术效果。Photoshop 为用户提供了 100 多种不同的滤镜命令，其中包含多个特殊的滤镜命令。组合应用这些滤镜命令，可以创造出华丽的纹理效果。本章将详细为大家讲解滤镜的工作原理和应用方法。

12.1 课时 39：如何利用滤镜创建特效?

Photoshop 诞生之初，滤镜功能就加入软件当中了，并占有非常重要的地位。“滤镜”这个名词来源于传统的摄影技术，人们通过在相机镜头前加装特殊的镜片，可以让照片获得特殊的色彩或纹理效果，镜头前加装的镜片就被称为滤镜。

Photoshop 沿用了摄影中的滤镜概念，通过设置一个快速的命令，能使画面产生纹理或色彩上的变化。由于软件对图像的处理功能异常强大和灵活，因此滤镜效果就被开发得越来越多，我们能够创建的画面特效也就越来越多。本课一起深入学习滤镜功能。

学习指导

本课内容重要性为【必修课】。

本课时的学习时间为 40 ～ 50 分钟。

本课的知识点是熟悉滤镜的工作原理，掌握多种滤镜的应用方法。

课前预习

扫描二维码观看教学视频，对本课知识进行预习。

12.1.1 滤镜如何工作

我们先来了解一下什么是滤镜。滤镜命令源于摄影领域中的滤光镜，但又不同于滤光镜，滤镜改进图像和产生的特殊效果是滤光镜所不能及的。在 Photoshop 中，一次或多次使用“滤镜”命令，可以在图像上模拟显示现实生活中的景象或绘画艺术效果，如图 12-1 所示。

图 12-1

随着 Photoshop 的不断升级，其“滤镜”功能不断发展，适用范围也更为广泛。执行“滤镜”命令，打开“滤镜”菜单，如图 12-2 所示。

菜单项	快捷键
上次滤镜操作(F)	Alt+Ctrl+F
转换为智能滤镜(S)	
滤镜库(G)...	
自适应广角(A)...	Alt+Shift+Ctrl+A
Camera Raw 滤镜(C)...	Shift+Ctrl+A
镜头校正(R)...	Shift+Ctrl+R
液化(L)...	Shift+Ctrl+X
消失点(V)...	Alt+Ctrl+V
3D	▸
风格化	▸
模糊	▸
模糊画廊	▸
扭曲	▸
锐化	▸
视频	▸
像素化	▸
渲染	▸
杂色	▸
其它	▸

图 12-2

提示

“滤镜库”对话框中包含 11 类传统滤镜中的部分滤镜。

使用“滤镜”看似简单，其实并不简单。系统根据“滤镜”命令分析或选择区域的色度值和每个像素位置，再使用复杂的数学方法计算出结果替代原来的像素，并应用到图像中，此时图像会以另一个面目出现在用户的眼前。下面我们利用一组操作来了解滤镜的编辑能力。

（1）执行“文件”→“打开”命令，打开本书附带文件 \Chapter-12\“酒背景.psd”，如图 12-3 所示。

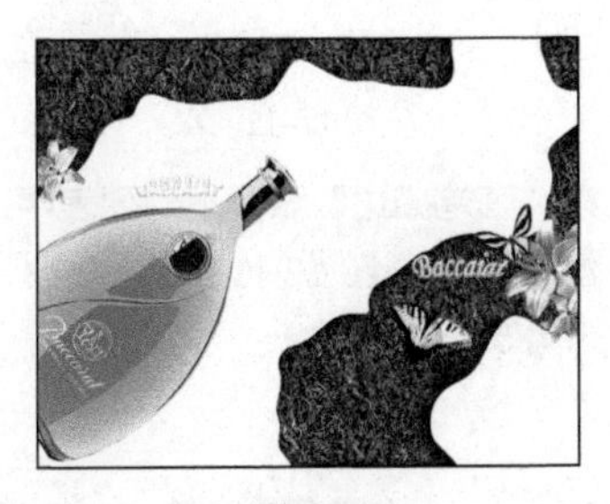

图 12-3

（2）选择“背景”图层，并设置前景色为灰色（R135、G130、B120）。执行“滤镜”→“渲染”→“云彩”命令，效果如图 12-4 所示。

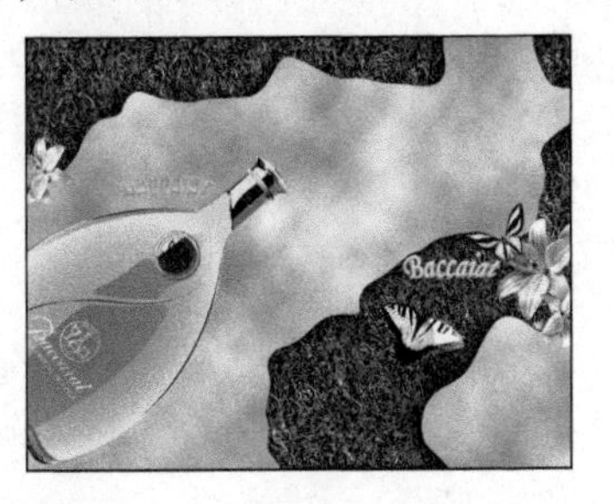

图 12-4

提示

要将滤镜应用于整个图层，需确保该图层为选择状态。

（3）按 <Ctrl+F> 组合键，对当前选择图层再次执行上次使用过的滤镜命令，可以按多次，直到效果满意为止，效果如图 12-5 所示。

图 12-5

在“滤镜”菜单中，有些滤镜命令后面带有省略号“…”，如果选择这些滤镜，会弹出相应的对话框。大多数滤镜都提供了一个设置对话框，在这个对话框中可以对滤镜的各个选项进行精确设置，并且可以预览应用滤镜命令后的图像效果。

（1）执行“滤镜”→“像素化”→“晶格化”命令，打开“晶格化”对话框，以此对话框为例来介绍设置对话框中各个组件的功能和使用方法，如图 12-6 所示。

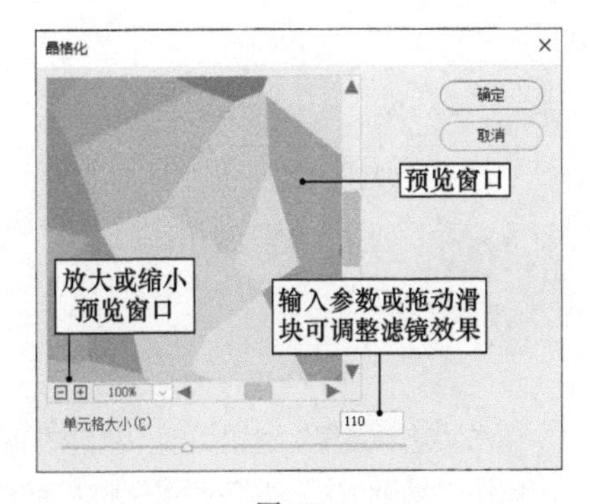

图 12-6

（2）参照图 12-6 设置对话框，然后单击“确定”按钮，应用“晶格化”滤镜命令，效果如图 12-7 所示。

图 12-7

提示

鼠标指针移动到预览窗口中变为小手形状时，单击并拖动鼠标可以移动预览画面，以观察画面的特定部分。

（3）滤镜效果虽然奇特，但在位图模式和索引颜色模式位图中不能应用，另外有些滤镜命令只应用于 RGB 模式图像，而不能对 CMYK 模式图像进行编辑。

12.1.2 “滤镜库”命令

Photoshop 提供了一个“滤镜库”命令，该滤镜库将 Photoshop 的部分滤镜整合在一起，通过图标形式表现。执行“滤镜库”命令可以一次性打开风格化、画笔描边、扭曲、素描、纹理和艺术效果滤镜，并且只需单击相应的滤镜命令图标，就可以在预览窗口中查看图像应用该滤镜后的效果。

用户在处理图像时，可以根据需要将某一滤镜单独使用，或者使用多个滤镜，或者将某滤镜在图像中应用多次。执行“滤镜库”命令不但能轻松地一次性完成这几种设置，还可以预览图像应用多种滤镜后的效果。

（1）继续上一节操作。执行“滤镜”→“滤镜库”命令，打开“滤镜库”对话框，如图 12-8 所示。

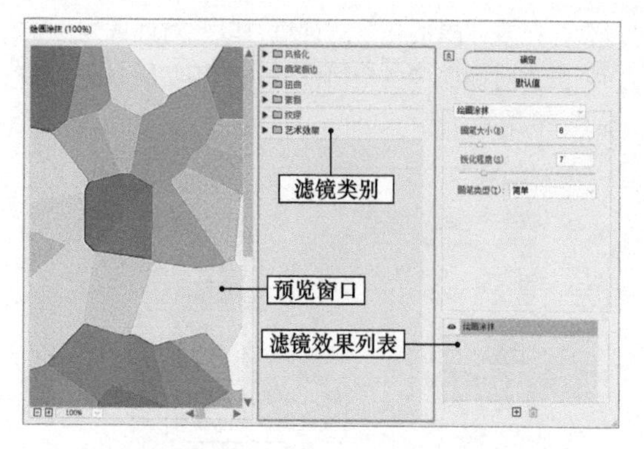

图 12-8

（2）单击“艺术效果”滤镜类别，打开该滤镜类别列表。单击“绘画涂抹”滤镜缩览图，对话框右侧出现当前选择的滤镜的参数设置选项，如图 12-9 所示。

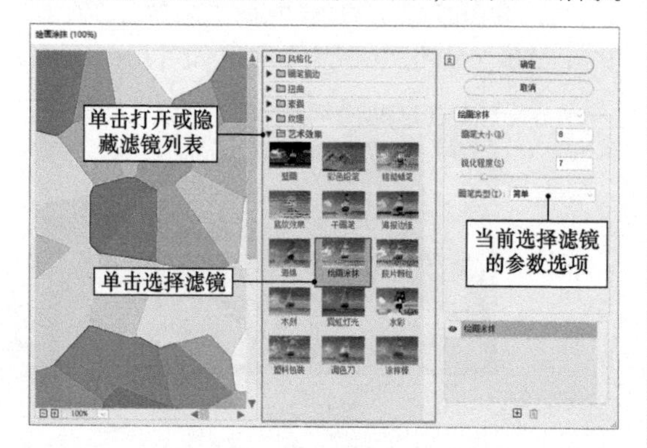

图 12-9

（3）参照图 12-10 设置对话框参数，对话框左侧将出现应用该滤镜后的图像预览效果。

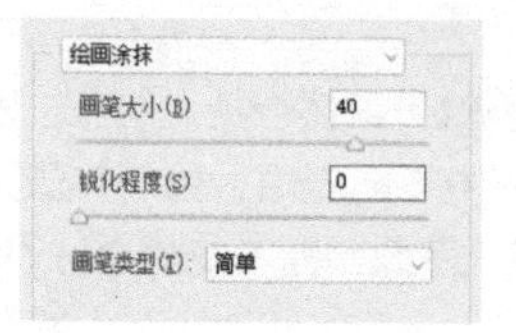

图 12-10

（4）在预览窗口上右击鼠标，弹出窗口预览比例选项菜单，选择“符合视图大小”命令，图像将适合预览窗口，如图 12-11 所示。

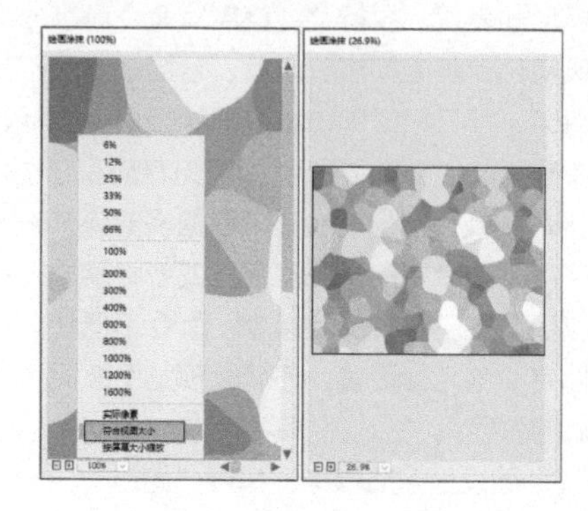

图 12-11

（5）单击对话框右侧底部的“新建效果图层”按钮，新建滤镜效果图层，如图 12-12 所示。

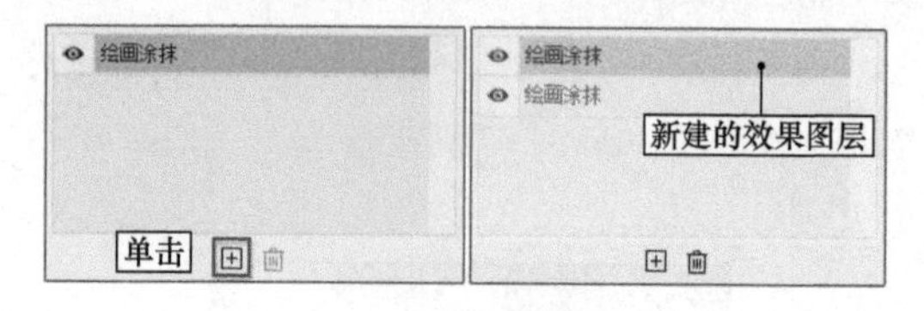

图 12-12

（6）在“画笔描边”滤镜类别列表中选择“墨水轮廓”滤镜，参照图 12-13 设置参数，调整图像累积的滤镜效果。

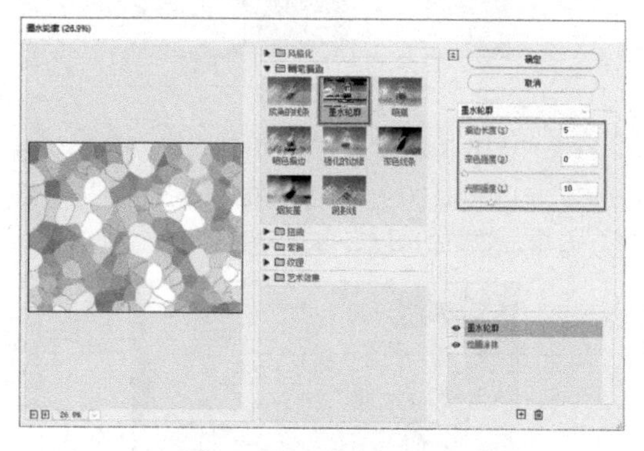

图 12-13

（7）单击并拖动“墨水轮廓”效果图层，将其移动到“绘画涂抹”效果图层的下方，预览图像效果，如图 12-14 所示。

图 12-14

（8）单击“墨水轮廓”效果图层前的眼睛图标，即可隐藏该滤镜效果，如图 12-15 所示。

图 12-15

提示

再次单击“墨水轮廓”效果图层前的眼睛图标，即可使其滤镜效果重新显现，如图 12-16 所示。

图 12-16

（9）选择“墨水轮廓”效果图层，单击“删除效果图层”按钮，即可将该滤镜删除，如图 12-17 所示。

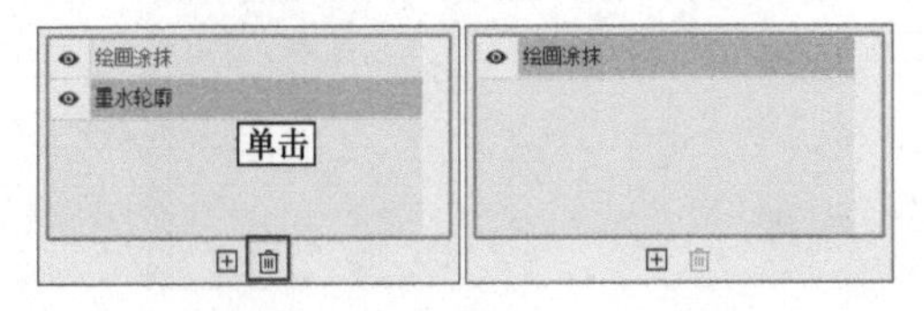

图 12-17

（10）完成滤镜设置后，单击“确定”按钮，关闭“滤镜库”对话框，应用滤镜效果，效果如图 12-18 所示。

图 12-18

（11）执行“滤镜”→“锐化”→“USM 锐化”命令，设置打开的“USM 锐化”对话框，如图 12-19 所示。设置完毕后关闭对话框，效果如图 12-20 所示。

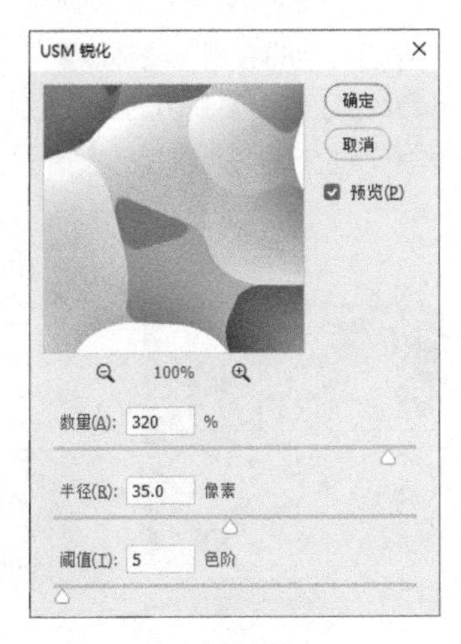

图 12-19

图 12-20

（12）执行“滤镜”→“滤镜库”命令，在“艺术效果”滤镜类别列表中选择“塑料包装”滤镜，并对其参数进行设置，如图 12-21 所示。设置完毕后，关闭对话框。

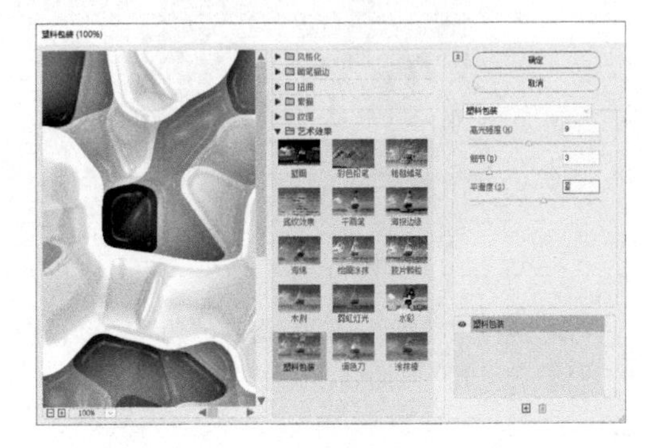

图 12-21

（13）在“图层”调板中显示隐藏的图像，如图 12-22 所示，效果如图 12-23 所示，至此本实例的制作完成了。读者可以打开本书附带文件 \Chapter-12\“香槟酒广告 .psd”进行查看。

图 12-22

图 12-23

12.1.3 “自适应广角”命令

摄影师在拍摄照片时，有时需要在有限的镜头空间中捕捉到尽量多的场景。在这种情况下，他们会使用大广角或是鱼眼镜头，但是使用这种方法会拍出扭曲的照片效果。“自适应广角”命令是Photoshop推出的一项新功能，可以使这种扭曲和变形得到有效的矫正。

（1）执行“文件”→“打开”命令，打开本书附带文件\Chapter-12\“广角照片.psd”，如图12-24所示，观察照片，会发现照片存在扭曲效果。

图 12-24

（2）执行“滤镜”→“自适应广角”命令，打开“自适应广角”对话框，如图12-25所示。

图 12-25

（3）在对话框中选择“约束”工具，在海平面左侧的端点单击并拖动鼠标至右侧端点，将自动根据扭曲面创建曲线，如图12-26和图12-27所示。

图 12-26

（4）松开鼠标，可以看到呈鱼眼状扭曲的海平面被拉直，扭曲效果被矫正，如图12-28所示。

（5）采用以上方法，选择“约束”工具矫正照片中沙滩处的扭曲，如图12-29和图12-30所示。

图 12-27

图 12-28

图 12-29

图 12-30

（6）在对话框中的右侧，精确设置“矫正”选项栏中的各参数值，使需要裁切的空白处区域消失，最大化保留照片的内容，如图12-31所示。

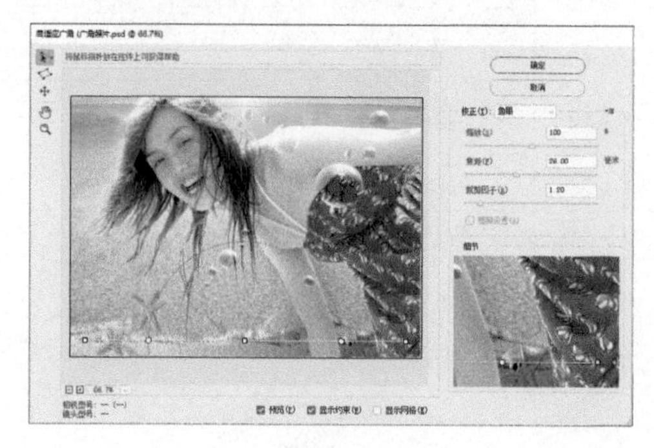

图 12-31

（7）设置完毕后单击“确定”按钮，完成本实例的制作，效果如图 12-32 所示。读者可以打开本书附带文件 \Chapter-12\“照片处理 .tif”进行查看。

图 12-32

12.1.4 “镜头矫正”命令

“镜头校正”命令是根据 Adobe 对各种相机与镜头的测量数据自动校正图像，可轻易地消除桶状和枕状变形、周边暗角，以及造成边缘出现彩色光晕的色像差。

（1）执行“文件”→“打开”命令，打开本书附带文件 \Chapter-12\“背景 .tif”，选择“草地”图像，如图 12-33 所示。

图 12-33

（2）执行“滤镜”→“镜头校正”命令，打开“镜头校正”对话框，如图 12-34 所示。

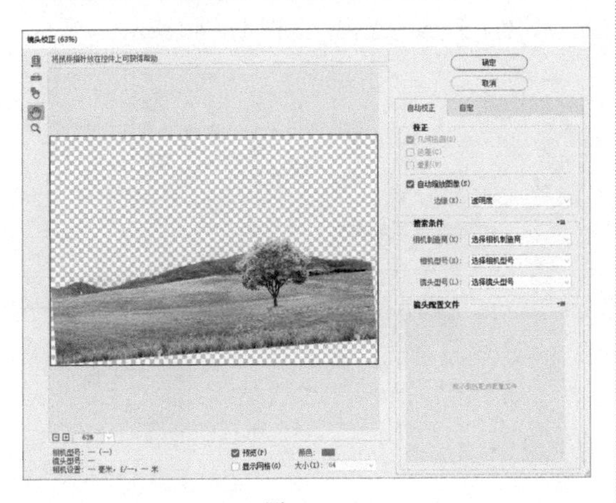

图 12-34

（3）在对话框中，选择“拉直”工具，沿着草地倾斜的底边单击并拖动出一条斜线，如图 12-35 和图 12-36 所示。

图 12-35

图 12-36

（4）松开鼠标，倾斜的图像得到矫正，效果如图 12-37 所示，在对话框中单击“确定”按钮应用此命令。

图 12-37

（5）在“图层”调板中选择“背景”图层，也就是天空图像所在的图层。

（6）执行“滤镜”→“镜头校正”命令，在“相机制造商”下拉列表中选择相机型号，如图 12-38 所示。

图 12-38

（7）在对话框中选中“晕影”复选框，边界的晕影得到一定的改善，但并不明显，如图 12-39 所示。

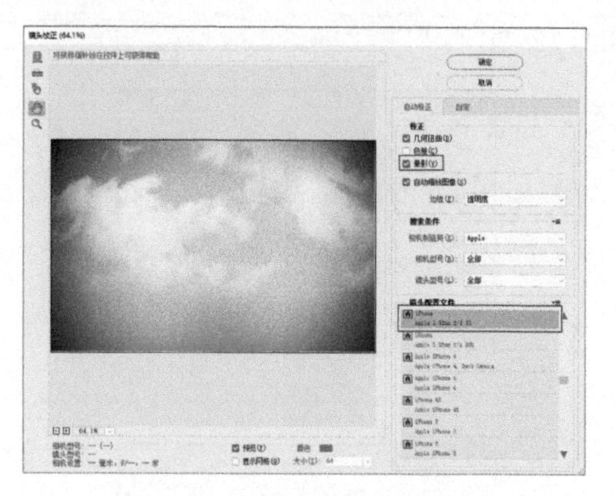

图 12-39

（8）在对话框中单击“自定”选项卡，在其中可以手动进行调整，如图 12-40 所示。

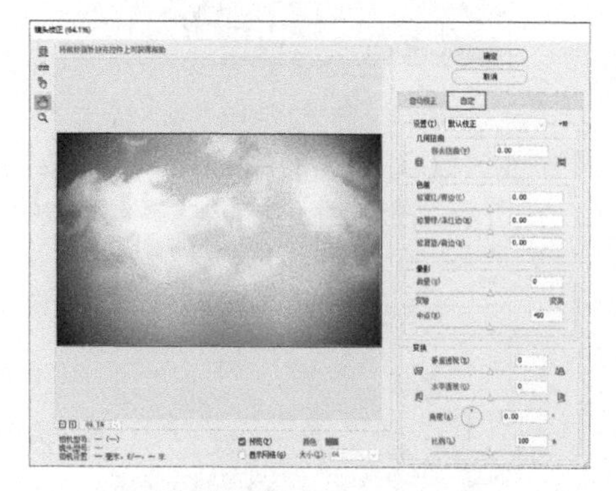

图 12-40

（9）在“几何扭曲”栏中，设置“移去扭曲”选项的参数值为 100，改善球面化扭曲的天空效果，如图 12-41 所示。

图 12-41

（10）在“晕影”选项组中设置“数量”选项的参数值为 100，使图像四角的晕影变亮，改善晕影效果，如图 12-42 所示。

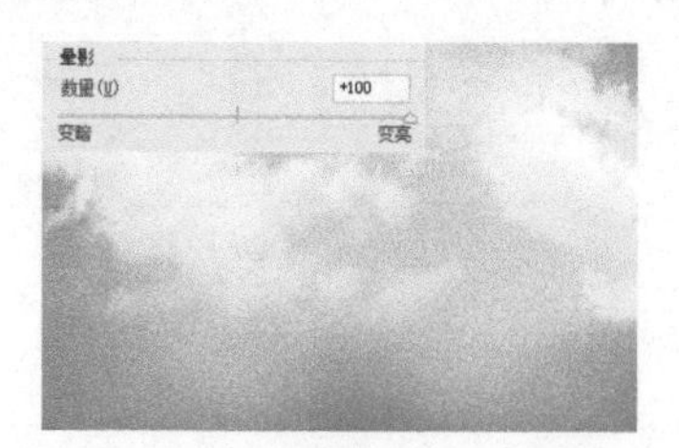

图 12-42

（11）在“晕影”选项组中设置“中点”选项，值越大，影响的图像区域越小，如图 12-43 所示。

图 12-43

（12）设置完毕后，单击“确定”按钮应用滤镜命令，天空图像四周的晕影及扭曲被矫正，效果如图 12-44 所示。

图 12-44

（13）在“图层”调板中显示并选择“房子”图层，房子呈现出变形的状态，如图 12-45 所示。

图 12-45

（14）执行“滤镜”→“镜头校正”命令，设置“变换”选项组中的“垂直透视”和“水平透视”选项，矫正图像的透视，如图 12-46 所示。

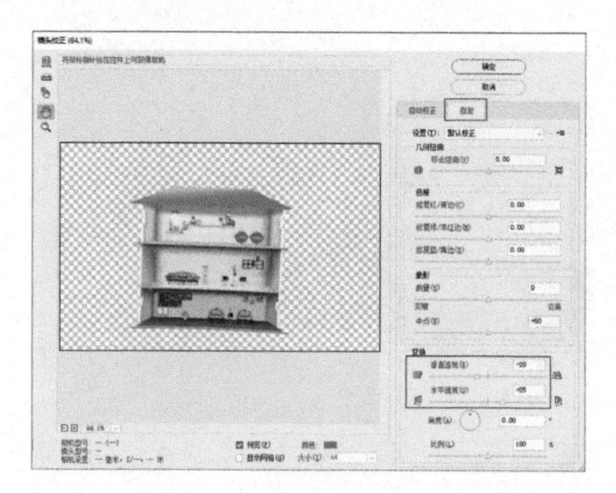

图 12-46

（15）设置“变换”选项组中的“角度”选项，将歪斜的房子恢复至正常状态，如图 12-47 所示。

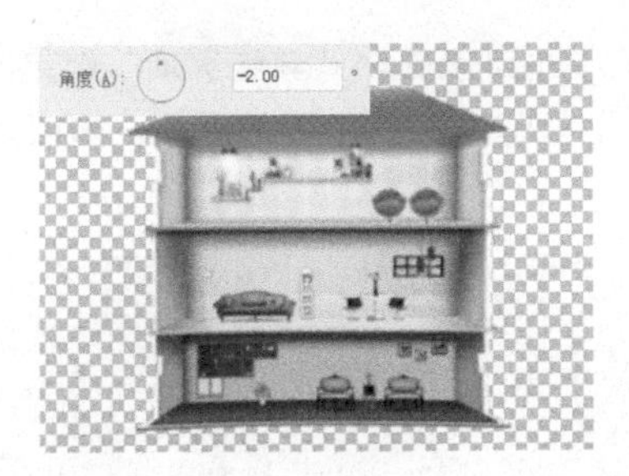

图 12-47

（16）设置“变换”选项组中的“比例”选项，将房子图像缩小一些，降低其模糊感，如图 12-48 所示。设置完毕后应用此命令。

图 12-48

（17）显示文件中隐藏的图像，完成本实例的制作，效果如图 12-49 所示。读者可以打开本书附带文件 \Chapter-12\“网页设计 .tif”进行查看。

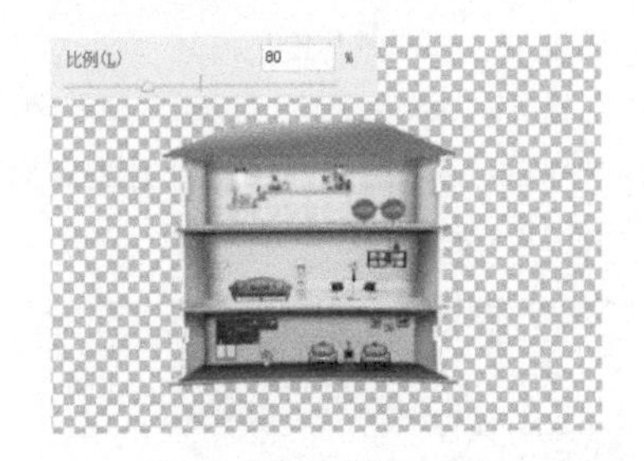

图 12-49

12.1.5 “液化”命令

“液化”命令可以推、拉、旋转、反射、折叠和膨胀图像的任意区域。创建的扭曲可以是细微的扭曲效果或者强烈的扭曲效果，这使得“液化”命令成了能修饰图像、创建艺术效果的强大工具。

（1）打开本书附带文件 \Chapter-12\“藤蔓背景 .psd”，如图 12-50 所示。

图 12-50

（2）执行“滤镜”→“液化”命令，打开“液化”对话框，如图 12-51 所示。

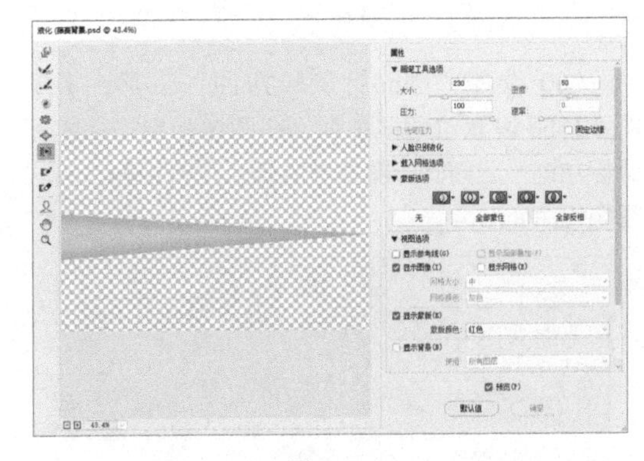

图 12-51

（3）将鼠标指针移动至图像上，此时鼠标指针显示为一个大圆内部有一个“+”的形状。这个“+”就是图像变形的中心点，大圆就是变形的范围，如图 12-52 所示。

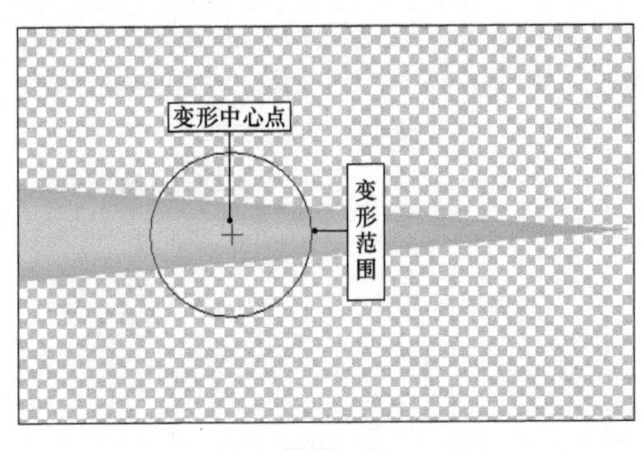

图 12-52

（4）使用设置好的“向前变形”工具，在图像上单击并向右拖动鼠标，图像像素向移动方向推动变形，效果如图 12-53 所示。

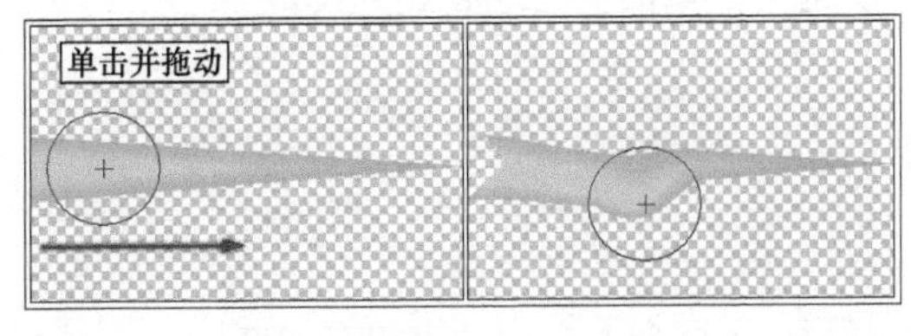

图 12-53

（5）选择“重建”工具，保持对话框右侧工具选项组中的参数不变，然后在图像中的扭曲区域涂抹，恢复变形图像，如图 12-54 所示。

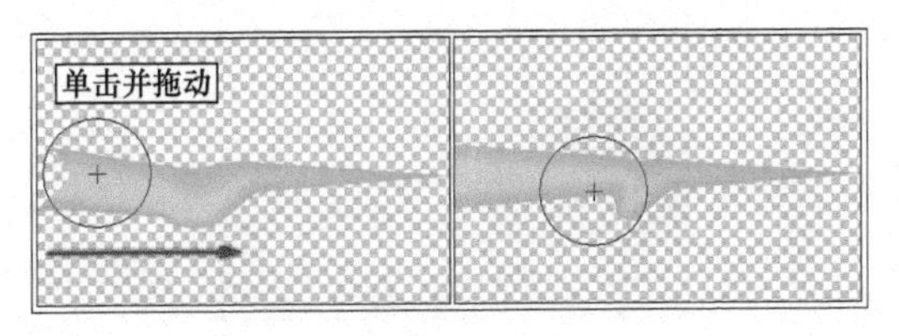

图 12-54

提示

单击“重建选项”组中的“恢复全部”按钮，即可将前面的变形全部恢复。

（6）选择“顺时针旋转扭曲”工具，参照图 12-55 设置对话框参数。在图像中单击并按住鼠标左键一段时间，图像被旋转，松开鼠标，完成图像扭曲变形。

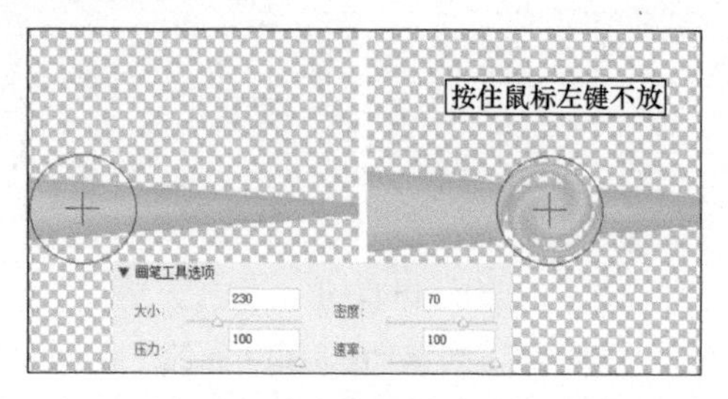

图 12-55

（7）按 <Ctrl+Z> 组合键撤销上一步操作。选择“褶皱”工具，保持工具选项参数不变，在图像中单击并按住鼠标左键，变形区域中的图像像素向变形中心靠近，如图 12-56 所示。松开鼠标，完成图像扭曲变形。

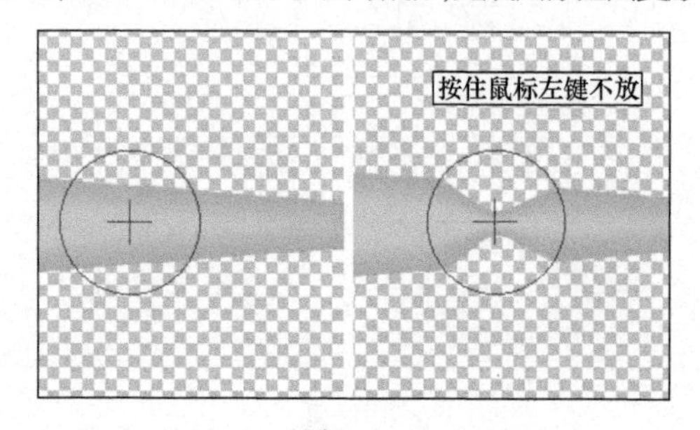

图 12-56

（8）其他扭曲工具的使用方法基本相似，这里就不再做详细介绍。图 12-57 和图 12-58 所示分别为应用各种扭曲工具后的图像效果。

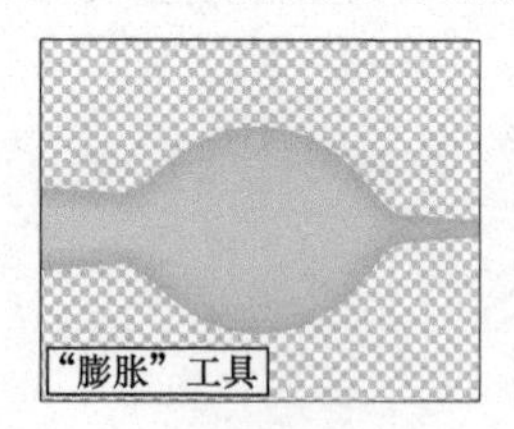

图 12-57

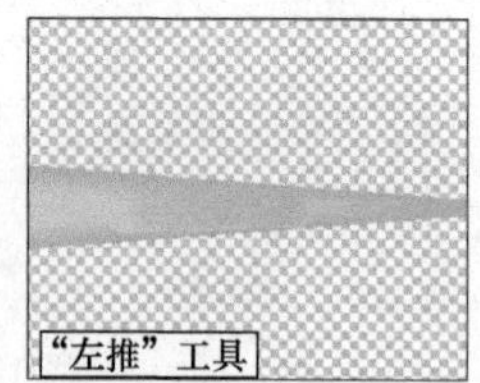

图 12-58

（9）选择“冻结蒙版”工具，在视图中不需要改变的图像上涂抹，如图 12-59 所示。

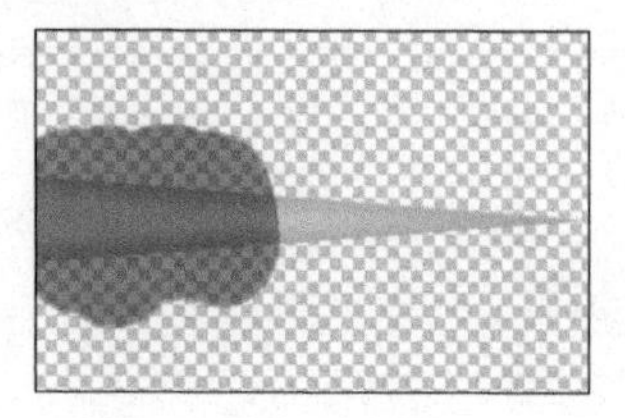

图 12-59

（10）也可以单击“蒙版选项”组里的“全部蒙住”按钮，将整个图像冻结，如图 12-60 所示。

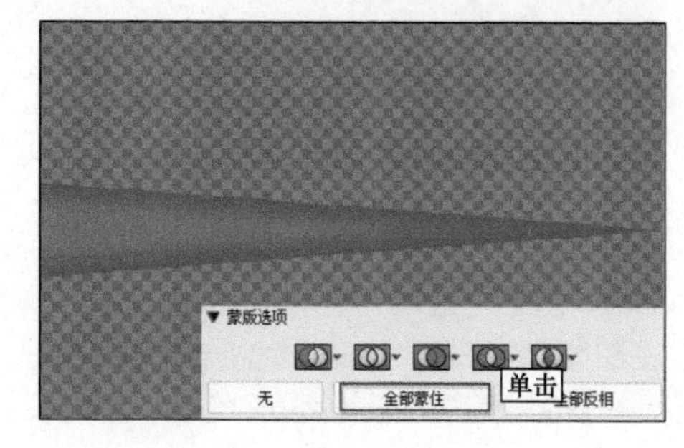

图 12-60

（11）选择“解冻蒙版”工具，在图像上单击并拖动，将需要变形扭曲的图像部分的蒙版擦除，如图 12-61 所示。

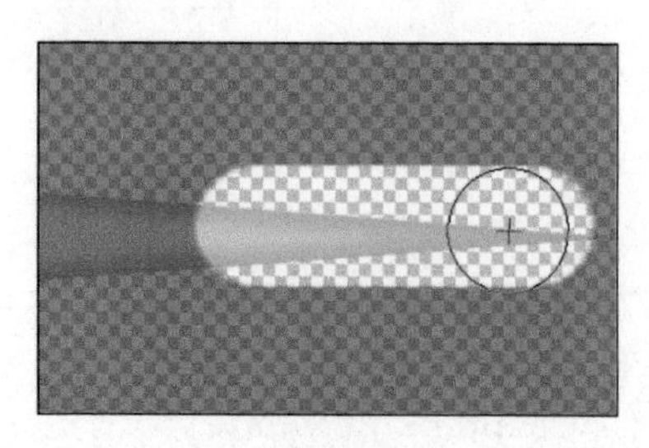

图 12-61

（12）选择“膨胀”工具变形图像，然后单击“蒙版选项”组中的“无”按钮，将蒙版清除，可以看到被红色蒙版遮住的图像没有做任何修改，而没有被红色蒙版遮住的图像随着鼠标的拖动而变形，如图 12-62 和图 12-63 所示。

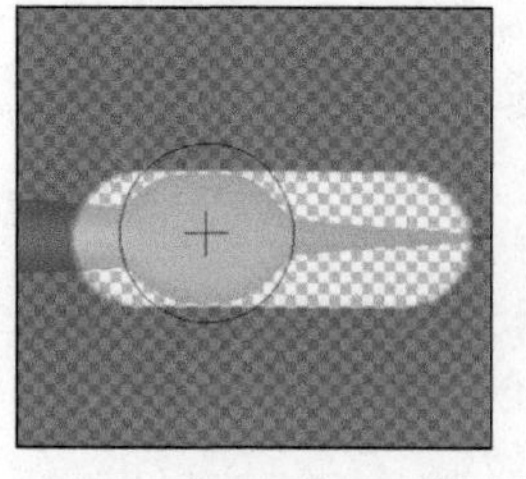

图 12-62

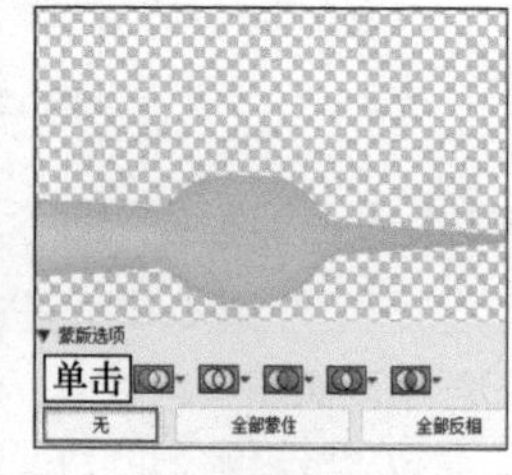

图 12-63

（13）依照以上使用“液化”滤镜的方法，将图像制作成卷曲的藤蔓效果，如图 12-64 所示。

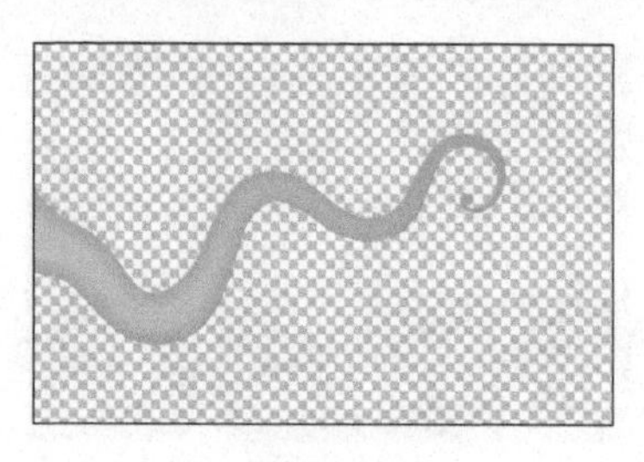

图 12-64

提示

“液化”命令在“索引颜色”模式、“位图”模式和“多通道”模式中不可使用。

（14）单击“确定”按钮，关闭对话框，效果如图 12-65 所示。

图 12-65

（15）在“图层”调板中复制“枝干 3”图层。执行“滤镜”→“滤镜库”命令，应用“龟裂缝”滤镜效果，如图 12-66 所示。

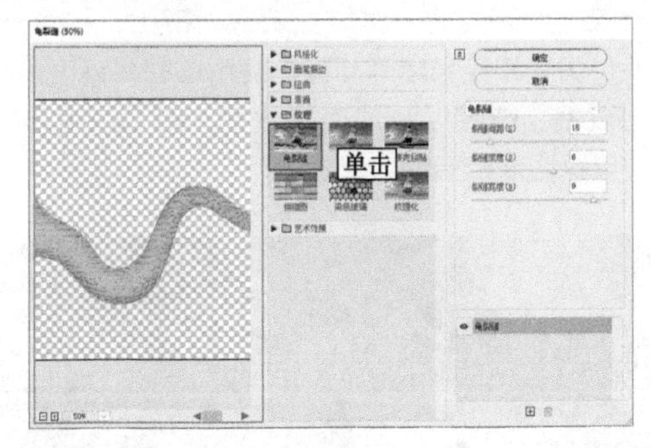

图 12-66

（16）在“滤镜库”对话框中，单击“新建效果图层”按钮，并应用“塑料包装”滤镜效果，如图 12-67 所示。

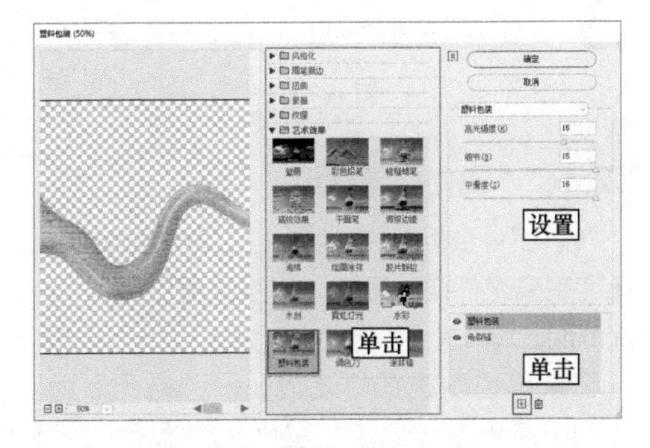

图 12-67

（17）设置完毕后关闭对话框。在“图层”调板中设置“枝干 3 副本”的图层混合模式，如图 12-68 所示，效果如图 12-69 所示。

（18）在“图层”调板中显示“文字”图层中的图像，完成本实例的制作，效果如图 12-70 所示。读者可以打开附带文件 \Chapter-12\“显示器广告 .psd”进行查看。

图 12-68

图 12-69

图 12-70

12.2 课时 40：领略强大的滤镜效果！

通过上一课的学习，相信大家对 Photoshop 中的滤镜命令的工作原理已经有所了解，除了已经学习的几项重要的滤镜命令，在“滤镜”菜单内还包括非常丰富的滤镜命令。这些命令根据其产生的外观效果和工作方式，被分别放置在相关菜单内，本课将带领大家对这些滤镜命令进行学习。

在本课的学习过程中，读者要注意同一个滤镜使用不同的参数可能得到大不相同的画面效果，不必局限于本书设置的参数值，在学习过程中可以通过调整一个选项的最大值、最小值和中间值来了解该选项对滤镜效果的影响。

下面的操作中所用到的素材图片均放置在本书附带文件 \Chapter-12\ 文件夹中。在学习过程中，读者可以按提示打开相关文件，文中将不再说明图片的存放位置。

学习指导

本课内容重要性为【选修课】。

本课时的学习时间为 40 ～ 50 分钟。

本课的知识点是熟悉各种滤镜的效果。

12.2.1 “风格化”滤镜组

“风格化”滤镜组中的滤镜通过置换图像中的像素和查找并增加图像的对比度，使图像产生绘画或印象派风格的艺术效果。

在菜单栏中执行“滤镜”→“风格化”命令，

弹出的子菜单中包含了“风格化”滤镜组的全部内容，具体包括凸出、扩散、曝光过度、风、查找边缘、等高线、浮雕效果、拼贴、等滤镜，使用这些滤镜可以创建出类似彩色铅笔勾描图像轮廓的效果，以及浮雕和霓虹灯等效果。图 12-71 和图 12-72 所示为应用不同风格化滤镜制作出的特殊图像效果。

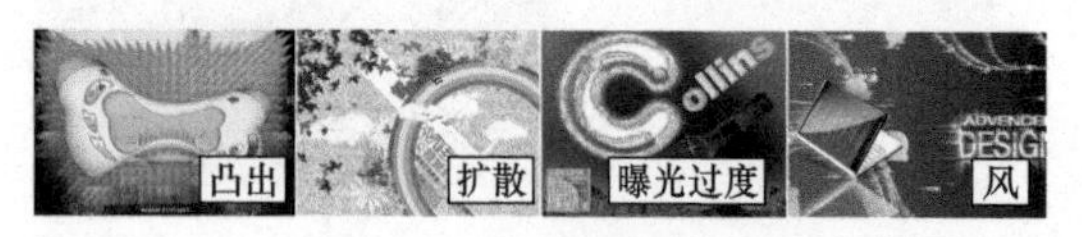

图 12-71

图 12-72

12.2.2 “模糊”滤镜组

“模糊”滤镜组中的滤镜可以将图像边缘过于清晰或对比度过于强烈的区域进行模糊，产生各种不同的模糊效果，起到柔化图像的作用。使用选择工具选择特定图像以外的区域进行模糊，可以强调要突出的部分。

在菜单栏中执行“滤镜”→“模糊”命令，弹出的子菜单中包含了“模糊”滤镜组的全部内容，具体包括动感模糊、径向模糊、进一步模糊、镜头模糊、特殊模糊、高斯模糊、平均、方框模糊、形状模糊、表面模糊、场景模糊、光圈模糊、倾斜偏移等滤镜，使用这些滤镜可以模仿物体高速运动时曝光的摄影手法，以及创建旋转或放射模糊的效果。图 12-73 ～图 12-75 所示为应用部分滤镜后的图片效果。

图 12-73

图 12-74

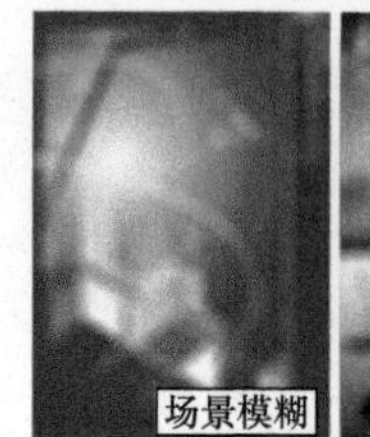

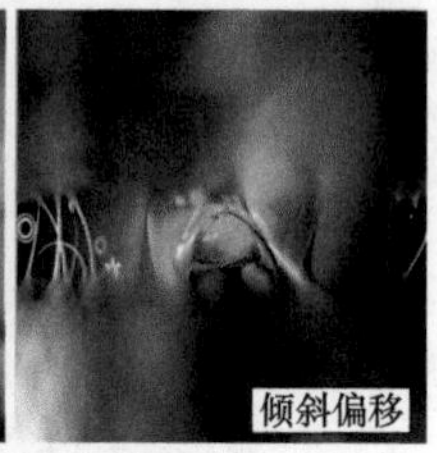

图 12-75

12.2.3 “扭曲”滤镜组

“扭曲”滤镜组中的滤镜主要是通过移动、扩展或缩小构成图像的像素，使图像产生各种各样的扭曲变形，创建出 3D 或其他整形效果。在使用过程中需要注意的是，这些滤镜可能占用大量内存，从而导致程序运行变慢。

执行菜单栏中的“滤镜”→“扭曲”命令，弹出的子菜单中包含了该组滤镜的全部内容，具体包括波纹、旋转扭曲、水波、置换、挤压、球面化、波浪、切变和极坐标等滤镜，使用这些滤镜可以创建出波浪、波纹以及球面等效果。图 12-76 所示为应用这些滤镜后的图片效果。

图 12-76

12.2.4 “锐化”滤镜组

“锐化”滤镜组中的滤镜通过增加相邻像素的对比度来聚焦模糊的图像，使图像更加清晰，画面更加鲜明。

在菜单栏中执行“滤镜”→“锐化”命令，弹出的子菜单中包含了“锐化”滤镜组的全部内容，具体包括 USM 锐化、锐化和进一步锐化、智能锐化和锐化边缘等滤镜，这些滤镜不仅能够作用于图像的全部像素，提高图像的颜色对比，使图像清晰，还能够只对图像的边缘进行锐化，表现出细致的颜色对比。图 12-77 和图 12-78 所示为应用不同锐化滤镜制作出的图像特殊效果。

图 12-77

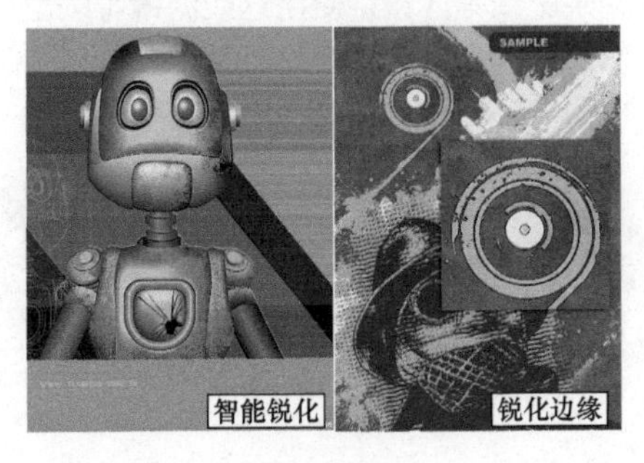

图 12-78

12.2.5 “视频”滤镜组

“视频”滤镜组属于 Photoshop 的外部接口程序，用来从摄像机输入图像或将图像输出到录像带上。

在菜单栏中执行“滤镜”→“视频”命令，在弹出的子菜单中可以看到该滤镜组中只有“NTSC 颜色”和“逐行”两种滤镜。这两个滤镜可通过转换图像中的色域，使之适合 NTSC 视频标准色域，以使图像可被接收。另外，它还可通过消除图像中异常的交错线来光滑影视图像，利用复制或内插法转换失去的像素。因为这两种滤镜只有图像要在电视或其他视频设备上播放时才会用到，所以读者简单了解即可。图 12-79 所示为应用不同视频滤镜制作出的图像特殊效果。

图 12-79

12.2.6 “像素化”滤镜组

“像素化”滤镜组中的滤镜可以将图像中颜色相近的像素结成块，或者将图像平面化。在菜单栏中执行“滤镜”→“像素化”命令，弹出的子菜单中包含了“像素化”滤镜组的全部内容，具体包括彩块化、晶格化、碎片、铜板雕刻、彩色半调、点状化和马赛克等滤镜，使用这些滤镜可以创建出如手绘、抽象派绘画，以及雕刻版画等效果。图 12-80 和图 12-81 所示为应用这些滤镜后的图片效果。

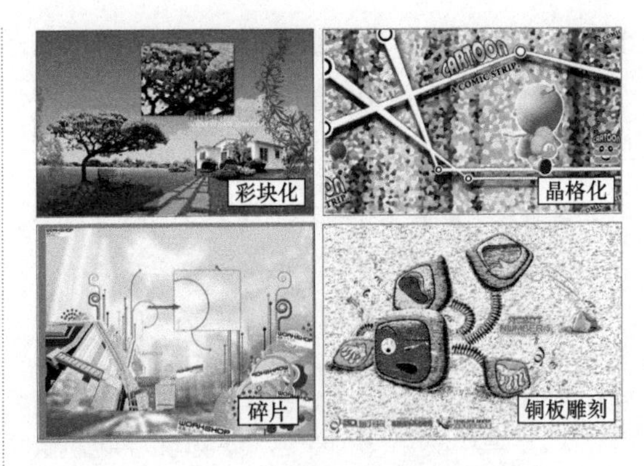

图 12-80

图 12-81

12.2.7 “渲染”滤镜组

“渲染”滤镜组中的滤镜可以改变图像的光感效果，例如模拟图像场景中放置的不同的灯光，可以产生不同的光源效果等，也可以与通道相配合产生一种特殊的三维浮雕效果。

在菜单栏中执行“滤镜”→“渲染”命令，弹出的子菜单中包含了“渲染”滤镜组的全部内容，具体包括云彩、分层云彩、镜头光晕、光照效果和纤维等滤镜，使用这些滤镜可以创建出与大理石相似的图案，以及璀璨的星光和强烈的日光等效果。图 12-82 和图 12-83 所示为应用这些滤镜后的图片效果。

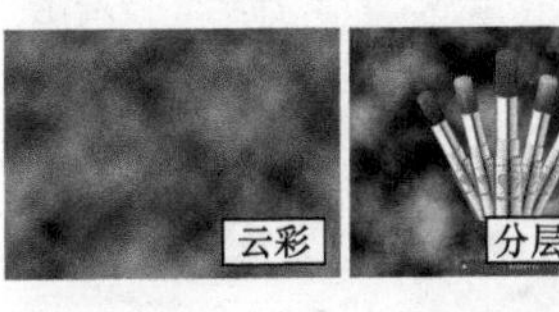

图 12-82

图 12-83

12.2.8 “杂色”滤镜组

“杂色”滤镜组中的滤镜可以按一定方式在图像中混入杂点，或者删除图像中的杂点，创建出与众不同的纹理或移去图像上有问题的区域，如扫描照片上的灰尘和划痕。该组滤镜对图像有优化的作用，因此在输出图像的时候经常使用。

在菜单栏中执行“滤镜”→“杂色”命令，弹出的子菜单中包含了“杂色”滤镜组的全部内容，具体包括中间值、减少杂色、去斑、添加杂色和蒙尘与划痕等滤镜，其中使用“添加杂色”滤镜可以将随机像素应用于图像，模拟在高速胶片上拍照的效果；“中间值”滤镜在消除或减少图像的动感效果时非常有用。图12-84和图12-85所示为应用这些滤镜后的图片效果。

图 12-84

图 12-85

12.2.9 “其他”滤镜组

“其他”滤镜组中的滤镜可以改变构成图像的像素排列，并且允许用户创建自己的滤镜，使用滤镜修改蒙版，在图像中使选区发生位移和快速调整颜色。

在菜单栏中执行“滤镜”→“其他”命令，弹出的子菜单中包含了“其他”滤镜组的全部内容，具体包括位移、最大值、高反差保留、最小值和自定等滤镜，其中“最大值”和“最小值”滤镜对于修改蒙版非常有用。图12-86所示为应用这些滤镜后的图片效果。

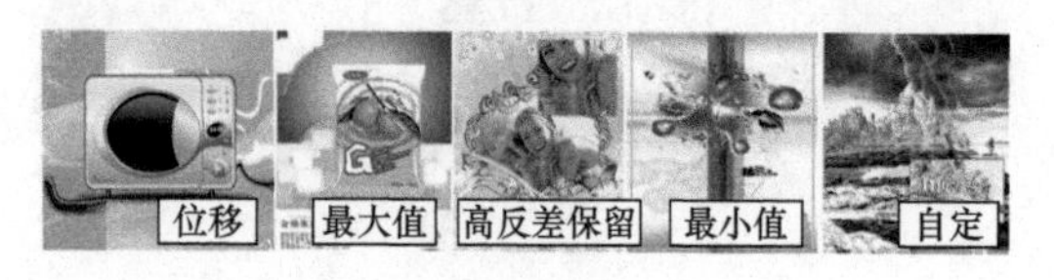

图 12-86

12.2.10 “画笔描边”滤镜组

“画笔描边”滤镜组共包含8种滤镜。该滤镜组中的滤镜主要使用不同的画笔和油墨进行描边，从而创建出具有绘画效果的图像外观。其中有些滤镜可以向图像添加颗粒、绘画、杂色、边缘细节或纹理，以创建出点状化的图像效果。需要注意的是，该组滤镜只能在RGB模式、灰度模式和多通道模式下使用。

在菜单栏中执行“滤镜”→“滤镜库”→“画笔描边”命令，弹出的子菜单中包含了“画笔描边”滤镜组的全部内容，具体包括喷溅、喷色描边、成角的线条、烟灰墨、强化的边缘、墨水轮廓、深色线条和阴影线等滤镜，使用这些滤镜可以创建出钢笔画、日本画风格的绘画图像等。图12-87和图12-88所示为应用这些滤镜后的图片效果。

图 12-87

图 12-88

12.2.11 “扭曲”滤镜组

“扭曲”滤镜组中的滤镜主要是通过移动、扩展或缩小构成图像的像素，使图像产生各种各样的扭曲变形，创建出3D或其他整形效果。在使用过程中需要注意的是，这些滤镜可能占用大量内存，从而导致程序运行变慢。

执行菜单栏中的“滤镜”→“滤镜库”→“扭曲”命令，弹出的子菜单中包含了该组滤镜的全部内容，具体包括玻璃、海洋波纹、扩散高光等滤镜，使用这些滤镜可以创建出波浪、波纹，以及球面等效果。图12-89所示为应用这些滤镜后的图片效果。

图 12-89

12.2.12 “素描”滤镜组

“素描”滤镜组中的滤镜几乎都是使用前景色和背景色重绘图像，使图像产生一种单色调的图像效果。该类滤镜通常用于制作精美的艺术品或手绘图像效果。“素描”滤镜组中的滤镜都保存在滤镜库中，只要打开滤镜库，读者就可以方便地查看和设置该组中的每个滤镜。

在菜单栏中执行“滤镜”→“滤镜库”→“素描”命令，弹出的子菜单中包含了“素描”滤镜组的全部内容，具体包括影印、粉色和炭笔、炭精笔、绘图笔、网状、炭笔、半调图案、水彩画笔、铬黄、基底凸现、撕边、石膏效果，便条纸和图章等滤镜，使用这些滤镜可以创建出如粉笔和炭笔涂抹的草图效果，以及模拟炭笔素描等效果。图 12-90 和图 12-91 所示为应用这些滤镜后的图片效果。

图 12-90

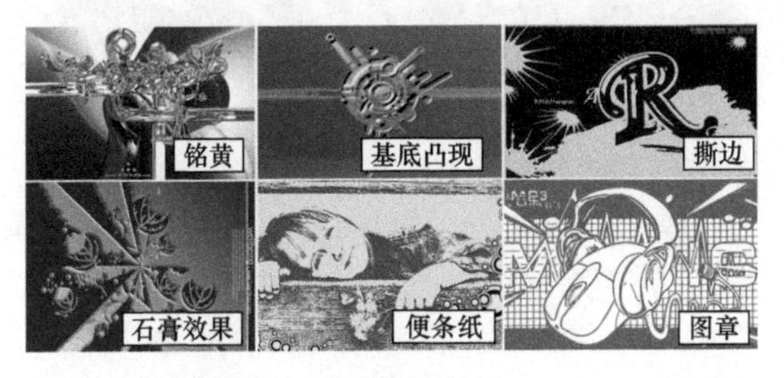

图 12-91

12.2.13 “纹理”滤镜组

“纹理”滤镜组中的滤镜的主要功能是使图像产生各种纹理过渡的变形效果，常用来创建图像的凹凸纹理和材质效果，可使图像表面具有深度感或质感。

在菜单栏中执行“滤镜”→“滤镜库”→“纹理”命令，弹出的子菜单中包含了“纹理”滤镜组的全部内容，具体包括拼缀图、染色玻璃、龟裂缝和颗粒、纹理化、马赛克拼贴、等滤镜，使用这些滤镜可以创建出建筑拼贴瓷片、彩色玻璃以及马赛克瓷砖等效果。图 12-92 和图 12-93 所示为应用这些滤镜后的图片效果。

图 12-92

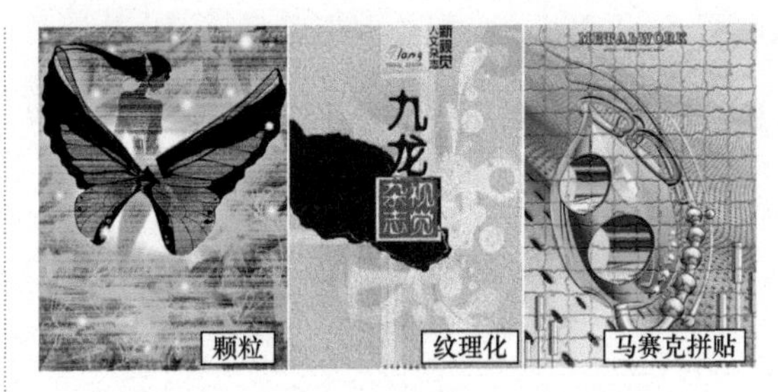

图 12-93

12.2.14 “艺术效果”滤镜组

“艺术效果”滤镜组中的滤镜用于表现一种具有艺术特色的绘画效果，使用这些滤镜可以模仿自然或传统介质效果，为美术或商业项目制作出绘画效果或特殊效果，如使用“木刻”滤镜进行拼贴或文字处理。Photoshop 提供了 15 种“艺术效果”滤镜，所有的“艺术效果”滤镜都可以通过“滤镜库”来应用。

在菜单栏中执行“滤镜”→“滤镜库”→“艺术效果”命令，弹出的子菜单中包含了“艺术效果”滤镜组的全部内容，具体包括塑料包装、壁画、干画笔、底纹效果、彩色铅笔、木刻、水彩、海报边缘、海绵、涂抹棒、粗糙蜡笔、绘画涂抹、胶片颗粒、调色刀、霓虹灯光等滤镜，使用这些滤镜可以创建出如古壁画的斑点效果，以及彩色铅笔、水彩风格等绘画图像效果。图 12-94 所示为应用不同艺术效果滤镜制作出的特殊图像效果。

图 12-94

13 第13章 平面设计案例实训

通过前面内容的学习，我们已经掌握了Photoshop的软件功能，从本章开始将结合行业应用，带领大家使用Photoshop制作一些商业项目案例，从而使我们能够将所学习的知识更好地应用于实际工作中，让我们今后在工作中遇到相应的内容时，也能成竹于胸，快速上手，融入工作当中。

本书的实训内容包含两章，本章将针对平面印刷行业中的工作内容展开介绍，内容包括字体设计、卡片设计、宣传页设计、图书设计及海报设计等。下面开始具体内容的学习。

13.1 课时41：文字设计

文字的设计与编排方式在平面设计中具有非常重要的作用。文字本身就具有传达信息的作用，对文字加以设计、变形或特效处理，既可以在作品中起到画龙点睛的作用，又可以强化设计作品的视觉冲击力。例如，醒目的标题文字可以引起观众的注意，富有情趣的文字外形，更容易让观众产生美妙的联想，如图13-1所示。所以文字是平面设计工作中的重要内容。

图13-1

13.1.1 文字设计分类

文字设计分为3大类，分别为字体自身变形、特殊质感字体以及字体与元素组合。

1. 字体自身变形

字体自身变形是指对文字的形状、笔画进行变形调整，通过夸张而形象的外形吸引观众的注意力，起到宣传作用。在进行调整设计时，我们应侧重于字体本身寓意的设计变形，尽可能根据文字本身包含的信息对文字的外形进行调整，通过变形后的外观加强观众的印象，使文字起到传情达意的表达作用，如图13-2所示。

图13-2

2. 特殊质感字体

特殊质感字体是根据文字使用环境的不同，表达含义的不同，将文字外观同各种材质进行结合，使文字产生不同材质类型的外观效果，如木质字效、砖块字效、火焰字、光芒字等。在具体设计制作时，需要准确把握各种材质和底纹外观的特点，然后根据不同材质所具有的不同受光和反光强度设置字体效果的高光和阴影区域，以增强材质的表现力，如图13-3所示。

图13-3

3. 字体与元素组合

字体与元素组合是指在设计文字时，将文字同相关的视觉元素组合在一起，借字叙图、借图寓字，使观众直观生动地感受文字所包含的信息，如文字可以与纹理组合、与图案组合、与特殊符号组合等。组合后的画面简洁生动、传神达意，既能够起到宣传作用，又能够起到美化装饰作用，如图 13-4 所示。

图 13-4

13.1.2 字体设计应用

字体设计的应用范围是非常广泛的，几乎所有包含文字的设计作品，都需要对字体进行设计，简单到设置文字的字体外形，复杂到为文字外形设置质感特效。无论对文字采用哪种设计方法，都需要从设计作品的内容和目的出发，让文字的设计紧密服务于信息的传达。下面我们通过一组案例来具体学习文字设计的流程与方法。图 13-5 所示为本实例的制作概览图。

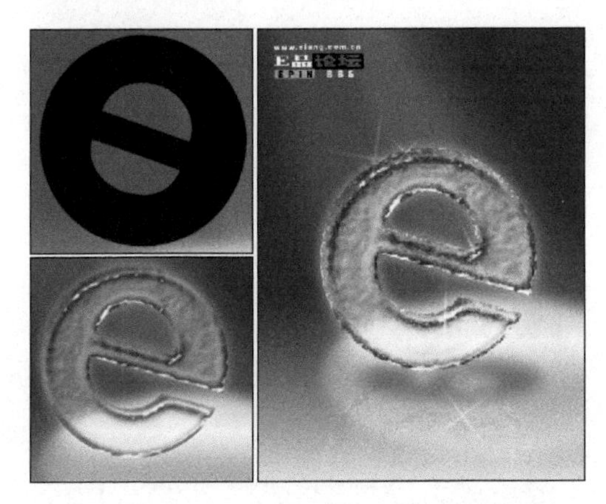

图 13-5

学习指导

本课内容重要性为【选修课】。

本课时的学习时间为 40 ～ 50 分钟。

本课的知识点是熟悉文字设计的流程与方法。

课前预习

扫描二维码观看教学视频，对本课知识进行学习。

13.2 课时 42：卡片设计

以卡片为载体的商业设计作品非常丰富，包括我们常见的名片、银行卡、票券等，可以说是生活中不可缺少的常见印刷物。卡片设计作品的印刷制作方式也是非常丰富的，介质可以是纸张、塑料片等，由于制作方法存在差别，卡片的设计呈现方式也丰富多样。图 13-6 所示为几种常见的卡片印刷物。

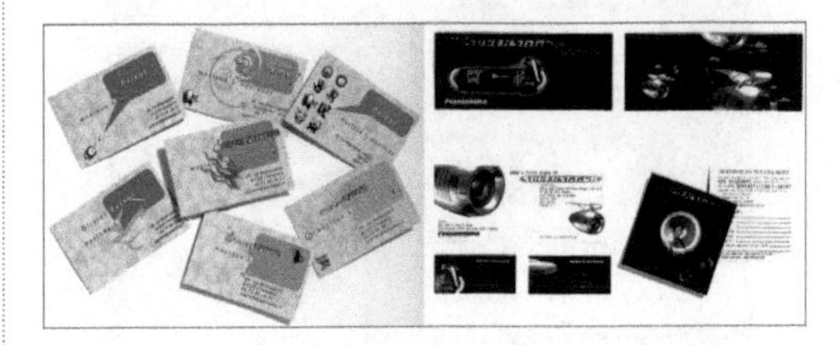

图 13-6

13.2.1 卡片印刷物的设计

由于功能设定的限制，卡片印刷物的版面尺寸非常有限，所以卡片的设计往往以文字内容为主，这一点最典型的代表就是个人名片。在名片设计中，往往以文字为主题内容，再配以鲜明的色彩或特殊纸张的肌理质感，来呈现设计风格，如图 13-7 所示。

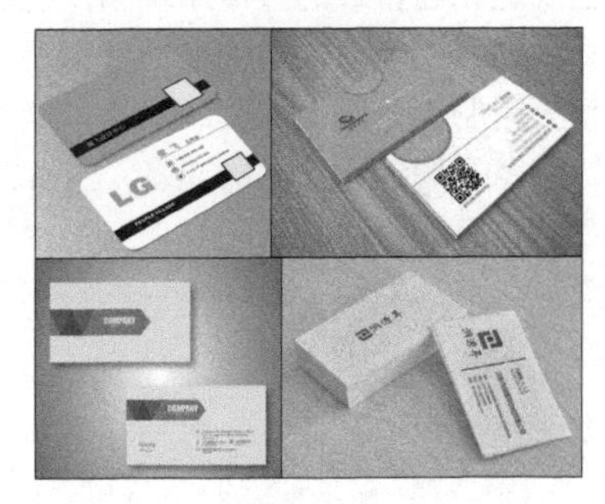

图 13-7

有些卡片会采用非常高端的印刷工艺来制作，使卡片看起来华丽、精致，这一点最有代表性的就是银行卡，或者某些高级消费场所的贵宾卡等。由于采用了高端的印刷工艺，此类卡片在设计上会采用绚丽的色彩，另外还会配以烫金或烫银工艺，使卡片产生金属的光泽，如图 13-8 所示。

图 13-8

除了以上两类典型的卡片设计以外，还有一些特殊尺寸规格的卡片设计，如旅游区的门票、礼品卡、贺卡等。此类卡片往往使用质量非常好的铜版纸或卡纸，采用全彩印刷工艺制作。这些卡片在设计上轻松活泼、彰显个性，如图 13-9 所示。

图 13-9

13.2.2 卡片设计应用

便签是人们生活中经常接触到的一种卡片印刷物，它既能充当普通的宣传印刷品，也能以便签的方式成为人们随时记录信息的好帮手。本小节将带领大家制作一幅图书礼品卡片，卡片被插入书中，随图书的销售赠送给读者。卡片既可以作为书签，也可以作为随手记录信息的便签，可以说是美观实用。图 13-10 所示为本实例的制作概览图。

图 13-10

学习指导

本课内容重要性为【选修课】。

本课时的学习时间为 40 ～ 50 分钟。

本课的知识点是熟悉卡片设计的流程与方法。

课前预习

扫描二维码观看教学视频，对本课知识进行学习。

13.3 课时 43：宣传页设计

宣传页是我们日常生活中常见的宣传品。在大型超市购物时，我们常常会收到展示同时期产品的促销信息的宣传页。很多企业为了宣传产品，也会印刷制作宣传页。宣传页外观形式多样，呈现形式灵活丰富，超市宣传页往往呈现出小报的外观特点，房地产企业的售楼宣传页往往是 A4 幅面的小型海报形式，而企业产品宣传页为了便于排版和阅读，还会进行折叠，制作成折页的形式。

总的来讲，宣传页的设计制作主要受到印刷工艺的限制，而印刷工艺的选择主要取决于宣传页的使用时效性。宣传页的使用时效性越短，采用的印刷工艺和纸张就会越低廉，例如超市的促销传单，使用时间不会超过一个月，所以在制作时采用较薄的铜版纸进行印刷制作，如图 13-11 所示。宣传页的使用时效性越长，所采用的印刷工艺和纸张就会越精良，例如企业的产品宣传页，往往需要使用数年，所以常会采用精良的制作方式，如图 13-12 所示。

图 13-11

图 13-12

13.3.1 宣传页的设计

宣传页的设计形式是非常丰富的，根据所需要的传达的信息量，采用不同大小的印刷尺寸，最常见的是16开幅面的印刷页。如果需要传达的信息很多，也会使用8开幅面进行印刷，此类尺寸的宣传页常见于超市的促销宣传。但无论采用何种尺寸进行制作，往往都会按印刷标准开本尺寸来订立尺寸，如图13-13所示。这样做的优点是减少纸张浪费，最大限度地节省成本。

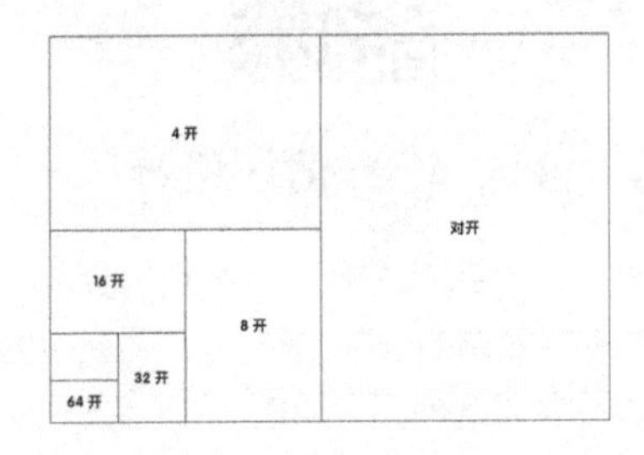

图 13-13

一些企业在设计宣传页时，会采用折页设计，如图13-14所示。宣传页在折叠后可以自然地被划分为几个版面，这样更便于信息排版和读者阅读。另外，宣传页在折叠后，还具有增加硬度和便于携带的优点。折页的方式非常灵活，根据需要的内容，可以采用对折、3折页、4折页，或5折页等，一般不会超过6折页。如果信息量较多，就建议使用宣传册的方式来呈现。

图 13-14

13.3.2 宣传单的应用

很多商业公司都会使用宣传单，对自己的产品和服务进行宣传。宣传单是街头地推的必需品，它具有目标明确、传达直接等优点。例如在学校门口附近，常驻有与学生培训相关的公司地推人员。另外在一些大型商场内，很多商家也会使用宣传单来联系客户，针对来店铺柜台咨询商品的顾客，会送上产品宣传单，这样便于介绍产品和便于留下联系方式。接下来，为大家安排了一组"打印机宣传页"设计实例，效果如图13-15所示。

图 13-15

学习指导

本课内容重要性为【选修课】。

本课时的学习时间为40～50分钟。

本课的知识点是熟悉宣传页的设计流程与方法。

课前预习

扫描二维码观看教学视频，对本课知识进行学习。

13.4 课时44：图书设计

图书设计是指图书生产过程中的装潢设计工作。它包括文字版面的格式、字体、字号、封面图形、扉页、衬页的设计，以及封面材料的选择、装订方式的确定等，这些都是书籍装帧的一部分。

一套完整的装帧设计，是指将一叠文稿制作成一本印刷后成形的书，这是一个使用各种材料和不同的工艺，按照设计构思有机组合内容的过程。一叠文稿通过制版、印刷、装订等各个环节的配合，才能成为一本完整的书，这是一个非常严谨的制作过程。图13-16所示为一套书完成后的展示效果。

图 13-16

13.4.1 图书设计基础

书籍装帧设计与绘画艺术具有共同的特性，都属于造型艺术，需要具备造型、色彩、图形和字体等设计要素。狭义的书籍装帧设计更多的是指封面设计，包括护封、封面、封底、书脊等的设计，如图 13-17 所示。

图 13-17

书籍封面的设计中除了要具备文字和色彩要素，图形图像的表现也极为重要，好的设计可以使版面活泼、富有生机，增加读者的兴趣。具体的图形图像语言能给人真实、立体的直观形象，多以书中的素材或形象为主要表现方式来突出书籍的内容，如图 13-18 所示。

图 13-18

13.4.2 图书封面设计应用

图书封面设计是在图书内容的基础上展开的。为了体现图书的主题思想，封面设计应以特有的艺术语言和设计规律来表现书籍的精神内涵，把设计者的意念转化、上升为书籍的形象，以充分体现设计者的设计思想。

图书封面设计具有浓厚的艺术性。封面设计是一门融合绘画、摄影、书法、篆刻等多种艺术门类为一体的学科，为了表现书籍的主题思想与精神内涵，创作者要多角度地使用与其相适应的艺术形式及表现手法，尽可能使其成为有独特创意的艺术形象。本小节将和大家一起设计制作一本人文类图书的封面，效果如图 13-19 所示。

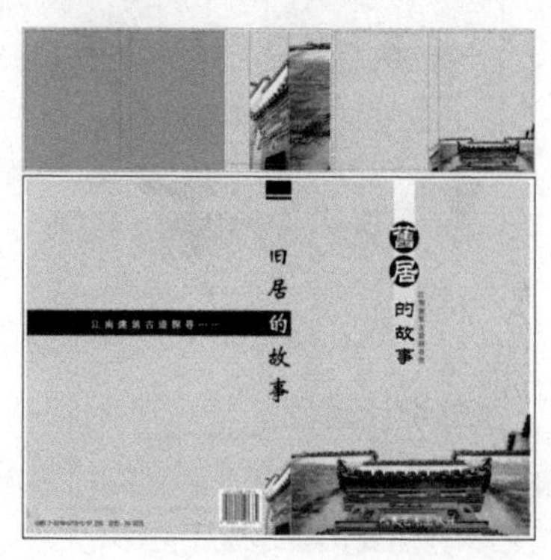

图 13-19

学习指导

本课内容重要性为【选修课】。

本课时的学习时间为 40 ~ 50 分钟。

本课的知识点是熟悉图书封面的设计流程与方法。

课前预习

扫描二维码观看教学视频，对本课知识进行学习。

13.5 课时 45：海报设计

海报，也可称为招贴，是指在公共场所以张贴或散发的形式发布的一种广告。在广告诞生的初期，就已经有了海报这种广告形式，在人们生活的各个空间，它随处可见。

随着社会的发展，海报也有了日新月异的变化，从材料的运用到创意的表现，都有了飞跃性的进步。海报不再以写实或叙事的平铺直叙式的方法进行表达，而是融入了各种设计风格和创作思维，使广告意图的表达形式更加丰富多样，让人们更乐意接受这些信息，从而达到更好的宣传效果，如图 13-20 所示。

图 13-20

13.5.1 海报设计的特点

与其他宣传手段相比，海报具有以下 4 个特点：发布时间短、时效性强，印刷精美、视觉冲击力强，成本低廉、影响范围有限，对发布环境要求低。接下来我们将对海报的这些特点进行详细的说明。

1. 发布时间短，时效性强

海报所传达的信息通常是有时限的，这就要求海报的时效性一定要强，这样才能达到良好的宣传目的。这一特点在活动宣传类海报中尤为明显。

2. 印刷精美，视觉冲击力强

海报受幅面的制约，能传达的信息量有限，并且发布时间较短，所以海报想要达到一定的宣传效果和影响力，通常会使用视觉冲击力较强的色彩或图案，并提高印刷的质量，增强海报的欣赏价值，如图 13-21 和图 13-22 所示。

图 13-21

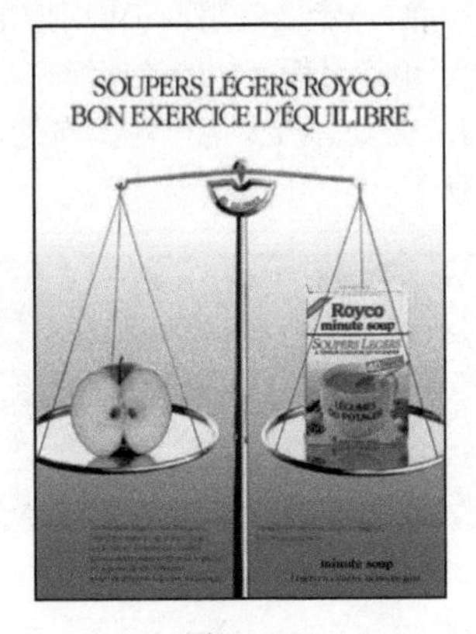

图 13-22

3. 成本低廉，影响范围有限

相对于电视、广播等其他广告形式而言，海报的制作和发布费用都比较低。也正因为海报是以张贴或散发形式发布的，所以海报的影响范围比较有限。

4. 对发布环境要求低

与其他广告形式相比，海报对发布环境的要求特别低。它不需要以任何媒介作为载体，不受任何空间和时间的限制，只要允许，它可以在任何区域发布。

13.5.2 海报设计应用

拟人是我们常常使用的一种将事物人格化的修辞方式。拟人手法的海报就是抓住所宣传事物的特点，将其人格化，为其赋予人性的色彩，以一种富有趣味性的表现形式将画面展现在人们的面前，使人们的第一印象就可以感觉到所宣传事物的特点。而最主要的是能够表现出事物的人格化，贴近与观者的距离，消除宣传品带给人们的逆反心理。正因为如此，拟人手法的海报拥有独特的幽默方式和思维，令人或忍俊不禁或回味深长。本小节将和大家一起设计制作一幅具有拟人风格的海报设计作品，效果如图 13-23 所示。

图 13-23

学习指导

本课内容重要性为【选修课】。

本课时的学习时间为 40 ～ 50 分钟。

本课的知识点是熟悉海报的设计流程与方法。

课前预习

扫描二维码观看教学视频，对本课知识进行学习。

第 14 章 互联网设计案例实训

随着网络速度的提升及智能手机的普及，互联网已经成为生活中不可缺少的重要工具。在现代生活中，沟通交流、学习娱乐、购物消费等行为，大多是依托互联网平台展开的。网络的普及及充分开发促进了很多新的行业的产生。这些新兴的行业对平面设计方面的需求也大大增加；传统平面设计人员的工作内容也由纸质印刷过渡到了网络平台环境。本章将对这些新兴的互联网行业的设计工作进行讲述，具体内容包括 UI 设计、网页设计、网页广告条设计、网店设计与问题照片的修复美化等，下面开始具体内容的学习。

14.1 课时 46：UI 设计

UI 设计是指对软件的人机交互、操作逻辑、界面美观的整体设计。UI 是英文 User Interface 的缩写，可以翻译为用户交互界面，简称用户界面。好的 UI 设计不仅可以展现较高的艺术性与审美性，还可以让用户便捷、轻松地操作软件。

UI 设计的重点在于“交互性”。界面是用户与程序之间交流的媒介，界面需要将信息呈现给用户，用户需要通过界面把操作反馈给程序，所以信息的传递与反馈是 UI 设计的重点。通俗地讲，就是用户界面在操作时一定要好用、顺畅，不需要过多学习，用户即可实现自己的想法。在外观方面，用户界面一定要风格统一、定位准确，根据不同用户的偏好，合理地设计界面色调，安排软件交互操作方式，如图 14-1 所示。

图 14-1

14.1.1 UI 设计的设计原则

虽然 UI 设计的呈现形式丰富多样，但是还是有一些共通的设计原则的。下面针对 UI 设计的设计原则，列出了一些需要设计初学者注意的事项。

1. 简洁明了，易于识别

用户界面一定要简洁明了，易于识别。用户界面是为用户使用软件功能而服务的，所有影响用户识别的因素，都会对用户的操作产生干扰，并增加用户误操作的可能。所以界面应设计得尽可能简洁，去除不必要的内容。

用户界面中一定要使用易于识别的图形符号，这样可以便于用户对程序功能的理解，增强用户界面对用户的亲切度，减少用户对操作的思考时间，如图 14-2 所示。

图 14-2

2. 风格统一，易于记忆

我们一定要根据目标用户的喜好，有针对性地设计用户界面。不同的目标用户对用户界面的设计风格要求是有很大差别的，针对商务人士的界面会简洁冷峻，针对家庭主妇的界面会温暖柔软，而针对学生的界面就会个性张扬，如图 14-3 所示。

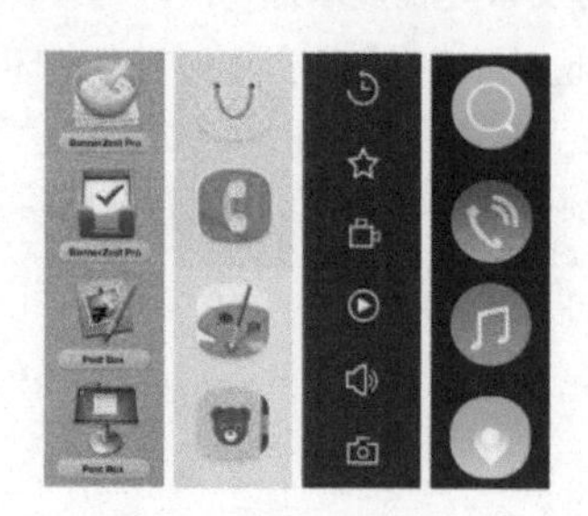

图 14-3

我们在开始设计之前，一定要充分考虑目标用户的审美需求，对用户界面的设计风格进行明确。当风格确定后，整套用户界面的风格要统一，色调、符号元素、操作方式等内容务必按统一的形式来进行设计。这样可以增强用户记忆，避免其在操作过程中产生混淆。

3. 简易且人性化的操作

用户界面的主要功能是实现用户和程序的交互，所以界面中的所有设计都是为人机交互服务的。我们在用户界面中设计的按钮、滑竿、参数栏等元素，都是为了让用户顺畅地对程序进行操作，在设计这些功能操作之前，要充分考虑用户的操作感受。我们必须把自己假设为用户，对设置的软件操作功能进行模拟再现。设计的操作过程一定要简洁、连贯、顺畅，如图 14–4 所示。另外，在设计软件操作时，我们还要考虑用户所使用的工具，操作中有可能使用鼠标、键盘、压感笔、手指等，根据不同的输入工具设计用户界面的布局，以及按钮和操作柄的尺寸。

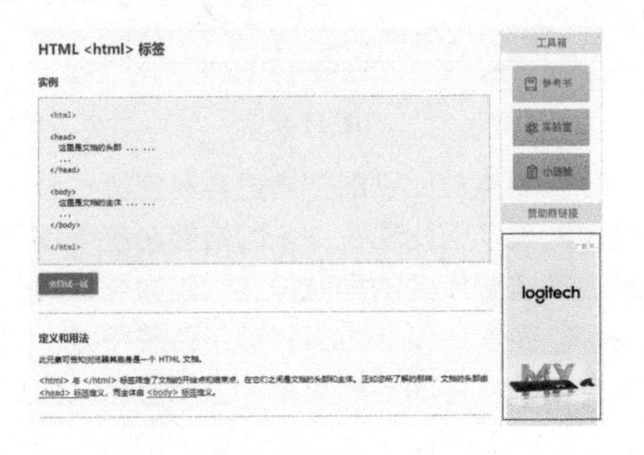

图 14–4

4. 综合提升自己的设计能力

目前，互联网用户逐步由计算机平台转向手机移动平台，手机应用的需求不断增加，每天都有很多新的手机 App 被开发出来。随着行业的发展，UI 设计已经成了一个非常热门的行业。一名合格的 UI 设计师不单单需要掌握平面设计方面的美学知识，还需要熟悉程序交互控制知识，以及了解一些用户心理学理论。作为 UI 设计初学者，我们不能单单将注意力集中在平面设计绘图方面，应根据行业需求，综合提升自己的知识水平。

14.1.2 UI 设计应用

在接手一项 UI 设计任务后，首先要做充分的准备工作。我们要明确用户界面对应程序的工作特点、程序所能实现的功能效果、程序具体的设置流程，以及程序所对应的目标用户人群。根据所收集的信息，设定用户界面的视觉风格和结构布局。下面将一起通过一组案例操作，来了解 UI 设计的流程，如图 14–5 所示。

图 14–5

学习指导

本课内容重要性为【选修课】。

本课时的学习时间为 40 ～ 50 分钟。

本课的知识点是熟悉 UI 设计的流程与方法。

课前预习

扫描二维码观看教学视频，对本课知识进行学习。

14.2 课时 47：网页设计

网页设计也作为一个新兴的行业，伴随着网络的快速发展而迅速兴起，并逐步走向成熟。大多数企业都在互联网中建立了自己的网站，以用于对企业产品的宣传推广。网站规划与设计工作是平面设计人员的日常工作之一。

网页设计也属于平面设计范畴，和传统平面设计作品相比较，网页呈现信息的方式更为灵活丰富。网页与传统媒介最大的区别在于，网页具有非常强的交互性，观众在阅读浏览时拥有更多的选择，可以根据自己的喜好对信息进行阅读、查找、跳转等。除了图文信息以外，网页中还有丰富的动画和视频内容，这也极大地丰富了网页的展示形式，如图 14–6 所示。本节将带领大家一起对网页的设计与制作进行学习。

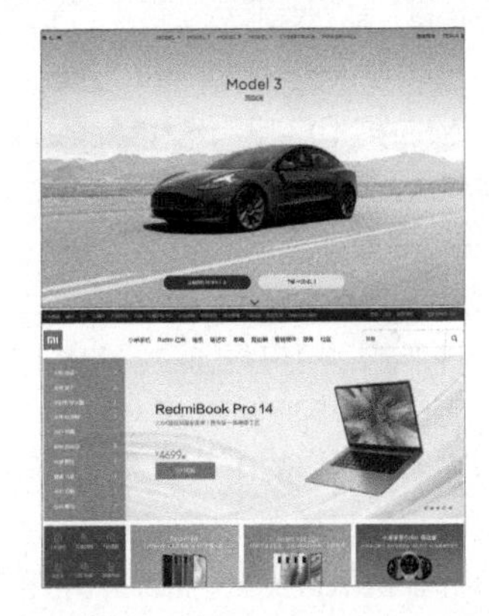

图 14–6

14.2.1 网页设计基础

大部分互联网用户已经逐步由计算机平台转向了手机移动平台，为了便于用户的操作，很多网站都推出了自己的 App，虽然网页的呈现形式有了很大的变化，但网页的功能和操作方式并没有太大的改变。

网站信息的主要载体是网页，要想浏览者对网站感兴趣，就必须使他们对网页有良好的印象，并且争取高的留存率。因此，网页设计总的目标是有好的创意、丰富的内容、新颖的观点，使浏览者不仅能开阔眼界，还能得到有价值的信息和有益的经验；同时，页面要活泼生动，妙趣横生，而且要使浏览者能够迅速找到希望得到的内容。这样的网页，看起来不至于令人感到乏味而产生厌烦，或者令人产生困惑以至迷失方向，如图 14–7 所示。

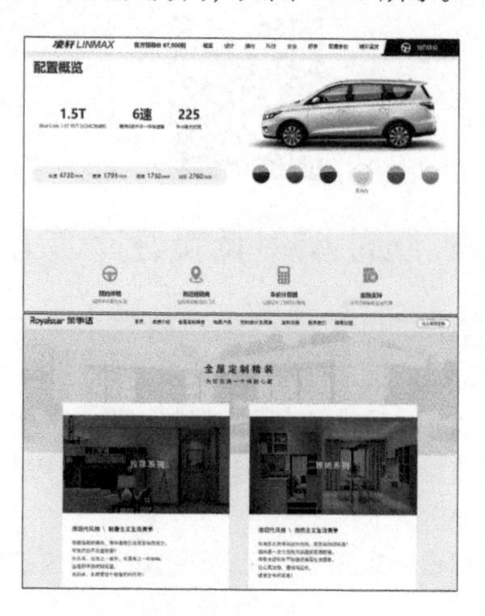

图 14–7

1. 直观简洁的展示方式

具有便利性和美学性的网页，可以给人留下良好的第一印象，因此网页设计至关重要。如果只是有好的主题、丰富的内容，但页面上色彩不协调，图片、动画、广告太多，非常凌乱，让人看了不舒服；又或者浏览很长时间，都没有涉及实质性的东西，让人只想离开这个页面，就失去了制作网页发布信息的意义。所以网页必须简洁明快，唯有这样才能使浏览者感兴趣，耐心地浏览，对页面内容有深刻印象，这样才能够达到网页设计的根本目的。

网页设计人员必须了解网页作为人与人之间有效交流的一种形式，用户更加注重的是信息传递的可识别性和便捷性，因此制作重点应倾向于网页的功能性，提高网站内容的可读性。方便浏览者阅读与查找是网站服务的基本要求，但并不代表要把所有重要信息都堆积于首页上。直观、明了的网页才能给用户带来最大的方便，如图 14–8 所示。

图 14–8

2. 网页界面中的导航要素

包括网站菜单等在内的导航要素（主菜单、子菜单、搜索栏、历史记录等）是网页界面中的必备要素之一，它能引导浏览者在网站中进行浏览。一般来说，在网页的上端或左侧设置主要导航要素的情况是比较常用的方式，如图 14–9 所示。

图 14–9

导航要素应比别的要素更容易使浏览者直观地认识网页，因此现在许多网站都在使用那些已经被大家普遍接受的导航样式。但如今有不少网站在导航要素的设计方面打破了传统模式，运用具有交互式特性的动画菜单，显示出自己独特的风格，如图 14–10 所示。无论追求的东西多么富有创意，重要的一点在于所有的设计都应最大限度地为浏览者的方便考虑。

图 14–10

3. 准确传达网站信息

设计一个网站应当有一定的目的性，如制作个人网页主要是为了自我宣传或自娱自乐，而企业的网页就不仅仅在于宣传，更多的则是提供商务信息并与客户进行商务活动等。设计者要根据不同客户群的具体情况设定网站的形式与风格，运用页面布局、整体色彩、图像和文字等页面内容准确传达网站的信息，如图 14–11 所示。

图 14–11

4. 互动性

网站的另一个特色就是互动性。近年来，网站的互动性越来越为人们重视，不仅商业网站的发展朝着高互动性方面努力，而且个人网站也开始通过加强互动性赢得访问者，这就是个人网站提供商往往同时提供聊天室、电子论坛、留言板等服务的原因。

如图 14-12 所示，好的网站主页应该与浏览者有良好的互动，使他们感到有趣，包括整个设计的呈现、使用界面的引导上等，都应该遵从互动的原则，让浏览者感觉到他们的每一步都确实得到了适当的回应，这部分需要一些设计上的技巧与软硬件的支持。事实上，好的网页设计肯定是通过个人技巧、经验累积以及软硬件技术的成功配合实现的。

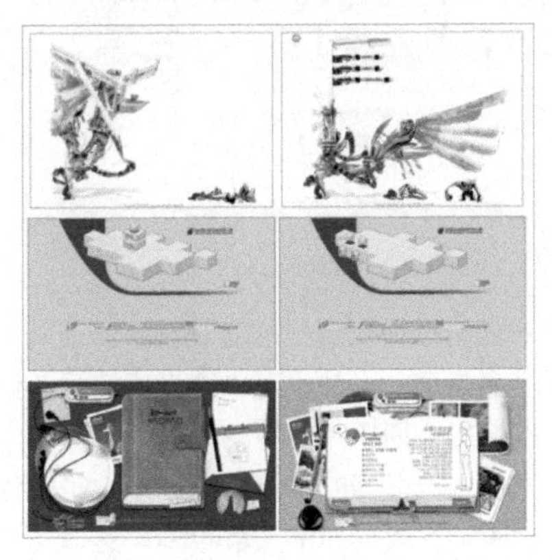

图 14-12

14.2.2 网页设计制作流程

当各式各样的网站充斥着互联网的每一个角落时，网站制作也就成为当今的热门技术，相应的也出现了非常多的各有特色的网页制作工具，使得编写主页的过程也变得简单易懂，没原来那么麻烦。但是如今用户更多的是注重网站的便利程度以及网站的独立性和创意性，这就对设计师们提出了更高标准的要求。在本节将和大家设计制作设计公司的网站主页，如图 14-13 所示。通过该案例使大家了解网页设计流程，以及制作规范进行学习。

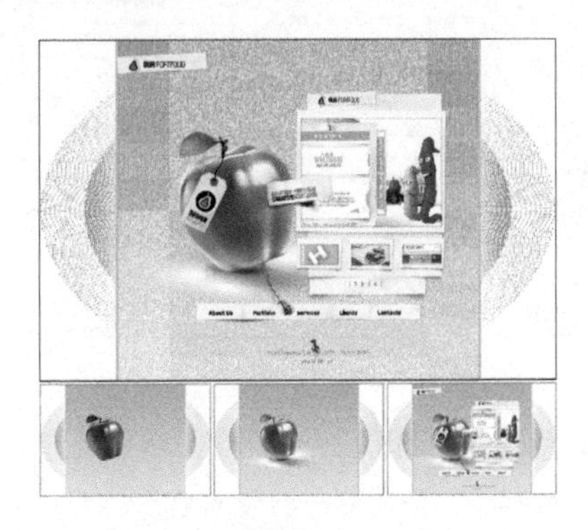

图 14-13

学习指导

本课内容重要性为【选修课】。

本课时的学习时间为 40 ～ 50 分钟。

本课的知识点是熟悉网页设计的流程与方法。

课前预习

扫描二维码观看教学视频，对本课知识进行学习。

14.3 课时 48：网页广告条设计

随着互联网的深入普及，伴随而来的是网络广告的迅猛发展。当我们在互联网上浏览网页时，五花八门的广告令我们眼花缭乱、应接不暇。从静态广告到具有各种动画效果的动态广告，再到如今流行的交互式网页广告。网络广告的发展速度可谓日行千里。

网络广告之所以有如此快的发展，与其赏心悦目的特点是分不开的。它可以采用文字、图片、色彩等形式，又可以采用动画、电影、三维空间展示等形式，将产品的外观、性能、用途、使用方法、价格、购买方法等信息一览无余地展现在用户面前。网络广告的制作集声、像、动画于一体，使互联网用户既可以像听广播、看电视一样得到听觉与视觉的刺激，又可以获得阅读报纸、杂志等平面广告的感受。图 14-14 展示的是一些网页广告条。

图 14-14

14.3.1 网络广告的特点

目前，网络广告产业正在以惊人的速度增长，网络广告的作用越来越重要，甚至广告界认为网络广告将超越户外广告，成为传统四大媒体（电视、广播、报纸、杂志）之后的第五大媒体。与传统媒体广告相比，网络广告有着以下得天独厚的优势。

1. 覆盖面广

网络广告的广告空间几乎是无限的，成本也很低廉。网络广告的传播不受时间和空间的限制，它通过互联网络把广告信息24小时不间断地传播到世界各地。只要具备上网条件，任何人在任何地点都可以阅读网络广告。这是传统媒体广告无法实现的。图14-15充分说明了广告空间的无限性。

图 14-15

2. 针对性强

针对性强可以说是网络广告最典型的特点之一，这通常被诠释为“个性化服务”。网络广告可以帮助商家直接命中潜在用户。

作为互联网用户，无论是因为工作、学习原因，还是个人爱好，都会有几个经常访问的固定网站。只要上网就会习惯性地浏览一下这些网站，看看网站有没有自己关心的新信息，而这个次数和时间是不固定的。那你一定发现了，这些引起你兴趣的网站，除了浏览之外，你必须注册会员才能享受更多或进一步的服务。

在你注册的过程中，除了一些必填的基本信息，如用户名称（网站或称ID）和用户密码以外，还有一些选填或必填的较为隐私的个人信息，如性别、职业、年龄、收入、爱好兴趣等。图14-16所示为时尚网站的注册页面。

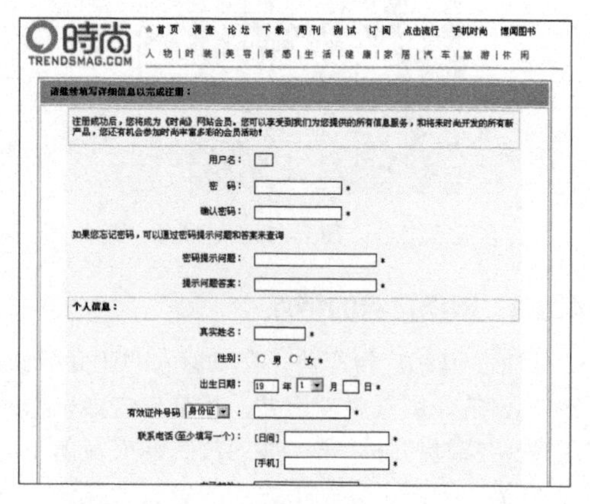

图 14-16

我们输入的这些信息将被保存到服务器上的数据库中，广告运营商可以根据数据库中的信息，轻松地分析出该网站访问人群的类型，根据这些分析结果，制作符合该网站访问人群的广告。商家也可以根据自己商品针对的消费人群，选择适合自己的广告运营商，以花最少的钱让更多人看到该网络广告。

图14-17所示为时尚网站在用户注册时提出的一些个性化的调查，根据用户填写的兴趣爱好选项，网站会自动将该注册用户的信息添加到数据库中，并对其进行深入的分析，从而了解哪些广告信息是该注册用户最想得到的。

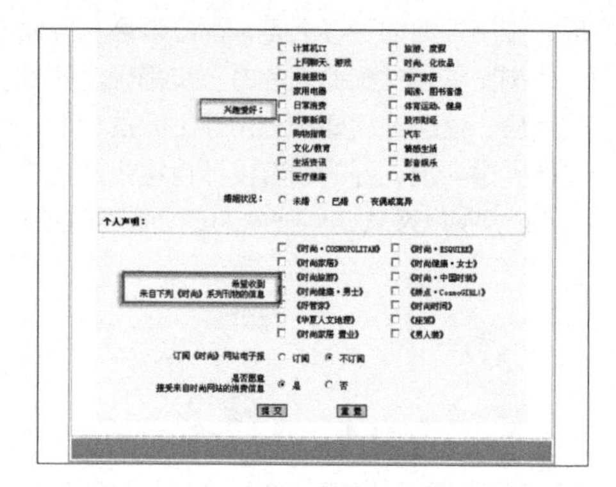

图 14-17

用户还可以根据自己的喜好选择接受网站定期发来的产品信息，当然也可以选择不接受任何产品信息。网站对注册用户填写的兴趣爱好进行归类和分析，然后挑选适当的产品信息，以电子邮件的形式发送到需要这类信息的人群手里。这些信息都是用户感兴趣的，很有针对性，所以一般不会被用户当作垃圾邮件毫不留情地删除。

如图14-18所示，通过用户反馈的信息，网站进行更深入的分析，了解到20～30岁的女性用户会经常访问以美容、时尚、休闲等为主题的网站。那么这些网站就会根据这些信息，投放一些化妆品、美容、美体等产品的广告，这样就大大提高了广告的效应。

图 14-18

3. 实时、灵活

传统媒体广告在发布后很难更改。假设在已经印刷好的宣传页中发现了一个错别字，这个错别字关系到企业的对外形象，但这些宣传页的印刷成本很高且数量较多，即使可改动也须付出一定的资金和浪费不少的时间。而基于互联网的各种广告形式，只需要修改原始资料就可以了，可以说只用记事本程序就能解决问题，即使广告形式是一幅画甚至一个动画作品，也可以用制作的原始资源轻松地进行修改。

4. 统计准确性高

利用传统媒体发布广告，广告的营销效果是比较难测试和评估的，我们无法准确统计有多少人接收到了发布的广告信息，更不可能统计出有多少人受广告的影响而做出了购买决策。以户外广告为例，虽然可以知道投放地域的大概人流量是多少，但无法准确统计看到此广告的人数，只能做一些估算和推测。而网络广告则不同，无论是广告在用户眼前曝光的次数，还是用户发生兴趣后进一步点击广告的次数，以及这些用户查阅的时间分布和地域分布，都可以通过设置服务器端的LOG访问记录软件进行精确的统计，从而有助于客商随时监测广告投放的有效程度，及时调整市场营销策略。

5. 强烈的交互性和感官性

交互性是互联网媒体最大的优势，它不同于传统媒体的信息单向传播，采用的是信息互动传播，用户可以获取他们认为有用的信息，厂商也可以随时得到宝贵的用户反馈信息。

网络广告的载体基本上是多媒体、超文本格式文件，人们可以获得自己感兴趣的产品的详细信息，并亲身体验产品、服务与品牌。这种以图、文、声、像的形式，传送多感官的信息，让顾客身临其境般感受商品或服务，并能在网上预订、交易与结算的方式，将大大增强网络广告的实效。

以上特点决定了网络广告具有传统媒体广告无法比拟的优势，它所孕育的无穷无尽的商机，吸引着越来越多的企业使用网络广告，并进一步促进网络广告行业的发展与成熟。

14.3.2 网页广告条的设计与制作

与传统媒体广告的设计形式相比，网页广告条的缺点是尺寸非常小，能够传达的信息非常有限。必须把最重要的信息浓缩提炼，利用最具宣传作用的广告词或产品图片，吸引观众关注并单击。相比传统媒体广告形式，网页广告条的优势在于具有灵活的展示形态，可以融合动画、声效等手段，使广告更具感染力。本小节将和大家一起设计制作一组游戏网页广告条，使大家对网页广告条的制作流程有所了解，效果如图14-19所示。

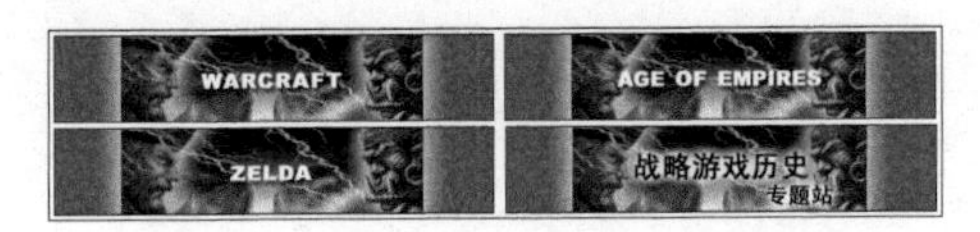

图 14-19

学习指导

本课内容重要性为【选修课】。

本课时的学习时间为40～50分钟。

本课的知识点是熟悉网页广告条设计的流程与方法。

课前预习

扫描二维码观看教学视频，对本课知识进行学习。

14.4 课时49：网店首页设计

网络购物已经是当下日常的购物行为之一了。网络购物平台的店铺数量也不断增加。每个人都可以在网络购物平台开设自己的店铺。由此也产生了一个新的职业，就是网店装修设计师，他们根据网店老板的要求，设计整个网店的外观效果。其中网店首页设计非常重要，一个好的网店首页设计可以改善企业在用户心中的形象，实现用户的导流和留存，甚至直接影响产品的销量。图14-20展示的是一些优秀的网店首页设计。

图 14-20

14.4.1 网店首页设计要素

网店首页是非常重要的，但很多网店设计初学者不知道如何策划编排网店首页的内容。那我们就先来了解网店首页的功能。明白了网店首页的功能，自然就知道如何定义其内容了。

整个网店包含了很多信息，如企业信息、产品的分类、产品的介绍等。我们可以将整个网店的信息比作一本图书，那么网店首页就相当于图书的封面、目录、引言，如图14-21所示。

大家可以结合购买图书时的经验，来体会图书封面、目录以及引言3部分的作用。

图书封面展示了图书最重要的信息，如果图书封面设计精美、信息突出，能在第一时间抓住读者眼球。

图 14-21

图书目录展示了图书包含的所有内容，让读者快速对全书进行整体了解。

图书引言是作者通过简短的文字，向读者阐述的图书主要内容和中心思想，读者可以从中第一时间了解作者的文风、讲述方式和图书信息，从而判断是否阅读本书。

以上 3 点内容，就是网店首页要实现的功能。将网店首页内容策划的要点归纳出来，具体内容如下。

（1）展示网店形象，使网店产生亲和力。

（2）通过外观设计展示主要产品的特征和定位。

（3）展示网店的产品分类信息。

（4）引导用户到商品展示页。

接下来我们以一个儿童内衣网店为例，看看以上这些功能是否都体现出来了，如图 14-22 所示。

首页的第一屏是一幅由儿童和花朵组成的封面画面，整个画面看起来非常像图书封面，画面清新、可爱，有很强的亲和力，可以在第一时间让用户了解网店的定位和形象。

图 14-22

首页的第二屏则向用户介绍网店的热销产品，使用户快速了解网店的主要产品，通过简洁明了、短小精悍的语句对产品的定位、特征进行介绍。这部分内容如同图书的引言，可以增进用户对网店产品形成整体概念，如图 14-23 所示。

首页的第三屏展示了网店产品的分类方式，使用户对店铺所有的产品能够有所了解。同时产品的分类也可以作为检索方式，将用户引导至目标页面。这部分内容和图书的目录非常类似，如图 14-24 所示。

图 14-23

图 14-24

14.4.2 网店首页的制作流程

在了解了网店首页的重要性以及设计要素后，接下来就是将设计内容具体制作出来。在制作网店首页之前，要了解网店首页的规格，受浏览方式的影响，网店首页的尺寸是固定宽度的。另外，还要考虑网店首页使用的展示形式，如是否采用轮播图，是否加入视频或音频信息等。接下来我们将以上述儿童内衣网店为例，带领大家详细学习网店首页制作的流程，效果如图 14-25 所示。

图 14-25

学习指导

本课内容重要性为【选修课】。

本课时的学习时间为 40 ～ 50 分钟。

本课的知识点是熟悉网店首页的制作流程与方法。

课前预习：

扫描二维码观看教学视频，对本课知识进行学习。

14.5 课时 50：问题照片的修复美化

在网店中，需要通过大量的照片来展示产品，这些产品照片大多是聘请专业摄影师在专业影棚中拍摄而成的。但一些小商家还是需要自己动手对产品进行拍摄，从而降低企业的运营成本。由于摄影器材和场地的非专业性，照片往往会产生很多问题。本节列举了常遇到的照片拍摄问题，并介绍了如何利用Photoshop的强大图像处理功能对这些问题进行解决。

扫描二维码观看教学视频，对本课知识进行学习。

1. 校正发灰偏色照片

数码相机有一套比较完备的拍摄方案，自动模式也比较智能化，会在拍摄时对当前不适宜的光线进行适当调整。但有时候数码相机可能测光不准确，导致拍摄出来的照片有过曝、欠曝及偏色等现象，下面就来介绍如何校正这种类型的照片。图14-26所示为调整前后效果对比图。

图14-26

Photoshop色彩调整功能中的“色阶”和“曲线”命令的功能非常强大，使用这两个命令纠正发灰偏色照片非常准确、便捷。完成本实例的操作，读者可以了解校正发灰偏色照片的基本原理并掌握有效的操作技巧。图14-27所示为本实例的制作概览图。

图14-27

2. 补充照片的中间层次

曝光不足与曝光过度都是因为相机测光不准确。如果照片曝光过度，照片色调将显得过亮，中间层次丢失。下面就来介绍如何调整曝光过度的照片，增加照片的层次。图14-28所示为调整前后效果对比图。

图14-28

Photoshop中“阴影/高光”命令的用法非常灵活。“阴影/高光”命令之所以叫“阴影/高光”，就是因为它不但可以调整过暗的照片（曝光不足），也可以调整过亮的照片（曝光过度）。图14-29所示为本实例的制作概览图。

图14-29

3. 将灯光转变为自然光效果

室内的暖色灯光在很大程度上会影响拍摄画面的整体色调，从而改变人物本身固有的肤色，通过色彩平衡度调整可以把照片中的人物恢复到正常的肤色。图14-30所示为调整前后效果对比图。

图14-30

本实例主要使用“色彩平衡”命令进行编辑，通过对色调的转变实现光照效果的变化。图14-31所示为本实例的制作概览图。

4. 让色彩变得更鲜艳

由于相机的品牌或者性能不同，拍摄出来的照片对色彩的还原效果也不尽相同。有的相机拍摄出来的照片颜色鲜艳、层次丰富，有的相机拍摄出来的照片在色彩显示上有些欠缺，颜色惨淡。在

Photoshop 中调整照片的色相饱和度就可以把不够显眼的照片调整得鲜亮夺目。图 14-32 所示为照片调整前后的效果对比图。

图 14-31

图 14-32

本实例重点介绍 Photoshop 中的“色相 / 饱和度”命令，并介绍更深层次的应用技巧。图 14-33 所示为本实例的制作概览图。

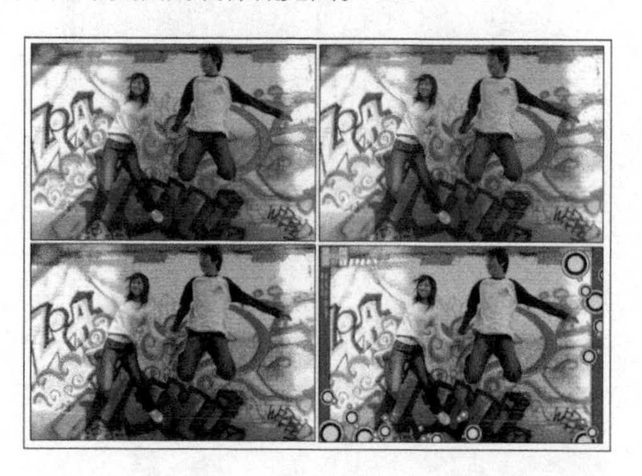

图 14-33

5. 锐化修复照片

在拍摄照片时，拍摄者如果没有固定好相机，拍出的照片的画面效果会模糊不清。本课将介绍如何将模糊照片修复清晰。图 14-34 所示为调整前后效果对比图。

图 14-34

本实例重点介绍“高反差”滤镜和“USM 锐化”滤镜的应用。图 14-35 所示为本实例的制作概览图。

图 14-35